InDesign CC 2015 中文版
基础与实例教程

儿童基金会折页设计立体展示图

儿童基金会折页设计平面展示图

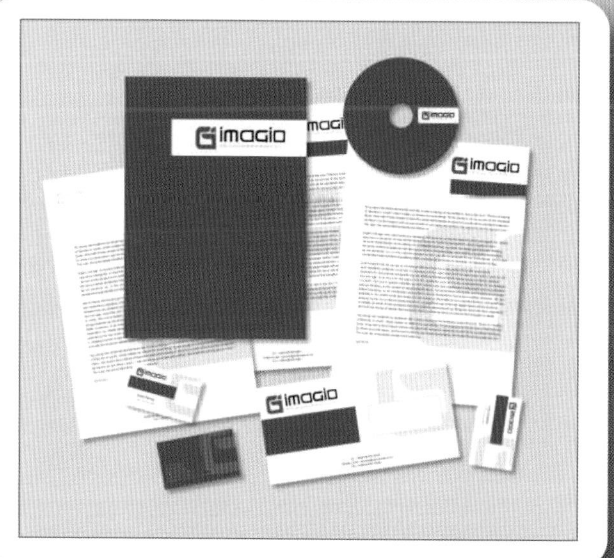

VI设计

中文报纸创意版式设计

时尚杂志封面和内页设计

旅游广告折页设计

旅游景点宣传册内页设计（1～2页）

国外报纸版面设计

旅游景点宣传册内页设计（3～4页）

时尚杂志封面版式设计

传统广告单页设计

活动庆典广告单页设计

游戏杂志内页设计

旅游景点宣传册封面效果、内页和宣传册的整体效果

时尚杂志内页版式设计（1～2页）

时尚杂志内页版式设计（3～4页）

旅游景点宣传册设计封面

摇滚杂志内页设计

杂志内广告单页设计

电脑艺术设计系列教材

InDesign CC 2015 中文版
基础与实例教程

张 凡 等编著
设计软件教师协会 审

机 械 工 业 出 版 社

本书属于实例教程类图书，全书分为 InDesign CC 2015 基础概述、InDesign CC 2015 相关操作、报纸版面设计、广告单页设计、广告折页设计、宣传册设计、VI（视觉识别系统）设计和杂志设计 8 章，旨在帮助读者用较短的时间掌握这一软件。本书将艺术灵感和计算机技术结合在一起，系统全面地介绍了 InDesign CC 2015 的使用方法和技巧，展示了 InDesign CC 2015 的无限魅力。为了便于读者学习，本书通过网盘（获取方式请见封底）提供电子课件以及书中用到的全部素材及结果文件。

本书可作为大中专院校相关专业或社会培训班的教材，也可作为平面设计爱好者的自学和参考用书。

本书配套授课电子课件，需要的教师可登录 www.cmpedu.com 免费注册，审核通过后下载，或联系编辑索取（微信：15910938545，电话：010-88379739）。

图书在版编目（CIP）数据

InDesign CC 2015 中文版基础与实例教程 / 张凡等编著. —北京：机械工业出版社，2020.7

电脑艺术设计系列教材

ISBN 978-7-111-65793-4

Ⅰ. ①I… Ⅱ. ①张… Ⅲ. ①电子排版－应用软件－教材 Ⅳ. ① TS803.23

中国版本图书馆 CIP 数据核字（2020）第 096725 号

机械工业出版社（北京市百万庄大街 22 号 邮政编码 100037）

策划编辑：郝建伟　　责任编辑：郝建伟

责任校对：张艳霞　　责任印制：李　昂

北京机工印刷厂印刷

2020 年 8 月第 1 版 · 第 1 次印刷

184mm×260mm · 21.75 印张 · 2 插页 · 540 千字

0001－2000 册

标准书号：ISBN 978-7-111-65793-4

定价：75.00 元

电话服务

客服电话：010-88361066

010-88379833

010-68326294

网络服务

机　工　官　网：www.cmpbook.com

机　工　官　博：weibo.com/cmp1952

金　书　网：www.golden-book.com

机工教育服务网：www.cmpedu.com

前　言

InDesign CC 2015 是 Adobe 公司推出的一款优秀的排版软件，该软件具有界面友好、易学易用等优点，深受广大用户的青睐。特别是它与 Photoshop、Illustrator 的整合，充分吸收了文字、图形、图像处理的精粹，图文处理功能特别强大，这使得设计人员及排版人员在工作中更加得心应手。使用 InDesign CC 2015 可以制作出各种精美的报纸版面、广告单页、折页、宣传册、VI(视觉识别系统)、杂志版面。

本书属于实例教程类图书，共分 8 章，主要内容包括：

第 1 章主要介绍了图像处理的基础知识、InDesign CC 2015 的工作界面等方面的知识；第 2 章介绍了 InDesign CC 2015 操作方面的相关知识；第 3 章通过两个实例讲解了报纸版式的设计方法；第 4 章通过 3 个实例讲解了广告单页的设计方法；第 5 章通过两个实例讲解了广告折页的设计方法；第 6 章通过两个实例讲解了宣传册的设计方法；第 7 章通过 5 个实例讲解了 VI（视觉识别系统）的设计方法；第 8 章通过 3 个实例讲解了杂志版面的设计方法。

本书是“设计软件教师协会”推出的系列教材之一，具有内容丰富、结构清晰、实例典型、讲解详尽、富有启发性等特点。全部实例都是由多所院校（中央美术学院、北京师范大学、清华大学美术学院、北京电影学院、中国传媒大学、天津美术学院、天津师范大学艺术学院、首都师范大学、北京工商大学传播与艺术学院、山东理工大学艺术学院、河北艺术职业学院）具有丰富教学经验的知名教师和一线优秀设计人员从长期教学和实际工作中总结出来的。为了便于读者学习，本书通过网盘提供书中用到的全部素材及结果文件，以及相关电子课件，具体获取方式请见封底。

参与本书编写的人员有张凡、龚声勤、曹子其、杨洪雷、杨艳丽、章倩。

本书既可作为大中专院校相关专业师生或社会培训班的教材，也可作为平面设计爱好者的自学用书和参考用书。

由于作者水平有限，书中难免存在不足之处，敬请广大读者批评指正。

编　者

目　　录

第 2 部分　实例演练

第 1 部分　基础入门

■ 第 1 章　InDesign CC 2015 基础概述

■ 第 2 章　InDesign CC 2015 相关操作

第 1 章　InDesign CC 2015 基础概述

InDesign 作为专业的排版软件，在报纸版面设计、广告单页设计、广告折页设计、宣传册设计、封面设计以及杂志设计等方面得到了广泛的应用。本章将具体讲解 InDesign CC 2015 基本操作方面的相关知识，通过本章的学习，读者应掌握以下内容。

■ 图像处理的基础知识。

■ InDesign CC 2015 的工作界面的构成。

■ InDesign CC 2015 文档的基本操作方法。

1.1　图像处理的基础知识

本节主要沿着数字图像艺术创作与图像软件技术的发展这两条脉络，分析科学的思维方法是如何与艺术创作理念相结合的。

1.1.1　位图与矢量图

以数字方式来记录、处理和保存的图像文件分为两大类：位图图像和矢量图形。在应用图形与图像时，可以根据其特点取长补短，交叉运用。

1. 位图

位图也称为像素图像或栅格图像。位图使用排列在网格内的彩色点来描述图像，每个点为一个像素，每个像素都有明确的颜色，用缩放工具将其放大到一定程度，就可以看到紧密排列的颜色方块，如图 1-1 所示。位图图像能够真实地表现色彩，也能够很方便地在不同软件间进行交换。

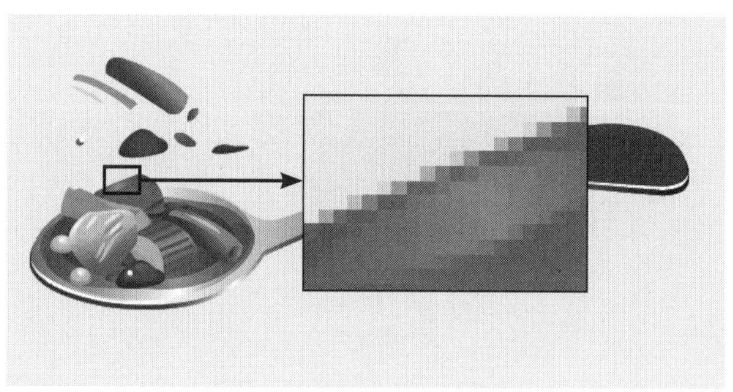

图 1-1　位图的放大效果

位图图像在保存文件时，会记录下每一个像素的位置和色彩数值。像素越多，分辨率越高，文件也就越大，处理速度就越慢。因此位图图像可以精确地记录色调丰富的图像，可以逼真地表现色彩。

由于位图与分辨率有关，所以如果在屏幕上放大位图图像，或者在打印时采用比其创建目标分辨率更高的分辨率，就会丢失细节并呈现锯齿状。

处理位图的软件有 Photoshop、Painter，位图图像通常需要大量的存储空间，因此常常需要进行压缩以降低文件大小。将图像文件导入 InDesign CC 2015 之前，可以先在其原始应用程序中压缩该文件。

2. 矢量图

矢量图是用数学方式在屏幕上用线描述的曲线或是曲线图形对象，内容以线和色块为主，因此文件容量较小。

矢量图与分辨率无关，将它放大到任意大小都会保持很高的清晰度，如图 1-2 所示。在任何分辨率下都可以正常显示或打印，显示矢量图的像素数目取决于显示器或打印机的分辨率，而不是图像本身。因此，矢量图适用于标志设计、插图设计、图案设计等。

矢量图对象具有颜色、形状、轮廓、大小、位置等属性。

制作矢量图的软件有 CorelDRAW、Illustrator、Freehand、InDesign 等。

图 1-2　矢量图的放大效果

1.1.2　分辨率

常用的分辨率有图像分辨率、显示器分辨率、输出分辨率和位分辨率 4 种。

1. 图像分辨率

图像分辨率是指图像每单位长度所含有的点（Dots）或像素（Pixels）的多少。高分辨率的图像比相同输出尺寸的低分辨率图像包含的像素多，所以像素点小而且密集，显示图像更精确。

在处理数字化图像时，分辨率的大小直接影响图像品质。分辨率越高，图像越清晰，所产生的文件也就越大，在处理时所需要的内存越多，CPU 处理时间也就越长。因此制作图像时，不同品质的图像、不同用途的图像应尽量设置不同的分辨率。

2. 显示器分辨率

显示器分辨率（屏幕分辨率）又称屏幕频率，是指打印灰度级图像或分色所用的网屏

上每英寸显示的像素或点的数目，一般以点 / 英寸（dpi）为单位。屏幕分辨率取决于显示器大小加上其像素设置。PC 显示器的常用分辨率约为 96dpi，Mac 显示器的常用分辨率约为 92dpi。了解显示器分辨率有助于理解屏幕上图像的显示大小与其打印尺寸不同的原因。

3. 输出分辨率

输出分辨率是指激光打印机等输出设备在输出图像时每英寸上所产生的油墨点数。打印时，应使用与打印机分辨率成正比的图像分辨率。多数激光打印机输出分辨率为 300dpi 到 600dpi，当图像分辨率为 72dpi 到 150dpi 时，打印效果较好。高档照排机能以 1200dpi 或更高精度打印，当图像的分辨率为 150dpi 到 350dpi 时，打印效果较好。

4. 位分辨率

位分辨率又称为位深，单位为位（bit)，用来衡量每个像素存储的信息的位数。它决定在图像的每个像素中存放的颜色信息量。在 RGB 图像中，每个像素都要记录 R、G、B 三原色的值，每个像素所存储的位数为 24 位。

1.2 InDesign CC 2015 的工作界面

InDesign CC 2015 的工作界面结构简单、清晰。与 Adobe Photoshop、Illustrator 等在软件风格和操作习惯上类似，操作起来非常方便。

1.2.1 启动 InDesign CC 2015

启动计算机，使用鼠标左键单击屏幕左下方的“开始”按钮，在弹出的菜单中单击“程序”，然后在其子菜单中单击“Adobe InDesign CC 2015”，此时会出现 InDesign CC 2015 的启动画面，如图 1-3 所示。

图 1-3 InDesign CC 2015 启动画面

等检测完成后，即会出现 InDesign CC 2015 工作界面窗口，如图 1-4 所示。初次启动 InDesign CC 2015，工作界面窗口中会显示有一个新增功能界面，其中显示了 InDesign CC 2015 的新增功能。勾选新增功能界面左下方的“不再显示”复选框，则以后启动 InDesign CC 2015 后将不再显示新增功能界面。

1.2.2 工作界面组成

启动 InDesign CC 2015，然后新建一个 InDesign CC 2015 文档 (创建文档具体步骤请参见 1.3.1 新建文档)。此时 InDesign CC 2015 工作界面如图 1-5 所示，工作界面中主要包括菜单栏、“控制”面板、文档窗口、工具箱和面板组。

1. 菜单栏

InDesign CC 2015 菜单栏中包括“文件”“编辑”“版面”“文字”“对象”“表”“视图”“窗口”“帮助”9 个菜单，通过这些菜单中的相关命令可以完成相关操作。菜单栏右侧的 3 个按钮分别为最小化、最大化和关闭按钮，通过它们可以对工作窗口进行最小化、最大化和关闭操作。

图 1-4　InDesign CC 2015 工作界面

图 1-5　新建文件后的工作界面

2. 文档窗口

文档窗口用于显示新建、打开或导入的 InDesign CC 2015 文档。在文档窗口的下方是状态栏，用于显示页面中是否有错误存在。图 1-6 所示为页面中没有错误时的状态栏显示（此时显示的圆点是绿色的），图 1-7 所示为页面中存在错误时的状态栏显示（此时显示的圆点是红色的）。如果要对存在错误的地方进行修改，可以在状态栏中双击显示错误的区域，然后在打开的图 1-8 所示的“印前检查”面板中对页面中存在错误的地方进行相应的修改。

图 1-6　没有错误的状态栏显示

图 1-7　存在错误的状态栏显示

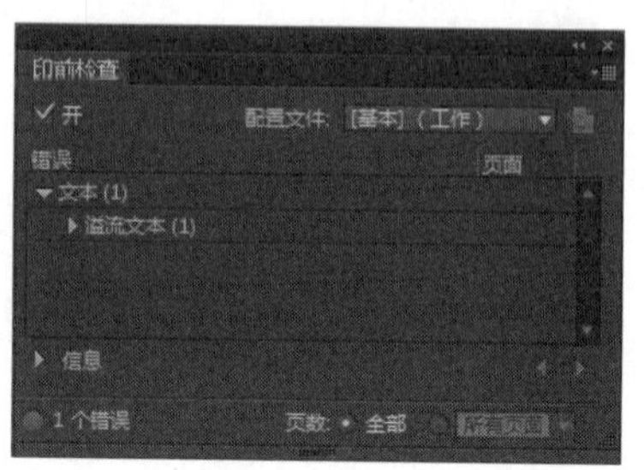

图 1-8　“印前检查”面板

3. 工具箱

工具箱中放置了 InDesign CC 2015 中常用操作的所有工具，这些工具可以用于选择、绘制路径、绘制图形、变换、取样、裁切、查看图像，还可以输入、编辑文字，为对象添加渐变色等。

4. “控制”面板

“控制”面板是最常用的面板，用于显示与当前页面项目或对象有关的选项和命令。根据选择对象的不同，“控制”面板中显示的选项也会相应变化。使用“控制”面板可以方便地对文字、图形、图像进行编辑与设置。该面板的讲解请参见“1.2.4 ‘控制’面板与面板使用”。

5. 面板组

面板组用于查看或修改文件的编排方式。使用面板组可以在很大程度上方便执行某些命令，或者加快制作某种效果的速度。

1.2.3　菜单栏简介

对菜单栏的认识和理解是正确、高效地应用 InDesign CC 2015 各种功能的前提。本节将介绍各个菜单。

1. “文件”菜单

“文件”菜单中包括用于新建、打开、在 Bridge 中浏览、关闭、存储、恢复、置入、导出、文件预设、打包、打印文档等命令，如图 1-9 所示。

2. “编辑”菜单

“编辑”菜单中包括还原、重做、剪切、复制、粘贴、全选、快速应用、查找 / 更改、透明度混合空间、透明度拼合预设、颜色设置、指定配置文件、键盘快捷键、菜单及首选项等命令，如图 1-10 所示。

3. “版面”菜单

“版面”菜单中的命令用于文档版面的设置，包括版面网格、页面、边距和分栏、标尺参考线、创建参考线、页码和章节选项、目录、更新目录、目录样式、上一页、下一页等页面导航命令，如图 1-11 所示。

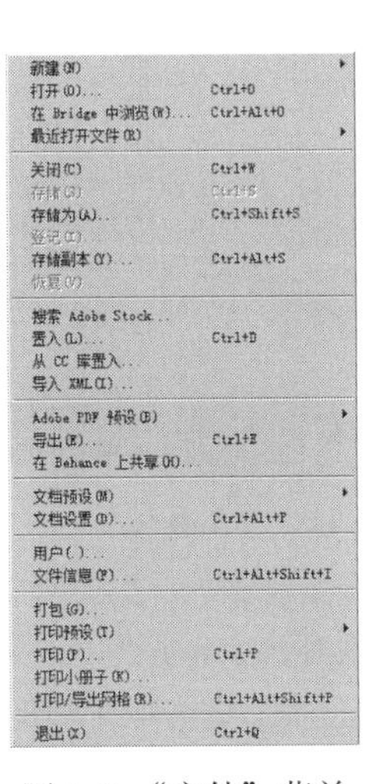
图 1-9 “文件”菜单

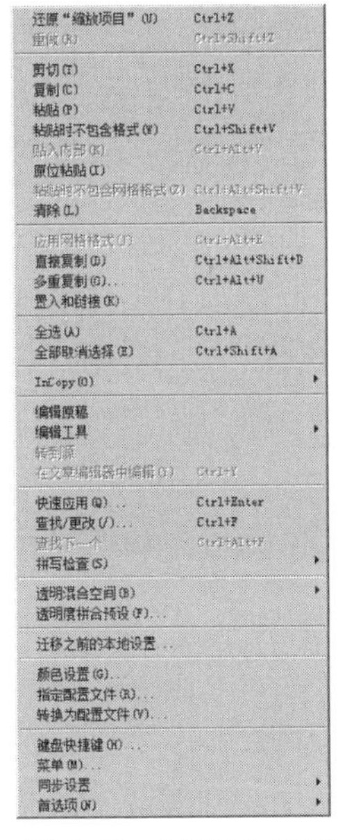
图 1-10 “编辑”菜单

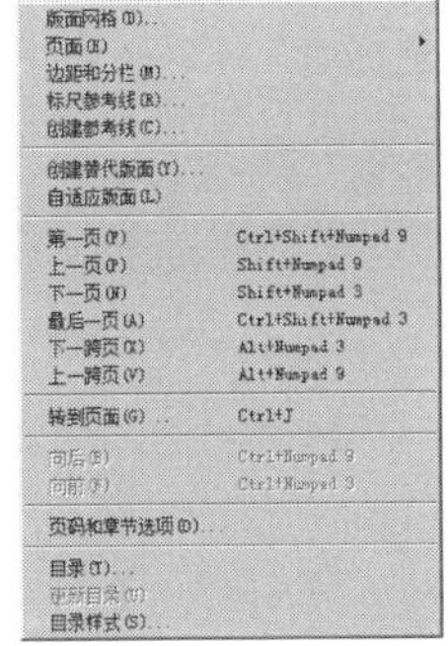
图 1-11 “版面”菜单

4.“文字”菜单

“文字”菜单中包括用于字符与段落属性的设置，以及插入一些特殊符号的相关命令，如图 1-12 所示。

5.“对象”菜单

“对象”菜单中包括用于变换、排列、选择、编组、锁定、定位对象、效果、角选项、路径以及路径查找器等相关命令，如图 1-13 所示。

6.“表”菜单

“表”菜单中包括用于制作、设置表以及设置表的行、列和单元格等命令，如图 1-14 所示。

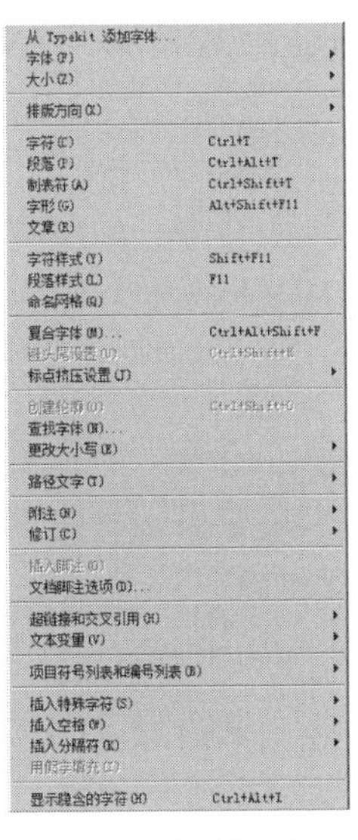
图 1-12 “文字”菜单

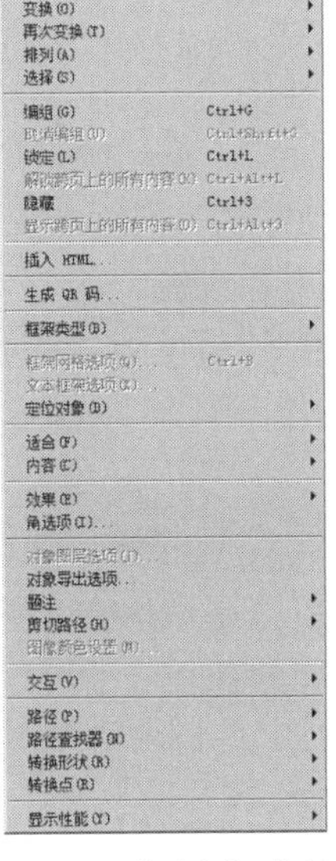
图 1-13 “对象”菜单

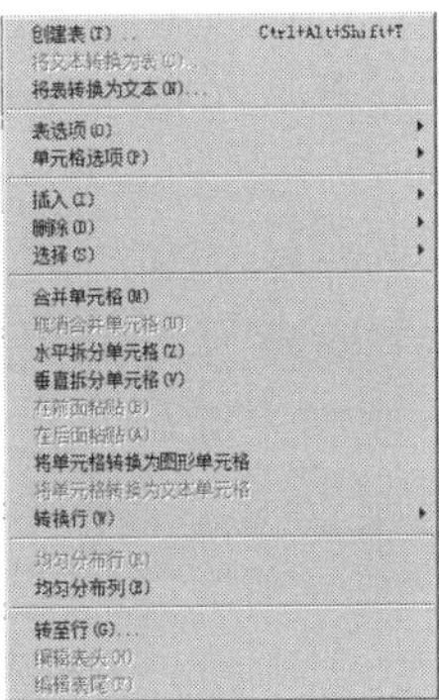
图 1-14 “表”菜单

7. “视图”菜单

“视图”菜单中包括叠印预览、控制视图显示（如放大、缩小、使页面适合窗口、使跨页适合窗口、实际尺寸、屏幕模式、控制网格与参考线隐藏 / 显示的网格和参考线命令等）的相关命令，如图 1-15 所示。

8. “窗口”菜单

“窗口”菜单中包括用于控制文档窗口的排列方式、工作区域设置，以及面板的显示与隐藏等相关命令，如图 1-16 所示。

9. “帮助”菜单

“帮助”菜单中包括 InDesign 帮助、关于 InDesign 、管理扩展面板等命令，如图 1-17 所示。

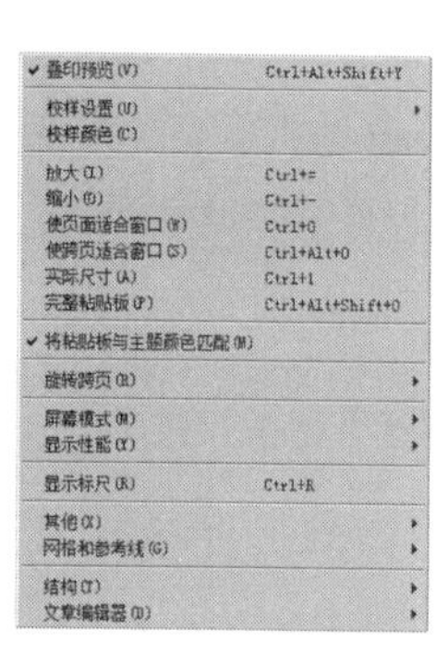

图 1-15 “视图”菜单

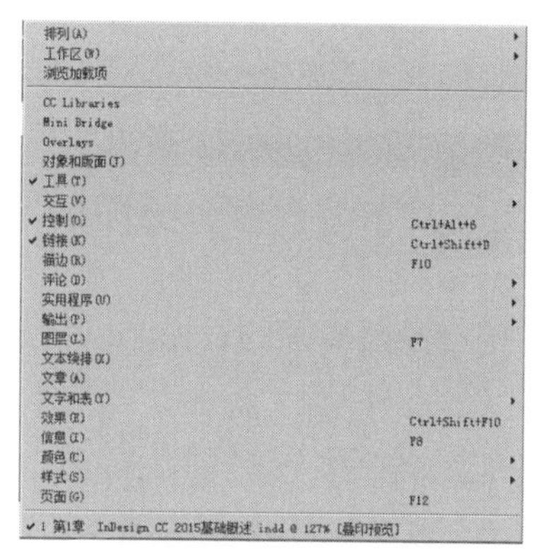

图 1-16 “窗口”菜单

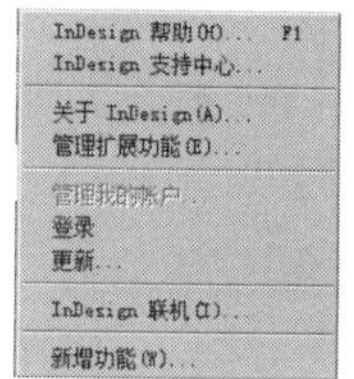

图 1-17 “帮助”菜单

1.2.4 “控制”面板与面板使用

默认情况下，InDesign CC 2015 的控制面板位于工作界面中菜单栏之下，其余的面板位于工作界面的右侧。

1. “控制”面板

在“控制”面板中单击☰按钮，可以弹出面板菜单，如图 1-18 所示。在面板菜单中不仅显示出与选择对象有关的选项，还可以设置“控制”面板在视图中的显示位置，可以选择将面板放在顶部、底部或浮动于窗口的任何位置。面板菜单中的命令也会随选择的对象不同而变化。

（1）选择对象为文字或段落文本

当选择对象为文字或段落文本时，控制面板会显示出关于字符与段落属性的选项。

在“控制”面板左侧单击字（字符格式控制）按钮，可以显示出字符的相关属性，此时可以设置字符的字体、字号、缩放比例、间距、挤压、应用的字符样式，如图 1-19 所示。

在“控制”面板左侧单击段（段落格式控制）按钮，可以显示出段落属性，此时可以设置段落的对齐、缩进、段前段后间距、首字下沉、避头尾设置、标点挤压、所用的段落样式、文章方向，如图 1-20 所示。

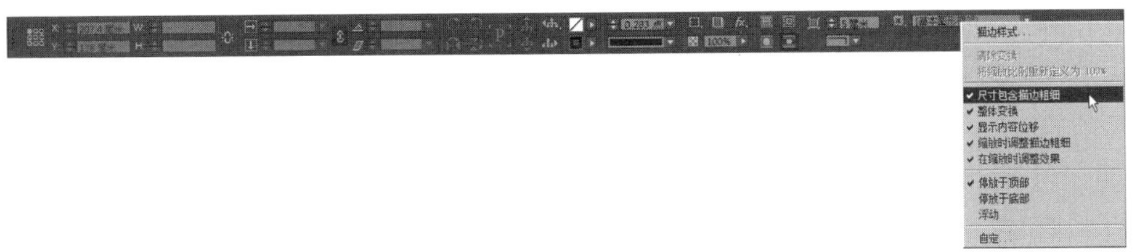

图 1-18　“控制”面板菜单

图 1-19　字符格式控制面板

图 1-20　段落格式控制面板

（2）选择对象为图形、图片和文本框架

当选择对象为图形、图片和文本框架时，“控制”面板中会显示出用于编辑这些对象的选项，例如对象的位置、长宽尺寸、对象缩放百分比、旋转、切变、描边等，如图 1-21 所示。

图 1-21　对象控制面板

如果对象为置入的图形、图像时，“控制”面板中会显示出适合选项图标，如图 1-22 所示。

图 1-22　置入对象后显示出适合选项图标

（3）选择对象为表格

当选中表格中的单元格时，“控制”面板中会显示出表格设置的选项，此时可以设置单元格中的文字的属性、文本对齐方式，调整表格行数、列数、行高、列宽，还可以将选中的单元格进行合并或取消合并，如图 1-23 所示。

图 1-23　表格控制面板

2. 使用面板

面板组位于工作界面的右侧，默认情况下以缩略图的方式进行显示，如图 1-24 所示。单击面板组顶部的（展开面板）按钮，可将面板图标扩展，如图 1-25 所示。

（1）显示 / 隐藏面板

显示 / 隐藏面板有以下 3 种方法。

- 在“窗口”菜单中选择相应的面板名称，例如“对齐”，如果面板名称前显示为✔状态，如图 1-26 所示，表示在窗口中已经显示了该面板，再次选择此命令将隐藏此面板。

图 1-24　面板组以缩略图进行显示

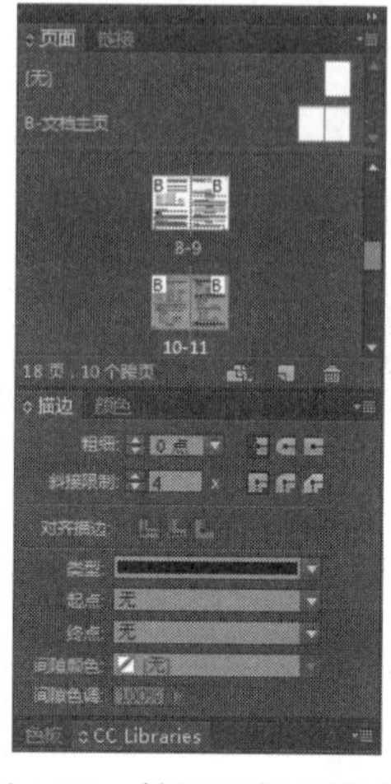

图 1-25　扩展面板后的效果

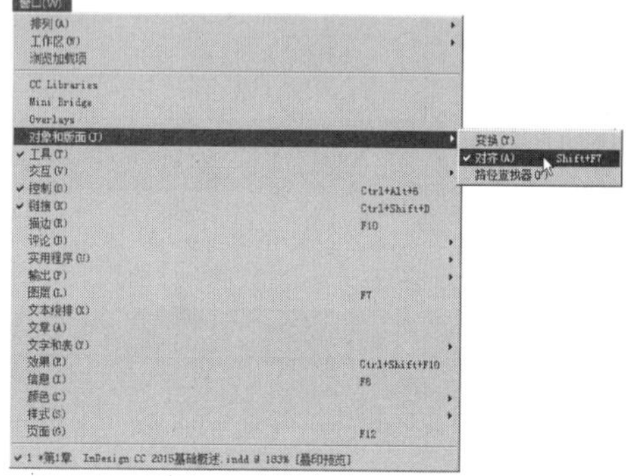

图 1-26　选中面板前显示为✔

- 按面板相应的键盘快捷键可以在显示和隐藏相应的面板之间进行切换。例如按快捷键〈F10〉，可以在显示和隐藏“描边”面板之间进行切换。
- 在页面中的文本框或面板选项文本框中没有任何文本插入点时，按〈Tab〉键，可以显示或隐藏所有面板。

（2）调整面板的大小

使用鼠标拖动面板的边框或四个角，可以调整面板的大小，如图 1-27 所示。

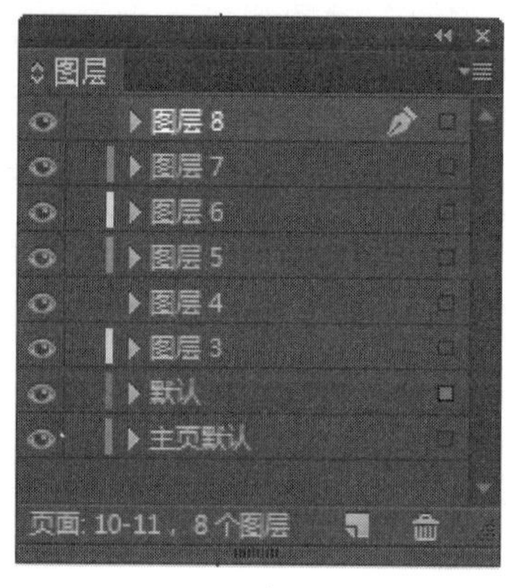

a)

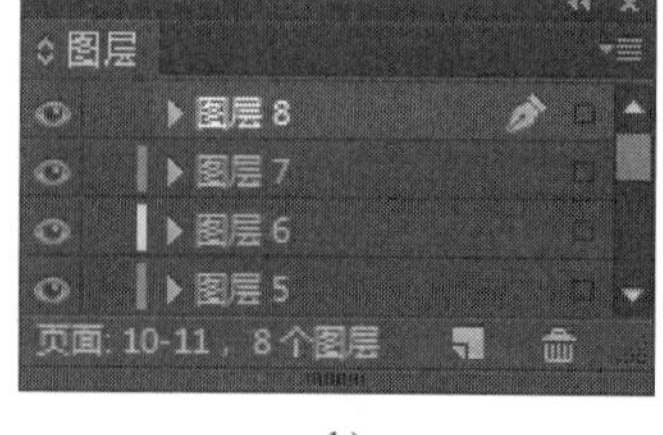

b)

图 1-27　调整面板的大小

a) 调整前　b) 调整后

（3）简化面板

- 对于有些面板，例如“色板”面板，单击“面板”名称左侧的小按钮，面板会依次显示为大面板、中面板和小面板，如图 1-28 所示。

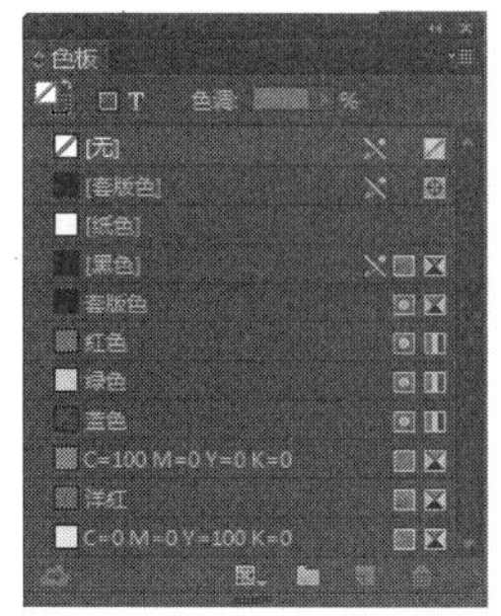

图 1-28　显示为大面板、中面板和小面板

- 单击“面板”右上角的按钮，从弹出的快捷菜单中选择“隐藏选项”命令，如图 1-29 所示，可隐藏部分选项，如图 1-30 所示；当需要显示选项时，可单击“面板”右上角的按钮，从弹出的快捷菜单中选择“显示选项”即可。

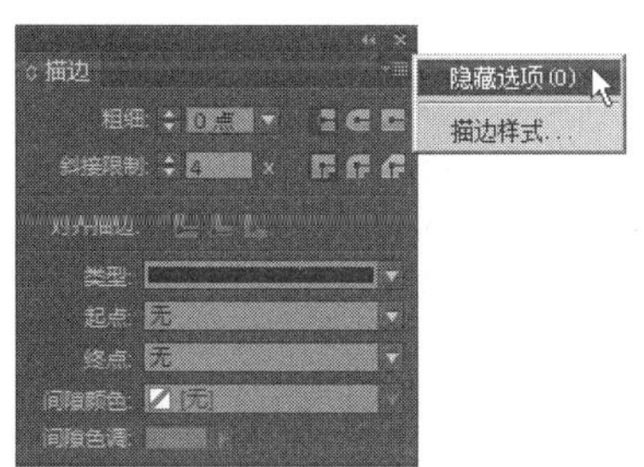

图 1-29　选择“隐藏选项”命令

图 1-30　选择“隐藏选项”后的效果

- 单击面板右上角的按钮，如图 1-31 所示，可以简化面板，如图 1-32 所示。

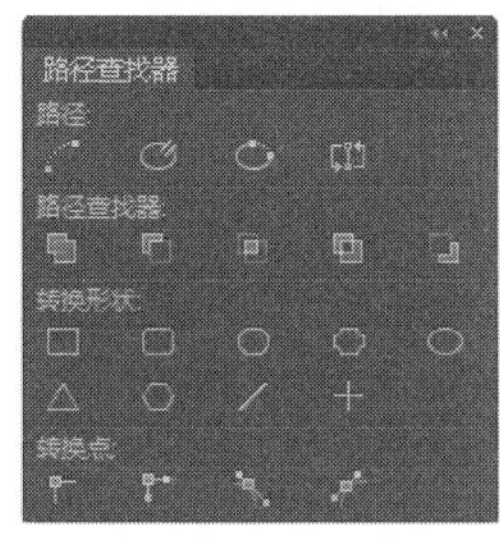

图 1-31　单击面板右上角的按钮

图 1-32　简化面板后的效果

（4）组合面板

为方便显示与使用，可以将多个面板组合在一起。例如可以把描边、颜色、路径查找器放在一起。组合面板的方法很简单，只要将面板的选项卡拖到目标面板中，如图 1-33 所示，然后松开鼠标，即可将面板组合到一个面板中，如图 1-34 所示。

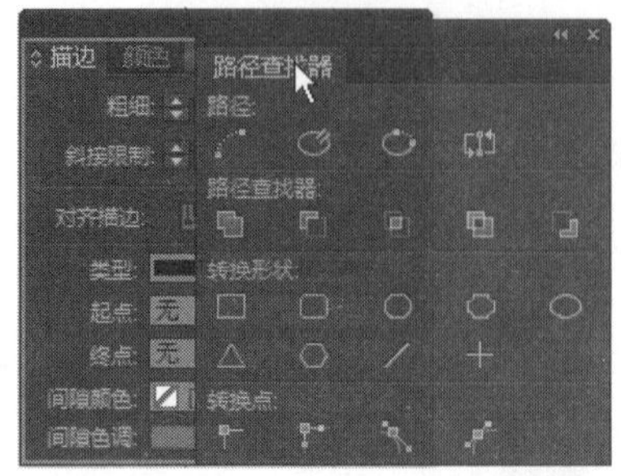

图 1-33　将面板的选项卡拖到目标面板中

图 1-34　组合面板后的效果

如果要将多个面板组中的面板显示为单独的窗口，可以将面板选项卡拖至所在面板组的外面，然后松开鼠标即可。

（5）停放面板

在 InDesign CC 2015 中，默认情况下面板停放在应用程序窗口的右侧，只显示选项卡，如图 1-35 所示。为了便于调整相关属性，也可以将停放的面板拖出来成为浮动面板。

- 停放浮动面板。单击选择相关面板的选项卡，如图 1-36 所示，然后将其拖动到应用程序窗口的右侧，当其显示为如图 1-37 所示的形状时，松开鼠标，即可将该面板停放到窗口的右侧，如图 1-38 所示。

图 1-35　停放的面板

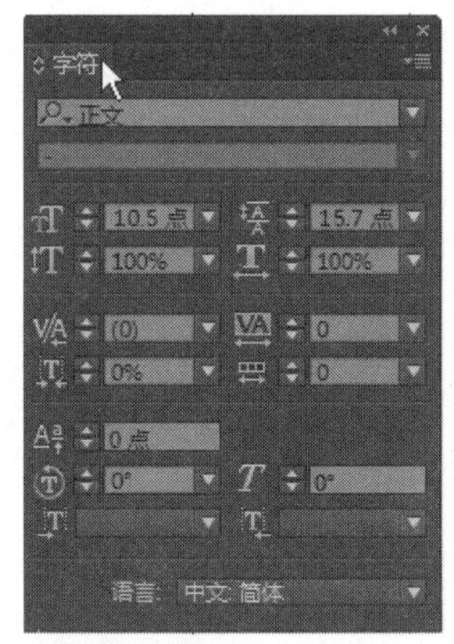

图 1-36　单击相关面板的选项卡

图 1-37　拖动时的状态

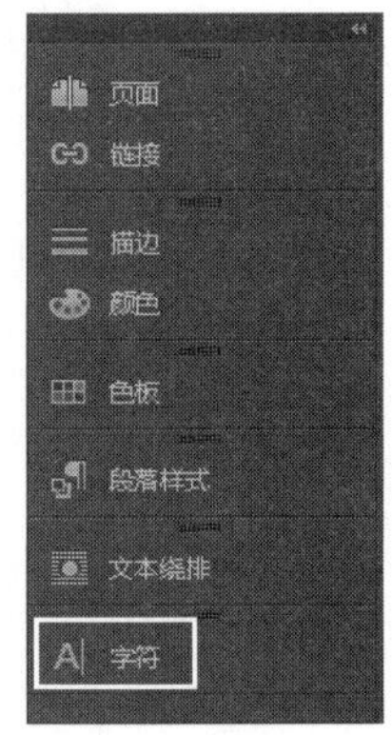

图 1-38　停放面板的效果

- 将停放的面板转换为浮动面板。在停放的面板中选择目标选项，然后将其拖离停放的面板组，如图 1-39 所示，即可将其从停放面板转换为浮动面板。
- 显示停放的面板。单击（展开面板）按钮，将显示出面板的全部选项，如图 1-40 所示。
- 折叠停放的面板。单击（折叠为图标）按钮，将只显示面板图标和面板名称，如图 1-41 所示。

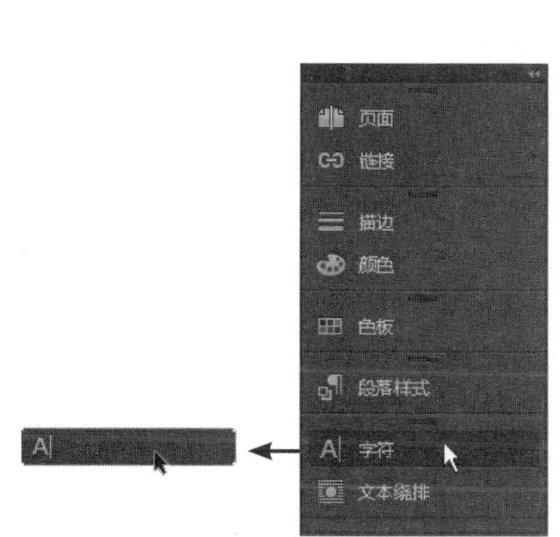

图 1-39　将面板拖离停放的面板组

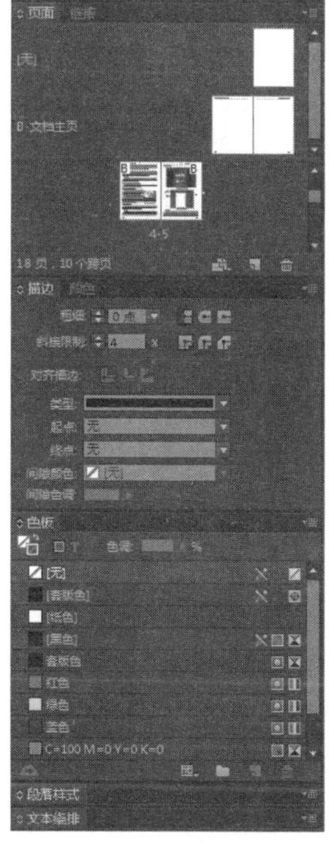

图 1-40　显示停放的面板

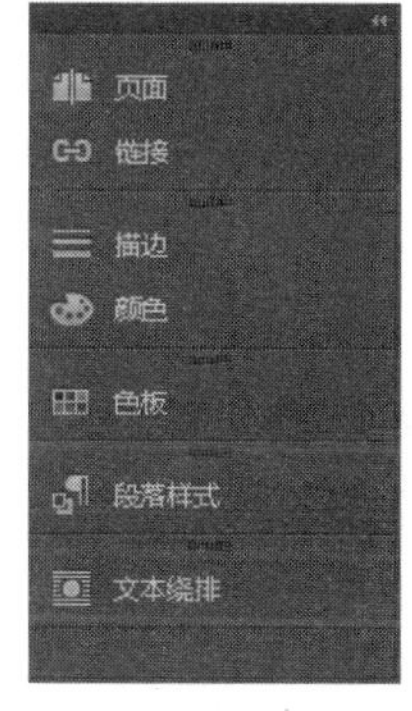

图 1-41　折叠停放的面板

- 只扩展一个面板。单击要扩展的面板的图标即可扩展该面板，如图 1-42 所示。

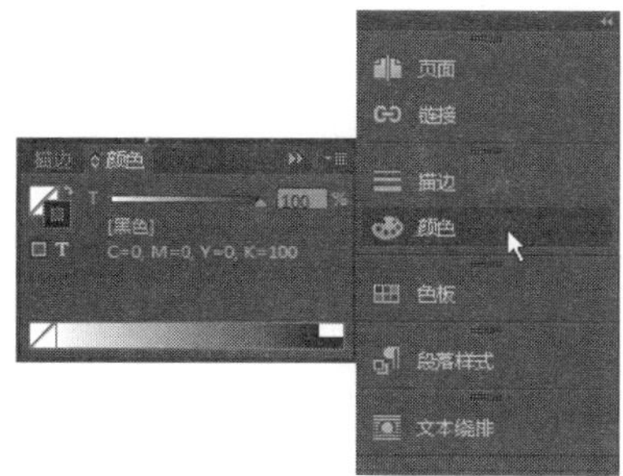

图 1-42　扩展单个面板

1.3　文档基本操作

本节将讲解在 InDesign CC 2015 中新建文档、打开文档、存储文档、关闭文档等基础操作。

1.3.1　新建文档

新建文档的操作步骤如下。

1）执行菜单中的“文件 | 新建 | 文档”命令，在弹出的“新建文档”对话框中，可以对文档的页面进行设置，如图 1-43 所示。如果要设置出血（印刷业术语，指超出版心的范围）和辅助信息区，可以单击“出血和辅助信息区”前的▶按钮，此时会显示出出血和辅助信息区的相关设置，如图 1-44 所示。

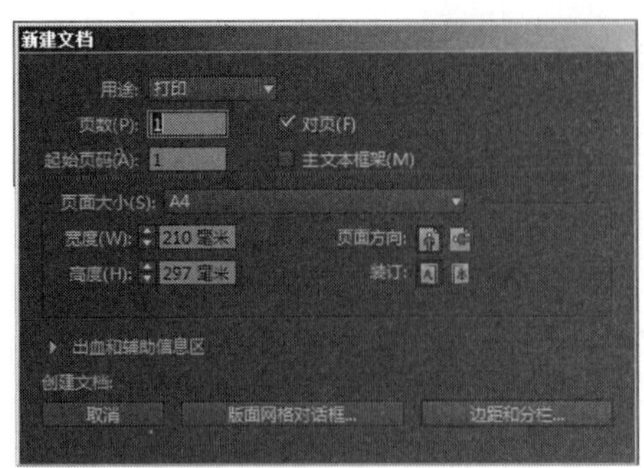

图 1-43 “新建文档”对话框

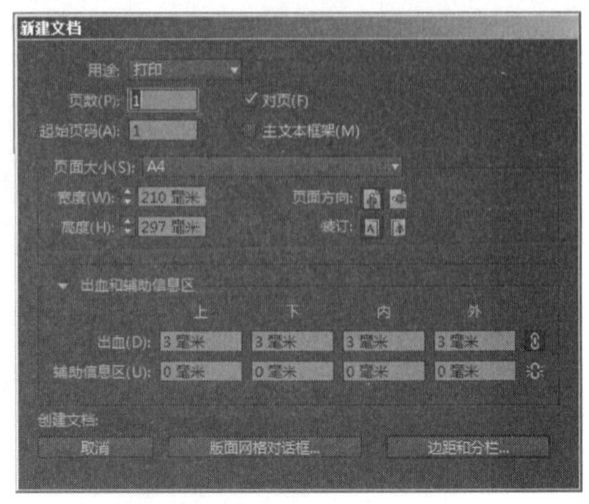

图 1-44 显示更多设置选项

- 页数：设置新文档的页数。根据要编排文件的类型而设定，可以大概设定一个数值，在以后的编辑中可以增加或删除。
- 对页：选择“对页”，可以使双页面跨页中的左右页面彼此相对，如图 1-45 所示。如果不选择，新建的文档中的每个页面是彼此独立的，如图 1-46 所示。

图 1-45 对页效果

图 1-46 单页效果

- 主文本框架：选择此选项，将创建一个与边距参考线内的区域大小相同的文本框架，并与指定的栏设置相匹配。此主页文本框架将被添加到主页 A 中。
- 页面大小：用于选择页面的尺寸，如 A3、A4、A5、B2、B3、信封等。也可以通过在下面的“宽度”和“高度”文本框中输入数值来自己设定页面尺寸。
- 页面方向与装订方向：用于设置页面的方向与装订的方向。页面方向有（纵向）和（横向）两种，一般设为纵向；装订方向有（从左到右）和（从右到左）两种，一般设为从左到右装订。
- 出血：用于设置对齐对象扩展到文档裁切线外的部分。出血区域在文档中由一条红线表示，出血线默认为 3 毫米。
- 辅助信息区：用于显示打印机说明、签字区域文档的其他相关信息。

提示：超出出血或辅助信息区以外的对象将不会被打印。

2）在“新建文档”对话框的最下面有“取消”“版面网格对话框”“边距和分栏”3 个按钮，如图 1-47 所示。在“新建文档”对话框中的选项设置好以后，单击“取消”按钮，可以取消新建文档的操作；单击“版面网格对话框”按钮，然后在弹出的图 1-48 所示的“新建网格版面”对话框中设置相应参数后，单击“确定”按钮，可以新建一个有网格的版面，如图 1-49 所示；单击“边距和分栏”，然后在弹出的图 1-50 所示的“新建边距和文档”对话框中设置相应参数后，单击“确定”按钮，可以新建一个固定栏数和栏宽的版面，如图 1-51 所示。

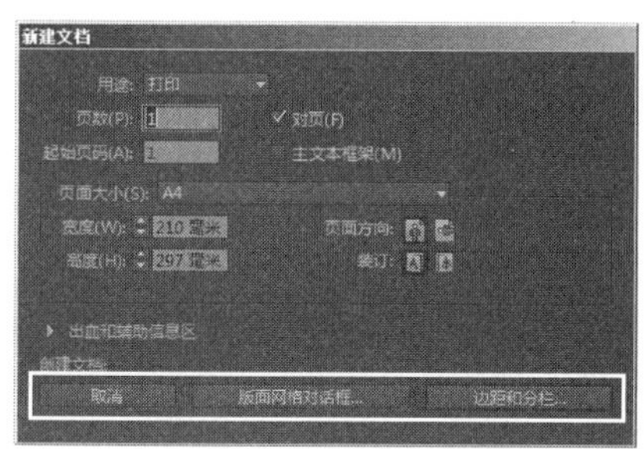

图 1-47　新建文档选项

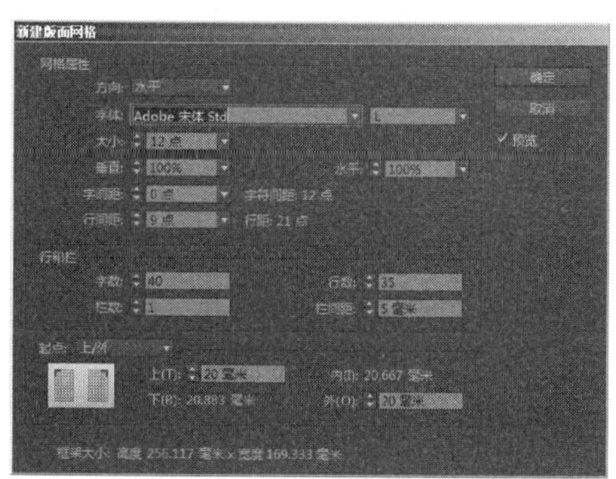

图 1-48　“新建网格版面”对话框

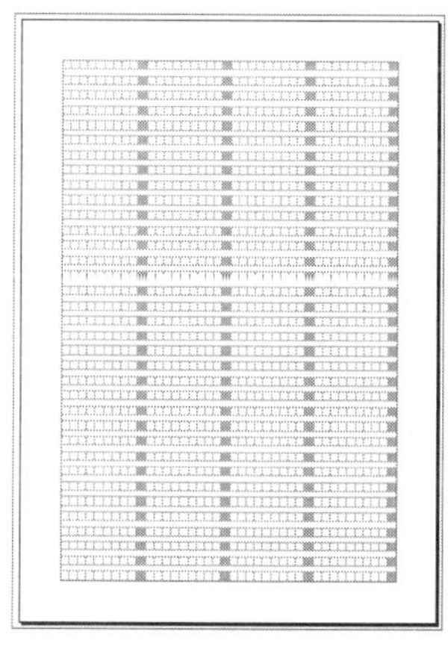

图 1-49　网格版面效果

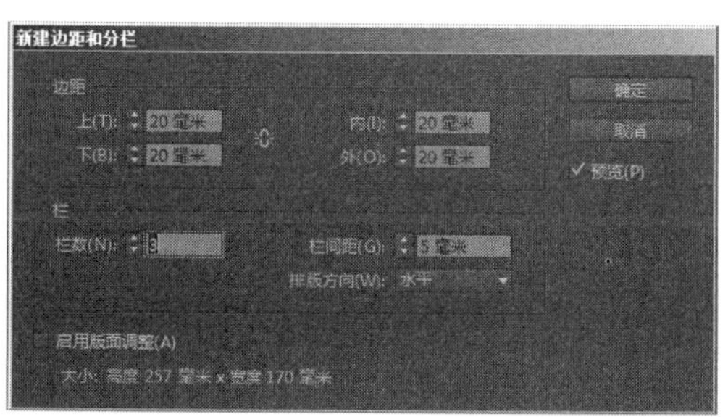

图 1-50　“新建边距和分栏”对话框

图 1-51　带有边距和分栏的版面效果

1.3.2 打开文档

打开文档的操作步骤如下。

1）执行菜单栏中的“文件 | 打开”命令，弹出如图 1-52 所示的“打开文件”对话框。

2）在“查找范围”下拉列表中选择要打开文件所在的磁盘或文件夹名称，如图 1-53 所示。

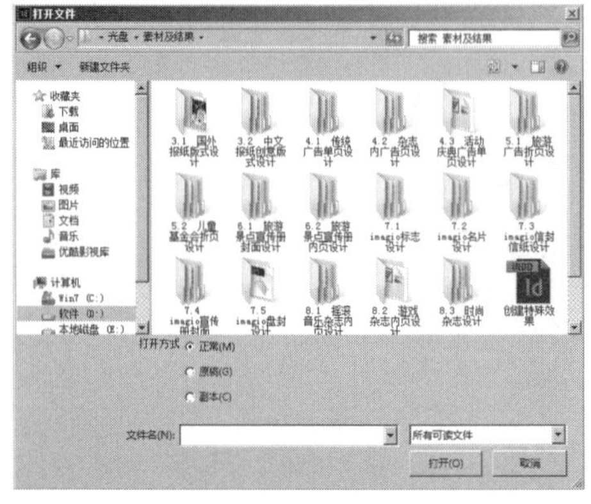

图 1-52 “打开文件”对话框

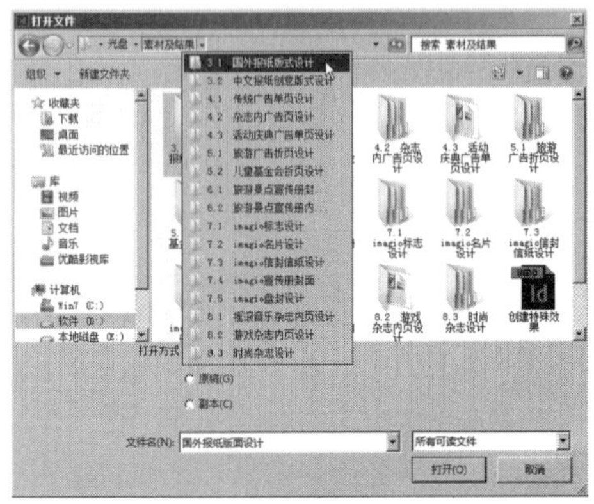

图 1-53 选择“查找范围”

3）在“文件类型”下拉列表中可以选择所要打开文件的格式，如图 1-54 所示。如果选择“所有可读文件”格式，对话框中将显示在此地址的所有文件；如果只选择一种格式，那么只会显示以此格式存储的文件。

4）在“打开文件”对话框右侧列表中选择要打开的文档。

5）在“打开方式”选项组中，选择打开文档的类型，如图 1-55 所示。

图 1-54 选择“文件类型”

图 1-55 “打开方式”选项组

- 选择“正常”，可以打开原始文档或模板的副本。
- 选择“原稿”，可以打开原始文档或模板。
- 选择“副本”，可以打开文档或模板副本。

6）单击“打开”按钮，即可打开相应的文件。

提示：单击“打开”后，如果弹出一个警告对话框，是因为配置文件或方案不匹配、缺失字体、文档中包含缺失的或已修改文件的链接。此时可进行重新设置来解决这个问题。

1.3.3 存储文档

在创建并设置好文件格式后，可以将它保存在计算机中，以便以后打开该文件继续进行编辑或修改的操作。存储 InDesign CC 2015 的文档有“存储”“存储为”和“存储副本”3 种方式。

1. 存储

使用“存储”命令不仅可以存储当前的版面，还可以对源文件的引用、当前显示的页面以及缩放级别进行存储。存储文档的具体操作步骤如下。

1）执行菜单中的“文件 | 存储”（快捷键〈Ctrl+S〉）命令，打开“存储为”对话框，如图 1-56 所示。

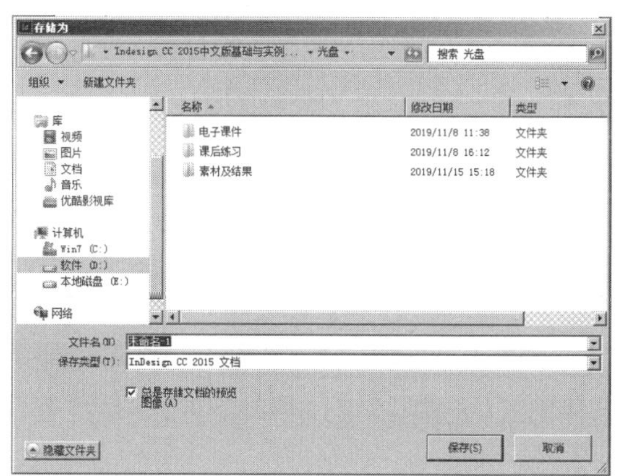

图 1-56 “存储为”对话框

- 文件名：在右侧“文件名”列表框中可以输入文件名称。文件名称可以使用中文、英文和数字，但是不能输入“？”“，，”“：”等标点符号。
- 保存类型：在右侧“保存类型”列表框中可以选择文档保存的格式。其中包括“InDesign CC 2015 文档”“InDesign CC 2015 模板”和“InDesign CS4 或更高版本（IDML）”3 个选项可供选择。

2）设置完毕后，单击“保存”按钮，即可将文档保存。

2. 存储为

使用“存储为”命令可以将文档另存为其他格式或其他名称。使用“存储为”命令存储文档的操作步骤如下。

1）执行菜单中的“文件 | 存储为”（快捷键〈Ctrl+Shift+S〉）命令，打开图 1-56 所示的“存储为”对话框 。

2）在“存储为”对话框中设置文件名和保存类型后，单击“保存”按钮，即可将当前文档另行保存。

3. 存储副本

执行菜单中的“ 文件 | 存储副本”命令，可以将当前文档存储为一个副本。例如，原来的文档名称为“未标题 -1.indd”，默认存储副本名称则为“未标题 -1 副本 .indd”。

1.3.4 关闭文档

“关闭”命令是指关闭当前编辑的文档。关闭文档的操作步骤如下。

1）执行菜单中的“文件 | 关闭”（快捷键〈Ctrl+W〉）命令，或者单击文档窗口标题栏中的 ☒（关闭）按钮，如图 1-57 所示。

2）如果文档修改后已经存储，文档将直接关闭；如果文档修改后未存储，会弹出图 1-58 所示的提示对话框，此时可以选择保存或不保存文件。

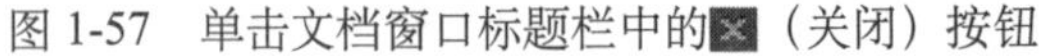

图 1-57 单击文档窗口标题栏中的 ☒（关闭）按钮

图 1-58 提示对话框

1.4 课后练习

1. 填空题

（1）常用的分辨率有 ________、________、________ 和 ________4 种。

（2）存储 InDesign CC 2015 的文档有 ________、________ 和 ________3 种方式。

2. 选择题

（1）InDesign CC 2015 中存储文档的快捷键是（　　）？

A. Ctrl+A　　B. Ctrl+I　　C. Ctrl+S　　D. Ctrl+D

（2）在 InDesign CC 2015 中按 ________ 键，可以显示或隐藏所有面板。

A. Tab　　B. Ctrl　　C. Shift　　D. Alt

3. 问答题

（1）简述位图和矢量图的区别。

（2）简述 InDesign CC 2015 工作界面的构成。

第 2 章　InDesign CC 2015 相关操作

本章讲解 InDesign CC 2015 的基本操作。通过本章的学习，读者应掌握以下内容。

■ 掌握置入图形与图像的方法。

■ 掌握创建基本图形的方法。

■ 掌握框架、图层和对象效果的操作。

■ 掌握文字与段落、文字排版的相关操作。

■ 掌握表格的相关操作。

■ 掌握应用样式与库的方法。

■ 掌握版面管理、打印与创建 PDF 文件的方法。

2.1　置入图形与图像

使用“置入”命令可以置入 PSD（Photoshop 专用图像格式）、分层的 PDF（跨平台的辨析文档格式）、AI（矢量图文件）、EPS（打印机页面描述语格式）以及该软件自身的 INDD 格式的文件。使用“置入”命令置入图片时，可以直接置入，此时图片会放置在软件自动建立的框架内；也可以先绘制一个图形框架，然后将图片置入到预先绘制好的框架内。

2.1.1　直接置入图片

直接置入图片的操作步骤如下。

1）执行菜单中“文件 | 置入”（快捷键〈Ctrl+D〉）命令。

2）在弹出的“置入”对话框中选择要置入的图片，如图 2-1 所示。

图 2-1　选择要置入的图片

3）单击“确定”按钮，此时鼠标显示为图片预览，如图 2-2 所示。

4）在文档要置入图片的位置单击鼠标左键，即可将选择的图片置入到指定的位置，如图 2-3 所示。

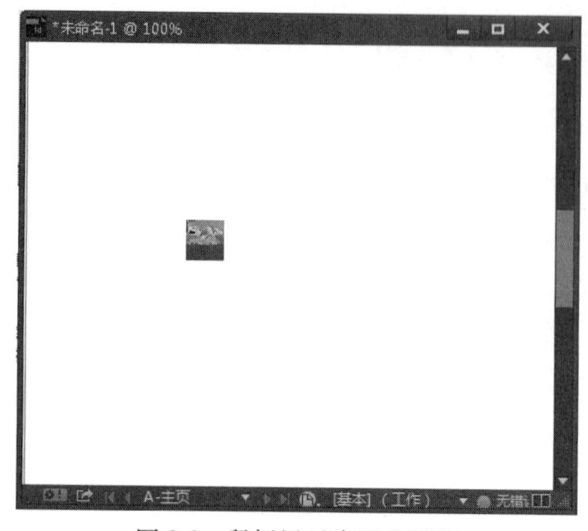

图 2-2　鼠标显示为图片预览

图 2-3　将图片置入到指定的位置

2.1.2　将图片置入到指定框架内

将图片置入到指定框架内的操作步骤如下。

1) 使用工具箱中的框架工具创建一个框架，这里创建的是（矩形框架工具），如图 2-4 所示。

2）确认框架处于选中状态，执行菜单中的“文件 | 置入”命令，在弹出的“置入”对话框中选择配套光盘中“素材及结果 \ 纳木错 .jpg”图片，单击“确定”按钮，此时图片会自动置入到指定的图形框架内，如图 2-5 所示。

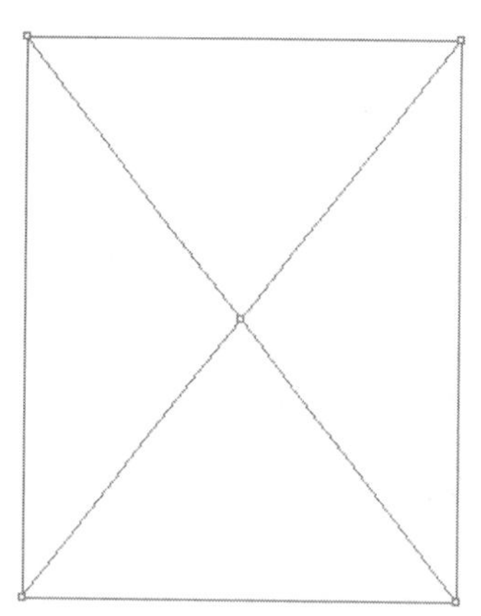

图 2-4　创建矩形框架

图 2-5　将图片置入框架

3）此时置入到框架内的图片大小与图形框架大小不一致，可以通过以下 3 种方法进行调整。

方法 1：利用工具箱中的（直接选择工具）选中框架内的图片，如图 2-6 所示。然后利用工具箱中的（自由变换工具）调整图片长宽比例，使图片完全显示，如图 2-7 所示。

方法 2：利用工具箱中的（选择工具）选中图形框架，如图 2-8 所示，然后调整图形框架的大小，如图 2-9 所示。

图 2-6　选中框架内的图片

图 2-7　使图片完全显示

图 2-8　选中图形框架

图 2-9　调整图形框架的大小

方法 3：利用工具箱中的（选择工具）选中图形框架，然后执行菜单中的“对象 | 适合”命令，在“适合”菜单中选择一种调整类型，自动调整图片与框架的大小关系，如图 2-10 所示。

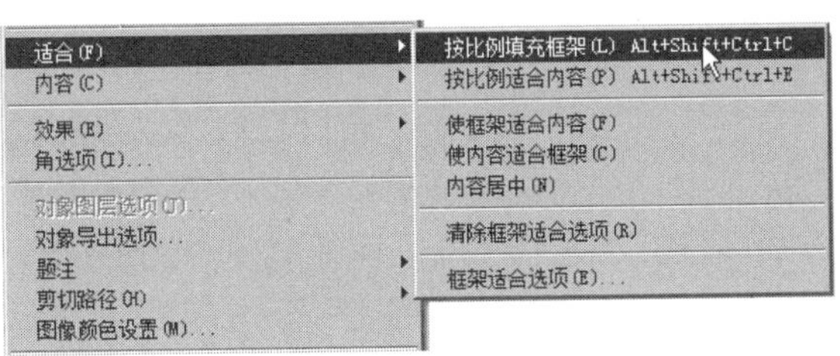

图 2-10　“适合”菜单

- 按比例填充框架：调整图片的大小使其充满框架，但图片缩放的同时保持比例，效果如图 2-11 所示。
- 按比例适合内容：调整图片的大小使其适合框架，但图片按比例缩放，效果如图 2-12 所示。
- 使框架适合内容：调整图形框架使其适合图片的大小，效果如图 2-13 所示。
- 使内容适合框架：调整图片使其适合图形框架的大小，效果如图 2-14 所示。

- 内容居中：将图片调整至图形框架的居中位置，而不会调整图片或图形框架的大小，效果如图 2-15 所示。

图 2-11　按比例填充框架

图 2-12　按比例适合内容

图 2-13　使框架适合内容

图 2-14　使内容适合框架

图 2-15　内容居中

2.2　创建基本图形及相关操作

在 InDesign CC 2015 中，基本图形是制作任何复杂图形的最基本元素，主要包括钢笔工具、铅笔工具、框架工具、矩形工具等对象，使用它们可以绘制最基本的图形形状，还可以通过对锚点的编辑，变成符合绘图所需的任意形状。在创建了基本形状之后，还可以对其进行描边、变换等操作，并可通过“路径查找器”面板对多个图形进行重新组合、剪切等操作，从而生成新的图形。

2.2.1　绘制基本图形

在 InDesign CC 2015 中，创建任何一幅作品都需要从绘制最基本的图形开始，例如绘制点、线、矩形、椭圆形、多边形等。它们的绘制方法基本相似，可以通过单击并拖动创建图形，也可以在工具箱中双击相应的工具，通过打开相应的对话框来精确绘制图形。下面讲解绘制基本图形的方法。

1. 绘制直线

绘制直线的操作步骤如下。

1）选择工具箱中的（直线工具）。

2）将鼠标放置到绘图区中，然后单击设定直线的起始点，接着拖动到直线的终点释放鼠标，即可绘制一条直线，如图 2-16 所示。

提示 1：默认情况下创建的直线是以黑色描边的。如果要改变直线的颜色，可以双击工具箱下方的，在弹出的“拾色器”对话框中进行重新设置。

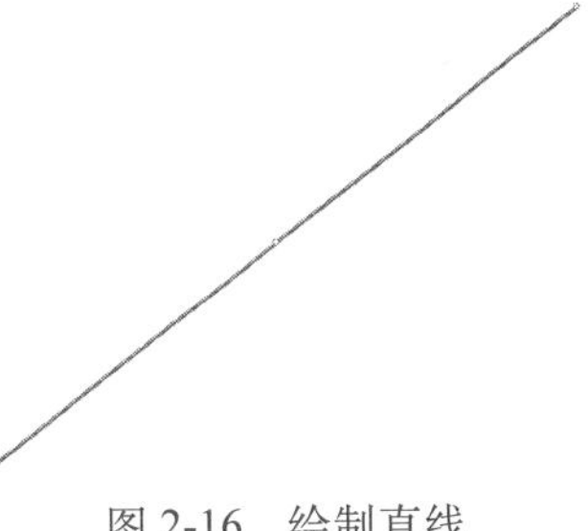

图 2-16　绘制直线

提示 2：按下〈Shift〉键可以绘制出 0°、90° 或 45° 的直线。

2. 绘制曲线

在 InDesign CC 2015 中绘制曲线的基本工具是（铅笔工具）。（铅笔工具）不但可以创建单一的路径，还可以任意绘制沿着光标经过的路径。如果绘制的路径不够平滑，可以使用（平滑工具）调整所绘制的路径形状，还可以使用（抹除工具）擦除不必要的路径。

（1）使用铅笔工具

使用（铅笔工具）可以像在纸上绘图一样随意地绘制路径形状。绘制曲线的操作步骤如下。

1）选择工具箱中的（铅笔工具）在绘图区中按下鼠标确定曲线起始点，然后任意拖动鼠标到曲线终止点，即可创建一条曲线，如图 2-17 所示。

2）双击工具箱中的（铅笔工具），在弹出的图 2-18 所示的“铅笔工具首选项”对话框中设置铅笔的主要参数，其中“保真度”和“平滑度”的数值越大，绘制的路径越圆滑。

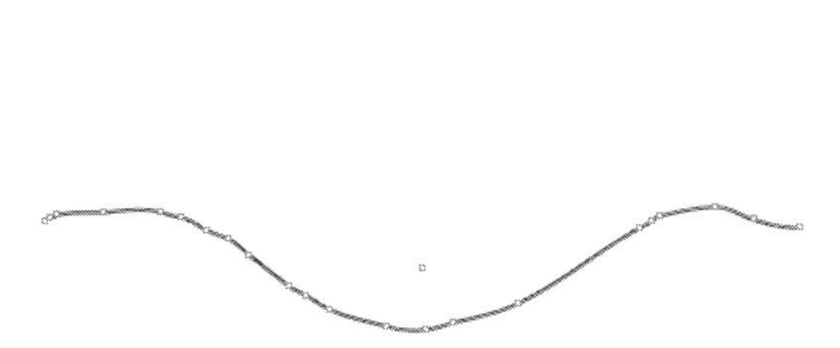

图 2-17　绘制曲线

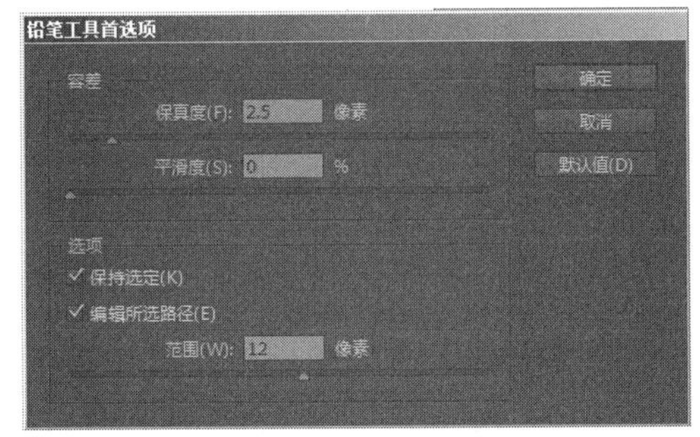

图 2-18　“铅笔工具首选项”对话框

（2）使用平滑工具

使用（平滑工具）可以删除现有路径或路径上某一部分中的多余锚点，并且可以尽可能地保留路径的原始形状。平滑后的路径通常具有较少的锚点，从而使路径更易于编辑。使用（平滑工具）的操作步骤如下。

1）确认路径处于选中状态。

2）选择工具箱中的（平滑工具），然后拖动鼠标将路径中的局部区域选中，此时会发现其中尖锐的线条变得平滑了。图 2-19 所示为平滑前后的效果比较。

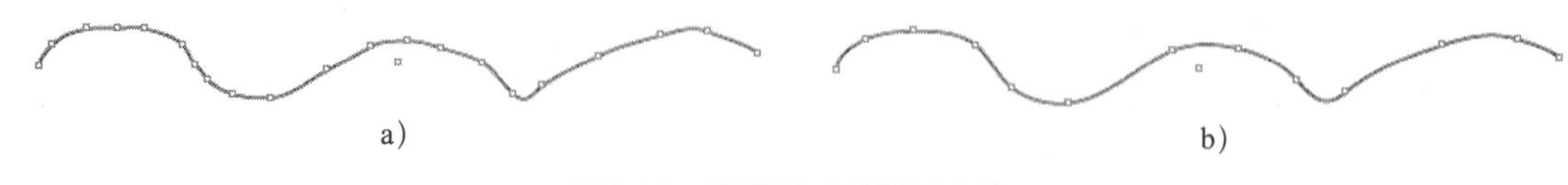

图 2-19　平滑前后的效果比较
a）平滑前　b）平滑后

3) 如果对使用（平滑工具）后的效果不太满意，可以双击工具箱中的（平滑工具），然后在弹出的图 2-20 所示的“平滑工具首选项”对话框中设置参数，再次调整路径形状。

提示：在使用（铅笔工具）时，按住〈Alt〉键可以临时切换到（平滑工具）。

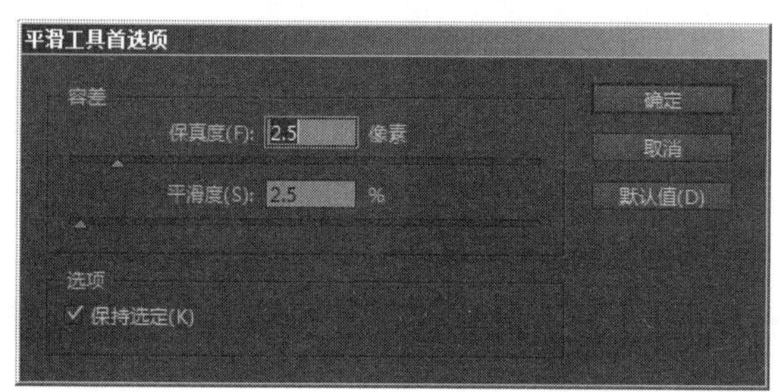

图 2-20　“平滑工具首选项”对话框

(3) 使用抹除工具

使用（抹除工具）擦除不必要的路径，操作步骤如下。

1）在绘图区中选中要抹除的路径。

2）选择工具箱中的（抹除工具），拖动鼠标穿过路径的一个区域将会删除所经过的路径。图 2-21 为抹除路径前后的效果比较。

图 2-21　抹除路径前后的效果比较
a）抹除前　b）抹除后

3. 绘制矩形和椭圆

(1) 绘制矩形

绘制矩形的方法有以下两种。

方法 1：选择工具箱中的（矩形工具），然后在绘图区中拖动鼠标到对角线方向即可创建矩形。默认情况下创建的矩形为黑色描边，并处于选中状态，如图 2-22 所示。

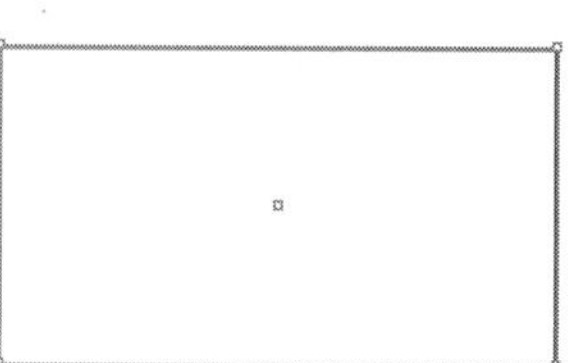

图 2-22　创建矩形

方法 2：选择工具箱中的（矩形工具），然后在绘图区中单击，在弹出的图 2-23 所示的“矩形”对话框中设置“宽度”和“高度”参数值后，单击“确定”按钮，即可创建精确尺寸的矩形。

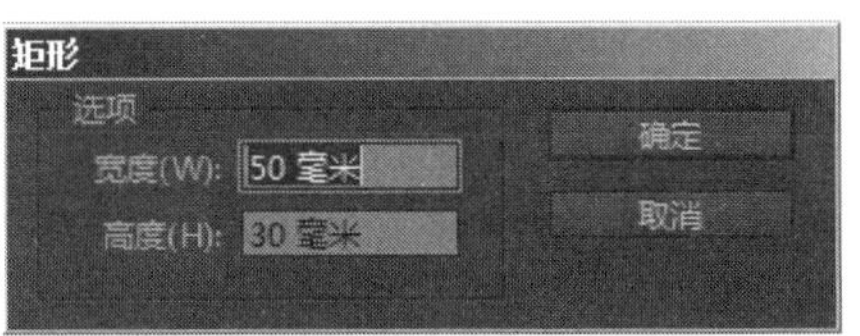

图 2-23　“矩形”对话框

（2）绘制椭圆

绘制椭圆的方法与绘制矩形相似，同样可以通过单击并拖动绘制椭圆形，也可以选择工具箱中的（椭圆工具）在绘图区中单击，在弹出的“椭圆”对话框中设置椭圆的宽度和高度，如图 2-24 所示。

图 2-24　“椭圆”对话框

4. 绘制多边形

绘制多边形的操作方法与绘制矩形相似，可以通过单击并拖动绘制多边形，也可以使用（多边形工具）在绘图区中单击，在弹出的“多边形”对话框中设置多边形的相关参数，如图 2-25 所示。

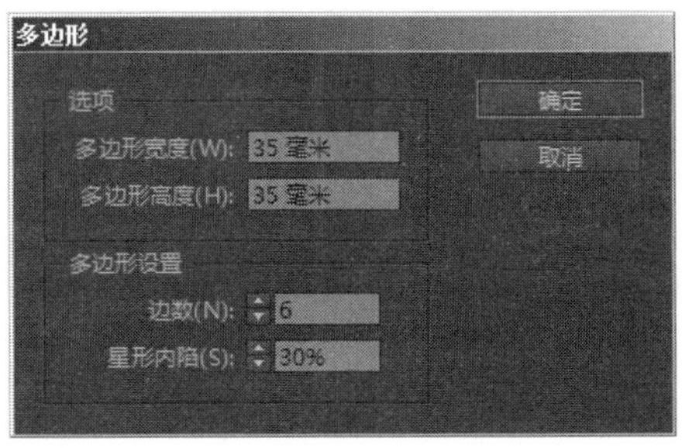

图 2-25　“多边形”对话框

“多边形”对话框中各个选项如下。

- 多边形宽度：用于指定多边形的宽度。
- 多边形高度：用于指定多边形的高度。
- 边数：用于指定多边形的边数值。
- 星形内陷：用于指定星形凸起的长度。凸起的尖部与多边形定界框的外缘相接，此百分比决定每个凸起之间的内陷深度。百分比越高，创建的凸起就越长、越细。图 2-26 为不同“星形内陷”数值的效果比较。

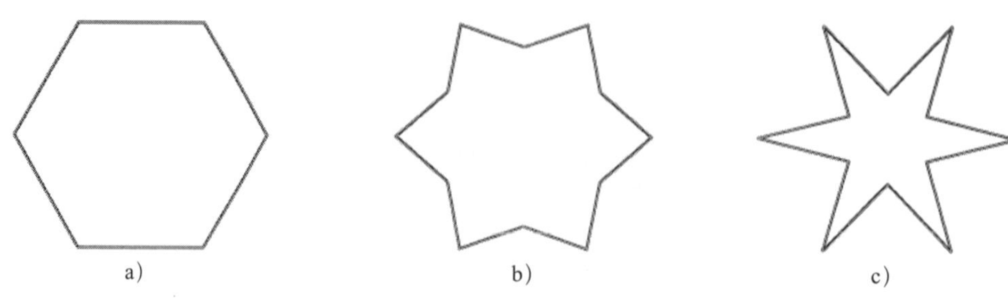

图 2-26　不同“星形内陷”数值的效果比较

a)“星形内陷”为 0%　b)“星形内陷”为 20%　c)“星形内陷”为 60%

2.2.2　绘制和编辑路径

路径是由一个或者多个直线段或曲线段组成的。锚点是路径段的端点。在曲线段上，每个选中的锚点会显示一条或两条方向线，方向线以方向点结束。方向线和方向点的位置决定了曲线段的大小和形状。

锚点分为两种类型：平滑点和角点。平滑点有一条曲线路径平滑地通过它们，因此路径连接为连续曲线。而在角点处，路径在那些特定的点明显地更改方向。如图 2-27 所示为不同锚点类型的效果比较。

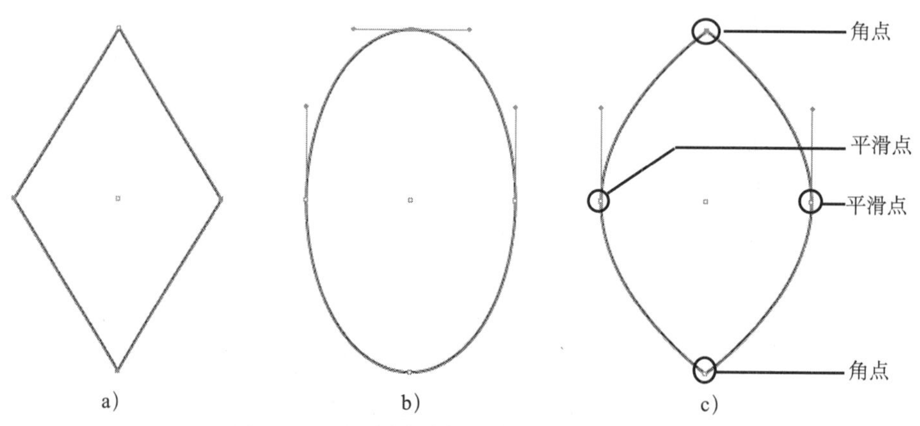

图 2-27　不同锚点类型的效果比较

a）4 个角点　b）4 个平滑点　c）角点和平滑点相结合

使用 （钢笔工具）可以绘制任意的开放路径和闭合路径。

1. 绘制开放路径

开放路径有两个不同的端点，它们之间有任意数量的锚点。绘制开放路径的操作步骤如下。

1）选择工具箱中的 （钢笔工具）。

2）将鼠标移动到绘图区中，单击创建直线的起始点，然后再次单击即可绘制一条直线路径。如图 2-28 所示为单击多次鼠标后得到的路径效果。

2. 绘制闭合路径

闭合路径是连续的路径，没有端点。绘制闭合路径的操作步骤如下。

1）在创建开放路径后，将鼠标放置到路径的起始点，此时光标变为✎。形状，如图 2-29 所示。

2）单击起始点即可创建一个闭合路径，如图 2-30 所示。

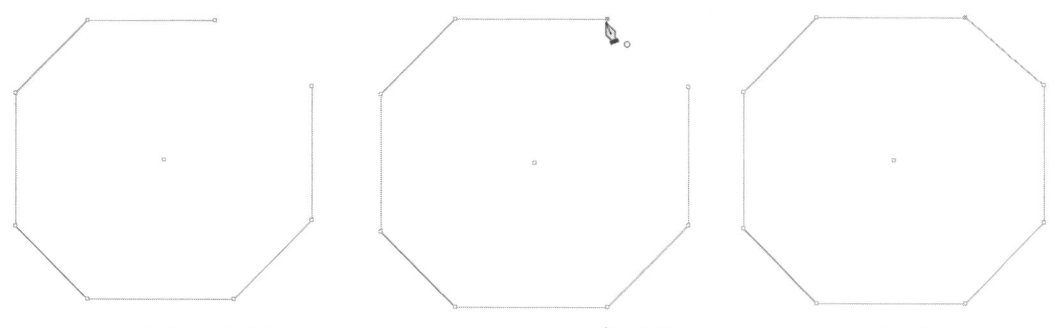

图 2-28　绘制开放路径　　图 2-29　光标变为✎。形状　　图 2-30　创建的闭合路径

提示：使用✎（钢笔工具）单击确定起始点后，单击并拖动鼠标可以绘制曲线，如图 2-31 所示。

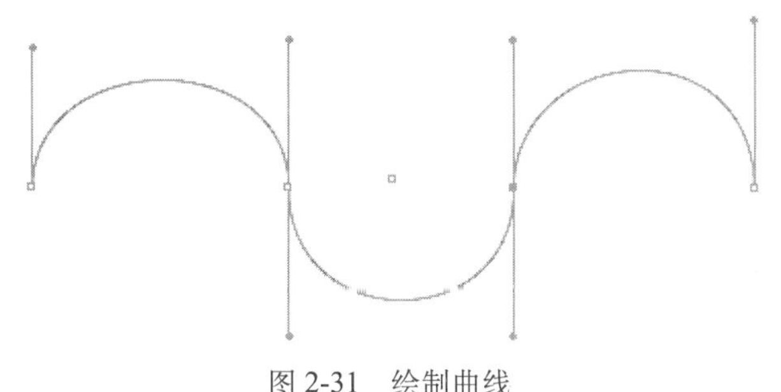

图 2-31　绘制曲线

3. 编辑路径

在 InDesign CC 2015 中创建了基础路径后，还可以对路径进行进一步的编辑，例如添加锚点、删除锚点、转换锚点类型等，下面就来具体讲解编辑路径的方法。

（1）添加和删除锚点

添加和删除锚点的操作步骤如下。

1）添加锚点。方法：选择工具箱中的✎（钢笔工具），将光标移动到路径上，此时光标变为✎（添加锚点工具），如图 2-32 所示。然后单击即可添加锚点，效果如图 2-33 所示。

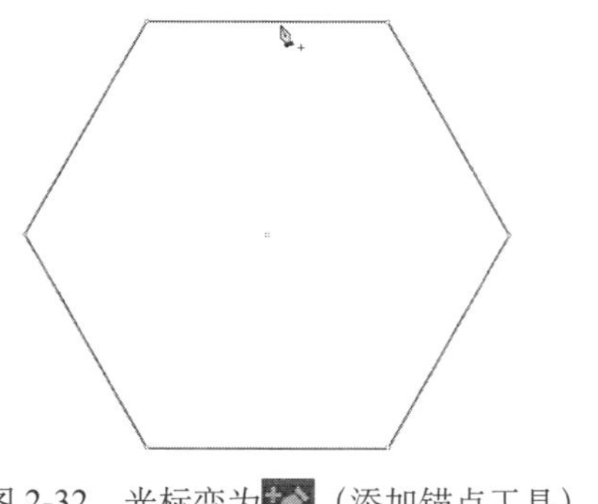

图 2-32　光标变为✎（添加锚点工具）

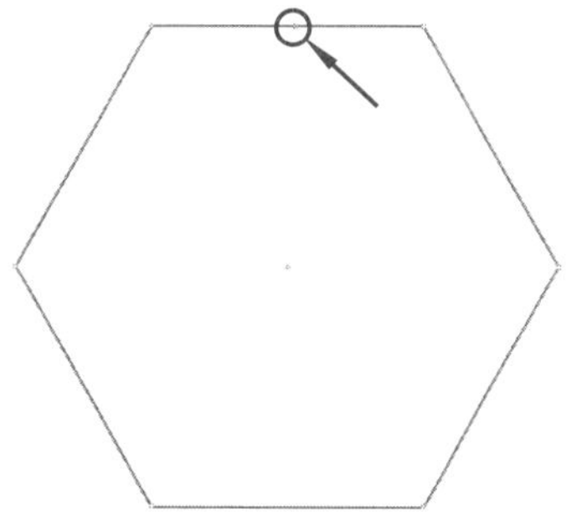

图 2-33　添加锚点后的效果

2）删除锚点。方法：选择工具箱中的 （钢笔工具），将光标移动到路径上要删除的锚点处，此时光标变为 （删除锚点工具），如图 2-34 所示。然后单击该锚点即可将其删除，效果如图 2-35 所示。

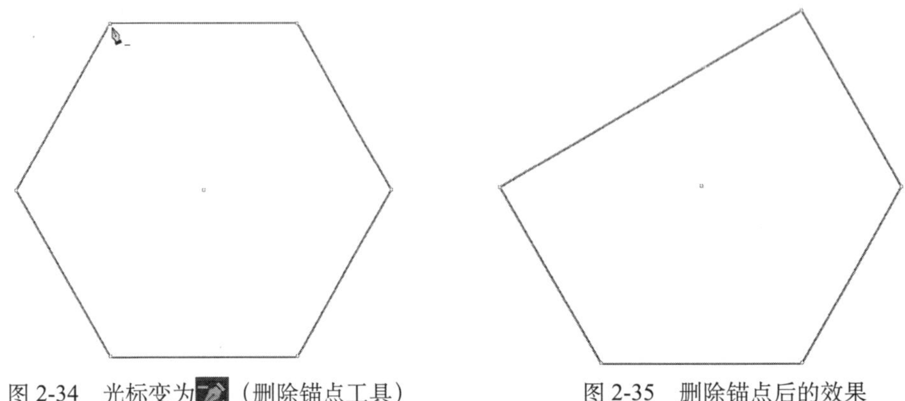

图 2-34　光标变为 （删除锚点工具）　　图 2-35　删除锚点后的效果

（2）转换锚点类型

路径可以包含两种锚点类型：角点和平滑点。利用工具箱中的 （转换方向点工具）可以将锚点在角点和平滑点之间进行切换。转换锚点类型的操作步骤如下。

1）选择工具箱中的 （转换方向点工具），将鼠标移动到要转换的角点上，如图 2-36 所示。然后单击角点并拖动鼠标，如图 2-37 所示，即可将其转换为平滑点，效果如图 2-38 所示。

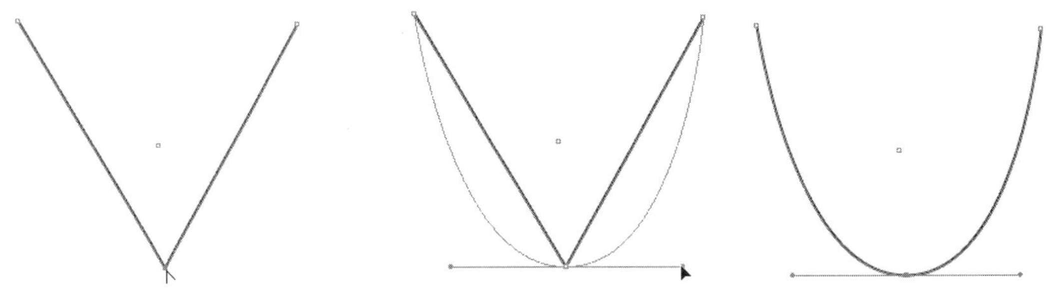

图 2-36　将鼠标移动到要转换的角点上　图 2-37　单击角点并拖动鼠标　图 2-38　转换为平滑点后的效果

2）单击平滑点，即可将平滑点转换为角点，效果如图 2-39 所示。

图 2-39　将平滑点转换为角点

(3) 转换路径类型

转换路径类型的操作步骤如下。

1) 使用工具箱中的（直接选择工具）选择闭合路径的某个锚点。

2) 执行菜单中的“对象 | 路径 | 开放路径”命令，即可将闭合路径转换为开放路径。

提示：利用工具箱中的（直接选择工具）选择开放路径，然后执行菜单中的“对象 | 路径 | 闭合路径”命令，即可将开放路径转换为闭合路径。

(4) 拆分路径

使用工具箱中的（剪刀工具）可以拆分开放路径。拆分路径的操作步骤如下。

1) 选择工具箱中的（剪刀工具）。

2) 在封闭路径上需要拆分的位置单击，然后到另外一个位置再次单击，如图 2-40 所示，即可将封闭路径进行拆分。如图 2-41 所示为移动拆分后的图形效果。

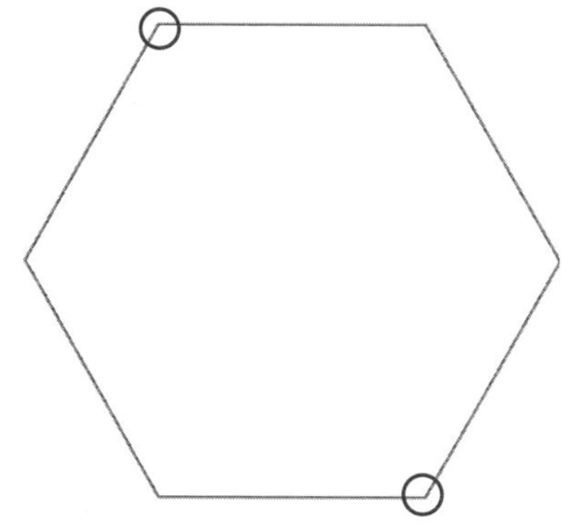

图 2-40　分别在要拆分的位置单击鼠标

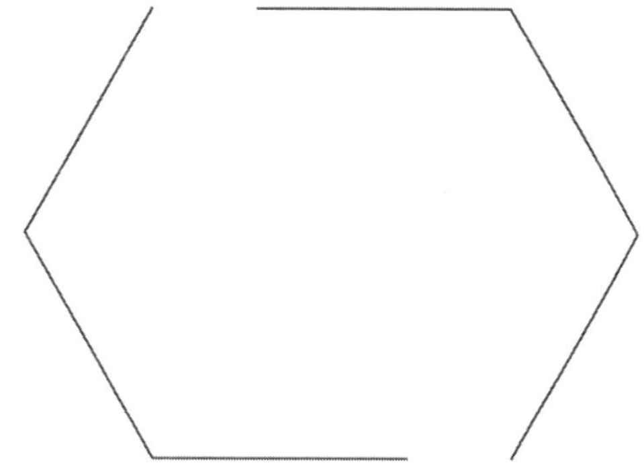

图 2-41　移动拆分后的图形效果

2.2.3　图形描边

在创建了对象后，执行菜单中的“窗口 | 描边”命令，在弹出的“描边”面板中可以设置对象的描边粗细、对齐描边、类型等，如图 2-42 所示。

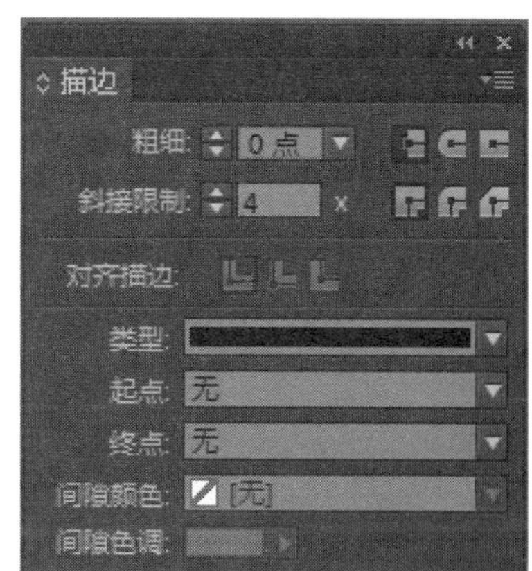

图 2-42　“描边”面板

“描边”面板各项参数的含义如下。

● 粗细：用于指定描边的粗细，范围为：0 ～ 800 点之间。如图 2-43 所示为不同描边粗细的效果比较。

● 斜接限制：用于指定在斜角连接成为斜面连接之前的拐点长度与描边宽度的限制。斜接限制不适用于圆角连接。

● 端点：选择一个端点样式以指定开放路径两端的外观。包括（平头端点）、（圆头端点）和（投射末端）3 个选项可供选择。选择（平头端点），可以创建邻接（终止于）端点的方形端点，如图 2-44 所示；选择（圆头端点），可以创建在端点外扩展半个描边宽度的半圆端点，如图 2-45 所示；选择（投射末端），可以创建在端点之外扩展半个描边宽度的方形端点，如图 2-46 所示，此选项使描边粗细沿路径周围的所有方向均匀扩展。

a)

b)

c)

图 2-43　不同描边粗细的效果比较
a）描边 0.5mm　b）描边 1.0mm　c）描边 2.0mm

图 2-44　平头端点　　图 2-45　圆头端点　　图 2-46　投射末端

- 连接：用于指定角点处描边的外观。包括（斜接连接）、（圆角连接）和（斜面连接）3 个选项可供选择。选择（斜接连接），可以创建当斜接的长度位于斜接限制范围内时超出端点扩展的尖角，如图 2-47 所示；选择（圆角连接），可以创建在端点之外扩展半个描边宽度的圆角，如图 2-48 所示；选择（斜面连接），可以创建与端点邻接的方角，如图 2-49 所示。

图 2-47　斜接连接

图 2-48　圆角连接

图 2-49　斜角连接

- 对齐描边：用于指定描边相对于它的路径的位置。包括(描边对齐中心)、(描边居内)和（描边居外）3 个选项可供选择。如图 2-50 所示为不同对齐描边效果的比较。
- 类型：在此下拉列表中选择一个描边类型。如果选择“虚线”，则将显示一组新的选项。
- 起点和终点：选择路径的起点和终点。
- 间隙颜色：指定要在应用了图案的描边中的虚线、点线或多条线条之间的间隙中显示的颜色。

● 间隙色调：指定一个色调（当指定了间隙颜色时）。

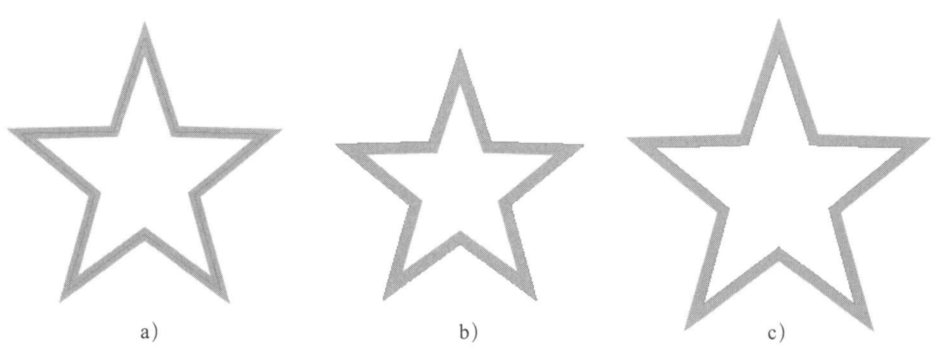

图 2-50　不同对齐描边效果的比较
a）描边对齐中心　b）描边居内　c）描边居外

2.2.4　复制对象

在 InDesign CC 2015 中复制对象分为直接复制和多重复制两种。

1. 直接复制

直接复制对象的操作步骤如下。

1）选择要复制的对象，按快捷键〈Ctrl+C〉进行复制。

2）按快捷键〈Ctrl+V〉进行粘贴，即可将对象粘贴到绘图区的中央。

提示：按住键盘上的〈Alt〉键可直接复制对象；按住键盘上的〈Alt+Shift〉键可沿 45° 方向的倍数复制对象。

2. 多重复制

当需要一次性创建多个属性和排列方向相同的对象时，可以使用多重复制的命令。具体操作步骤如下。

1）选择要多重复制的对象，如图 2-51 所示。

2）执行菜单中的“编辑 | 多重复制”命令，在弹出的“多重复制”对话框中设置参数如图 2-52 所示。

● 计数：用于指定复制对象的次数。

● 水平：用于指定对象水平移动的数值，可以是正数，也可以是负数。

● 垂直：用于指定对象垂直移动的数值，数值为正数时将向下复制对象。

图 2-51　选择要多重复制的对象

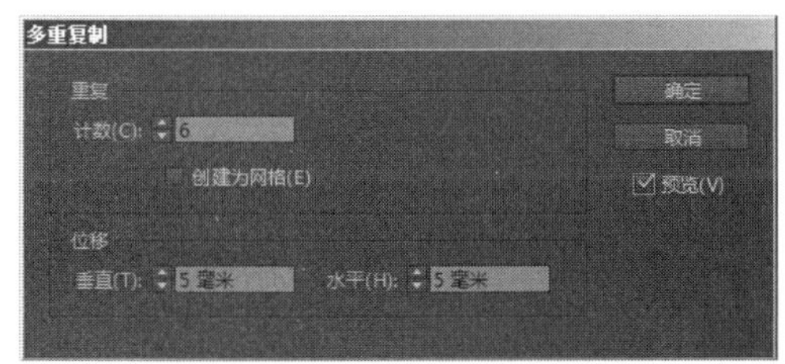

图 2-52　设置“多重复制”的参数

3）单击“确定”按钮，即可看到多重复制的效果，如图 2-53 所示。

图 2-53　多重复制的效果

2.2.5　变换对象

变换对象包括改变对象的位置、大小、形状等属性。

1. 移动对象

使用移动命令可以准确控制对象的移动距离，操作步骤如下。

1）选择要移动的对象。

2）执行菜单中的“对象 | 变换 | 移动”命令，在弹出的图 2-54 所示的“移动”对话框中设置对象的水平与垂直移动距离，或者在“距离”文本框中输入需要对象移动的距离，在“角度”文本框中输入移动的角度。

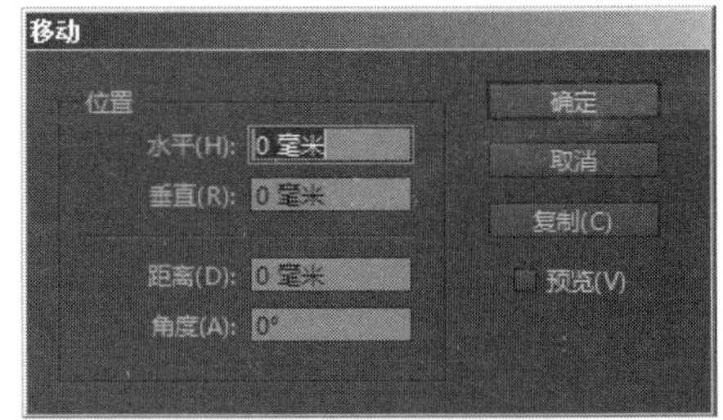

图 2-54　“移动”对话框

3）单击“确定”按钮即可看到移动对象的效果。

2. 缩放对象

使用“缩放”命令可以任意地将对象放大、缩小。操作步骤如下。

1）选择要缩放的对象。

2）执行菜单中的“对象 | 变换 | 缩放”命令，或在工具箱中双击（缩放工具）图标，在弹出的图 2-55 所示的“缩放”对话框中输入要缩放对象的百分比。如果“约束缩放比例”按钮显示为时，则 X、Y 缩放文本框中，永远会显示相同的缩放比例；如果要使对象的宽度和高度进行不同比例的缩放，可单击（约束缩放比例）按钮，此时按钮显示为，然后在“水平”“垂直”中输入不同的缩放百分比。

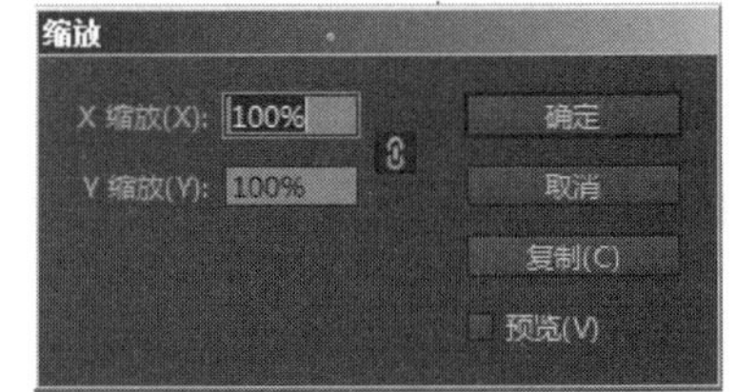

图 2-55　“缩放”对话框

3）设置完毕后，单击“确定”按钮，即可看到缩放对象的效果。

3. 旋转

使用旋转命令，可以使对象旋转任意角度。操作步骤如下。

1）选择要旋转的对象。

2）执行菜单中的“对象 | 变换 | 旋转”命令，或在工具箱中双击（旋转工具）图标，在弹出的图 2-56 所示的“旋转”对话框中设置相关参数。

● 角度：为对象指定一个旋转角度。设置旋转的角度为正值则逆时针旋转，为负值则顺时针旋转。

● 复制：单击副本，将旋转对象的副本。

● 预览，如果选中“预览”可以看到旋转后对象的效果。

3）设置完毕后，单击“确定”按钮，即可看到旋转对象的效果。

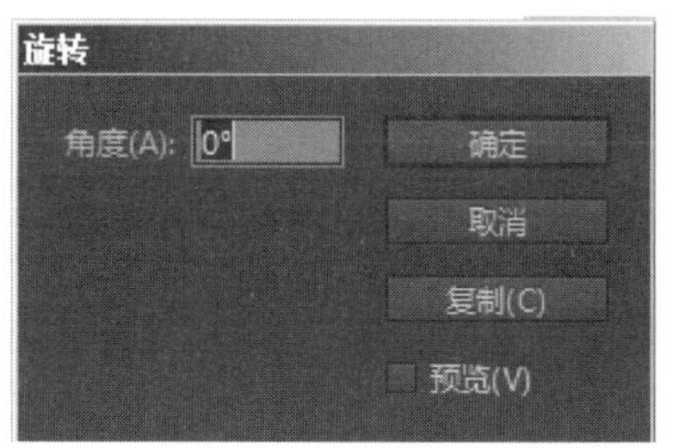

图 2-56　“旋转”对话框

4. 切变

使用“切变”命令会使对象沿着其水平轴或垂直轴倾斜，还可以旋转对象的两个轴。操作步骤如下。

1）选择要切变的对象。

2）执行菜单中的“对象 | 变换 | 切变”命令，或在工具箱中双击（切变工具）图标，在弹出的如图 2-57 所示的“切变”对话框中设置相关参数。

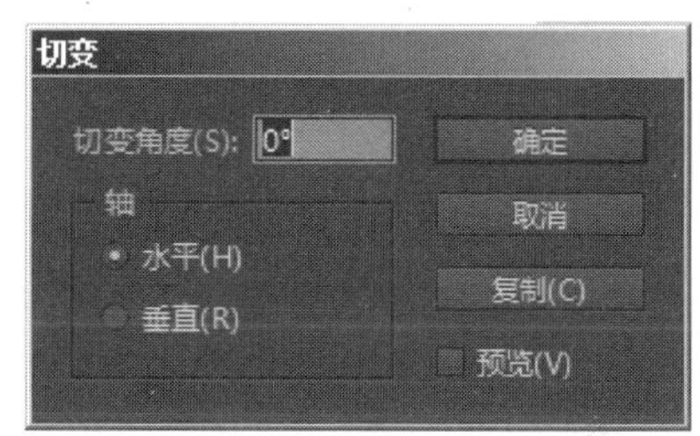

图 2-57　“切变”对话框

● 切变角度：用于指定切变的角度。其取值范围为 -360° ~ 360°。

● 轴：用于指定切变对象时使用的轴。可以选择使用水平、垂直或者带有角度的轴切变对象。

● 预览：选择“预览”可以在应用前预览斜切后对象的效果。

● 复制：可以使图像在切变的过程中创建图形副本。

3）设置完毕后，单击“确定”按钮，即可看到切变对象的效果。

5. 使用“变换”面板和控制面板变换对象

除了工具箱中的工具和菜单中的命令之外，还可以使用“变换”面板和“控制”面板对对象进行变换。

（1）“变换”面板

选中需要作变换的对象，打开“变换”面板。如果被关闭，则可以通过执行菜单中的“窗口 | 变换”来显示“变换”面板，如图 2-58 所示。

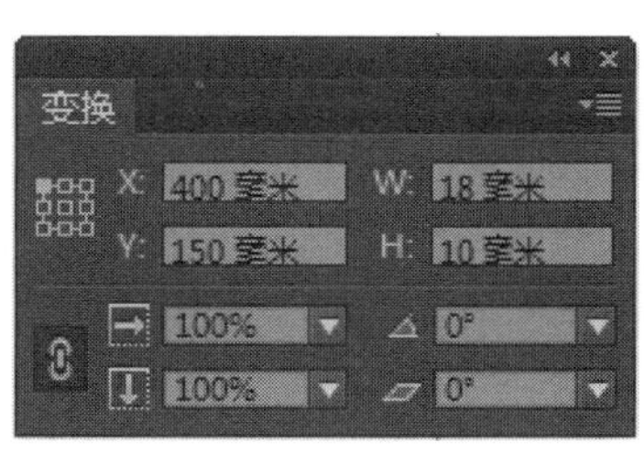

图 2-58　“变换”面板

● 图标用于指定变换轴心点的位置。9 个控制点中，黑色的控制点为当前轴心点的位置。

● X 文本框：设置此数值，可以改变被选对象在水平方向上的位置。

● Y 文本框：设置此数值，可以改变被选对象在垂直方向上的位置。

● W 文本框：设置此数值，可以控制被选对象边界范围的宽度。

● H 文本框：设置此数值，可以控制被选对象边界范围的高度。

● （X 缩放百分比）：用于设置被选对象在 X 方向上的缩放比例。

● （Y 缩放百分比）：用于设置被选对象在 Y 方向上的缩放比例。

● （旋转角度）：用于设置被选对象的旋转角度。

● （X 切变角度）：用于设置被选对象的切斜角度。

（2）“控制”面板

选中要变换的对象后，“控制”面板显示用于变换对象的选项，如图 2-59 所示。

图 2-59 “控制”面板

2.2.6 复合路径和路径查找器

复合路径和复合形状是两个比较容易混淆的词。下面就来详细讲解复合路径和复合形状的创建和应用。

1. 复合路径

复合路径可以将多个重叠的路径对象合并为一个新的路径，合并之后，路径会有最底层对象的属性。创建复合路径的操作步骤如下。

1）利用工具箱中的（选择工具）选择所有要包含在复合路径中的路径，如图 2-60 所示。

提示：直接使用（文字工具）输入的文字不是路径，必须执行“文字 | 创建轮廓”命令，才能将其转换为路径。

图 2-60 选择所有要包含在复合路径中的路径

2）执行菜单中的“对象 | 路径 | 建立复合路径”命令。此时选定路径的重叠之处，都将显示为无色，如图 2-61 所示。

图 2-61 选定路径的重叠之处显示为无色

提示：如果要释放复合路径，可以选择复合路径，然后执行菜单中的“对象 | 路径 | 释放复合路径”命令，此时复合路径会分解为它的组件路径，如图 2-62 所示。

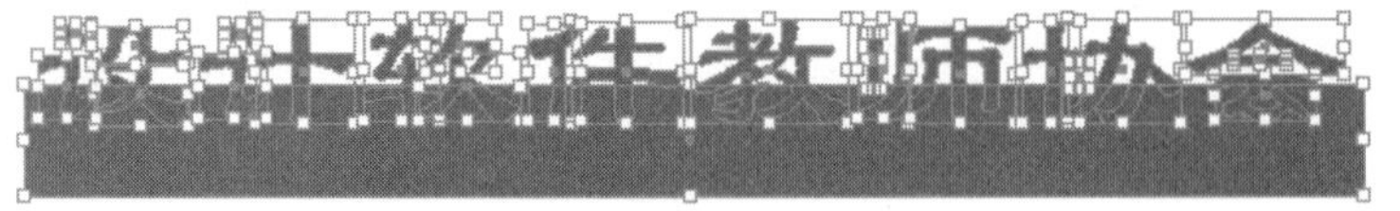

图 2-62 释放复合路径后的效果

2. 创建复合形状

复合形状可以由简单路径或复合路径、文本框架、文本轮廓或其他形状组成。复合形状的外观取决于所选择的路径查找器。创建复合形状的操作步骤如下。

1）执行菜单中的“窗口 | 对象和版面 | 路径查找器”命令，调出“路径查找器”面板，如图 2-63 所示。

2）选择要组合到复合形状中的对象，如图 2-64 所示。

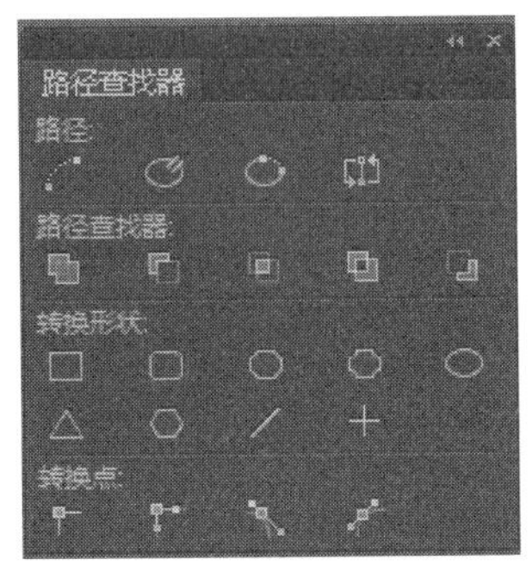

图 2-63 “路径查找器”面板

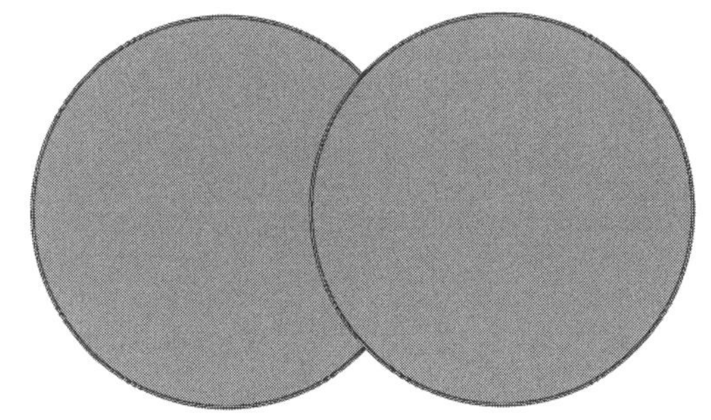

图 2-64　选择要组合到复合形状中的对象

3）在“路径查找器”面板中单击相应的按钮，即可产生相应的复合形状。

● 相加：单击该按钮可以合并所选对象，合并后的图形的属性以最上方图形的属性为准，效果如图 2-65 所示。

● 减去：单击该按钮可以从最底层的对象减去最顶层的对象，效果如图 2-66 所示。

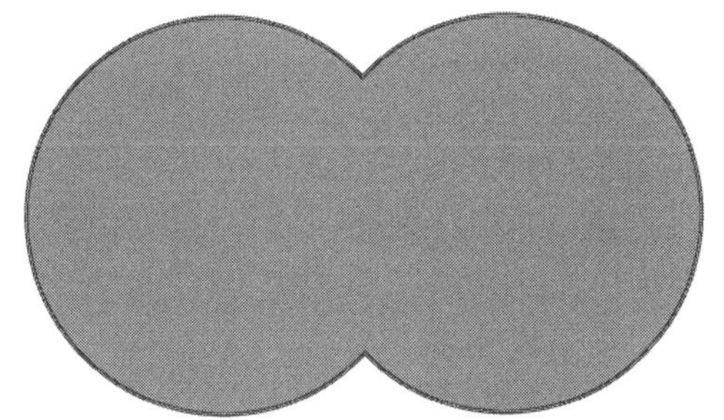

图 2-65 （相加）后的效果

图 2-66 （减去）后的效果

● 交叉：单击该按钮可以保留对象的交叉区域，效果如图 2-67 所示。

● 排除重叠：单击该按钮可以将所选对象合并成一个对象，但是重叠的部分会被镂空。如果是多个物体重叠，那么偶数次重叠的部分会被镂空，奇数次重叠的部分仍然被保留，效果如图 2-68 所示。

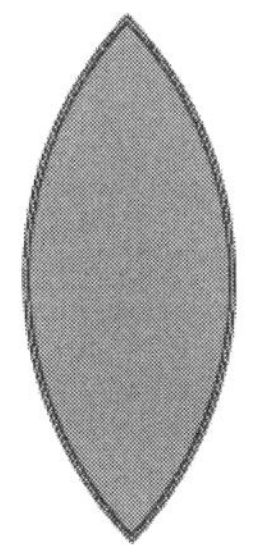

图 2-67 （交叉）后的效果

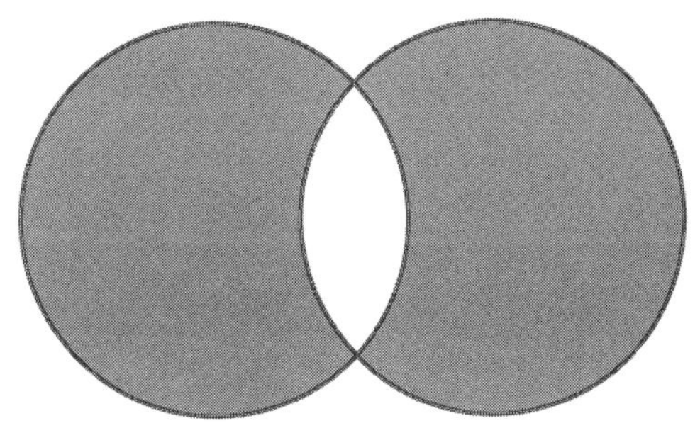

图 2-68 （排除重叠）后的效果

● 减去后方对象：单击该按钮，可以从最顶层的对象中减去最底层的对象，效果如图 2-69 所示。

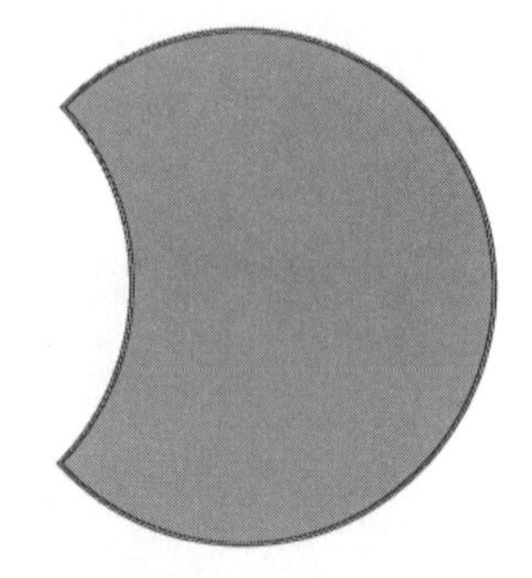

图 2-69 （减去后方对象）效果

2.2.7 排列、对齐与分布对象

如果同时创建了多个图形对象，那么就涉及对象排列次序这一问题，在绘制或编辑图形时，其次序排列是非常重要的。此外对于创建的多个图形对象，还可以利用“对齐”面板改变对象的对齐和分布方式。下面讲解排列对象、对齐和分布对象的方法。

1. 排列对象

在同一图层中，创建或导入对象的前后顺序将按照创建或导入的先后排列，先创建或导入的在底层，后创建或导入的将在前一层的上一层。排列对象的操作步骤如下。

1）选择要调整位置的对象，如图 2-70 所示。

2）执行菜单中的“对象 | 排列”命令，然后选择一种排列方式，如图 2-71 所示。

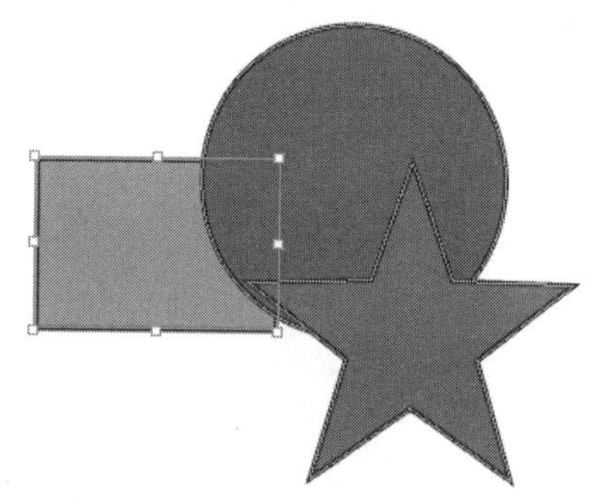

图 2-70 选择要调整位置的对象

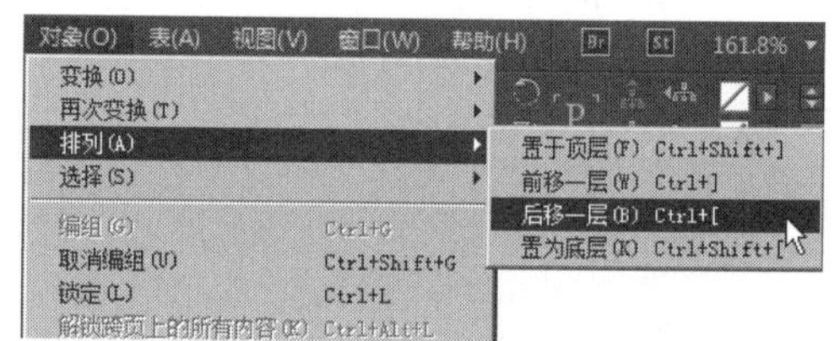

图 2-71 选择一种排列方式

● 前移一层：可以使选中对象向前移一层，如图 2-72 所示。

● 置于顶层：使选中对象置于当前页面或跨页所有对象的上面，如图 2-73 所示。

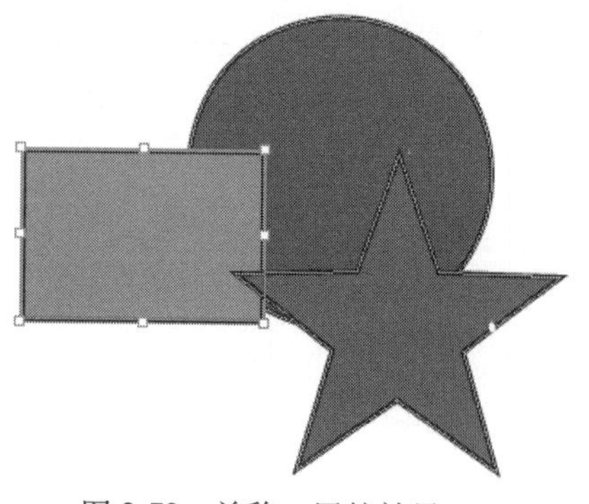

图 2-72 前移一层的效果

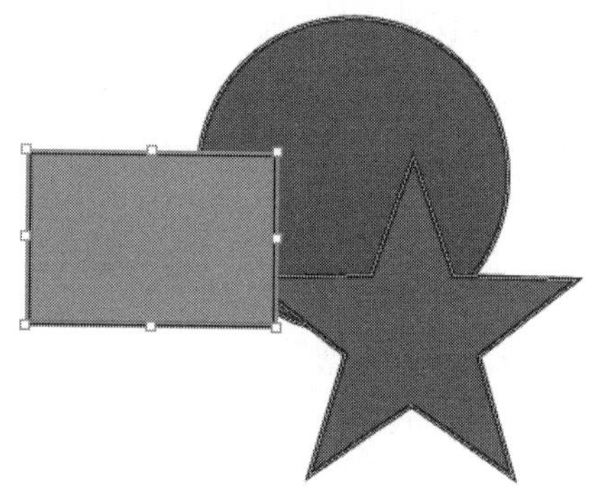

图 2-73 置于顶层的效果

● 后移一层：可以使选中对象向后移一层。如图 2-74 所示为选择图 2-70 中的五角星后执行“后移一层”命令的效果。

● 置于底层：使选中对象置于当前页面或跨页所有对象的下面。图 2-75 为选择图 2-70 中的五角星后执行“置于底层”命令的效果。

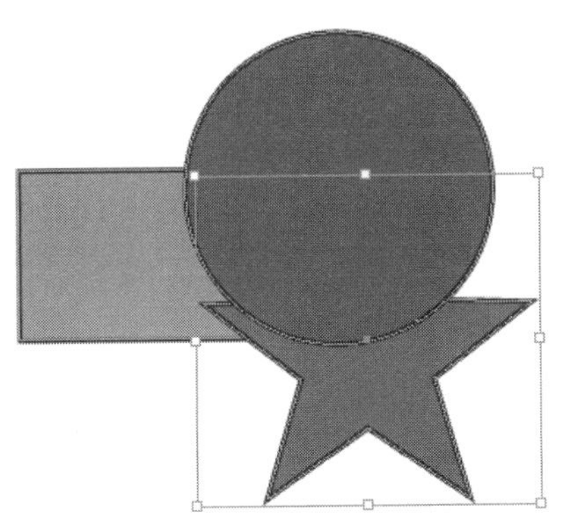
图 2-74　后移一层的效果

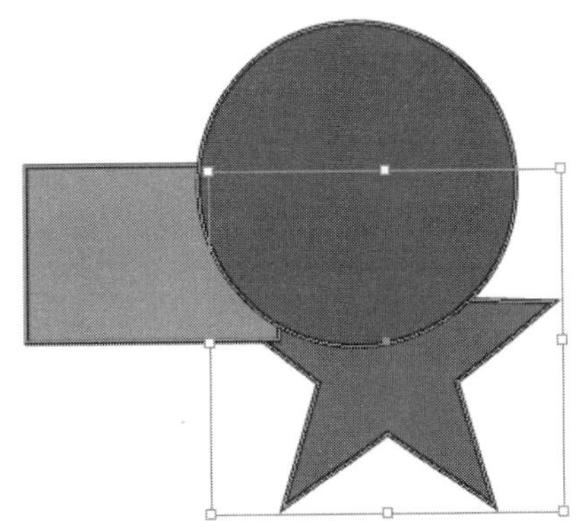
图 2-75　置于底层的效果

2. 对齐和分布对象

当要将许多对象以某一种方式对齐或按照一定的规律分布时，可以使用“对齐”面板进行对齐或分布选定对象，如图 2-76 所示。

（1）对齐对象

选择要对齐的对象，如图 2-77 所示，然后在“对齐”面板中选择下列对齐方式之一。

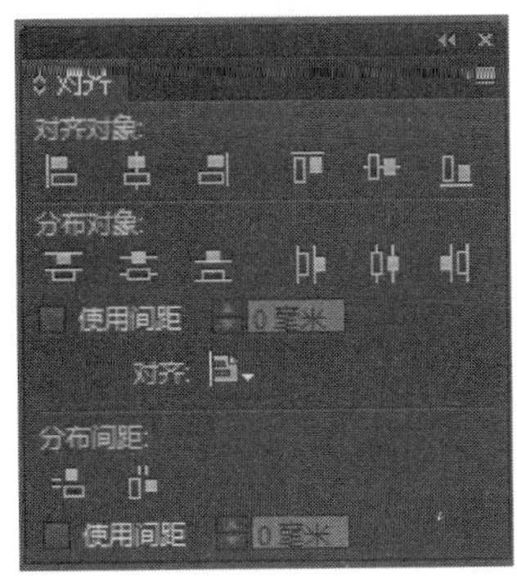

图 2-76　“对齐”面板

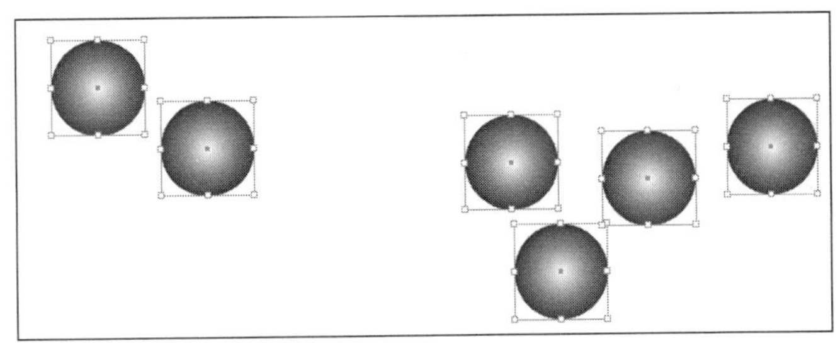
图 2-77　选择要对齐的对象

● 左对齐：将所有选中对象的左边缘以选中对象中最左边对象的左边缘作为参考点进行对齐，如图 2-78 所示。

● 水平居中对齐：将所有选中对象的中心点置于水平轴上，对齐到所有对象中最左边对象的左边缘与最右边对象的右边缘距离的中点，如图 2-79 所示。

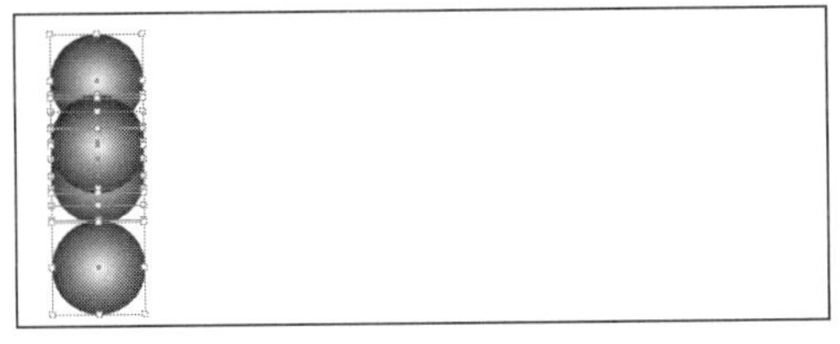
图 2-78　（左对齐）的效果

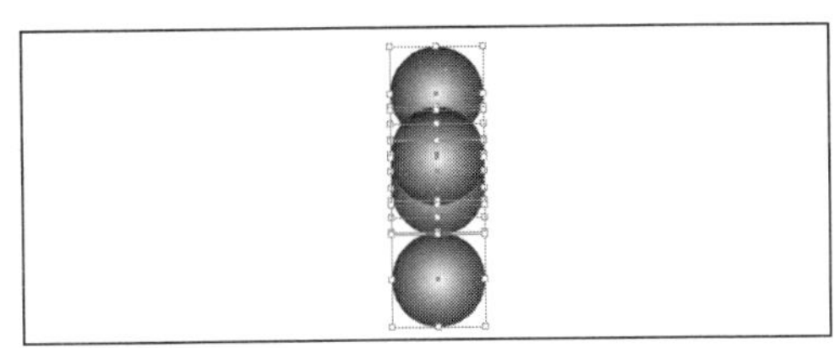
图 2-79　（水平居中对齐）的效果

- 右对齐：将所有选中对象的右边缘以选中对象中最右边对象的右边缘作为参考点进行对齐，如图 2-80 所示。
- 顶对齐：将所有选中对象的上边缘以选中对象的最上边对象的上边缘作为参考点进行对齐，如图 2-81 所示。

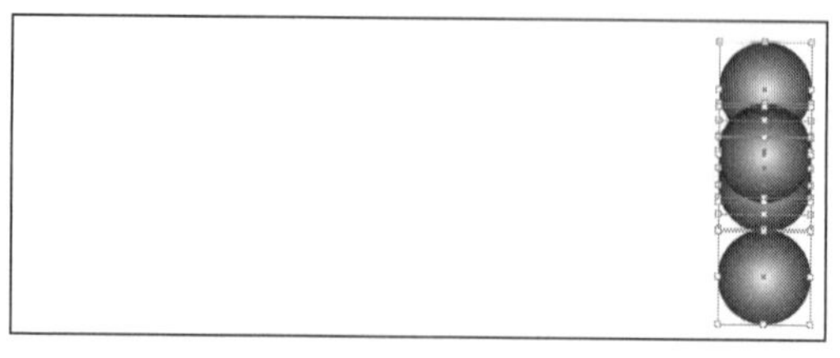

图 2-80 （右对齐）的效果

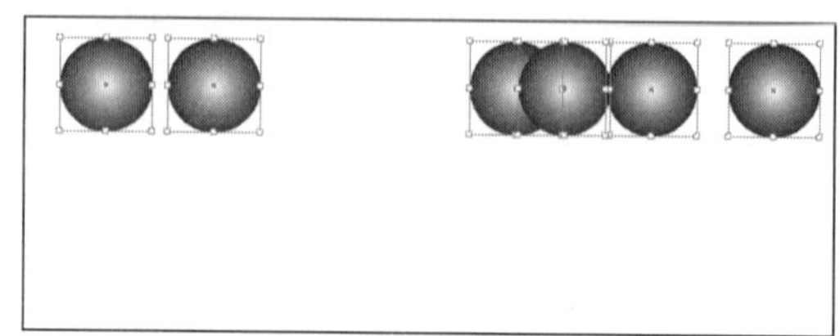

图 2-81 （顶对齐）的效果

- 垂直居中对齐：将所有选中对象的中心点置于垂直轴上，对齐到所有对象中最上边对象的上边缘与最下边对象的下边缘距离的中点，如图 2-82 所示。
- 底对齐：将所有选中对象的下边缘以选中对象的最下边对象的下边缘作为参考点进行对齐，如图 2-83 所示。

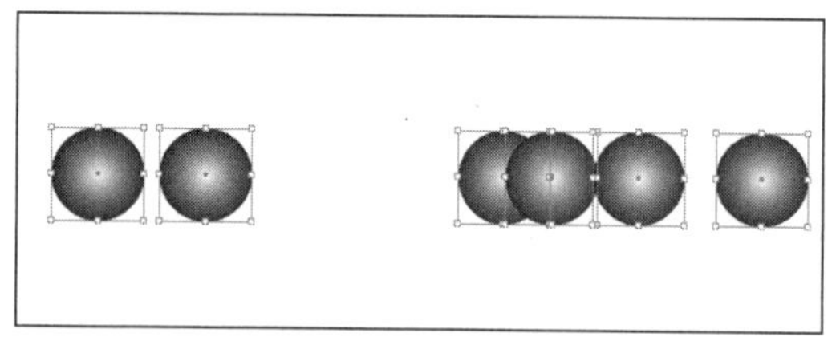

图 2-82 （垂直居中对齐）的效果

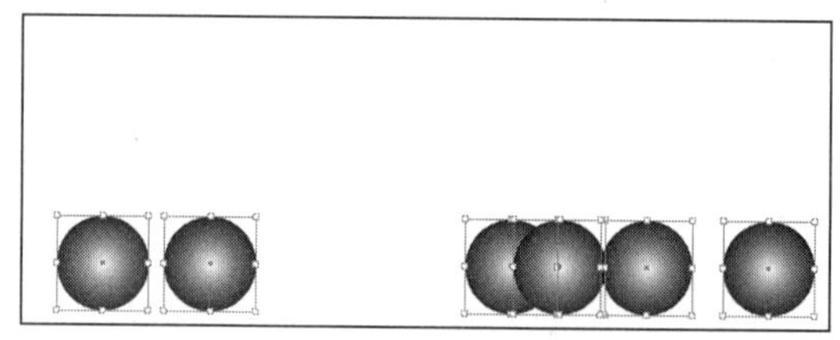

图 2-83 （底对齐）的效果

（2）分布对象

使用分布命令，可以将多个对象按某一种方式等间距分布。如果在面板中选中“间距”复选框，则可以设置间距值，使对象按照设置的数值分布；如果未选中，对象将按最顶部与最底部或最左边与最右边的对象之间的距离平均分布。

选择要分布的对象，如图 2-84 所示，然后在“对齐”面板中选择下列分布方式之一。

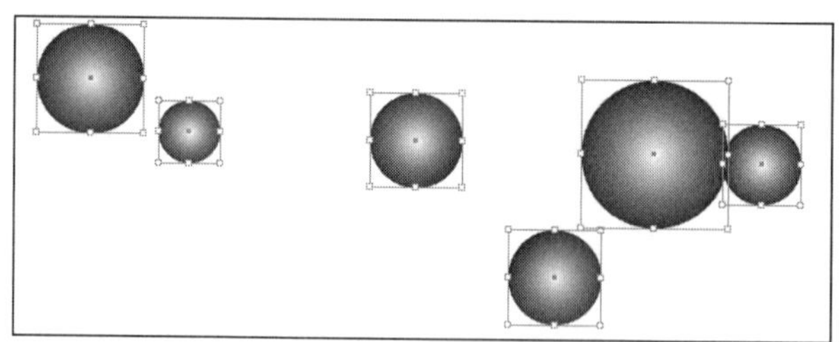

图 2-84 选择要分布的对象

- 按顶分布：使选中的所有对象以对象上边缘作为参考点在垂直轴上平均分布，水平位置不变，如图 2-85 所示。
- 垂直居中分布：使选中的所有对象以对象中心点作为参考点在垂直轴上平均分布，水平位置不变，如图 2-86 所示。

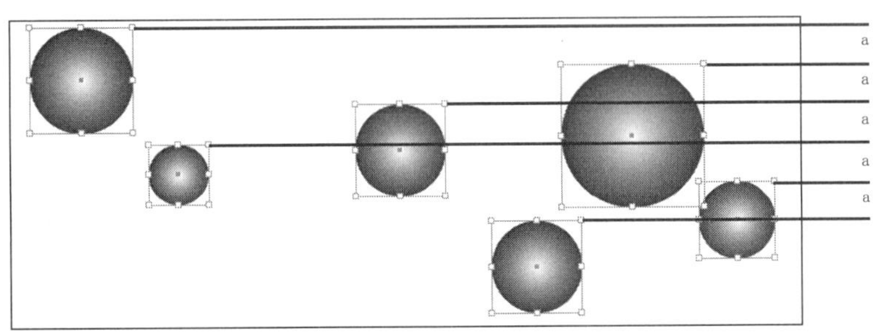

图 2-85　（按顶分布）的效果

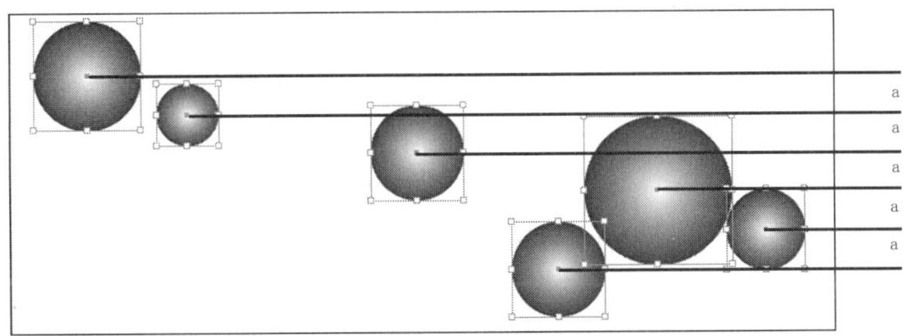

图 2-86　（垂直居中分布）的效果

- 按底分布：使选中的所有对象以对象下边缘作为参考点在垂直轴上平均分布，水平位置不变，如图 2-87 所示。

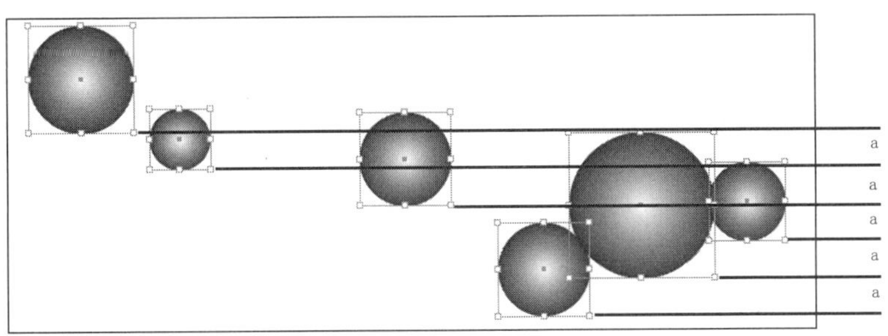

图 2-87　（按底分布）的效果

- 按左分布：使选中的所有对象以对象左边缘作为参考点在水平轴上平均分布，垂直位置不变，如图 2-88 所示。

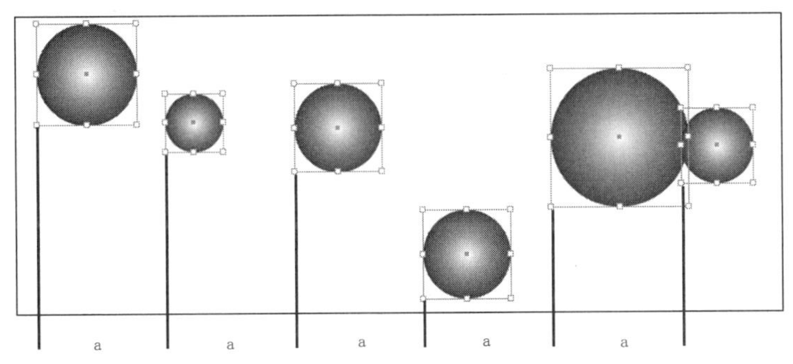

图 2-88　（按左分布）的效果

● 水平居中分布：使选中的所有对象以对象中心点作为参考点在水平轴上平均分布，水平位置不变，如图 2-89 所示。

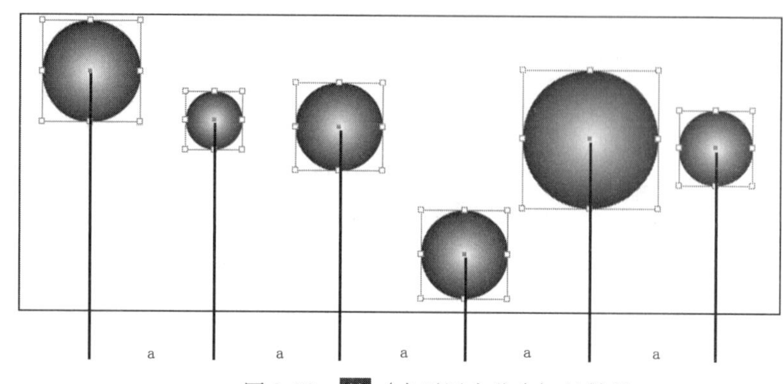

图 2-89 （水平居中分布）的效果

● 按右分布：使选中的所有对象以对象右边缘作为参考点在水平轴上平均分布，垂直位置不变，如图 2-90 所示。

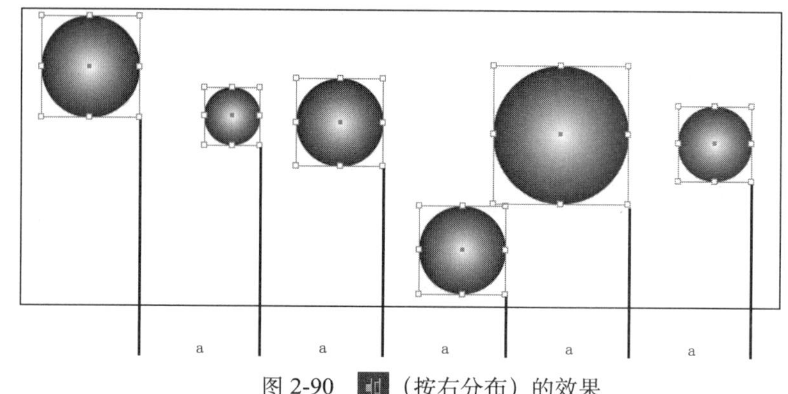

图 2-90 （按右分布）的效果

2.2.8 颜色

一个出版物是否能够吸引人，除了内容丰富、版式精美之外，色彩的运用与搭配也是很重要的。

1. 颜色类型

颜色类型有专色与印刷色两种，这两种颜色类型与商业印刷中使用的两种主要的油墨类型相对应。

（1）专色

专色是一种预先混合的特殊油墨，是 CMYK 四色印刷油墨之外的另一种油墨，如金、银等特殊色。创建的每个专色都会在印刷时生成一个额外的专色版，选择增加了印刷成本，所以应该尽量减少使用的专色的数量。

（2）印刷色

印刷色是使用以下 4 种标准印刷色油墨的组合进行印刷的：青色、洋红色、黄色和黑

色 (CMYK)。当需要的颜色较多从而导致使用单独的专色油墨成本很高或者不可行时，需要使用印刷色。

2. 色彩模式

色彩模式分为RGB、CMYK、LAB等模式，不过并非所有软件都会提供这几种色彩模式，一般在计算机中最习惯使用的是RGB色彩模式，因为使用RGB色彩模式时，其颜色会特别饱满，使文件及作品特别漂亮。但文件印刷时，并没有办法支持那么多的颜色，所以当文件需要输出时，通常都会将该文件或作品的色彩模式设置成CMYK模式。

（1）RGB 模式

RGB是指Red（红）、Green（绿）、Blue（蓝）三色，RGB模式是图像处理软件中最常用的一种色彩模式。RGB颜色模式的图像文件比CMYK颜色模式的图像小很多，可以节省更多的内存和存储空间。

（2）CMYK 模式

CMYK模式是一种印刷模式，CMYK图像由印刷分色的四种颜色组成，这4个字母分别是指青（Cyan）、洋红（Magenta）、黄（Yellow）、黑（Black）。CMYK模式是适于打印机的色彩模式，也是InDesign CC 2015的文档的默认模式。在CMYK模式中，为每个像素的每种印刷油墨指定一个百分比值。为最亮颜色指定的印刷油墨颜色百分比较低，而为较暗颜色制定的百分比较高。

（3）Lab 模式

Lab颜色模式是设备交换色彩信息的颜色模式，大部分与设备无关的颜色管理系统使用Lab模式。Lab颜色模式是InDesign CC 2015在不同颜色模式之间转换的桥梁。L表示光亮度，值的范围是0～100，a表示从绿色到红色的光谱变化，b表示从蓝色到黄色光的谱变化，a和b的值的范围都是-120～+120。Lab模式是目前色彩模式中色域范围最广泛的模式。计算机将RGB模式转换为CMYK模式时，在后台的操作实际上是首先将RGB模式转换为Lab模式，然后再将Lab模式转换为CMYK模式。

3. 使用“色板”面板

色板类似于样式，在色板中创建的颜色、渐变颜色或色调可以快速应用于文档。当色板中的颜色更改时，应用该色板颜色的所有对象也将改变，不用重新对每个对象单独调整。

色板可以包括专色或印刷色、混合油墨（印刷色与一种或多种专色混合）、RGB或LAB颜色、渐变或色调。默认的“色板”面板中会显示6种用CMYK定义的颜色：青色、洋红色、黄色、红色、绿色和蓝色。

执行“窗口 | 色板”，调出“色板”面板，如图2-91所示。

（1）新建颜色色板

新建颜色色板的操作步骤如下。

1）单击“色板”面板右上角的按钮，从弹出的快捷菜单中选择“新建颜色色板”命令（或者不选择任何面板，然后按住〈Alt+Ctrl〉键，单击“色板”面板下方的（新建色板）命令），弹出“新建颜色色板”对话框，如图2-92所示。

图 2-91 “色板”面板

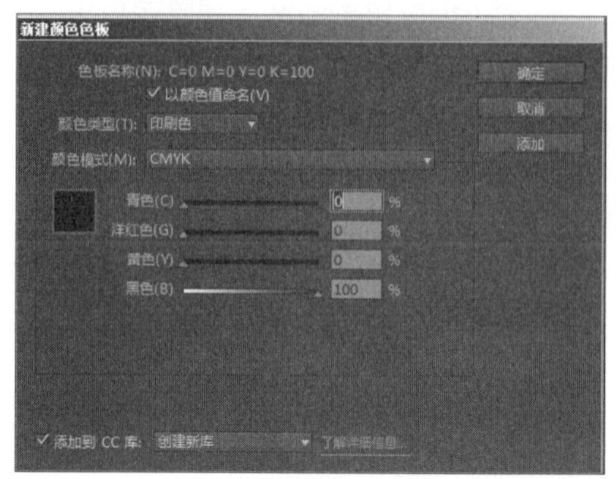

图 2-92 “新建颜色色板”对话框

- 色板名称：用于设置色板的名称。
- 颜色类型：选择将用于印刷文档颜色的类型。
- 颜色模式：对于“颜色模式”，选择要用于定义颜色的模式（定义颜色后将不能更改模式），然后在其下方通过拖动滑块定义颜色数值。

2）在“新建颜色色板”对话框中设置要新建的颜色相关参数，如图 2-93 所示。单击“添加”按钮，即可添加色板并可以定义另一个色板，如图 2-94 所示。

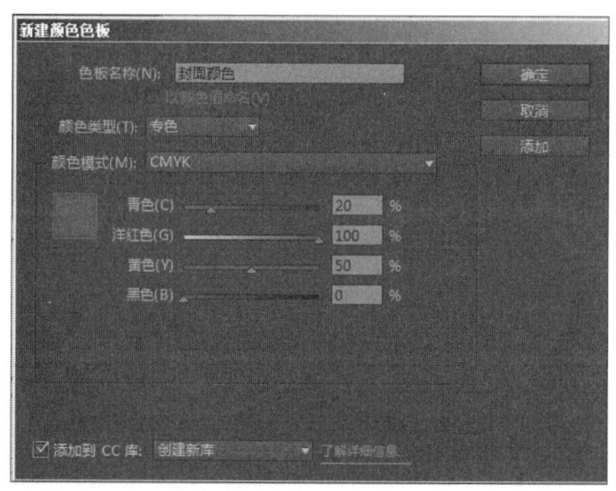

图 2-93 设置颜色参数

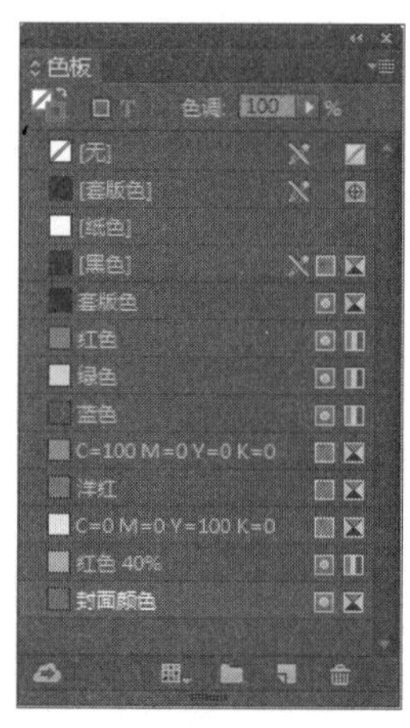

图 2-94 添加颜色后的“色板”面板

（2）复制颜色色板

复制颜色色板有以下几种方法。

- 选择一个色板，然后单击“色板”面板右上角的按钮，从弹出的快捷菜单中选择“复制色板”命令。
- 选择一个色板，然后单击面板下方的（新建色板）按钮。
- 将一个色板拖动到面板下方的（新建色板）按钮上。

（3）删除颜色色板

当要删除一个已经应用于文档中的对象的色板、用作色调的色板或用作混合油墨基准的色板时，可以指定一个替换色板，该色板可以是现有色板或未命名色板，但是不能删除文档中置入的图形所用的专色。如果要删除这个色彩，必须先删除图形。删除色板的操作步骤如下。

1）选择一个或多个色板，然后执行下列操作之一。

- 单击“色板”面板右上角的按钮，从弹出的快捷菜单中选择“删除色板”命令。
- 单击“色板”面板下方的（删除选定的色板 / 组）图标。
- 将所选色板拖动到（删除选定的色板 / 组）图标上，如图 2-95 所示。

2）在弹出的如图 2-96 所示的“删除色板”对话框中，执行下列操作之一。

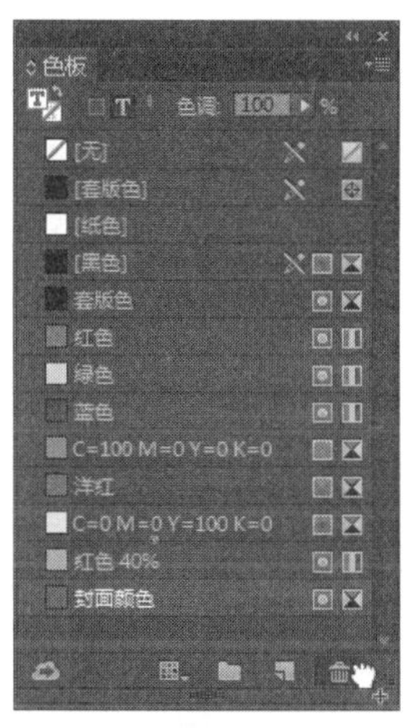

图 2-95　将所选色板拖动到（删除选定的色板 / 组）图标上

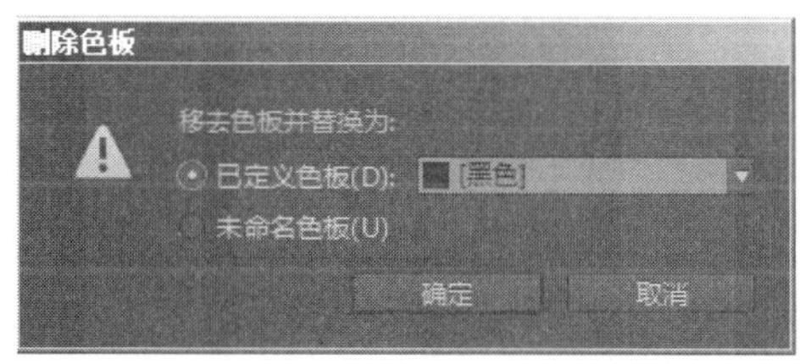

图 2-96　“删除色板”对话框

- 已定义色板：单击“已定义色板”，则可以在菜单中选择一个色板用于替代使用了删除的色板的所有实例。
- 单击“未命名色板”，将用一个等效的未命名颜色替换该色板的所有实例。

3）单击“确定”按钮，即可删除选中的色板。

（4）创建渐变色板

使用“色板”面板可以创建、命名和编辑渐变，同时也可以将创建的渐变应用于不同的对象。创建渐变色板的操作步骤如下。

1）单击“色板”面板右上角的按钮，从弹出的快捷菜单中选择“新建渐变色板”命令，打开“新建渐变色板”对话框，如图 2-97 所示。

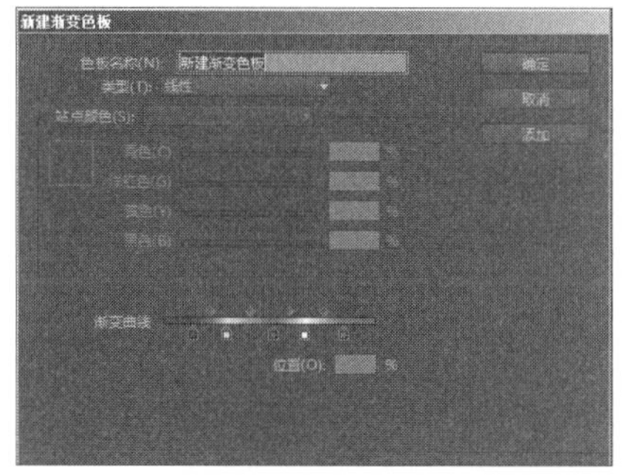

图 2-97　“新建渐变色板”对话框

● 色板名称：输入渐变的名称。

● 类型：选择“线性”或“径向”。

2）在颜色条上选择渐变中的第一个点。然后执行下列操作之一。

● 选择 CMYK、RGB、Lab 中的一种颜色模式，然后输入颜色值或拖动滑块，为渐变混合一个新的未命名颜色。

● 选择“色板”，则可以在列表中选择一种颜色。

提示：默认情况下，将渐变的颜色设为白色。要使其透明，可以采用“纸色”。

3）要调整渐变颜色的位置，可以执行下列操作之一。

● 拖动位于颜色条下的颜色色块的位置。

● 选择颜色条下的一个颜色色块，然后输入“位置”值以设置该颜色的位置。该位置表示前一种颜色和后一种颜色之间的距离百分比。

4）要调整两种渐变颜色之间的中点（颜色各为 50% 的点），可以执行下列操作之一：

● 拖动颜色条上的菱形图标。

● 选择颜色条上的菱形图标，然后输入一个“位置”值以设置该颜色的位置。 该位置表示前一种颜色和后一种颜色之间的距离百分比。

5）单击“确定”或“添加”按钮。该渐变将存储在与其同名的“色板”面板中。

(5) 色调色板

色调是某种颜色经过加网而变得较浅的版本。色调是给专色带来不同颜色深浅变化的较经济的方法，不必支付额外专色油墨的费用。色调也是创建较浅原色的快速方法，尽管它并未减少四色印刷的成本。与普通颜色一样，最好在“色板”面板中命名和存储色调，以便可以在文档中轻松编辑该色调的所有实例。

在“色板”面板中选择色板后，“颜色”面板将自动切换到色调显示，以便可以立即创建色调。色调范围在 0% ~ 100% 之间，数字越小，色调越浅。创建色调面板的方法有以下两种：

● 使用“色板”面板创建色调色板。方法：在“色板”面板中选择一个“颜色”色板，然后单击“色调”旁边的箭头，拖动“色调”滑块，如图 2-98 所示。接着单击色板下方的（新建色板）按钮 即可。

● 使用颜色面板创建色调色板。方法：在“色板”面板中选择一个色板，如图 2-99 所示，然后在“颜色”面板中拖动“色调”滑块，或在“百分比”框中输入色调值，接着单击“颜色”面板右上角的按钮，从弹出的快捷菜单中选择“添加到色板”命令，如图 2-100 所示，即可将其添加到色板中，如图 2-101 所示。

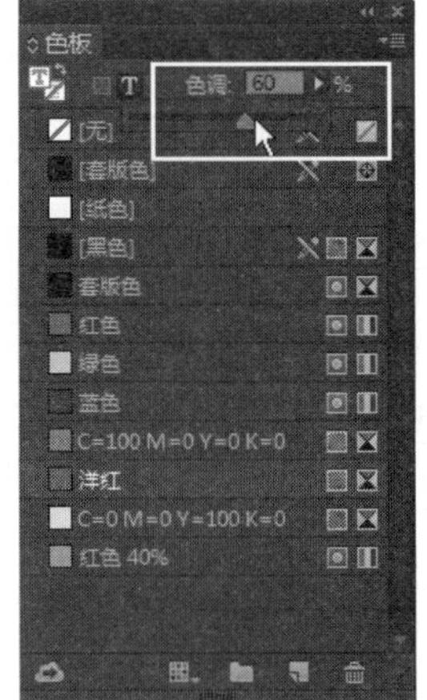

图 2-98 拖动“色调”滑块

4. 应用颜色

InDesign CC 2015 提供了大量用来应用颜色的工具，包括：“工具箱”、“颜色”面板、“色板”面板和吸管工具。

图 2-99　选择色板

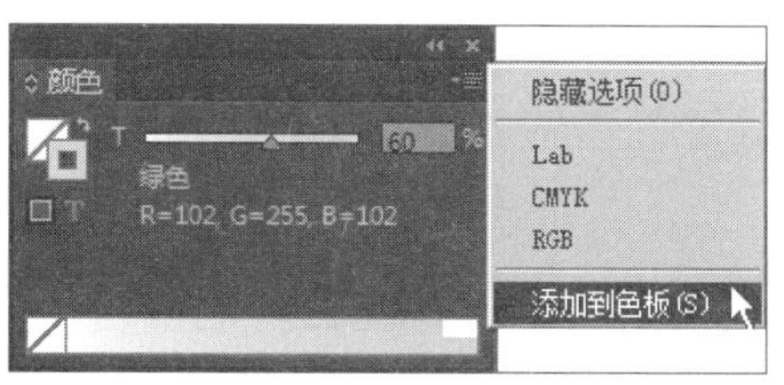
图 2-100　选择“添加到色板”命令

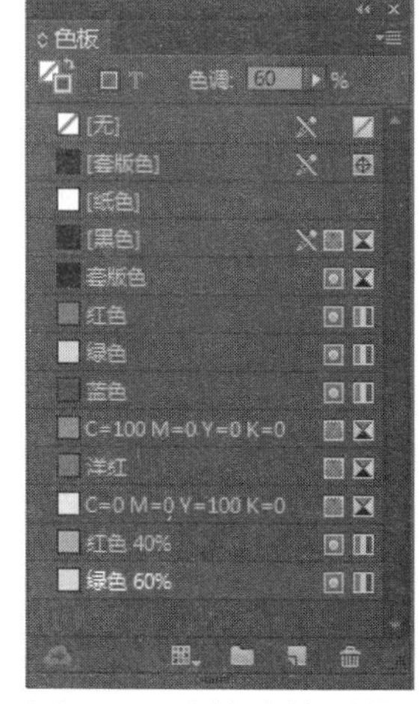
图 2-101　添加颜色后的“色板”面板

(1) 使用填色工具应用颜色

填色工具位于工具箱的下方，可以设置对象的填充和描边颜色，还可以应用默认的填充和描边颜色。使用填色工具应用颜色的操作步骤如下。

1）如果要对路径进行填色，可以单击◪（填色）图标，使填色图标显示在前，如图 2-102 所示。然后双击填色图标，在打开的如图 2-103 所示的“拾色器”对话框中设置颜色，接着单击“确定”按钮即可。

2）如果要对路径进行描边，可以单击▣（描边）图标，使描边图标显示在前，如图 2-104 所示，然后使用与填色相同的方法选取颜色。

图 2-102　使填色图标显示在前

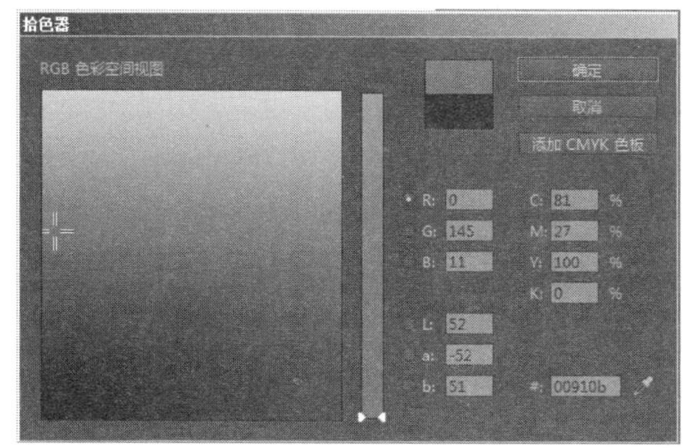
图 2-103　“拾色器”对话框

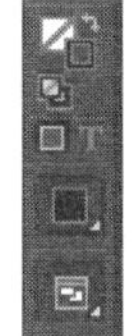
图 2-104　使描边图标显示在前

3）单击工具箱下方的⧉（默认填色和描边）图标，可以使用默认颜色填色与描边。

4）指定要填色与描边之后，单击颜色、渐变，可以应用前一次使用的颜色、渐变色填色或描边，选择“无”，将取消填色或描边。

(2) 使用“颜色”面板应用颜色

使用“颜色”面板应用颜色的操作步骤如下。

1）在“颜色”面板左上方单击填色图标或描边图标。

2）在面板菜单中选择所需的色彩模式，如图 2-105 所示。

3）拖动颜色滑块或输入数值设置颜色，或者在颜色条上选择，当鼠标靠近颜色条时，鼠标变为吸管形状，在颜色条上单击即可，如图 2-106 所示。

（3）使用色板应用颜色

使用色板应用颜色的操作步骤如下。

1）在“色板”面板左上方单击填色图标或描边图标，如图 2-107 所示。

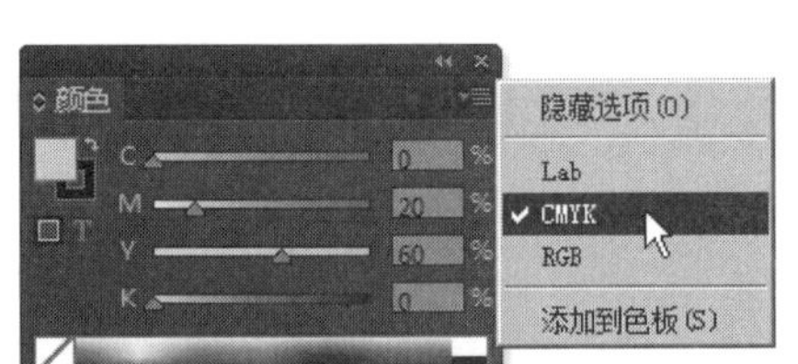

图 2-105 “颜色”面板

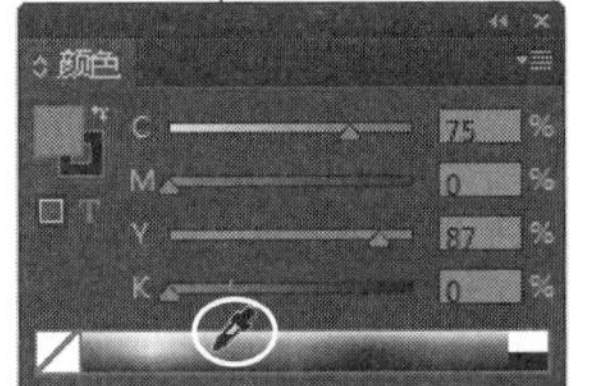

图 2-106 在颜色条上选择颜色

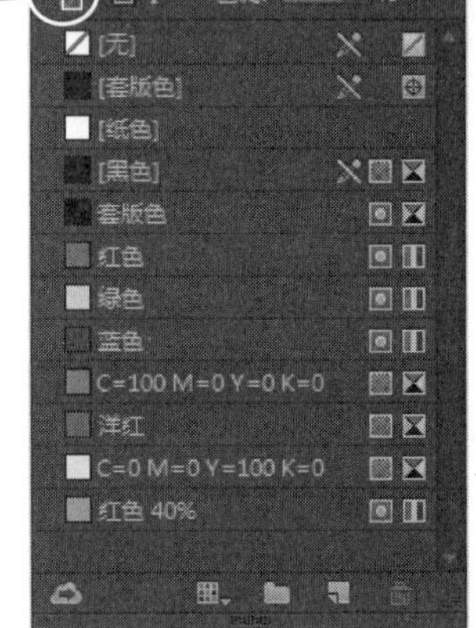

图 2-107 “色板”面板

2）在“色板”面板中选择需要的颜色。

提示：如果面板上没有需要的颜色，可以在面板菜单中选择新建颜色色板、新建渐变色板或混合油墨色板，然后自定义颜色。

3）如果需要与色板上某一颜色相近的色板，可以选中此色板双击或在菜单中选择“色板选项”，然后根据需要更改。

（4）利用吸管工具应用颜色

利用工具箱中的（吸管工具），可以方便地进行填充与描边，特别是对属性相近的元素，不但可以提高效率，还可以提高准确度和一致性。利用（吸管工具）应用颜色的操作步骤如下。

1）选中（吸管工具），在要复制属性的对象上单击鼠标。

2）当光标变为形状时，在目标对象上单击鼠标，即可使复制对象的边框、填充颜色及其宽度变为与目标对象一致。

5. 应用渐变

渐变是两种或多种颜色之间或同一颜色的两个色调之间的逐渐混合。使用的输出设备会影响渐变的分色方式。渐变色包括纸色、印刷色、专色或使用任何颜色模式的混合油墨颜色。

（1）使用“渐变”面板添加渐变

“渐变”面板如图 2-108 所示，使用渐变色板可以创建色彩丰富的渐变颜色，可以设置渐变的类型、位置、角度。使用“渐变”面板添加渐变的操作步骤如下。

1）选择要添加渐变的一个或多个对象。

2）单击“色板”面板或工具箱中的“填色”或“描边”框，以确定应用渐变的是对象内部或是边框。

3）双击工具箱中的▣（渐变色板工具）图标，打开“渐变”面板。

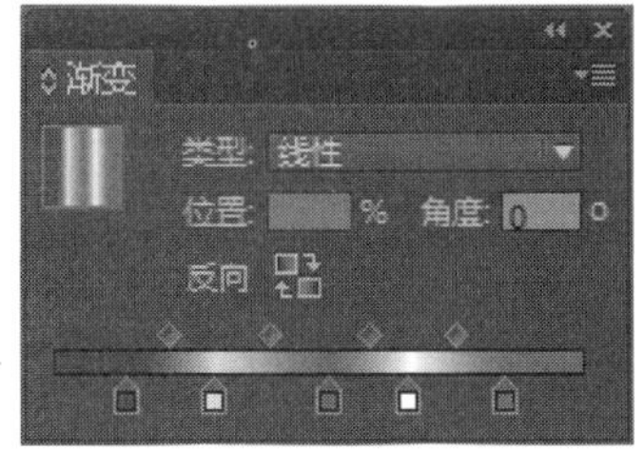

图 2-108　“渐变”面板

4）在“类型”菜单中选择“线性”或“径向”效果。如图 2-109 所示为选择不同类型的效果比较。

5）要定义渐变的起始颜色，可以单击渐变条下最左侧的油漆桶，然后执行下列操作之一。

a）　　　　b）

图 2-109　选择不同类型的效果比较
a）径向效果　b）线性效果

- 从“色板”面板中拖动色板并将其置于油漆桶上。
- 按住〈Alt〉键单击“色板”面板中的一个颜色色板。
- 在“颜色”面板中，拖动滑块创建一种颜色，或在颜色条上单击选择一种颜色。

6）要定义渐变的结束颜色，单击渐变条下最右侧的油漆桶，然后设置一种颜色。

7）如果要设置多种颜色的渐变，可以在渐变条下方单击，将增加一个油漆桶。

8）拖动菱形滑块或在“位置”框中输入数值，调整颜色之间中点的位置。

9）在“角度”中输入要调整渐变的角度。如图 2-110 所示为设置不同“角度”的效果比较。

a）　　　　b）　　　　c）

图 2-110　不同“角度”的效果比较
a）“角度”为 0°　b）“角度”为 45°　c）“角度”为 100°

10）如果要反转渐变颜色的顺序，可以单击▣（反向渐变）按钮。如图 2-111 所示为单击▣（反向渐变）按钮前后的效果比较。

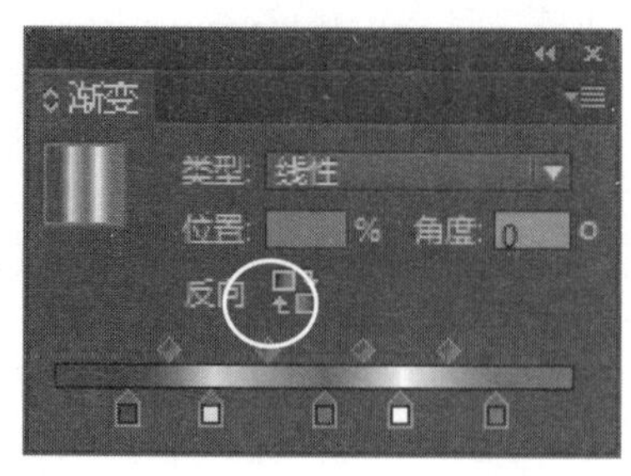

a)

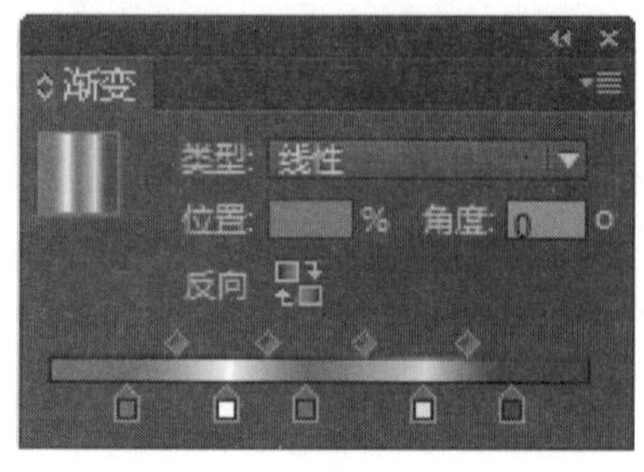

b)

图 2-111　单击 （反向渐变）按钮前后的效果比较
a）单击 （反向渐变）按钮前　b）单击 （反向渐变）按钮后

（2）使用“渐变色板工具”调整渐变

使用渐变为对象填色之后，可以通过使用 （渐变色板工具）为填色“重新上色”来修改渐变。使用该工具可以更改渐变的方向、渐变的起始点和结束点，还可以跨多个对象应用渐变。使用 （渐变色板工具）调整渐变的操作步骤如下。

1）在“色板”面板或工具箱中根据原始渐变的应用位置选择“填色”框或“描边”框。

2）选择工具箱中的 （渐变色板工具），并将其置于要定义渐变起始点的位置，然后沿着要应用渐变的方向拖动对象，如图 2-112 所示。

3）在要定义渐变结束点的位置释放鼠标即可看到效果，如图 2-113 所示。

图 2-112　调整渐变

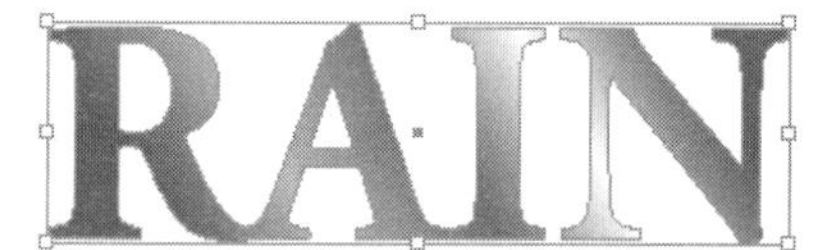

图 2-113　调整渐变的效果

2.3　框架、图层和对象效果

在 InDesign CC 2015 中，框架和对象是组成版面布局中两个必须的元素。对象是指在文档窗口中添加或创建的任何项目，其中包括开放路径、闭合路径、复合形状、文字、栅格化图片和任何置入的文件。无论是路径还是文字，都有一个框架来约束其内容，例如路径、复合形状、位图等被包含在图形框架中。要输入文字必须先创建文本框架。

在 InDesign CC 2015 中，对于简单的内容可以在一个图层中进行编辑，比如改变位置、调整前后顺序等。而对于创建的复杂的内容，为了便于查找和管理，可以设置多个图层以创建和编辑文档中的特定区域或各种内容，这样不会影响其他区域或其他种类的内容。

对于创建的对象，还可以为其添加“投影”“内阴影”和“斜面和浮雕”等效果。

2.3.1　框架

框架是一个容器，可以包含文本、图形或填色，也可以为空。框架独立于其包含的内容，因此其边缘可能遮住部分图形内容，也可以内容没有填满框架。没有内容的框架可用作文本、图像或填色的占位符。作为容器和占位符时，框架是文档版面的基本构造块。

1. 关于路径和框架

路径是矢量图形。框架与路径的唯一区别在于：框架可以作为文本或其他对象的容器，也可以作为占位符（不包含任何内容的容器）。

（1）创建几何框架

创建几何框架的方法与创建几何图形的方法相似。两者不同之处在于，图形框架中央有十字条，表示图形框架可作为占位符使用。

InDesign CC 2015 中包括：⊠（矩形框架工具）、⊗（椭圆框架工具）和⊗（多边形框架工具）3 种框架工具，如图 2-114 所示。它们的创建方法基本相同，下面以创建矩形框架为例，讲解创建几何框架的方法。

创建矩形框架有以下两种方法：

- 选择工具箱中的⊠（矩形框架工具），然后在绘图区中单击并拖动鼠标到对角线方向即可创建矩形框架。默认情况下创建的矩形框架为一个没有任何填色或描边的框架，如图 2-115 所示。
- 选择工具箱中的⊠（矩形框架工具），然后在绘图区中单击鼠标，在弹出的图 2-116 所示的“矩形”对话框中设置“宽度”和“高度”数值，接着单击“确定”按钮，即可创建精确尺寸的矩形框架。

图 2-114　框架工具组

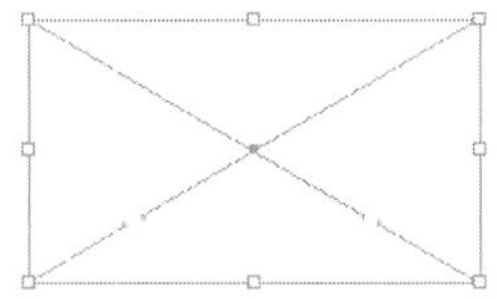
图 2-115　创建的矩形框架

图 2-116　“矩形”对话框

（2）框架类型

在 InDesign CC 2015 中框架分为图形框架和文本框架两种类型。

- 图形框架。图形框架可以充当框架与背景，可以对图形进行裁切或应用蒙版。图形框架作为占位符时将显示为十字条。
- 文本框架。在 InDesign CC 2015 中，所有文本都放置在称为“文本框架”的容器中。文本框架分为纯文本框架和框架网格两种。纯文本框架是不显示任何网格的普通文本框架，它可以确定文本要占用的区域以及在版面中的排列方式，可以通过各文本框架左上角和右下角中的文本端口来识别纯文本框架，如图 2-117 所示，具体请参见 2.5.3“文本框架”；框架网格是中文排版特有的文本框架类型，其中字符的全角字框和间距都显示为网格，以一套基本网格来确定字符大小和附加的框架内间距，如图 2-118 所示，具体请参见 2.5.4“框架网格”。

至此，卷展菜单效果制作完毕。下面按快捷键〈Ctrl+S〉进行保存，再按快捷键〈F12〉，进行预览，即可测试到当鼠标单击主目录前的□按钮时，卷展菜单展开，而且□按钮变为□按钮，当鼠标再次单击主目录前的□按钮时，卷展菜单卷起，而且□按钮变为□按钮的效果，如图 6-10 所示。

图 2-117　纯文本框架

至此，卷展菜单效果制作完毕。下面按快捷键〈Ctrl+S〉进行保存，再按快捷键〈F12〉，进行预览，即可测试到当鼠标单击主目录前的□按钮时，卷展菜单展开，而且□按钮变为□按钮，当鼠标再次单击主目录前的□按钮时，卷展菜单卷起，而且□按钮变为□按钮的效果，如图 6-10 所示。

图 2-118　框架网格

2. 显示与隐藏框架边缘

与路径不同，在默认情况下即使并没有选定框架，仍能看到框架的非打印描边（轮廓）。

如果文档窗口变得拥挤，可以通过执行菜单中的“视图 | 其他 | 隐藏框架边缘”命令隐藏框架边缘来简化屏幕显示。此方法还会隐藏图形占位符框架中的十字条。 框架边缘的显示设置不影响文本框架上的文本端口的显示。如图 2-119 所示为显示框架边缘的效果，如图 2-120 所示为隐藏框架边缘的效果。

图 2-119　显示框架边缘的效果

图 2-120　隐藏框架边缘的效果

3. 使用占位符设计版面

在添加文本和图形之前使用占位符可以初步确定设计，或者在还不具备要使用的内容时，可以使用框架作为占位符。如图 2-121 所示为占位符页面效果，如图 2-122 所示为普通页面效果。

图 2-121　占位符页面效果

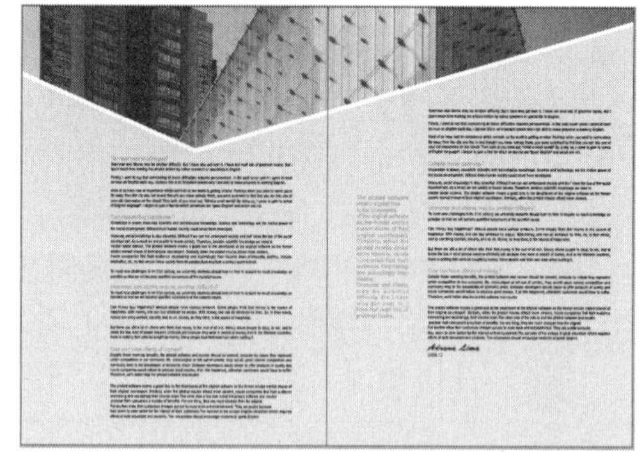

图 2-122　普通页面效果

2.3.2 图层

运用图层来管理对象，可在文件编排时个别处理文件中的各个对象，而不必担心在编辑某特定对象时影响到其他对象属性。

1. “图层”面板

“图层”面板可以将构成版面的不同对象和元素放置在独立图层上进行编辑操作。组成图像的各个图层就相当于一个单独的文档，相互堆叠在一起。透过上一个图层的透明区域可以看到下一个图层中的不透明元素或者对象，透过所有图层的透明区域可以看到底层图层，如图 2-123 所示。

图 2-123　图层和“图层”面板

在学习使用图层编辑图像之前，先来介绍一下“图层”面板。执行菜单中的“窗口 | 图层”命令，调出“图层”面板，如图 2-124 所示。

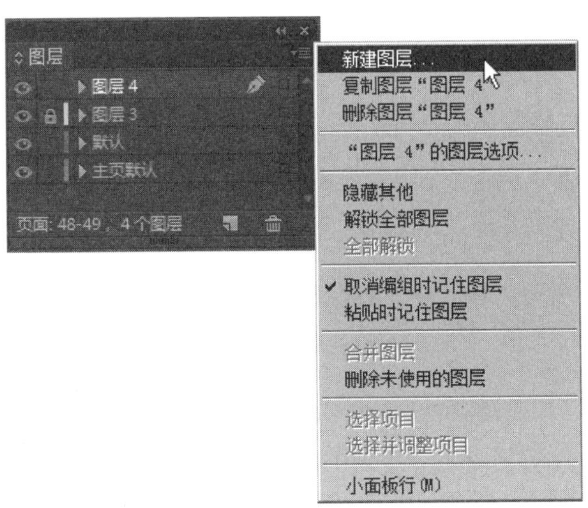

图 2-124　“图层”面板

“图层”面板中各项的含义如下。

- 切换可视性：单击该按钮，可以隐藏该图层。
- 切换图层锁定：单击该按钮，可以解锁该图层。
- 创建新图层：单击该按钮，可以在图层最上面新建一个图层。

- 删除选定图层：单击该按钮，可以将选定的图层删除。
- 新建图层：使用该命令，可以新建一个图层。与单击图层面板下方的（创建新图层）按钮的功能相同。
- 复制图层“图层 4”：使用该命令，可以直接复制当前图层。
- “图层 4”的图层选项：执行该命令，可以在弹出的“图层选项”对话框中更改当前的图层设置。
- 隐藏其他：使用该命令，可以将当前选择图层以外的其余图层进行隐藏。
- 解锁全部图层：使用该命令，可以将所有图层进行解锁。
- 粘贴时记住图层：使用该命令，可以保证复制和粘贴的内容处于一个图层。
- 合并图层：使用该命令，可以将多个图层内容合并到一个图层上。
- 删除未使用图层：使用该命令，可以将空白图层删除。
- 小面板行：使用该命令可以使图层图标缩小显示。

2. 创建图层

每个文档都至少包含一个已命名的图层，当文档内容较丰富或版块较多时，一个图层远远不能满足创作需求，这时创建新的图层就显得尤为重要。通过创建多个图层可以将不同的对象分别放置到不同的图层中，还可以为图层设置不同的属性，方便编辑和管理。

（1）新建图层

新建图层的操作步骤为：单击“图层”面板下方的（创建新图层）按钮或者单击“图层”面板右上角的黑色小三角，从弹出的快捷菜单中选择“新建图层”命令，均可新建图层。

（2）设置图层属性

当创建多个图层后，为了便于选择或管理，可以为图层设置不同的属性。操作步骤如下。

1）在图层面板中双击任意图层，弹出图 2-125 所示的“图层选项”对话框。

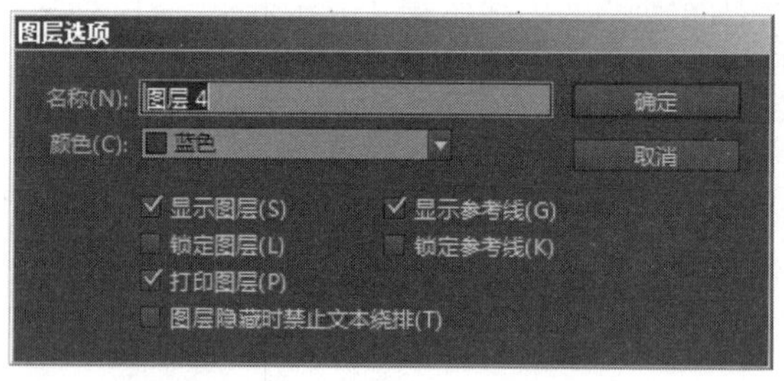

图 2-125 “图层选项”对话框

2）在该对话框中可以设置控制图层的颜色显示、锁定、显示等信息。该对话框的各项参数含义如下。

- 名称：用于设定当前图层的名称。
- 颜色：选择图层颜色。
- 显示图层：选择此项可以使图层可见并可打印。选择此选项与在“图层”面板中使眼睛图标可见的效果相同。

● 显示参考线：选择此项可以使图层上的参考线可见。如果没有为图层选择此项，即使通过执行菜单中的“视图 | 显示参考线”来显示整个文档中的参考线，也无法使参考线可见。
● 锁定图层：选择此项可以防止对图层上的任何对象进行更改。
● 锁定参考线：选择此项可以防止对图层上的所有标尺参考线进行更改。
● 打印图层：选择此项可允许图层被打印。当打印或导出为 PDF 文件时，可以决定是否打印隐藏图层和非打印图层。
● 图层隐藏时禁止文本绕排：在图层处于隐藏状态并且该图层包含应用了文本绕排的文本时，选择此项，可以使其他图层上的文本正常排列。

3）设置完成后，单击“确定”按钮即可。

（3）在图层中创建对象

在“图层”面板中，背景为蓝色的那个图层表示该图层处于工作状态，该图层称为目标图层，同时在图层的右侧将显示为钢笔图标。选择目标图层，执行菜单中的“文件 | 置入”命令，然后在弹出的“置入”对话框中选择相应的图片，单击“确定”按钮，即可置入对象。此外，还可以使用绘图工具直接绘制对象。

3. 编辑图层

在“图层”面板中可以实现对象的位置移动、图层间的顺序调整以及合并图层等操作。还可以复制整个图层，以便对相同的内容进行不同的编辑。

（1）复制图层

复制图层的操作步骤为：拖动目标图层到“图层”面板下方的 （创建新图层）按钮上，如图 2-126 所示，即可复制该层，如图 2-127 所示。

提示：“图层”面板中的 （切换可视性）图标用于显示或隐藏图层。如果所选定图层处于显示状态，则单击图层前的 （切换可视性）图标，图层将被隐藏；如果再次单击该图标，则重新显示图层内容。

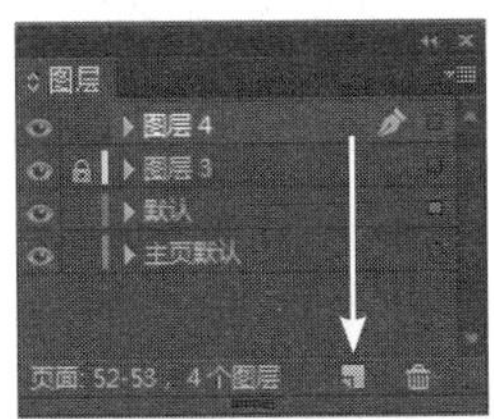

图 2-126　将目标图层拖动到 （创建新图层）按钮上

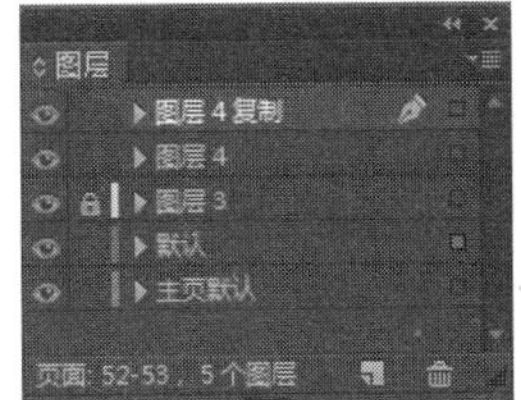

图 2-127　复制后的图层

（2）合并图层

合并图层可以减少文档中的图层数量，而不会删除任何对象。合并图层时，来自所有选定图层中的对象将被移动到目标图层。在合并的图层中，只有目标图层会保留在文档中，其他的选定图层将被删除。也可以通过合并所有图层来拼合文档。

提示：如果合并的同时包含页面对象和主页对象的图层，则主页对象将移动到生成的合并图层的后面。

合并图层的操作步骤如下。

1）在“图层”面板中，按住〈Shift〉键选择要合并的多个图层，如图 2-128 所示。

2）单击“图层”面板右上方的按钮，从弹出的快捷菜单中选择“合并图层”命令。此时选中的图层将合并为一个图层，如图 2-129 所示。

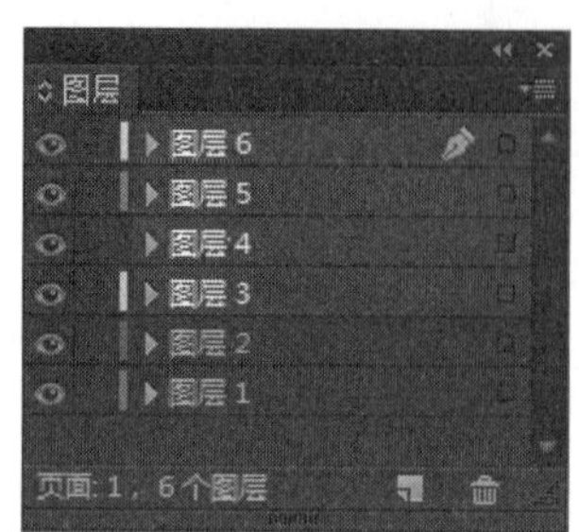

图 2-128　选择要合并的多个图层

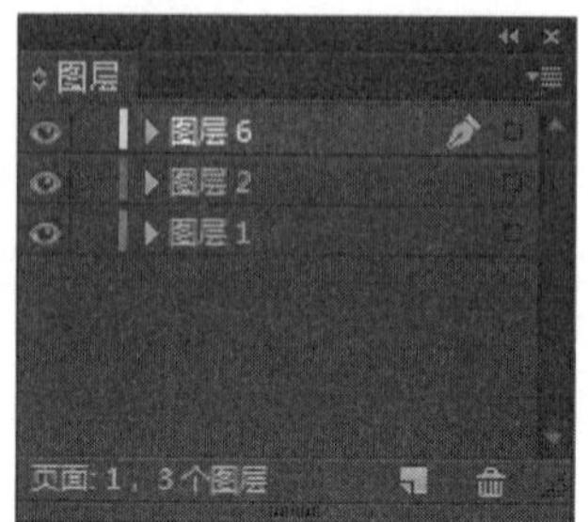

图 2-129　合并图层的效果

（3）改变图层顺序

图层的上下顺序关系着对象的显示效果，在图层面板中，上方的图层，其包含的对象会显示在其他图层对象的上方。可以通过在“图层”面板中重新排列图层来更改图层在文档中的排列顺序。

改变图层顺序的操作步骤为：在“图层”面板中，将选中的图层在列表中向上或向下拖动（此处是向上移动），然后在表示插入标记的黑色横线出现在期望位置时释放鼠标，如图 2-130 所示，即可改变图层顺序，如图 2-131 所示。

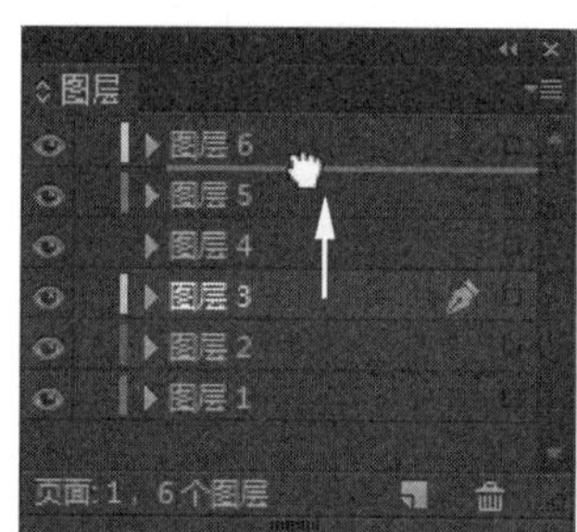

图 2-130　将选择的图层向上移动

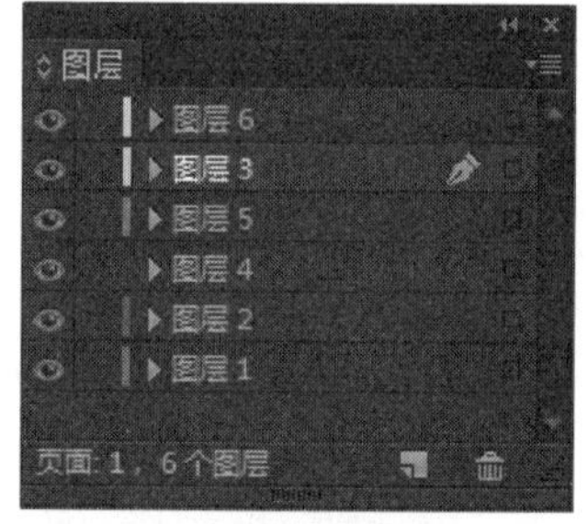

图 2-131　改变图层顺序的效果

2.3.3　对象效果

使用“效果”面板可以更改 InDesign CC 2015 中的大多数对象或组的外观，设置特殊效果。它们的使用方法与 Photoshop 中添加图层样式的方法相似，如果对添加的效果不满意，还可以随时修改其参数设置，并可以单独针对对象的描边或填色添加效果。

1. 透明度效果

默认情况下，当创建对象或描边，应用填色或输入文本时，这些对象显示为实底状态，即不透明度为 100%。此时可以通过多种方式使对象透明化。例如，可以将不透明度从 100% 改变为 0%。降低不透明度后，就可以透过对象、描边、填色或文本看见下方的对象。

使用“效果”面板可以为对象及其描边、填色或文本指定不透明度，并可以决定对象本身及其描边、填色或文本与下方对象的混合方式。执行菜单中的“窗口 | 效果”命令，调出“效果”面板，如图 2-132 所示。

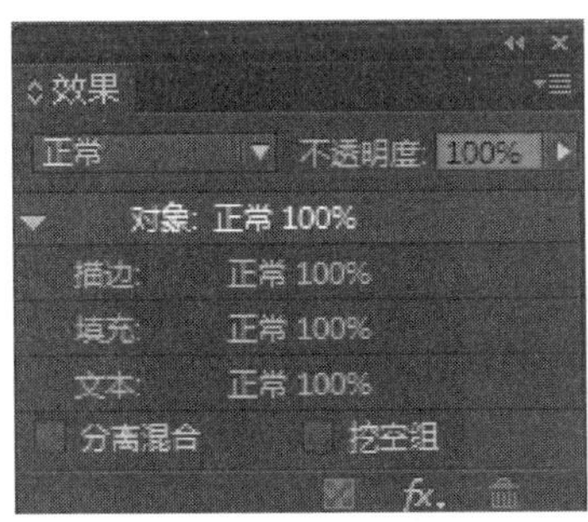

图 2-132　“效果”面板

“效果”面板的各项参数含义如下。

- 混合模式：单击正常按钮，可以从弹出的如图 2-133 所示的下拉列表指定透明对象中的颜色如何与其下面的对象进行相关作用。
- 不透明度：该文本框用于指定对象、描边、填色或文本的不透明度。
- 对象：选择该项，透明度将影响整个对象。
- 描边：选择该项，透明度仅影响对象的描边（包括间隙颜色）。
- 填充：选择该项，透明度仅影响对象的填色。
- 分离混合：该复选框用于决定是否将混合模式应用于选定的对象组。
- 挖空组：该复选框用于决定是否使组中每个对象的不透明度和混合属性挖空或遮蔽组中的底层对象。
- 清除所有效果并使对象变为不透明：单击该按钮可以清除效果（描边、填色或文本的效果），即将混合模式设为“正常”，并将整个对象的不透明度更改为 100%。
- fx.向选定的目标添加对象效果：单击该按钮，可以在弹出的如图 2-134 所示的快捷菜单中选择相关的对象效果。

图 2-133　混合模式

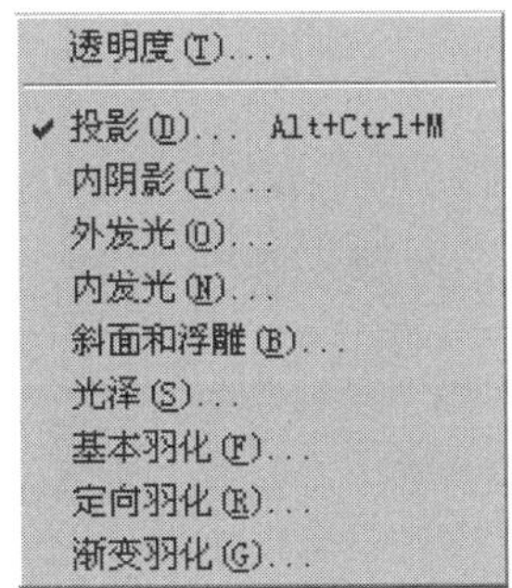

图 2-134　可以添加的对象效果

● 从选定的目标中删除效果：单击该按钮，可以将选中的相关效果删除。

2. 混合模式

混合模式是指在两个对象之间，当前对象颜色（基色）与其下一对象组颜色的相互混合。使用混合模式可以改变堆叠对象颜色混合的方式。InDesign CC 2015 提供了 16 种对象的混合模式。

● 正常：这是系统默认的状态，当图层不透明度为 100% 时，设为该模式的图层将完全覆盖下层图像。图 2-135 分别为上层和下层图片对象的效果。

a)

b)

图 2-135 上层和下层图片对象的效果
a）上层对象 b）下层对象

● 正片叠底：将两个颜色的像素相乘，然后再除以 255，得到的结果就是最终色的像素值。通常执行正片叠底模式后，颜色比原来的两种颜色都深，任何颜色和黑色执行正片叠底模式得到的仍然是黑色，任何颜色和白色执行正片叠底模式后保持原来的颜色不变。简单地说，正片叠底模式就是突出黑色的像素。图 2-136 为正片叠底模式下的效果。

● 滤色：滤色模式的结果和正片叠底正好相反，它是将两个颜色的互补色的像素值相乘，然后再除以 255 得到最终色的像素值。通常执行滤色模式后的颜色都较浅。任何颜色和黑色执行滤色模式，原颜色不受影响；任何颜色和白色执行滤色模式，得到的是白色。而与其他颜色执行此模式都会产生漂白的效果。简单地说，滤色模式就是突出白色的像素。图 2-137 为滤色模式下的效果。

图 2-136 “正片叠底”模式下的效果

图 2-137 “滤色”模式下的效果

- 叠加：图像的颜色被叠加到底色上，但保留底色的高光和阴影部分。底色的颜色没有被取代，而是与图像颜色混合体现原图的亮部和暗部。如图 2-138 所示为叠加模式下的效果。
- 柔光：柔光模式根据图像的明暗程度来决定最终色是变亮还是变暗。当图像色比 50% 的灰要亮时，则底色图像变亮；如果图像色比 50% 的灰要暗，则底色图像就变暗。如果图像色是纯黑色或者纯白色，最终色将稍稍变暗或者变亮，如果底色是纯白色或者纯黑色，则没有任何效果。如图 2-139 所示为柔光模式下的效果。

图 2-138　“叠加”模式下的效果

图 2-139　“柔光”模式下的效果

- 强光：强光模式是根据图像色来决定执行叠加模式还是滤色模式。当图像色比 50% 的灰要亮时，则底色变亮，就像执行滤色模式一样；如果图像色比 50% 的灰要暗，则就像执行叠加模式一样，当图像色是纯白或者纯黑时得到的是纯白或者纯黑色。如图 2-140 所示为强光模式下的效果。
- 颜色减淡：使用颜色减淡模式时，首先查看每个通道的颜色信息，通过降低对比度，使底色的颜色变亮来反映绘图色，图像色和黑色混合没有变化。如图 2-141 所示为颜色减淡模式下的效果。

图 2-140　“强光”模式下的效果

图 2-141　“颜色减淡”模式下的效果

- 颜色加深：颜色加深模式查看每个通道的颜色信息，通过增加对比度使底色的颜色变暗来反映绘图色，与白色混合没有变化。如图 2-142 所示为颜色加深模式下的效果。
- 变暗：变暗模式进行颜色混合时，会比较绘制的颜色与底色之间的亮度，较亮的像素被较暗的像素取代，而较暗的像素不变。如图 2-143 所示为变暗模式下的效果。

图 2-142 “线性加深”模式下的效果

图 2-143 “变暗”模式下的效果

- 变亮：变亮模式正好与变暗模式相反，它是选择底色或绘制颜色中较亮的像素作为结果颜色，较暗的像素被较亮的像素取代，而较亮的像素不变。如图 2-144 所示为变亮模式下的效果。
- 差值：差值模式通过查看每个通道中的颜色信息，比较图像色和底色，用较亮的像素点的像素值减去较暗的像素点的像素值，差值作为最终色的像素值。与白色混合将使底色反相，与黑色混合则不产生变化。如图 2-145 所示为差值模式下的效果。

图 2-144 “变亮”模式下的效果

图 2-145 “差值”模式下的效果

- 排除：与差值模式类似，但是比差值模式生成的颜色对比度小，因而颜色较柔和。与白色混合将使底色反相，与黑色混合则不产生变化。如图 2-146 所示为排除模式下的效果。
- 色相：采用底色的亮度、饱和度以及图像色的色相来创建最终色。如图 2-147 所示为色相模式下的效果。

图 2-146 “排除”模式下的效果

图 2-147 “色相”模式下的效果

- 饱和度：采用底色的亮度、色相以及图像色的饱和度来创建最终色。如果绘图色的饱和度为 0，原图就没有变化。如图 2-148 所示为饱和度模式下的效果。
- 颜色：采用底色的亮度以及图像色的色相、饱和度来创建最终色。它可以保护原图的灰阶层次，对于图像的色彩微调，给单色和彩色图像着色都非常有用。如图 2-149 所示为颜色模式下的效果。

图 2-148 “饱和度”模式下的效果

图 2-149 “颜色”模式下的效果

- 亮度：与颜色模式正好相反，亮度模式采用底色的色相和饱和度，以及绘图色的亮度来创建最终色。如图 2-150 所示为亮度模式下的效果。

图 2-150 “亮度”模式下的效果

3. 创建特殊效果

利用“效果”面板可以为选定的对象添加“投影”“内阴影”“外发光”“内发光”“斜面和浮雕”“光泽”“基本羽化”“定向羽化”和“渐变羽化”9 种特殊效果。下面以“投影”“外发光”“斜面和浮雕”和“基本羽化”4 种效果为例来讲解创建特殊效果的方法。

（1）投影

对图片添加阴影效果，可以使对象产生阴影，富有立体感。创建“投影”效果的操作步骤如下。

1）执行菜单中的“文件 | 打开”命令，打开网盘中的“素材及结果 \ 创建特殊效果 .indd”文件，然后选择要添加阴影效果的对象，如图 2-151 所示。

2）单击“效果”面板下方的 fx（向选定的目标添加对象效果）按钮，在弹出的“效果”对话框中设置“投影”选项（或执行菜单中的“对象 | 效果 | 投影”命令），如图 2-152 所示。

图 2-151　选择要添加阴影效果的对象

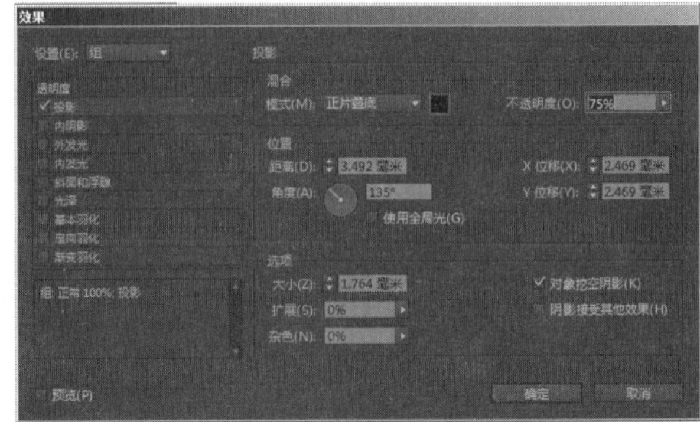

图 2-152　设置“投影”选项

- 模式：在下拉列表中选择一个选项，设置阴影与下方对象的混合模式。列表框右侧的色块用于设置阴影的颜色。
- 不透明度：输入数值或拖动滑块，设置阴影的不透明度。
- 位置：设置对象阴影的位置。可以指定阴影与对象的距离，然后指定一个角度。
- 选项：设置阴影的大小、扩展、杂色等选项。其中“大小”参数用于设置模糊区域的外边界的大小（从阴影边缘算起），如图 2-153 所示为不同“大小”数值的效果比较；“扩展”参数用于将阴影覆盖区向外扩展，并会减小模糊半径，如图 2-154 所示为不同“扩展”数值的效果比较；“杂色”参数用于在阴影中添加杂色（不自然感），使投影显示为颗粒效果，如图 2-155 所示为不同“杂色”数值的效果比较；勾选“对象挖空阴影”选项，可使对象显示在它所投射投影的前面；勾选“阴影接受其他效果”选项，可以在投影中可包含效果。

a)

b)

图 2-153　不同“大小”数值的效果比较

a)“大小”为 1 毫米　b)“大小”为 4 毫米

3）设置完毕后，单击“确定”按钮。

（2）外发光

使用外发光效果可以使对象产生外边缘发光的效果。创建“外发光”效果的操作步骤如下。

1）执行菜单中的“文件 | 打开”命令，打开网盘中的“素材及结果 \ 创建特殊效果 .indd”文件，然后选择要添加外发光效果的对象，如图 2-151 所示。

a)

b)

图 2-154　不同“扩展”数值的效果比较

a)“大小”为 4 毫米，“扩展”为 30%　b)“大小”为 4 毫米，“扩展”为 60%

a)

b)

图 2-155　不同“杂色”数值的效果比较

a)“大小”为 10%　b)“大小”为 50%

2）单击“效果”面板下方的 fx.（向选定的目标添加对象效果）按钮，在弹出的“效果”对话框中设置“外发光”选项（或执行菜单中的“对象 | 效果 | 外发光”命令），如图 2-156 所示。

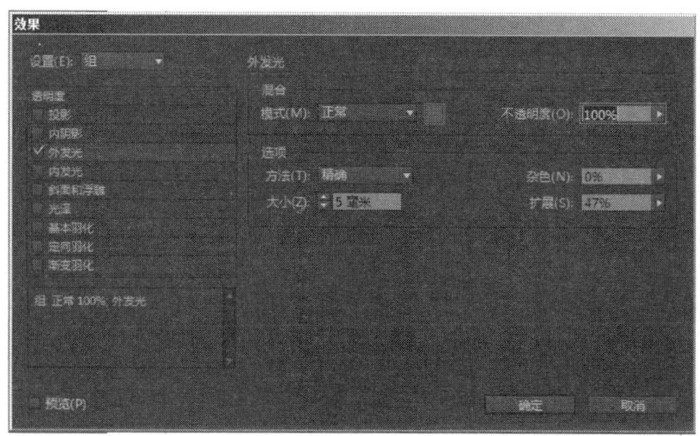

图 2-156　设置“外发光”选项

- 模式：在下拉列表中选择一个选项，指定外发光与下方对象的混合模式。单击列表框右侧的色块可以设置外发光的颜色。如图 2-157 所示为设置不同外发光颜色的效果比较。

a）

b）

图 2-157　不同外发光颜色的效果比较
a）外发光颜色为红色　b）外发光颜色为黄色

- 不透明度：设置外发光的不透明度。
- 选项：设置外发光的方法、杂色和扩展选项。

3）设置完毕后，单击“确定”按钮。

（3）斜面和浮雕

使用斜面和浮雕效果可以制作具有立体感的图像。创建“斜面和浮雕”效果的操作步骤如下。

1）执行菜单中的“文件 | 打开”命令，打开网盘中的“素材及结果 \ 斜面和浮雕 .indd”文件，然后选择要添加斜面和浮雕效果的对象，如图 2-158 所示。

2）单击“效果”面板下方的fx.（向选定的目标添加对象效果）按钮，在弹出的“效果”对话框中设置“斜面和浮雕”选项（或执行菜单中的“对象 | 效果 | 斜面和浮雕”命令），如图 2-159 所示。

图 2-158　选择要添加斜面和浮雕的对象

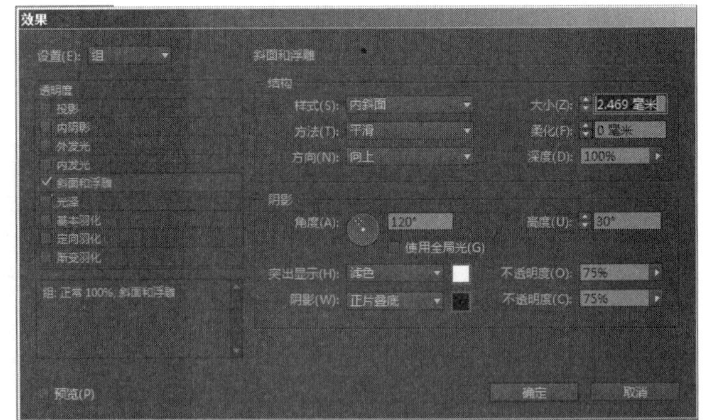

图 2-159　设置“斜面和浮雕”选项

- 样式：有外斜面、内斜面、浮雕和枕状浮雕 4 种样式可供选择。如图 2-160 所示为不同样式的效果比较。
- 方法：有平滑、雕刻清晰、雕刻柔和 3 种雕刻方法可供选择。
- 方向：设置浮雕效果光源的方向。有“向上”和“向下”两种效果可供选择。如图 2-161 所示为不同方向的效果比较。

图 2-160　不同样式的效果比较
a）外斜面　b）内斜面　c）浮雕　d）枕状浮雕

图 2-161　不同方向的效果比较
a）“向上”方向　b）“向下”方向

- 大小：设置阴影面积的大小。
- 柔化：拖动滑块，可调节阴影的边缘过渡距离。
- 深度：拖动滑块，设置阴影颜色的深度。
- 角度和高度：设置光源角度和高度。

- 突出显示：设置突出显示部分的颜色、与下面对象的混合模式以及不透明度。
- 阴影：设置阴影部分的颜色、与下面对象的混合模式以及不透明度。

3）设置完毕后，单击“确定”按钮。

（4）基本羽化

使用基本羽化可以产生渐隐的羽化效果。创建“基本羽化”效果的操作步骤如下。

1）执行菜单中的“文件 | 打开”命令，打开网盘中的“素材及结果 \ 基本羽化 .indd”文件，然后选择要添加基本羽化效果的对象，如图 2-162 所示。

2）单击“效果”面板下方的 fx. （向选定的目标添加对象效果）按钮，在弹出的“效果”对话框中设置“基本羽化”选项（或执行菜单中的“对象 | 效果 | 基本羽化”命令），如图 2-163 所示。

图 2-162　选择要添加基本羽化效果的对象

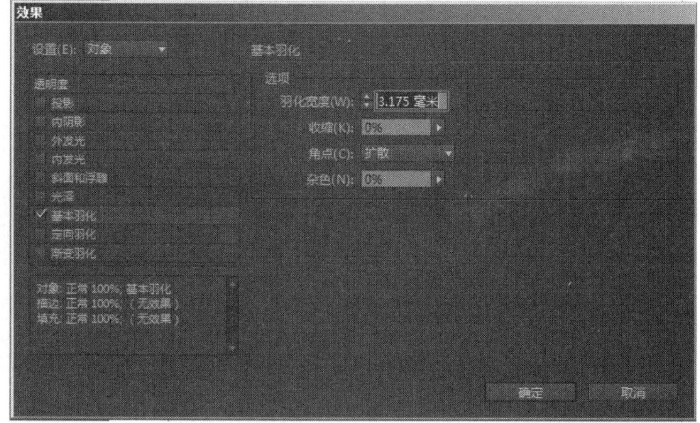

图 2-163　设置“基本羽化”选项

- 羽化宽度：设置对象从不透明渐隐到透明需要经过的距离。如图 2-164 所示为不同羽化宽度的效果比较。

a）

b）

图 2-164　不同羽化宽度的效果比较

a）“羽化宽度”为 5 毫米　b）“羽化宽度”为 10 毫米

- 收缩：将发光柔化为不透明和透明的程度。设置的值越大，不透明度越高，设置的值越小，透明度越高。
- 角点：有锐化、圆角和扩散 3 个选项可供选择。选择“锐化”，可以精确地沿着形状外边缘（包括尖角）渐变，效果如图 2-165 所示；选择“圆角”，可以将边角按羽化半径修成圆角，效果如图 2-166 所示；选择“扩散”，可以使对象边缘从不透明渐隐到透明，效果如图 2-167 所示。

图 2-165　锐化效果

图 2-166　圆角效果

图 2-167　扩散效果

● 杂色：在羽化效果中添加杂色。

3）设置完毕后，单击“确定”按钮。

2.4　文字与段落

在 InDesign CC 2015 中，用户可以在页面中创建纯文本、框架文本、路径文字以及段落文字。用户可以通过“字符”面板设置短行文本的格式，并为此类文本应用效果，如阶梯效果、重力效果等；也可以使用“段落”面板对整段、整篇、整章，甚至整本书的文字作品设置其段落对齐方式、段前 / 后间距等。在对文本初步设置完成后，用户不仅可以设置文本的排版方向、调整路径文字的起始与结束位置，还可以设置文字的颜色、复制文本属性、对文本内容进行编辑与检查等操作，使文本内容更加精确。

2.4.1　创建文本

在 InDesign CC 2015 中，用户使用文本工具可以在页面中创建纯文本框架、沿路径排版的文字以及创建网格框架文本，也可以将其他应用程序创建的文本文件置入当前文件中。

1. 使用文本工具

使用文本工具不仅可以创建直排或者横排的段落文本，也可以创建沿着任何形状的开放

或者封闭路径的边缘排列的文本。InDesign CC 2015 的文本工具包括（文字工具）、（直排文字工具）、（路径文字工具）和（垂直路径文字工具）4 种。使用时，单击工具箱中的（文字工具）不放，然后从弹出的工作组中选择相应的工具，如图 2-168 所示。

（1）文字工具

使用（文字工具）可以为横排文本创建纯文本框架。单击该工具，当鼠标指针变为形状时，拖动鼠标指针绘制出文本框架，然后在虚拟矩形框内输入文本即可，效果如图 2-169 所示。在创建了文本框架后，可以使用工具箱中的（选择工具）对其进行移动、调整大小和更改。

（2）直排文字工具

使用（直排文字工具）可以为直排文本创建纯文本框架。该工具的使用方法与（文字工具）一样，当鼠标指针变为形状时，拖动鼠标指针绘制出文本框架，然后在虚拟矩形框内输入文本即可，如图 2-170 所示。

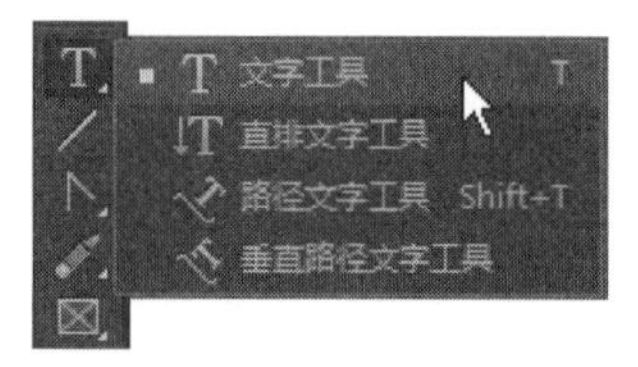

图 2-168 选择相应的文字工具

Adobe InDesign

图 2-169 使用工具输入文本

Adobe InDesign

图 2-170 使用工具输入文本

（3）路径文字工具

如果需要将文字绕路径排版，需要首先绘制一个路径，然后选择工具箱中的（路径文字工具），将其放置在路径上，当鼠标指针显示为形状时，单击鼠标直到鼠标指针旁边出现一个小加号，即可输入文字，如图 2-171 所示。

（4）垂直路径文字工具

选择工具箱中的（垂直路径文字工具），将其放置在路径上，当鼠标指针显示为形状时，单击鼠标直到鼠标指针旁边出现一个小加号，即可输入文字，如图 2-172 所示。

图 2-171 使用工具输入文本

图 2-172 使用工具输入文本

2. 使用网格工具

框架网格通常用于中、日、韩文排版，其中字符的全角字框与间距都显示为网格。创建框架网格的工具包括▦（水平网格工具）和▥（垂直网格工具）两种。

（1）水平网格工具

使用▦（水平网格工具）可以创建水平框架网格。选择该工具，然后在绘图区拖动确定所创建网格的高度和宽度，接着在其中输入文本即可，如图 2-173 所示。

（2）垂直网格工具

使用▥（垂直网格工具）可以创建垂直框架网格。选择该工具，然后在绘图区拖动确定所创建网格的宽度和高度，接着在其中输入文本即可，如图 2-174 所示。

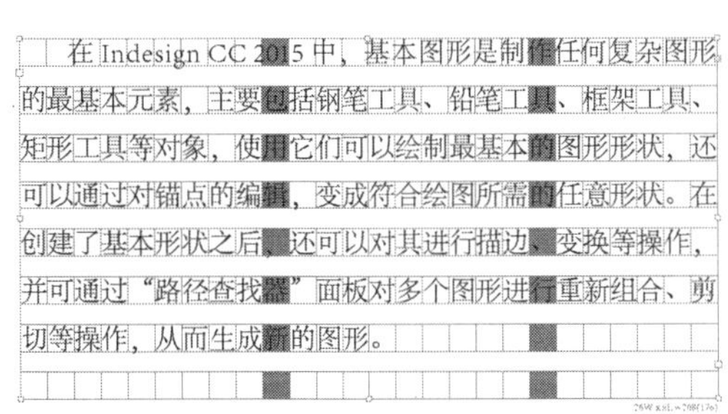

图 2-173　创建水平框架网格

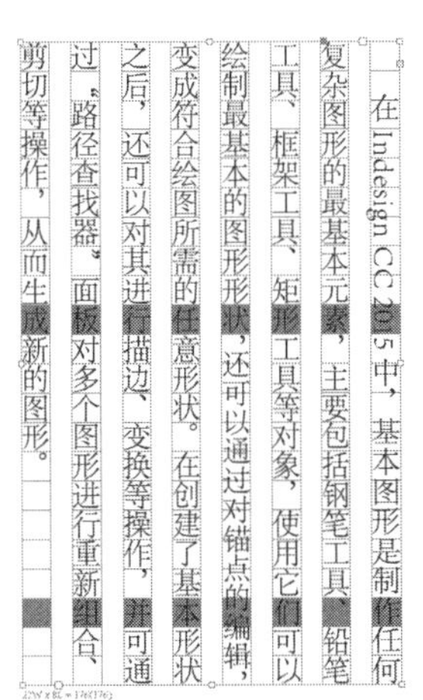

图 2-174　创建垂直框架网格

3. 置入文本

用户除了可以使用文本工具来创建文本外，还可以通过置入文本的方式来创建文本，并可以指定相应选项来确定置入文本格式的方式。

（1）置入新文本

要为置入的文本创建新框架，应该确保在页面中未出现任何插入点且未选择任何文本或框架。然后执行菜单中的"文件 | 置入"命令，在弹出的对话框中选择文本文件，如图 2-175 所示，接着单击"打开"按钮，再在页面中绘制文本框即可。

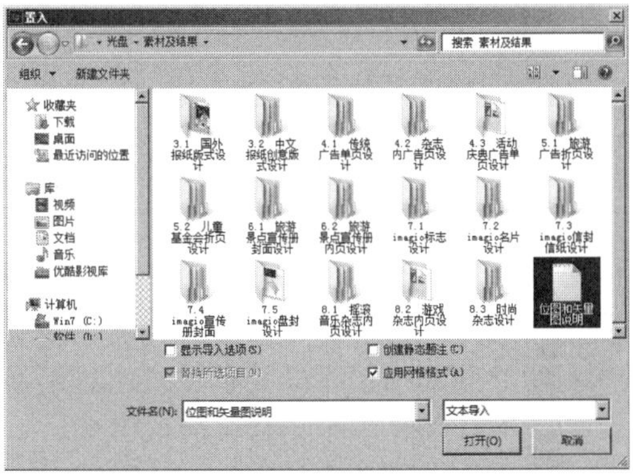

提示：如果用户在选择导入的文本后，并未指定现有框架来放置文本，那么指针将变为载入的文本图标，准备在单击或拖动的任意位置排列文本。

图 2-175　选择要置入的文本文件

（2）为现有的文件置入文本

当用户需要将文本添加到框架时，可以使用T（文字工具）选择文本或置入插入点，然后执行菜单中的"文件 | 置入"命令，在弹出的对话框中选择要置入的文件，单击"打开"按钮即可。

如果置入文本之前选择了插入点，则置入文件会接着原来文本继续排列；如果在置入新文本时，在原文件中创建了新的框架，则段落会在新的框架中排列。

2.4.2 插入特殊字符

在编辑文字时，常常需要在文字中插入特殊符号，InDesign CC 2015 中常用的特殊符号都在“插入特殊字符”菜单中。

1. 插入特殊字符

使用T（文字工具），在需要插入字符的地方放置插入点。然后执行菜单中的“文字 | 插入特殊字符”命令，在特殊字符菜单（如图 2-176 所示）中选择一个选项。

2. 插入空格字符

空格字符是出现在字符之间的空白区。可将空格字符用于多种不同的用途。

选择T（文字工具），将插入点放置在要插入特定大小的空格的位置。然后执行菜单中的“文字 | 插入空格”命令，在空格字符菜单（如图 2-177 所示）中选择一个选项。

插入空格菜单中的各项命令含义如下。

- 表意字空格：该空格的宽度等于 1 个全角空格。 它与其他全角字符一起时会绕排到下一行。
- 全角空格：宽度等于文字大小。

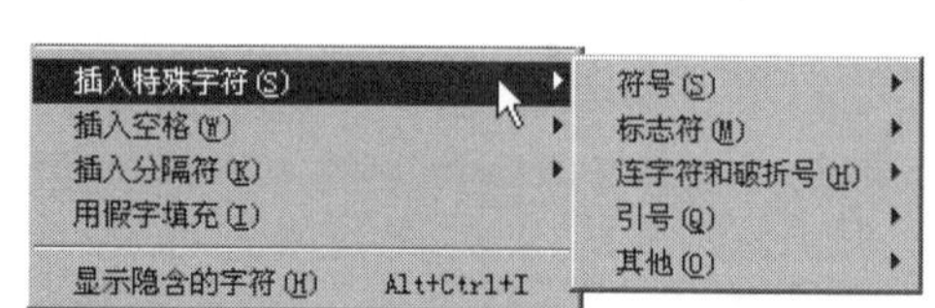

图 2-176 “插入特殊字符”菜单

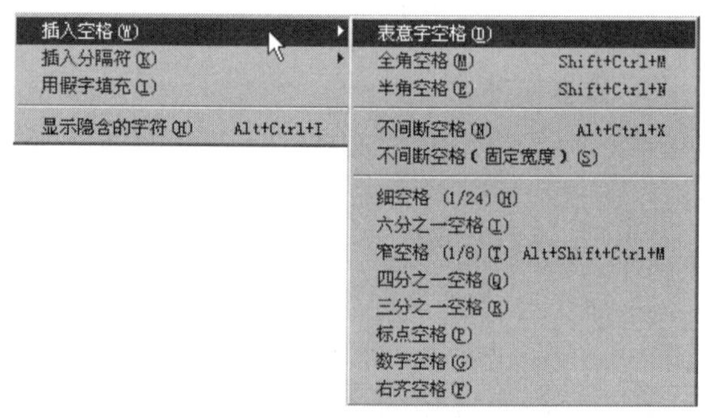

图 2-177 “插入空格”菜单

- 半角空格：宽度为全角空格的一半。
- 不间断空格：宽度与按下空格键时的宽度相同，它可防止在出现空格字符的地方换行。
- 不间断空格（固定宽度）：固定宽度的空格可防止在出现空格字符的地方换行，但在对齐的文本中不会扩展或压缩。
- 细空格 (1/24)：宽度为全角空格的 1/24。
- 六分之一空格：宽度为全角空格的 1/6。
- 窄空格 (1/8)：宽度为全角空格的 1/8。在全角破折号或半角破折号的任一侧，可能需要使用窄空格 (1/8)。
- 四分之一空格：宽度为全角空格的 1/4。

- 三分之一空格：宽度为全角空格的 1/3。
- 标点空格：宽度与感叹号、句号或冒号的宽度相同。
- 数字空格：宽度与字体中数字的宽度相同。使用数字空格有助于对齐财务报表中的数字。
- 右齐空格：将大小可变的空格添加到完全对齐的段落的最后一行。

3. 插入分隔符

在文本中插入特殊分隔符，可控制对栏、框架和页面的分隔。

使用T（文字工具），在要插入分隔的地方单击以定位插入点。然后执行菜单中的“文字 | 插入分隔符”命令，在要插入的分隔符菜单（如图 2-178 所示）中选择一个分隔符。

提示：也可使用数字键盘上的〈Enter〉键创建分隔符。要移去分隔符，可以选择“文字 | 显示隐含的字符”，以便能看见非打印字符，然后选中分隔符并将其删除。

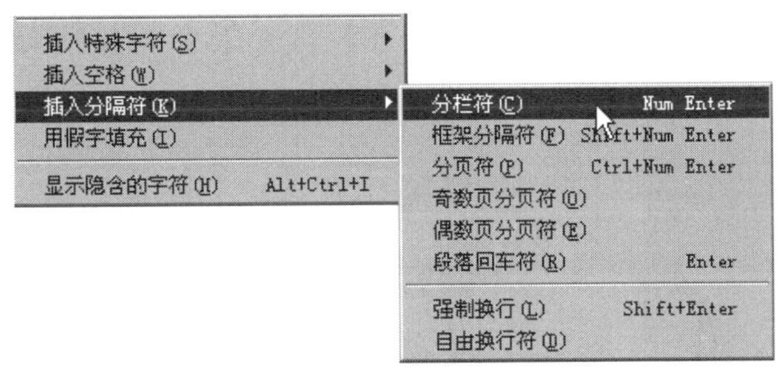

图 2-178 “插入分隔符”菜单

“插入分隔符”菜单中的各项命令的含义如下。

- 分栏符：将文本排列到当前文本框架内的下一栏。如果框架仅包含一栏，则文本转到下一串接的框架。
- 框架分隔符：将文本排列到下一串接的文本框架，而不考虑当前文本框架的栏设置。
- 分页符：将文本排列到下一页面（该页面具有串接到当前文本框架的文本框架）。
- 奇数页分页符：将文本排列到下一奇数页面（该页面具有串接到当前文本框架的文本框架）。
- 偶数页分页符：将文本排列到下一偶数页面（该页面具有串接到当前文本框架的文本框架）。
- 段落回车符：插入一个段落回车符。
- 强制换行：在插入此字符后，字符后面的文字换到下一行。
- 自由换行符：插入一个自由换行符号。

2.4.3　设置文本格式

用户可以在创建文本之前先设置好文字属性，也可以通过“字符”面板、文字工具选项栏、插入特殊字符功能或者“段落”面板等对文本格式进行编排，从而获得所需效果，满足排版的需要。

1. 设置文字

对于文字的设置，可以使用文字工具选项栏进行调整，如图 2-179 所示。也可以执行菜单中的“窗口 | 字符”命令，打开如图 2-180 所示的“字符”面板，通过该面板设置文字的类型、字号、修饰、字符间距等属性，从而使版面文字更加整洁、漂亮。

（1）设置字体

要为选择的文本应用字体或字形，可以在字体下拉列表中进行设置。如图 2-181 所示为选择不同字体的效果比较。

图 2-179　文字工具选项栏

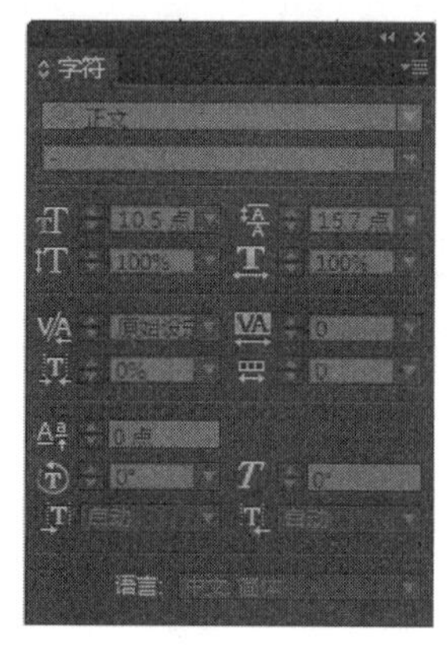

图 2-180　“字符”面板

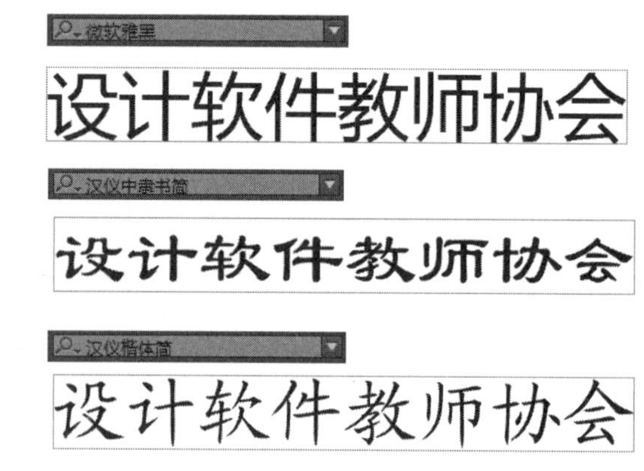

图 2-181　选择不同字体的效果比较

（2）设置字号大小

在报刊或杂志中，标题与正文的文字大小并不一样，一般情况下，标题的文字稍微大些。因此，在输入编辑文字时，需要对文字的大小进行调整。设置字号大小的操作步骤为：在“字符”面板的（字体大小）下拉列表中选择适当的大小或输入数值即可。如图 2-182 所示为设置了不同字号大小数值的效果比较。

Adobe　　Adobe

a)　　b)

图 2-182　设置了不同（字号大小）数值的效果比较
a）字号为 30 点　b）字号为 48 点

（3）设置行距、字偶间距和字符间距

（行距）用于控制文字行之间的距离，默认情况下为行距会跟随字号的改变而改变，如果设置了固定的数值则行距不会改变，如图 2-183 所示为设置了不同行距数值的效果比较。（字偶间距）用于增加或减少特定字符之间的间距，如图 2-184 所示为设置了不同字偶间距数值的效果比较。而（字符间距）用于加宽或紧缩文本块，如图 2-185 所示为设置了不同字符间距数据的效果比较。

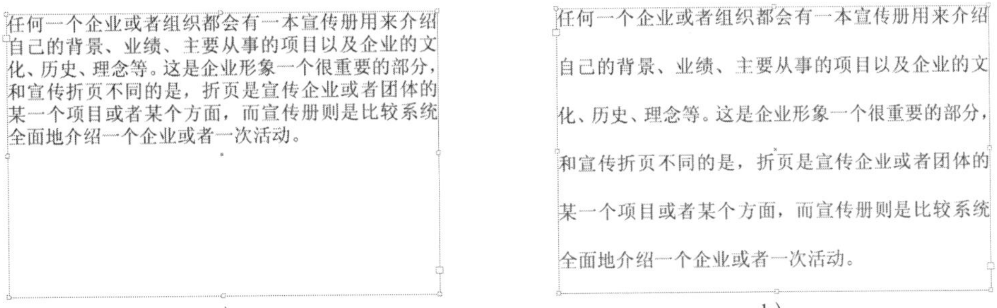

任何一个企业或者组织都会有一本宣传册用来介绍自己的背景、业绩、主要从事的项目以及企业的文化、历史、理念等。这是企业形象一个很重要的部分，和宣传折页不同的是，折页是宣传企业或者团体的某一个项目或者某个方面，而宣传册则是比较系统全面地介绍一个企业或者一次活动。

a)

任何一个企业或者组织都会有一本宣传册用来介绍自己的背景、业绩、主要从事的项目以及企业的文化、历史、理念等。这是企业形象一个很重要的部分，和宣传折页不同的是，折页是宣传企业或者团体的某一个项目或者某个方面，而宣传册则是比较系统全面地介绍一个企业或者一次活动。

b)

图 2-183　设置了不同（行距）数值的效果比较

a)“行距”为 14 点　b)“行距”为 30 点

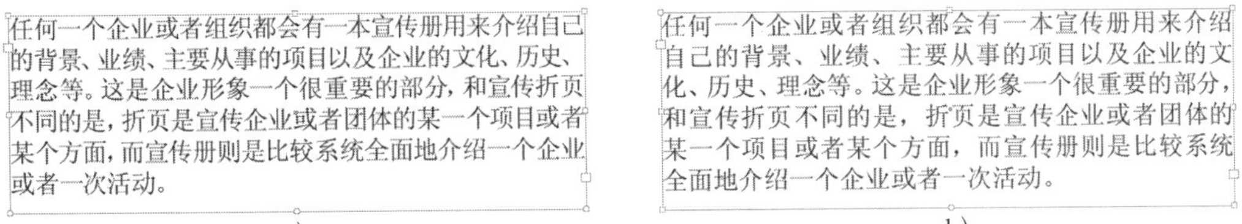

任何一个企业或者组织都会有一本宣传册用来介绍自己的背景、业绩、主要从事的项目以及企业的文化、历史、理念等。这是企业形象一个很重要的部分，和宣传折页不同的是，折页是宣传企业或者团体的某一个项目或者某个方面，而宣传册则是比较系统全面地介绍一个企业或者一次活动。

a)

任何一个企业或者组织都会有一本宣传册用来介绍自己的背景、业绩、主要从事的项目以及企业的文化、历史、理念等。这是企业形象一个很重要的部分，和宣传折页不同的是，折页是宣传企业或者团体的某一个项目或者某个方面，而宣传册则是比较系统全面地介绍一个企业或者一次活动。

b)

图 2-184　设置了不同（字偶间距）数值的效果比较

a)“字偶间距”为“视觉”　b)“字偶间距”为“原始设定”

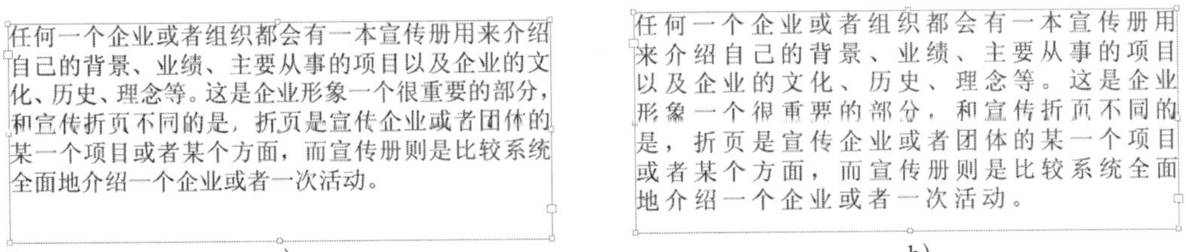

任何一个企业或者组织都会有一本宣传册用来介绍自己的背景、业绩、主要从事的项目以及企业的文化、历史、理念等。这是企业形象一个很重要的部分，和宣传折页不同的是，折页是宣传企业或者团体的某一个项目或者某个方面，而宣传册则是比较系统全面地介绍一个企业或者一次活动。

a)

任 何 一 个 企 业 或 者 组 织 都 会 有 一 本 宣 传 册 用 来 介 绍 自 己 的 背 景 、 业 绩 、 主 要 从 事 的 项 目 以 及 企 业 的 文 化 、 历 史 、 理 念 等 。 这 是 企 业 形 象 一 个 很 重 要 的 部 分 ， 和 宣 传 折 页 不 同 的 是 ， 折 页 是 宣 传 企 业 或 者 团 体 的 某 一 个 项 目 或 者 某 个 方 面 ， 而 宣 传 册 则 是 比 较 系 统 全 面 地 介 绍 一 个 企 业 或 者 一 次 活 动 。

b)

图 2-185　设置了不同（字符间距）数值的效果比较

a)“字符间距”为 0　b)“字符间距”为 200

（4）字符的缩放、旋转与倾斜

通过（水平缩放）与（垂直缩放）选项，可以根据字符的原始宽度和高度指定文字的宽高比，其中，无缩放字符的比例值为 100%。

设置（字符旋转）选项可以调整直排文本中的半角字符（如罗马字文本或数字）的方向，数值为正值时表示文字向右旋转，数值为负值时表示文字向左旋转。如图 2-186 所示为设置不同字符旋转数值的效果比较。

InDesign　　InDesign

a)　　b)

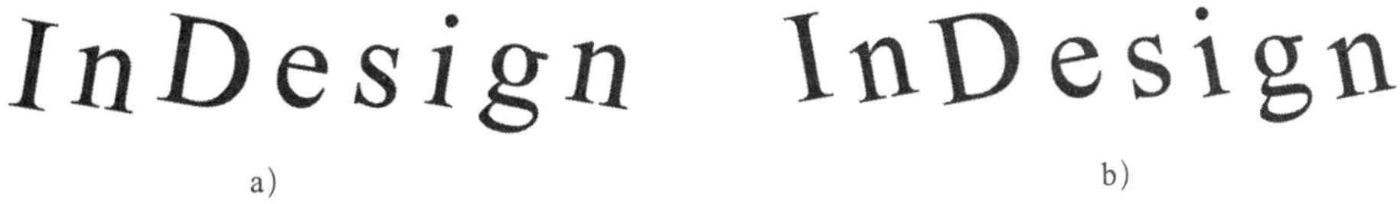

图 2-186　设置不同（字符旋转）数值的效果比较

a)“字符旋转”为 10°　b)“字符旋转”为 -10°

设置（倾斜）选项可控制文本的倾斜方向，数值为正值时表示文字向右倾斜，数值为负值时表示文字向左倾斜。如图 2-187 所示为设置不同（倾斜）数值的效果比较。

a) b)

图 2-187　设置不同（倾斜）数值的效果比较
a)“倾斜”为 25°　b)“倾斜”为 -25°

（5）调整字符比例间距与字符前 / 后挤压间距

对字符应用（比例间距）会使字符周围的空间按比例压缩，但字符的垂直和水平缩放将保持不变。如图 2-188 所示为设置不同（比例间距）数值的效果比较。

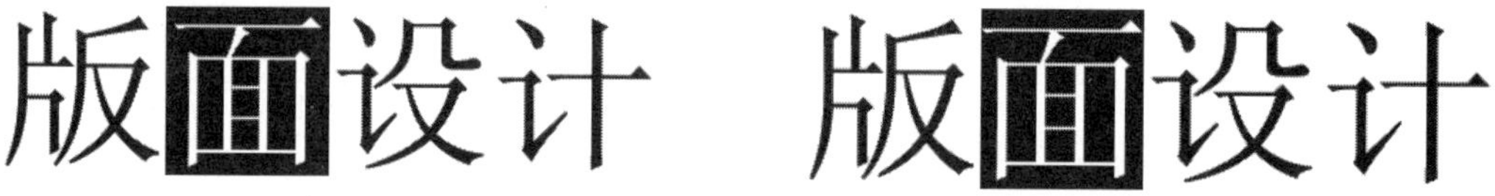

a) b)

图 2-188　设置（比例间距）数值的效果比较
a)“比例间距”为 0%　b)“比例间距”为 100%

通过在（字符前挤压间距）或（字符后挤压间距）选项中设置字符的间距量，可以覆盖某些字符的标点挤压，得到整齐的版面。如图 2-189 所示为设置不同（字符前挤压间距）数值的效果比较。

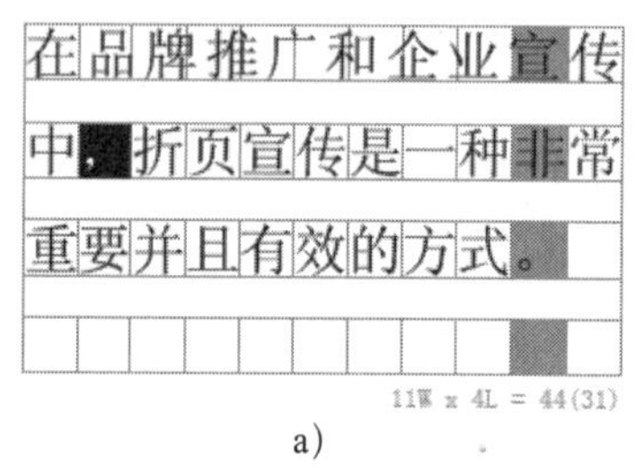

a) b)

图 2-189　设置了不同（字符前挤压间距）数值的效果比较
a)“字符前挤压间距”为“无空格”　b)“字符前挤压间距”为“1/2 全角空格”

（6）设置网格指定格数

用户可以通过设置（网格指定格数），对指定网格字符进行文本调整。例如，如果选择了 5 个输入的字符，并且将指定格数设为 7，则这 5 个字符将匀称地分布在包含 7 个字符空间的网格中。

（7）应用基线漂移

使用（基线漂移）可以相对于文本的基线上下移动选定字符，该选项在手动设置分数或调整随文图形的位置时特别有用。在设置数值时，正值将使该字符的基线移动到这一行中其余字符基线的上方，负值将使其移动到这一行中其余字符基线的下方。如图 2-190 所示为设置了不同基线漂移数值的效果比较。

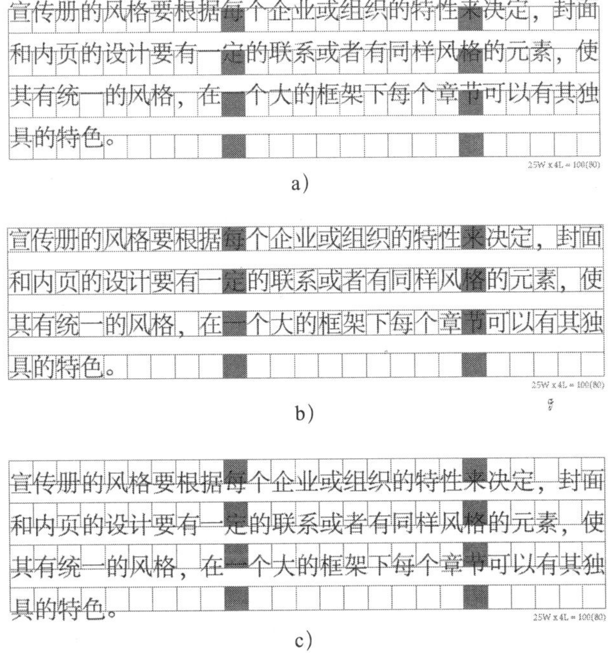

图 2-190　设置了不同 (基线漂移) 数值的效果比较

a)“基线偏移”为 5 点　b)“基线偏移”为 0 点　c)“基线偏移”为 -5 点

(8) 更改文本外观

在排版文本时，激活文字工具选项栏中的TT（全部大写字母）或Tr（小型大写字母）按钮，可以将英文字母改为全部大写或者小型大写。如图 2-191 所示为分别激活TT（全部大写字母）和Tr（小型大写字母）按钮的效果比较。

CAN MONEY BUY HAPPINESS? VARIOUS PEOPLE HAVE VARIOUS ANSWERS. SOME PEOPLE THINK THAT MONEY IS THE SOURCE OF HAPPINESS. WITH MONEY, ONE CAN BUY WHATEVER HE ENJOYS. WITH MONEY, ONE CAN DO WHATEVER HE LIKES. SO, IN THEIR MINDS, MONEY CAN BRING COMFORT, SECURITY, AND SO ON. MONEY, AS THEY THINK, IS THE SOURCE OF HAPPINESS.

a)

CAN MONEY BUY HAPPINESS? VARIOUS PEOPLE HAVE VARIOUS ANSWERS. SOME PEOPLE THINK THAT MONEY IS THE SOURCE OF HAPPINESS. WITH MONEY, ONE CAN BUY WHATEVER HE ENJOYS. WITH MONEY, ONE CAN DO WHATEVER HE LIKES. SO, IN THEIR MINDS, MONEY CAN BRING COMFORT, SECURITY, AND SO ON. MONEY, AS THEY THINK, IS THE SOURCE OF HAPPINESS.

b)

图 2-191　分别激活TT（全部大写字母）和Tr（小型大写字母）按钮的效果比较

a）激活“全部大写字母”按钮　b）激活“小型大写字母”按钮

(9) 上标与下标

选择T¹（上标）或T₁（下标）后，预定义的基线偏移值和文字大小就会应用于选定文本。如图 2-192 所示为利用T¹（上标）和T₁（下标）输入的数学公式和化学公式效果。

(10) 下划线与删除线

在修改文字时，有些文字需要引起重视，此时可以通过T（下划线）在其下方添加一条横线，如图 2-193 所示。而对于需要删除的文字，则可以通过T（删除线）在其中间添加横线，如图 2-194 所示。

$$5^2+6^2=61$$

$$C+O_2=CO_2$$

图 2-192 利用（上标）和（下标）输入的数学公式和化学公式效果

<u>To meet new challenges in he 21st century, we university students should lose no time to acquire as much knowledge as possible so that we will become qualified successors of the socialist cause.</u>

图 2-193 添加下划线的效果

~~To meet new challenges in he 21st century, we university students should lose no time to acquire as much knowledge as possible so that we will become qualified successors of the socialist cause.~~

图 2-194 添加删除线的效果

2. 设置段落文本

段落是末端带有回车符的文字。执行菜单中的“文本｜段落”命令，或者执行菜单中的“窗口｜文字和表｜段落”命令，调出“段落”面板，如图 2-195 所示。在该面板中可以设置段落文本的对齐方式、缩进方式、段前／后间距以及为段落文字应用首字下沉效果等。

（1）段落对齐

在 InDesign CC 2015 中可以使用多种段落对齐方式。有左对齐、居中对齐、右对齐、双齐末行居左、双齐末行居中、双齐末行居右、全部强制双齐、朝向书脊对齐和背向书脊对齐 9 种，如图 2-196 所示。

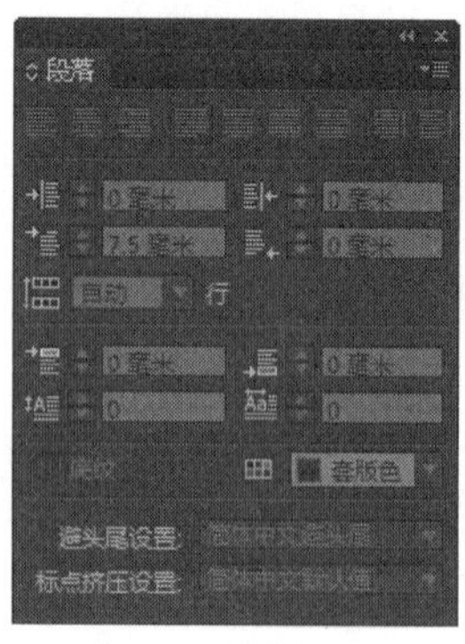

图 2-195 “段落”面板

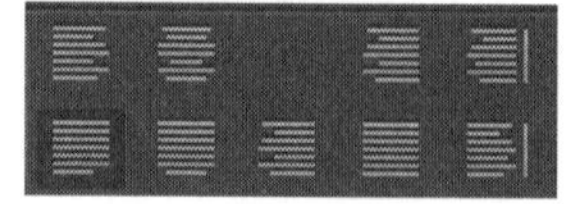

图 2-196 段落对齐方式

- 左对齐：左对齐是将段落中每行文字与文本框的左边对齐，如图 2-197 所示。
- 居中对齐：居中对齐是将段落中每行文字与页面中间对齐，如图 2-198 所示。
- 右对齐：右对齐是将段落中每行文字与文本框的右边对齐，如图 2-199 所示。

- ■ 双齐末行居左：双齐末行居左是将段落中最后一行文本左对齐，而文本的其他行的左右两边分别对齐文本框的左右边界，如图 2-200 所示。

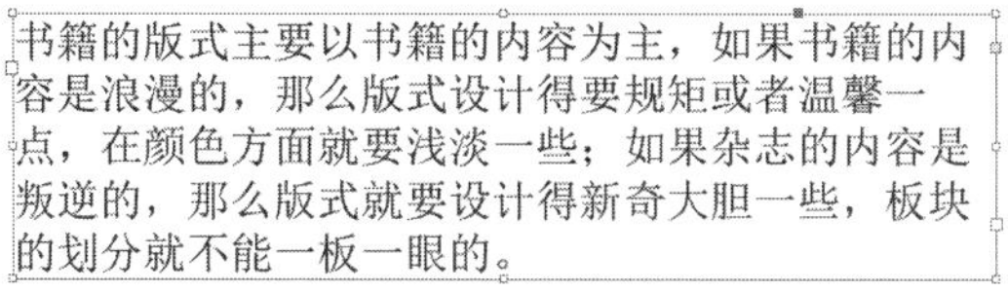

书籍的版式主要以书籍的内容为主，如果书籍的内容是浪漫的，那么版式设计得要规矩或者温馨一点，在颜色方面就要浅淡一些；如果杂志的内容是叛逆的，那么版式就要设计得新奇大胆一些，板块的划分就不能一板一眼的。

图 2-197　“左对齐”效果

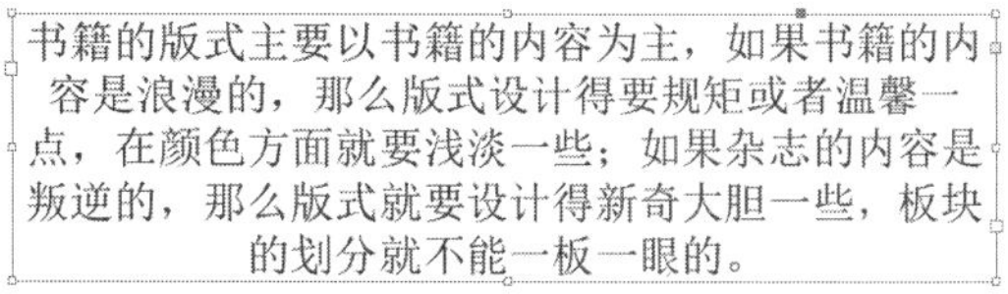

书籍的版式主要以书籍的内容为主，如果书籍的内容是浪漫的，那么版式设计得要规矩或者温馨一点，在颜色方面就要浅淡一些；如果杂志的内容是叛逆的，那么版式就要设计得新奇大胆一些，板块的划分就不能一板一眼的。

图 2-198　“居中对齐”效果

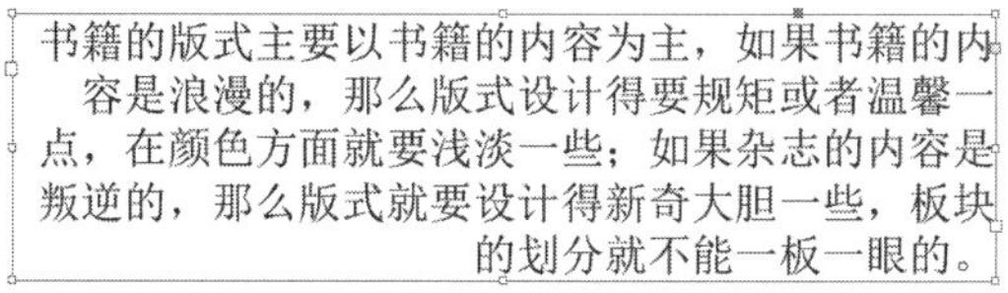

书籍的版式主要以书籍的内容为主，如果书籍的内容是浪漫的，那么版式设计得要规矩或者温馨一点，在颜色方面就要浅淡一些；如果杂志的内容是叛逆的，那么版式就要设计得新奇大胆一些，板块的划分就不能一板一眼的。

图 2-199　“右对齐”效果

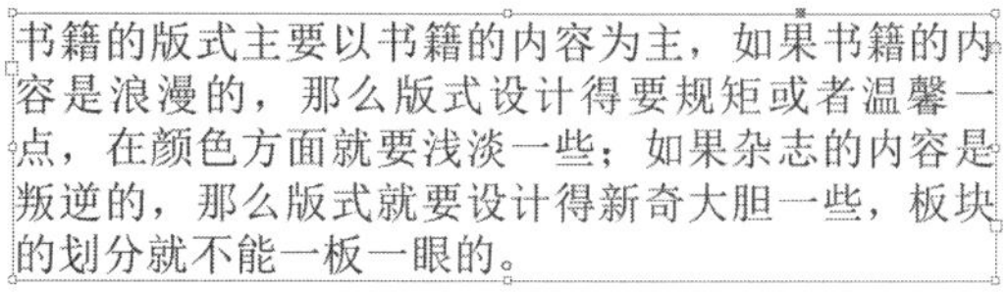

书籍的版式主要以书籍的内容为主，如果书籍的内容是浪漫的，那么版式设计得要规矩或者温馨一点，在颜色方面就要浅淡一些；如果杂志的内容是叛逆的，那么版式就要设计得新奇大胆一些，板块的划分就不能一板一眼的。

图 2-200　“双齐末行居左”效果

- ■ 双齐末行居中：双齐末行居中是将段落中最后一行文本居中对齐，而文本的其他行的左右两边分别对齐文本框的左右边界，如图 2-201 所示。
- ■ 双齐末行居右：双齐末行居右是将段落中最后一行文本右对齐，而文本的其他行的左右两边分别对齐文本框的左右边界，如图 2-202 所示。

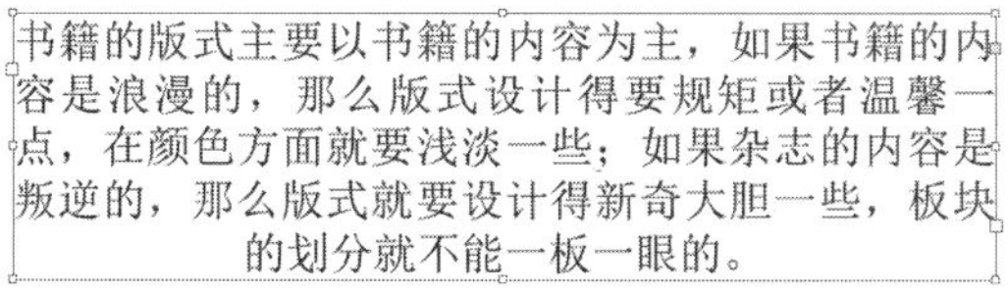

书籍的版式主要以书籍的内容为主，如果书籍的内容是浪漫的，那么版式设计得要规矩或者温馨一点，在颜色方面就要浅淡一些；如果杂志的内容是叛逆的，那么版式就要设计得新奇大胆一些，板块的划分就不能一板一眼的。

图 2-201　“双齐末行居中”效果

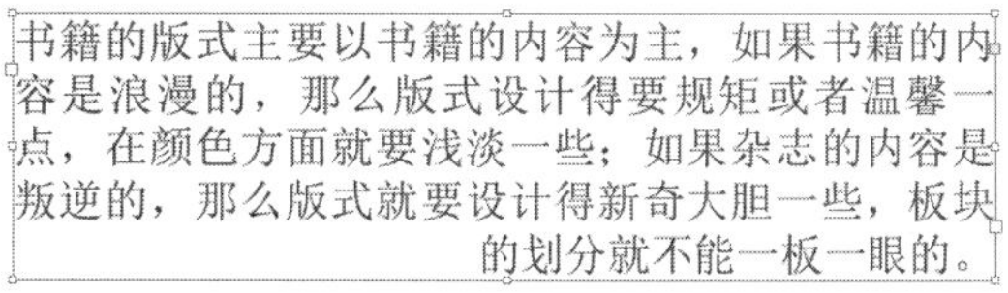

书籍的版式主要以书籍的内容为主，如果书籍的内容是浪漫的，那么版式设计得要规矩或者温馨一点，在颜色方面就要浅淡一些；如果杂志的内容是叛逆的，那么版式就要设计得新奇大胆一些，板块的划分就不能一板一眼的。

图 2-202　“双齐末行居右”效果

- ■ 全部强制双齐：强制双齐是将段落中的所有文本行左右两端分别对齐文本框的左右边界，如图 2-203 所示。

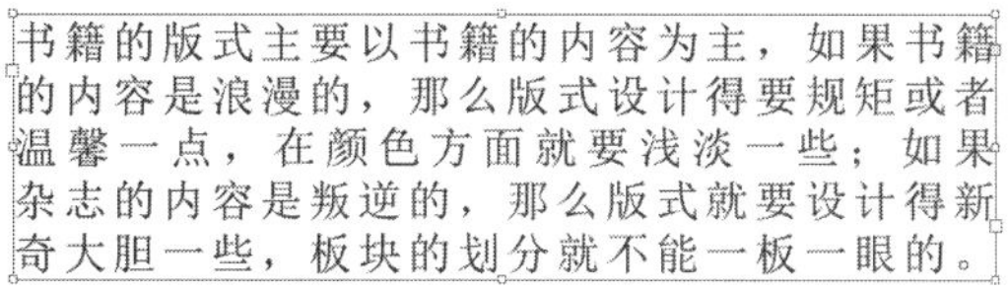

书籍的版式主要以书籍的内容为主，如果书籍的内容是浪漫的，那么版式设计得要规矩或者温馨一点，在颜色方面就要浅淡一些；如果杂志的内容是叛逆的，那么版式就要设计得新奇大胆一些，板块的划分就不能一板一眼的。

图 2-203　“全部强制双齐”效果

- ■ 朝向书脊对齐：左手页（偶数页）的文本行将向右对齐，右手页（奇数页）的文本行将向左对齐。
- ■ 背向书脊对齐：左手页（偶数页）的文本行将向左对齐，右手页（奇数页）的文本行将向左右对齐。

（2）缩进和间距

缩进命令会将文本从框架的右边缘和左边缘做少许移动。缩进方式有■（左缩进）、■（右缩进）、■（首行左缩进）和■（末行右缩进）4 种。

通常，应使用首行左缩进（而非空格或制表符）来缩进段落的第 1 行。首行左缩进是相对于左边距缩进定位的。图 2-204 为设置■（首行左缩进）数值为 9 毫米的效果。

　　报纸最主要的作用就是给人们提供最实时最真实的信息，因此报纸的版式设计要时刻以清晰的信息传递和丰富多彩的内容为准。与其他的出版物相比，市面上的报纸大多数版式设计都显得较为简单和传统，基本都是文字和图片的罗列，没有特别新颖乖张的版式，这种局限性部分原因是由于报纸新闻出版的保守性，以及报纸必须在读者群中积累的可信赖性所决定的，任何矫揉造作和不恰当的展示都会使报纸作为信息来源的可信度大跌。

图 2-204　设置 （首行左缩进）数值为 9 毫米的效果

一般情况下，段落与段落间会以默认的间距区隔，不过若觉得这样的版面太挤，或是有其他特殊的版面需求时，也可以在段落的前后，设定该段落与前、后段落间的距离。

要为段落设置段前距与段后距，可以选中一段文本、多段文本、一个文本框，或将光标插入到要编辑段落的任意位置后，在"段落"面板或"控制"面板中，为段前间距或段后间距输入数值。如图 2-205 所示为将 （段前间距）和 （段后间距）均设为 3 毫米的效果。

　　The News Report contains a large amount of information C from the international political situation to the latest foot-ball game. And the most important character is its fast pace. Because of this fast pace, news programs can contain much information in a short time.

　　In my opinion, the News Report is more than a TV program. It is a way of communication.

　　From this program, people can know and understand world affairs. The world thus becomes smaller and smaller. I especially appreciate this benefit of watching the news.

图 2-205　将 （段前间距）和 （段后间距）数值均设为 3 毫米的效果

（3）强制行数

应用 （强制行数）可以使段落按指定的行数居中对齐，并且可以使用强制行数突出显示单行段落。如图 2-206 所示为设置不同 （强制行数）的效果比较。

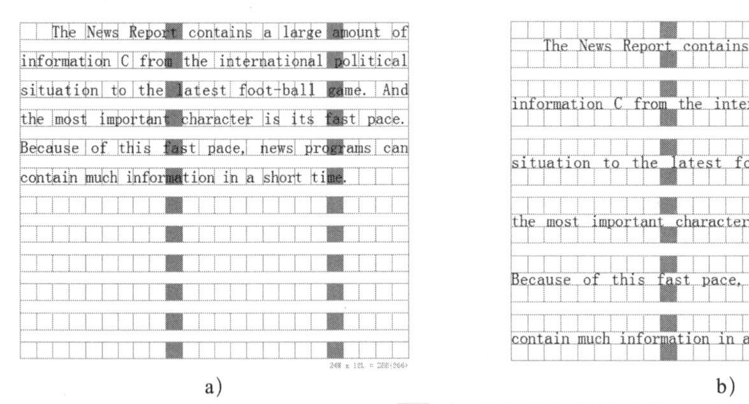

a)　　　　b)

图 2-206　设置不同 （强制行数）数值的效果比较

a)"强制行数"为 1　b)"强制行数"为 2

（4）设置首字下沉

首字下沉的基线比段落第 1 行的基线低一行或多行。一次可以对一个或多个段落添加首字下沉。添加首字下沉的步骤为：选择要出现首字下沉的段落，然后在段落面板中设置 （首字下沉行数）和 （首字下沉一个或多个字符）参数即可。如图 2-207 所示为设置不同 （首字下沉行数）和 （首字下沉一个或多个字符）参数的效果。

提示：如果不需要首字下沉，则将（首字下沉行数）和（首字下沉一个或多个字符）参数设为 0 即可。

Knowledge is power, especially scientific and technological knowledge. Science and technology are the motive power of the social development. Without them human society could never have developed.

a）

Knowledge is power, especially scientific and technological knowledge. Science and technology are the motive power of the social development. Without them human society could never have developed.

b）

图 2-207　设置不同（首字下沉行数）和（首字下沉一个或多个字符）数值的效果
a）“首字下沉行数”为 3，“首字下沉一个或多个字符”为 1　b）“首字下沉行数”为 3，“首字下沉一个或多个字符”为 2

（5）避头尾设置

避头尾用于指定亚洲文本的换行方式。不能出现在行首或行尾的字符称为避头尾字符。InDesign CC 2015 为中、日、韩文分别定义了避头尾设置，包括简体中文避头尾、繁体中文避头尾、日文严格避头尾、日文宽松避头尾与韩文避头尾。

应用避头尾，需要在“避头尾设置”下拉列表中选择“简体中文避头尾”选项，如果要修改已有的避头尾选项，可以在“避头尾设置”下拉列表中选择“设置”选项，如图 2-208 所示，此时会打开如图 2-209 所示的“避头尾规则集”对话框。如果单击“新建”按钮，则会弹出“新建避头尾规则集”对话框，如图 2-210 所示，此时可设置需要新建避头尾集的名称并指定为新集基准的当前集，单击“确定”按钮即可。

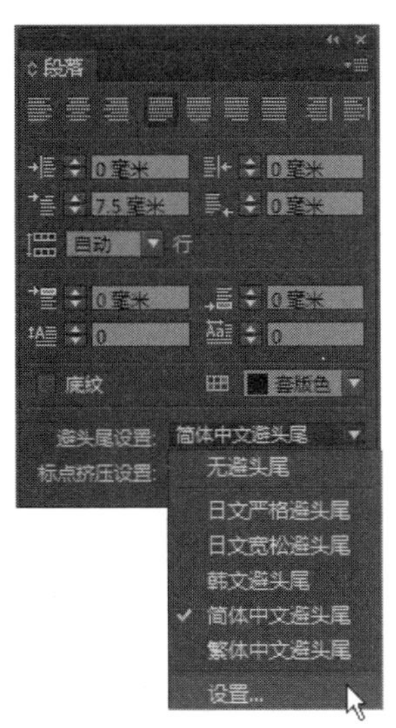

图 2-208　选择“设置”选项

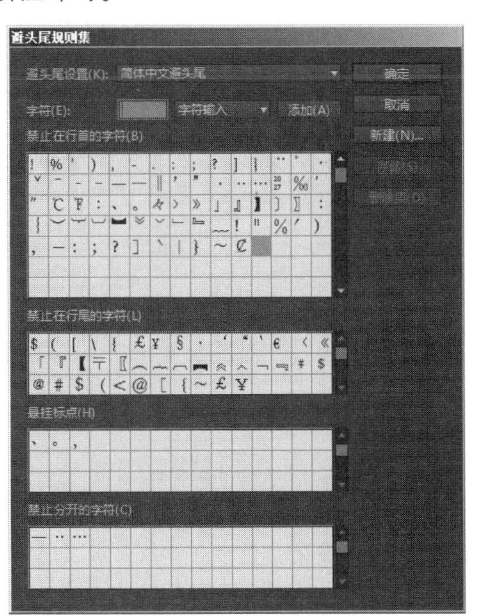

图 2-209　“避头尾规则集”对话框

图 2-210　“新建避头尾规则集”对话框

当需要在某一栏中添加字符时，可以单击如图 2-209 所示的“避头尾规则集”对话框中的“添加”按钮，然后在“禁止在行首的字符”或“禁止在行尾的字符”中选择字符，单击选中即可。如果需要将添加后的字符删除，可以先选择该字符，然后单击“移去”按钮即可。

2.4.4 编辑文本

在版面中如果只输入单纯的文本，会使文字版面显得特别单调，这时就可以通过设置文本的排版方向，调整文字沿路径排列的形状或者对文本进行变换，比如对文字进行旋转、变形切变和设置文字颜色等操作，更改文字的外观，使其形式多变。但在对文本编辑之前，用户需要掌握选择文本的相关操作。

1. 选择文本

通常情况下，选择文字可以用以下两种方法：一是使用文本工具，另一种是使用菜单命令选择文本。

（1）使用文本工具选择段落文本

选择工具箱中的T（文字工具），然后将光标放置在定界框中，单击并拖动鼠标到适当位置，接着释放鼠标即可选中文本，如图 2-211 所示为使用T（文字工具）选择段落文本的效果。

像摇滚音乐这类杂志，它的内页板块划分是不规则的，所用的大标题字体与图片等元素大多是整个版式的重点，在色调方面大多是具有时尚气息的金属色或是黑白灰等经典潮流色。

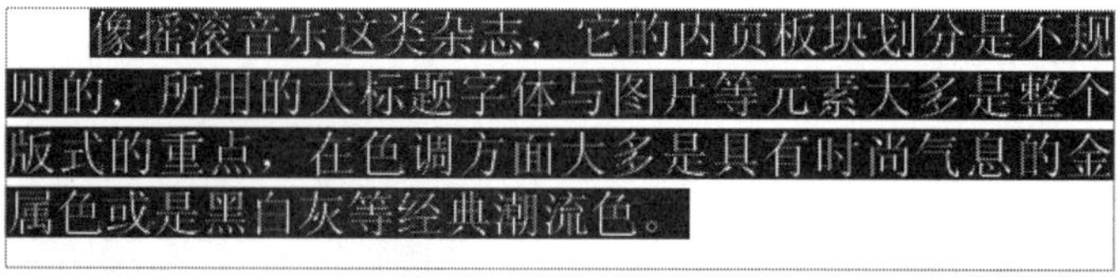

图 2-211　使用T（文字工具）选择段落文本的效果

（2）使用菜单命令选择文本

当需要全部选中当前文字时，可以在定界框中单击鼠标左键，当出现显示的光标时，执行菜单中的“编辑 | 全选”（快捷键〈Ctrl+A〉）命令，即可全选文本。

如果需要选择部分文本，则可以在所要选择文本的前面单击鼠标左键，然后按住〈Shift〉键的同时配合向右方向键，移动光标到要选择的文字后面，即可选择所需部分文本。

2. 设置文字排版方向

用户在排版过程中，根据版面需要，经常需要更改整段文本的排版方向或部分文本的排版方向，这是两种不同的情况，下面分别进行讲解。

（1）更改整段文本排版方向

更改文本框架的排版方向不但能够将垂直文本框架或框架网格与水平文本框架或框架网格进行转换，而且能导致整篇文章被更改，所有与选中框架串接的框架都将受到影响。

更改整段文本排版方向的步骤为：选择文本框架，然后执行菜单中的“文字 | 排版方向 | 水平”或“垂直”命令。如图 2-212 所示为更改文本排版方向的效果。

提示：执行菜单中的“文字 | 文章”命令，在弹出的“文章”对话框中也可以设置文本的“水平”和“垂直”选项，如图 2-213 所示。

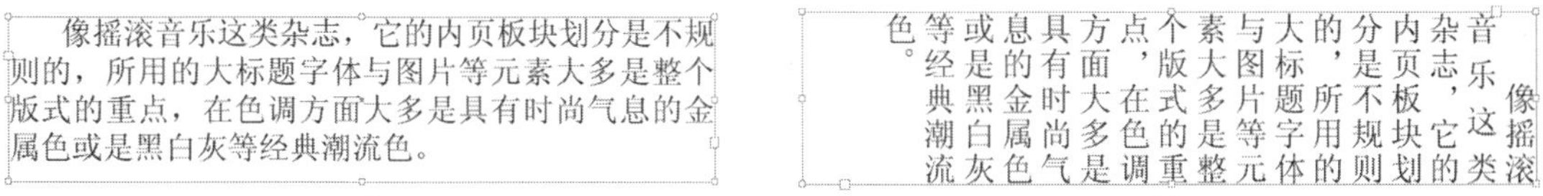

像摇滚音乐这类杂志，它的内页板块划分是不规则的，所用的大标题字体与图片等元素大多是整个版式的重点，在色调方面大多是具有时尚气息的金属色或是黑白灰等经典潮流色。

a)

像摇滚音乐这类杂志，它的内页板块划分是不规则的，所用的大标题字体与图片等元素大多是整个版式的重点，在色调方面大多是具有时尚气息的金属色或是黑白灰等经典潮流色。

b)

图 2-212　更改文本排版方向的效果

a）水平排版方向的效果　b）垂直排版方向的效果

图 2-213　“文章”对话框

（2）更改部分文本的排版方向

要更改框架中单个字符的方向，可以右键单击该文本，在弹出的快捷菜单中选择“直排内横排”命令，如图 2-214 所示，即可使直排文本中的一部分文本采用横排方式。这对于调整直排文本框架中的半角字符（例如数字、日期和短的外语单词）非常有用。如图 2-215 所示为对部分文本使用“直排内横排”命令前后的效果。

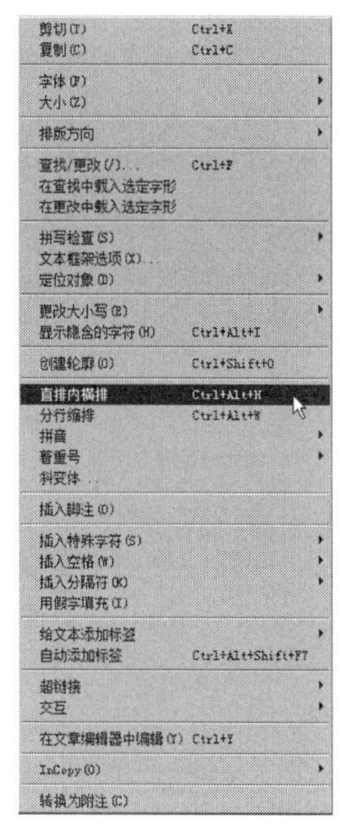

图 2-214　选择“直排内横排”命令

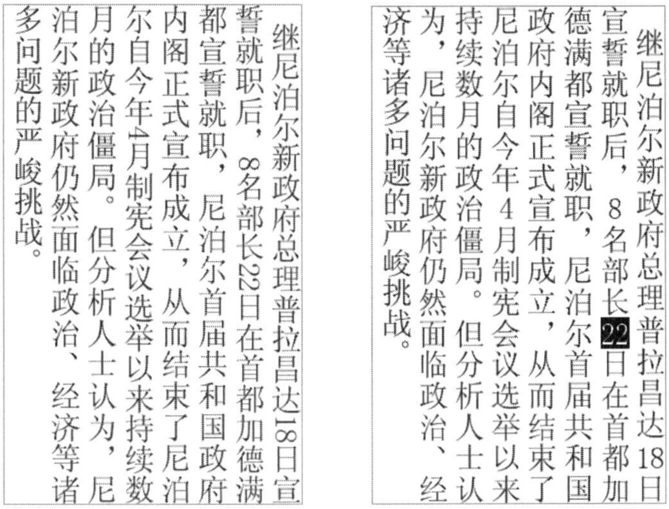

继尼泊尔新政府总理普拉昌达18日宣誓就职后，8名部长22日在首都加德满都宣誓就职，尼泊尔首届共和国政府内阁正式宣布成立，从而结束了尼泊尔自今年4月制宪会议选举以来持续数月的政治僵局。但分析人士认为，尼泊尔新政府仍然面临政治、经济等诸多问题的严峻挑战。

a)

继尼泊尔新政府总理普拉昌达18日宣誓就职后，8名部长22日在首都加德满都宣誓就职，尼泊尔首届共和国政府内阁正式宣布成立，从而结束了尼泊尔自今年4月制宪会议选举以来持续数月的政治僵局。但分析人士认为，尼泊尔新政府仍然面临政治、经济等诸多问题的严峻挑战。

b)

图 2-215　对部分文本使用“直排内横排”命令前后的效果

a）使用“直排内横排”命令前　b）使用“直排内横排”命令后

3. 调整路径文字

在创建路径文字之后，用户不仅可以更改路径文字的开始或结束位置、排列文字、对其应用效果、改变其外观，还可以翻转路径、设置路径的对齐方式，从而调整其整体效果。

（1）调整路径文字的开始或结束位置

使用（选择工具）选择路径文字，然后将指针放置在路径文字的开始标记上，直到指针旁边显示出一个图标，接着拖动鼠标可重新定义路径文字的开始位置；将指针放置在路径文字的结束标记上，直到指针旁边显示出一个图标，然后拖动鼠标可重新定义路径文字的结束位置；将指针放置在路径文字的中点标记上，直到指针旁边显示出一个图标，然后横向拖动鼠标可重新定义整 体文字在路径上的位置。

提示：在调整过程中，用户可以放大路径，以更方便地选择标记。

（2）对路径文字应用效果

通过对路径文字应用效果，可以更改其外观。创建路径文字效果的操作步骤为：使用（选择工具）选择路径文字，然后执行菜单中的“文字 | 路径文字 | 选项”命令，在弹出的如图 2-216 所示的“效果”下拉列表中进行设置。

图 2-216 “路径文字选项”对话框中的“效果”下拉列表

- 彩虹效果：应用该效果，可以保持各个字符基线的中心与路径的切线平行，如图 2-217 所示。
- 倾斜：应用该效果，可以使字符的垂直边缘始终与路径保持完全竖直，而字符的水平边缘则遵循路径方向，如图 2-218 所示。该效果生成的水平扭曲常用于表现波浪形文字效果或围绕圆柱体的文字效果。

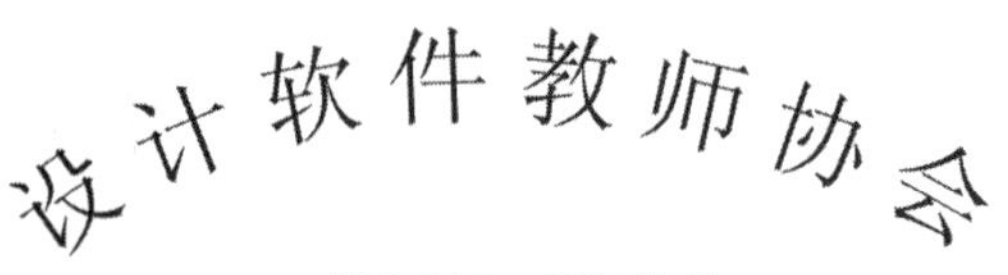

设计软件教师协会

图 2-217 彩虹效果

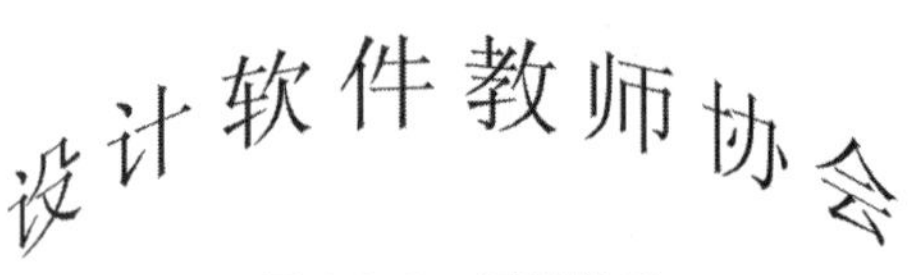

设计软件教师协会

图 2-218 倾斜效果

- 3D 带状效果：应用该效果，可以使字符的水平边缘始终保持完全水平，而各个字符的垂直边缘则与路径保持垂直，如图 2-219 所示。
- 阶梯效果：应用该效果，能够在不旋转任何字符的前提下使各个字符基线的左边缘始终位于路径上，如图 2-220 所示。
- 重力效果：应用该效果，能够使各个字符基线的中心始终保持位于路径上，而各个字符与路径间保持垂直，如图 2-221 所示。

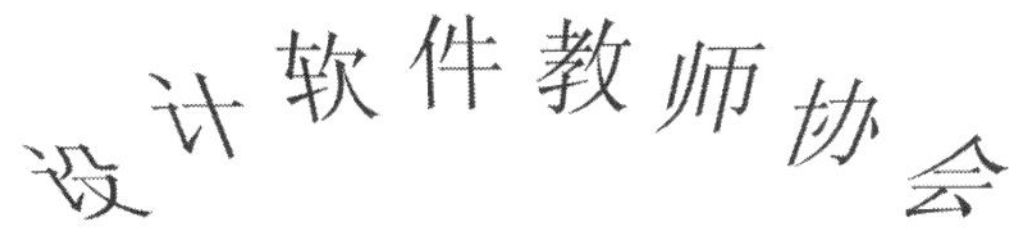

图 2-219　3D 带状效果 　　　　图 2-220　阶梯效果

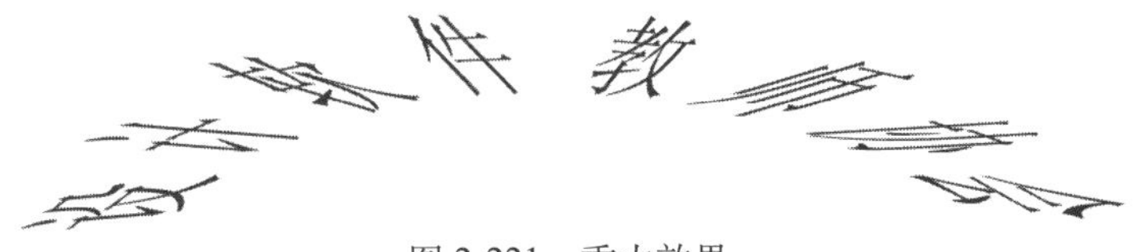

图 2-221　重力效果

(3) 翻转路径文字

用户可以通过“翻转”复选框对创建的路径文字进行整体翻转。操作步骤为：利用（选择工具）或（文字工具）选择路径文字，然后执行菜单中的“文字 | 路径文字 | 选项”命令，在弹出的“路径文字选项”对话框中，勾选“翻转”复选框即可。如图 2-222 所示为翻转路径文字前后的效果比较。

提示：将指针放在文字的中点标记上，直到指针旁边显示出一个图标，然后纵向拖动鼠标也可以翻转文字。

a)　　　　b)

图 2-222　翻转路径文字前后的效果比较

a）翻转路径前　b）翻转路径后

(4) 设置路径文字的垂直对齐方式

用户可以通过指定相对于文字的总高度，决定如何将所有字符与路径对齐。具体操作步骤为：利用（选择工具）或（文字工具）选择路径文字，然后执行菜单中的“文字 | 路径文字 | 选项”命令，在弹出的如图 2-223 所示的“路径文字选项”对话框的“对齐”下拉列表中有如下 6 种对齐方式。

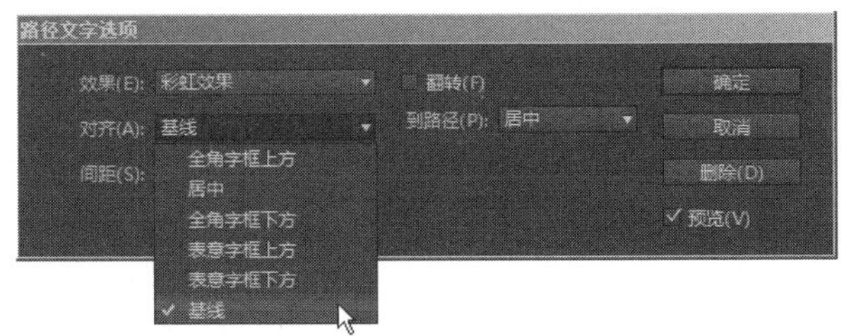

图 2-223　“路径文字选项”对话框中的“对齐”下拉列表

- 全角字框上方：选择该项，可将路径与全角字框的顶部或左侧边缘对齐。
- 居中：选择该项，可将路径与全角字框的中点对齐。

● 全角字框下方：选择该项，可将路径与全角字框的底部或右侧边缘对齐。
● 表意字框上方：选择该项，可将路径与表意字框的顶部或左侧边缘对齐。
● 表意字框下方：选择该项，可将路径与表意字框的底部或右侧边缘对齐。
● 基线：选择该项，可将路径与罗马字基线对齐。

4. 文本转换为路径

将选定文本字符转换为一组复合路径，就可以像编辑和处理任何其他路径那样编辑和处理这些复合路径。使用“创建轮廓”命令不仅能够将字符转换为编辑的字体时保留某些文本字符中的透明孔，例如字母“O”，而且还可避免因缺失字体而造成的字体替换现象。

（1）从文本轮廓创建路径

默认情况下，从文字创建轮廓将移去原始文本。操作步骤为：利用（选择工具）或（文字工具）选择一个或多个字符，然后执行菜单中的“文字 | 创建轮廓”命令，即可得到文本路径。如图 2-224 所示为文字创建轮廓前后的效果比较。

提示：文字创建轮廓后就不再是实际的文字，因此也就不能再使用（文字工具）对其进行编辑了。

a）

b）

图 2-224　文字创建轮廓前后的效果比较
a）创建轮廓前　b）创建轮廓后

（2）编辑文本轮廓

将文本转换为路径后可以使用（直接选择工具）拖动各个锚点来改变字体，也可以执行菜单中的“文字 | 置入”命令，通过将图像粘贴到已转换的轮廓来给图像添加蒙版，还可以将已转换的轮廓用作文本框，以便可以在其中输入或放置文本，如图 2-225 所示。

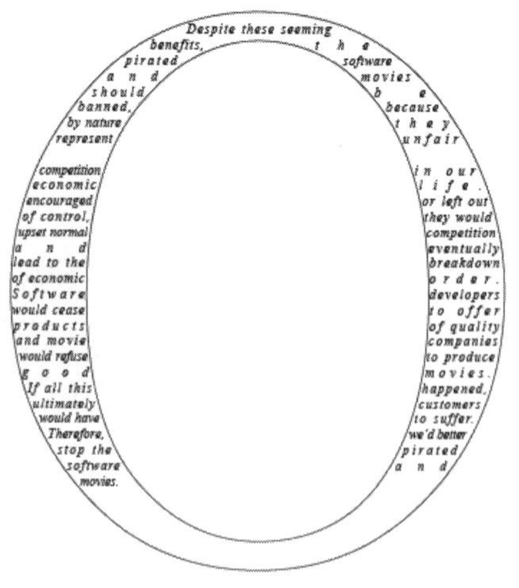

图 2-225　在轮廓内放置文本效果

5. 复制文本属性

利用（吸管工具）可以复制字符、段落、填色及描边属性，然后对其他文字应用这些属性。默认情况下，（吸管工具）可以复制所有文字属性。

（1）将文字属性复制到未选中的文本

将文字属性复制到未选中的文本的操作步骤如下。

1）使用（吸管工具）单击格式中包含想要复制

属性的文本，如图 2-226 所示。此时吸管指针将反转方向，并显示处于填满状态，表明它已载入所复制的属性。然后将吸管指针放置到文本上，已载入属性的吸管旁边会出现一个 I 形光标，如图 2-227 所示。

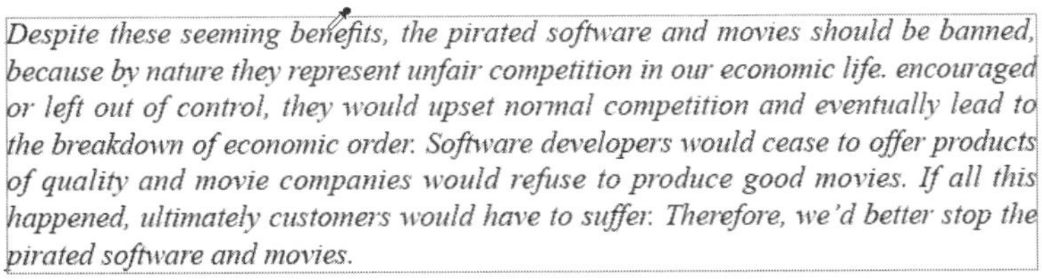

Despite these seeming benefits, the pirated software and movies should be banned, because by nature they represent unfair competition in our economic life. encouraged or left out of control, they would upset normal competition and eventually lead to the breakdown of economic order. Software developers would cease to offer products of quality and movie companies would refuse to produce good movies. If all this happened, ultimately customers would have to suffer. Therefore, we'd better stop the pirated software and movies.

图 2-226　复制文本属性

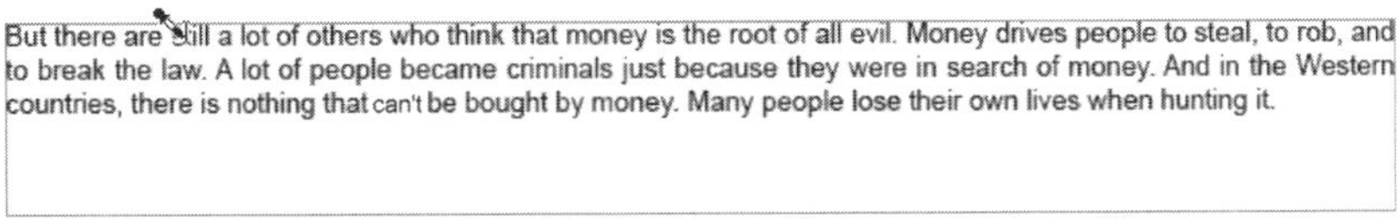

But there are still a lot of others who think that money is the root of all evil. Money drives people to steal, to rob, and to break the law. A lot of people became criminals just because they were in search of money. And in the Western countries, there is nothing that can't be bought by money. Many people lose their own lives when hunting it.

图 2-227　已载入属性的吸管旁边会出现一个 I 形光标

2）使用工具拖过选择要更改的文本，此时选定文本即会具有吸管所载入属性，如图 2-228 所示。

3）单击其他工具取消选择“吸管”工具。

提示：要清除“吸管”工具当前所载入格式属性，可以在“吸管”工具处于载入状态时，按下〈Alt〉键。“吸管”工具将反转方向，并显示为空，表明它已经准备好选取新属性。单击包含欲复制属性的对象，然后将新属性拖放到另一个对象上。

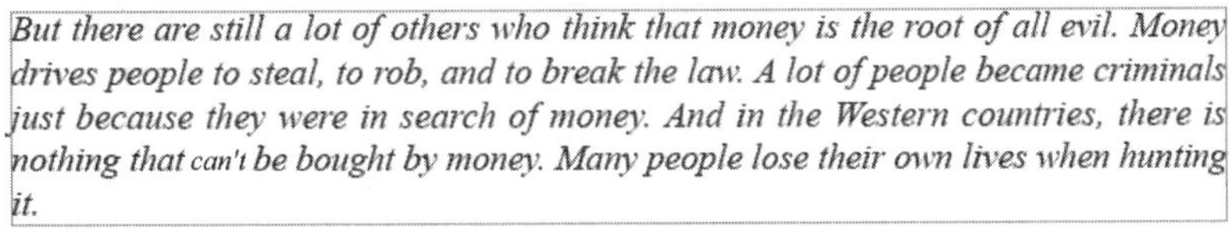

But there are still a lot of others who think that money is the root of all evil. Money drives people to steal, to rob, and to break the law. A lot of people became criminals just because they were in search of money. And in the Western countries, there is nothing that can't be bought by money. Many people lose their own lives when hunting it.

图 2-228　复制属性后的效果

（2）将文字属性复制到选定文本

将文字属性复制到选定文本的操作步骤如下。

1）使用（文字工具）或（路径文字工具）选择要复制属性的目标文本，如图 2-229 所示。

2013年度世界人物大盘点

魅力四射

图 2-229　选择要复制属性的目标文本

2）使用（吸管工具）单击要复制其属性的文本，此时（吸管工具）将反转，并显示处于填满状态，如图 2-230 所示，此时选中的文本将应用复制的属性，取消文字选择状态的效果如图 2-231 所示。

2013年度世界人物大盘点
魅力四射

图 2-230　属性应用到已经选择的文本的效果

2013年度世界人物大盘点
魅力四射

图 2-231　取消文字选择状态的文本的效果

（3）更改吸管工具可复制的文本属性

如果要指定吸管工具可以复制哪些属性，可以在“吸管选项”对话框中设置。具体操作步骤为：在工具箱中双击（吸管工具），打开“吸管选项“对话框，如图 2-232 所示。然后勾选“吸管”工具可以复制的属性复选框，并取消不需要的，接着单击“确定”按钮即可。

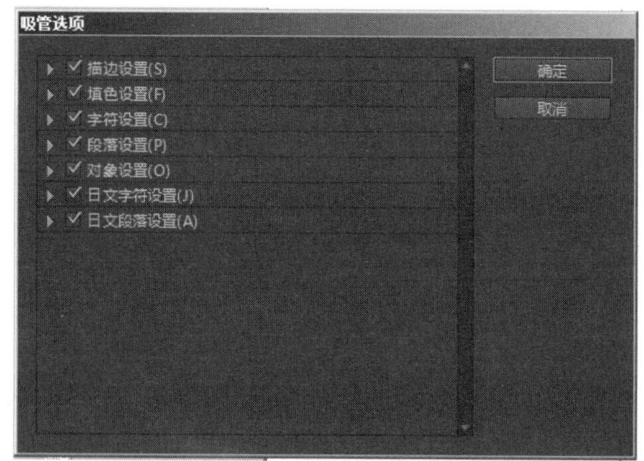

图 2-232　“吸管选项”对话框

2.4.5　文章编辑和检查

InDesign CC 2015 有着强大的文本编辑功能，可以在独立的文本编辑器中快速、直接地编辑，不受版面及实际效果的影响，编辑后的文本自动套用版面格式。该功能大大提高了文本编辑的效率及准确性。

1. 使用文本编辑器

InDesign CC 2015 不仅支持用户在版面、页面或文章编辑器中编辑文本，而且在文章编辑器写入和编辑时，允许整篇文章按照指定的字体、大小和间距进行显示。

（1）打开文本编辑器

利用（文本工具）在文本中插入一个点，或利用（选择工具）选择文本框架，然后执行菜单中的“编辑 | 在文章编辑器中编辑”命令，会弹出打开的文章，此时在文本编辑器中虽然不能创建新文章，但在编辑文章时，所做的更改将直接反映在版面窗口中。

（2）显示或隐藏文章编辑器项目

对于文章编辑器的外观，用户可以进行设置，例如可以显示或隐藏样式名称栏和深度标尺，也可扩展或折叠脚注。这些设置会影响所有的文章编辑器以及随后打开的窗口，其内容如下。

● 当文章编辑器处于现用状态时，执行菜单中的“视图 | 文章编辑器 | 显示样式名称栏”命令或者“隐藏样式名称栏”命令，可以控制样式名称栏的显示和隐藏。也可以拖动竖线来调整样式名称栏的宽度，以便使随后打开的文章编辑器具有相同的栏宽。

● 当文章编辑器处于现用状态时，执行菜单中的“视图 | 文章编辑器 | 显示深度标尺”命令或“隐藏深度标尺”命令，可以控制深度标尺的显示或隐藏。

● 当文章编辑器处于现用状态时，执行菜单中的“视图 | 文章编辑器 | 展开全部脚注”或“折叠全部脚注”命令，可以控制全部脚注的显示或者隐藏。

(3) 返回版面窗口

当用户在文章编辑器中操作完毕后，执行菜单中的“编辑 | 在版面中编辑”命令，此时将显示版面视图，并且在版面视图中显示的文本选区或插入点位置与上次在文章编辑器中显示的相同。此时文章窗口仍打开但已移到版面窗口的后面，只要关闭文章编辑器即可。

2. 查找与替换

在编辑文章时，字符、单词或者文本使用的字体在一篇文章中可能多次出现或使用，如果出现错误，要查找和更改并不是一件容易的事。而在 InDesign CC 2015 中，可以使用“查找字体”和“查找 / 更改”对使用的字符、单词或者文本使用的字体等进行查找并更改。

使用“查找字体”命令，可以搜索并列出整篇文档所使用的字体。然后可用系统中的其他任何可用字体替换搜索到的所有字体（导入的图形中的字体除外）。查找与替换文本的操作步骤如下。

1）选择要搜索的文本，然后执行菜单中的“编辑 | 查找 / 更改”命令，打开“查找 / 更改”对话框，如图 2-233 所示。

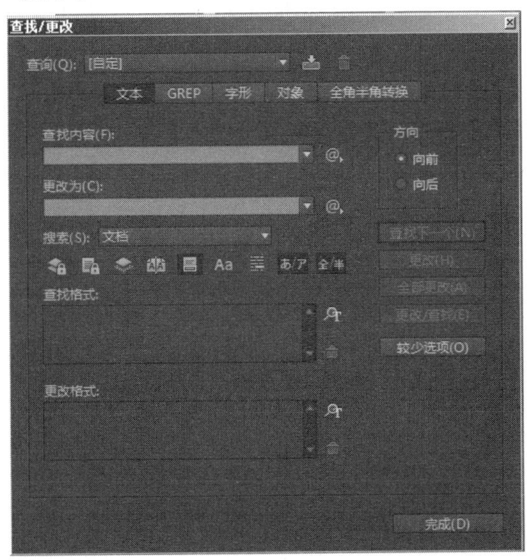

图 2-233 “查找 / 更改”对话框

2）在“查询”下拉列表中选择要查询的项目。如果要自定义查找内容，可以选择“[自定]”选项，然后在下面的选项卡中设置查找和更改的选项。

3）打开“查找 / 更改”对话框时，默认显示“文本”选项卡。

- 查找内容：输入或粘贴要查找的文本。如果要查找特殊符号，可以单击文本框后面的“要搜索的特殊字符”按钮，然后在弹出的菜单中选择要查找的特殊字符即可。
- 更改为：输入或粘贴要更改为的文本。同样，可以在特殊字符菜单中选择要更改为的特殊字符。
- 搜索：在下拉列表中选择搜索范围。选择“所有文档”，则会搜索所有打开的文档；选择“文档”，则会搜索整个文档；选择“文章”，则会搜索当前选中框架中的所有文本，包括其串接文本框架中的文本和溢流文本；选择“到文章末尾”，则会从插入点开始搜索；选择“选区”，则会仅搜索选中文本。

4）根据需要选择对话框下面的图标按钮。其中包括（包括锁定图层和锁定的对象）、（包括锁定文章）、（包括隐藏图层和隐藏的对象）、（包括主页）、（包括脚注）、（区分大小写）、（全字匹配）、（区分假名）、（区分全角 / 半角）9 个按钮可供选择。

5） 单击“查找下一个”按钮以开始搜索要查找内容的第一个实例。

6）单击“更改”按钮，可更改当前查找到的实例；单击“全部更改”，可以一次更改全部内容（单击此按钮时，出现一则消息，即显示更改的总数）；单击“查找 / 更改”按钮，可更改当前实例并搜索下一个实例。

7）更改完成后，单击“完成”按钮。

2.5 文字排版

在 InDesign CC 2015 中，用户不仅能够完成一般的文字编辑，还可以对文本、图像、文本框等对象灵活地进行操作。比如为了得到漂亮的版面，可以将文本与图像进行混排；也可以在文本中添加定位对象，使对象的位置更加精确或者能够随文排版；还可以串接文本、选择手动排版方式或自动排版方式、更改文本框架或框架网格属性等。

2.5.1 文本绕排

文本绕排是制作精美页面常用的功能之一，通过将适当的图像与文本有效地排列组合，可以大大丰富版面，提高版面的可视性。用户可以在对象周围绕排文本，还可以更改文本绕排的形状等。

1. 在对象周围绕排文本

当对对象应用文本绕排时，InDesign CC 2015 会在对象周围创建一个阻止文本进入的边界，文本所围绕的这个对象称为绕排对象。

在 InDesign CC 2015 中，如果能合理处理图文元素之间的关系，将有助于页面的美观和条理。使用图文混排的方式可以将文本绕排在任何对象周围（包括文本框架、导入的图像以及在 InDesign CC 2015 中绘制的对象），还可以创建反转文本绕排。

（1）在简单对象周围绕排文本

在文本绕排对象时，它仅应用于被绕排的对象，而不应用于文本自身。如果用户将绕排对象移近其他文本框架，对绕排边界的任何更改都将保留。绕排文本的操作步骤如下。

1）使用（选择工具）选择文本和要在其周围绕排的对象，如图 2-234 所示。

2）执行菜单中的“窗口 | 文本绕排”命令，打开“文本绕排”面板，如图 2-235 所示。

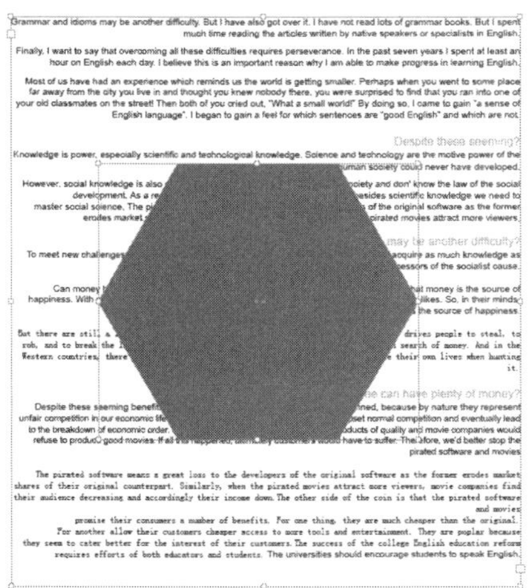

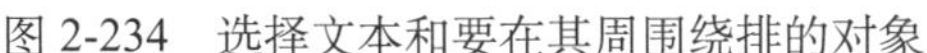

图 2-234　选择文本和要在其周围绕排的对象

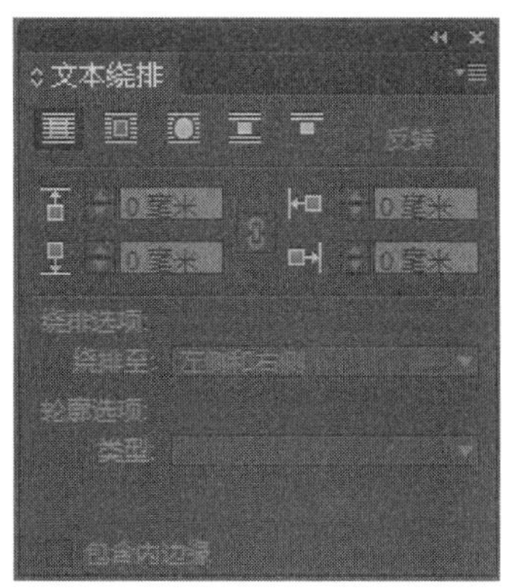

图 2-235　“文本绕排”面板

3）除了系统默认的无环绕方式（此时文本与图像处于重叠状态）外，还有以下几种环绕方式可供选择。

● 沿定界框绕排：单击该按钮，可以创建一个矩形绕排，其宽度和高度由所选对象的定界框决定，效果如图 2-236 所示。

● 沿对象形状绕排：单击该按钮，可以创建与所选框架形状相同的文本绕排边界（加上或减去所指定的任何位移距离），效果如图 2-237 所示。

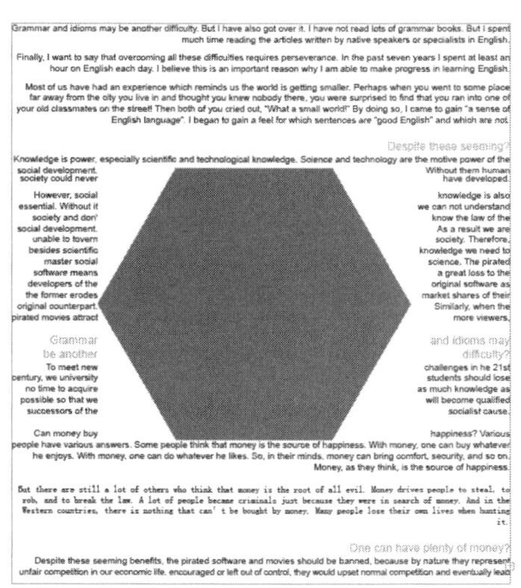

图 2-236　沿定界框绕排效果

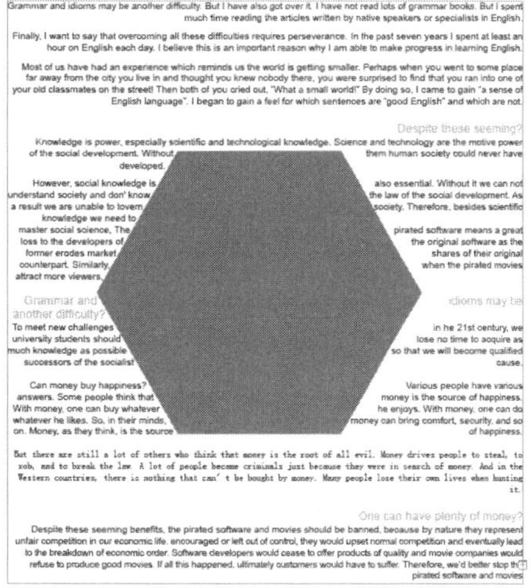

图 2-237　沿对象形状绕排效果

● 上下型绕排：单击该按钮，将会使文本不会出现在框架右侧或左侧的任何可用空间中，如图 2-238 所示。

● 下型绕排：单击该按钮，将强制周围的段落显示在下一栏或下一文本框架的顶部，效果如图 2-239 所示。

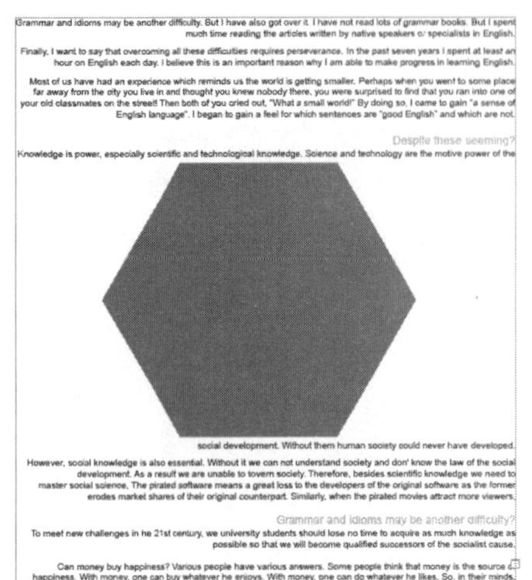

图 2-238　上下型绕排效果　　图 2-239　下型绕排效果

(2) 在导入的对象周围绕排文本

在使用沿对象形状绕排文本选项时，用户不仅可以在 InDesign CC 2015 中创建路径对象，而且可以在导入的图像周围绕排文本。此时用户需要将剪切路径存储到用于创建此图像的应用程序中，然后在 InDesign CC 2015 中执行菜单中的“文件 | 置入”命令，再在弹出的“置入”对话框中选择要导入的素材，并勾选“显示导入选项”复选框，如图 2-240a 所示，接着在出现的“EPS 导入选项”对话框中勾选“应用 Photoshop 剪切路径”复选框，如图 2-240b 所示。单击“确定”按钮即可将其导入。

在“文本绕排”面板中，单击 (沿对象形状绕排) 按钮，在“类型”下拉列表中可以选择如图 2-241 所示的几个选项。

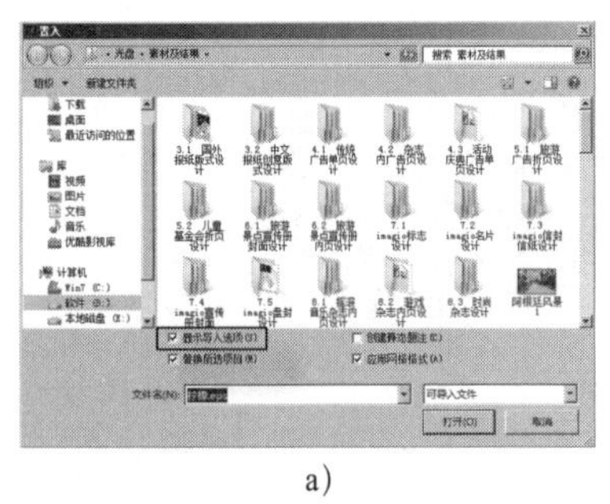

a)

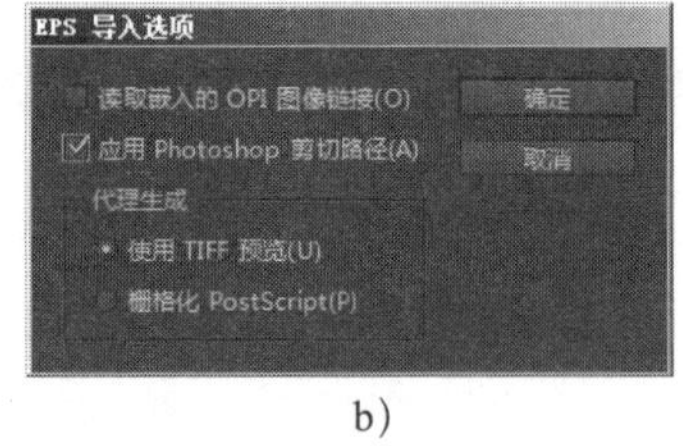

b)

图 2-240　设置在导入口对象周围绕排文本选项

a) 勾选“显示导入选项”复选框　b) 勾选“应用 Photoshop 剪切路径”复选框

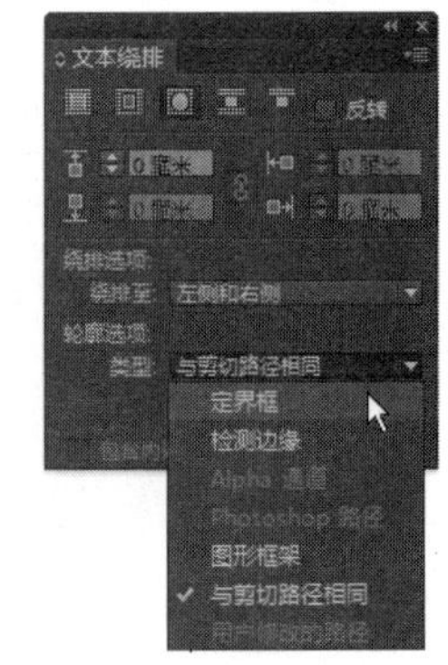

图 2-241　“类型”中的相关选项

- 定界框：选择该项，可以将文本绕排至由图像的高度和宽度构成的矩形外，效果如图 2-242 所示。
- 检测边缘：选择该项，将使用自动边缘检测生成边界，如图 2-243 所示。

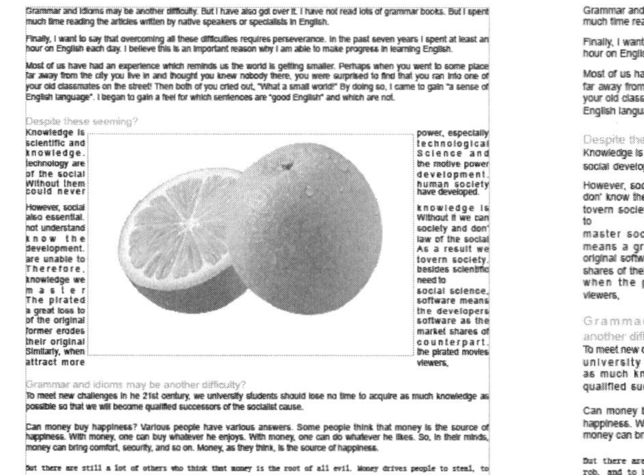

图 2-242　勾选“定界框”效果

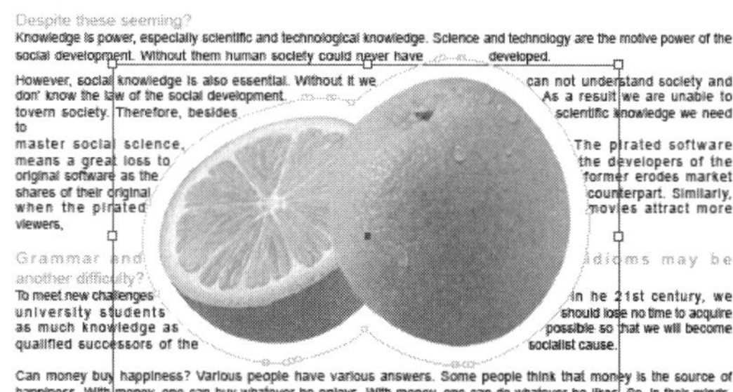

图 2-243　勾选“检测边缘”效果

- Alpha 通道：该项用于根据图像存储的 Alpha 通道生成边界。如果该项不可用，则说明该图像存储时不包含 Alpha 通道。
- Photoshop 路径：该项用于根据图像存储的路径生成边界。
- 图形框架：该项将根据容器框架生成边界。
- 与剪切路径相同：该项用于根据导入的图像的剪切路径生成边界，效果如图 2-244 所示。
- 用户修改的路径：该项用于根据用户修改的路径生成边界。

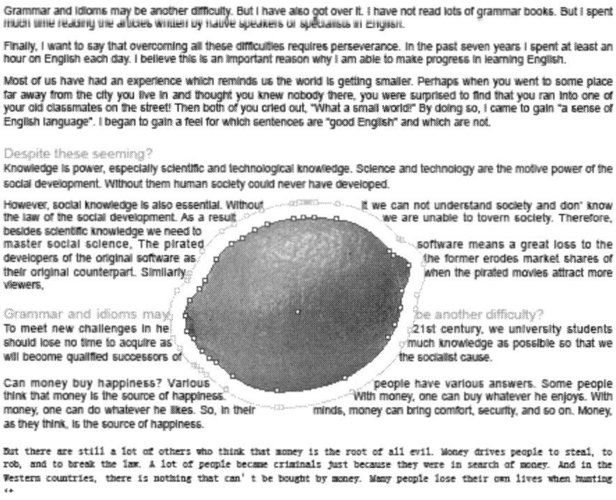

图 2-244　选择“与剪切路径相同”效果

（3）创建反转文本绕排

利用（选择工具）选择文本环绕的对象，如图 2-245 所示，然后在“文本绕排”面板中勾选“反转”复选框，效果如图 2-246 所示。

2. 更改文本绕排的形状

当用户对文本绕排的形状不满意时，可以通过使用（直接选择工具）调整锚点的位置来修改对象的形状，或者利用（钢笔工具）添加删除锚点，从而修改对象的形状。

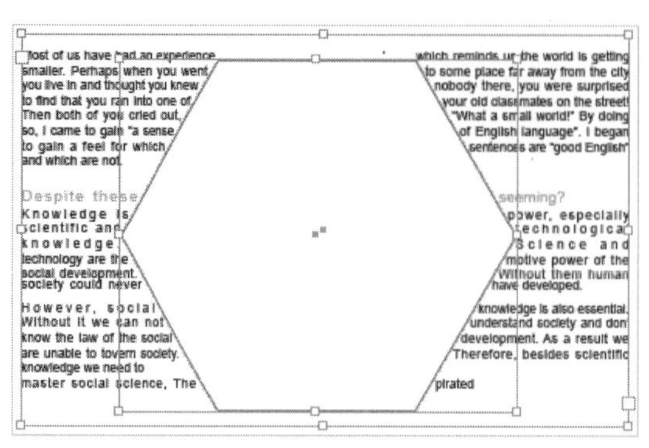

图 2-245　选择文本环绕的对象

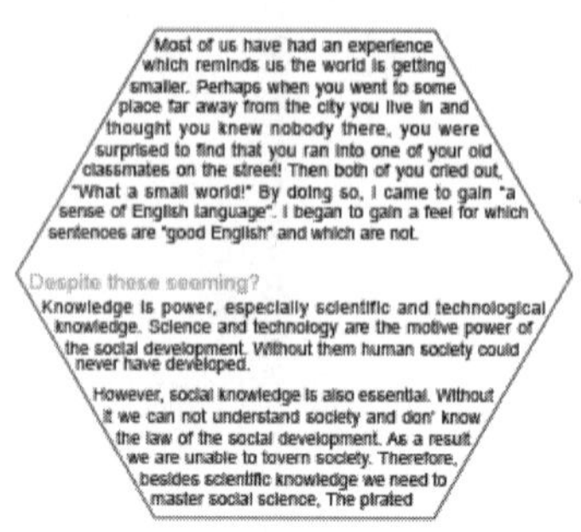

图 2-246　勾选“反转”复选框的效果

2.5.2　串接文本

串接文本框架在文本排版过程中使用较多。因为框架中的文本可独立于其他框架，也可在多个框架之间连续排文。这样，一篇独立的文章就能够通过多个文本框架连续排列，而连接的框架可位于同一页或跨页，也可位于文档的其他页。在框架之间连接文本的这一过程称为串接文本。简单地说，串接文本就是指一连续的文字分别显示在不同的文字框中。

执行菜单中的“视图 | 其他 | 显示文本串接”以查看框架的串接情况，如图 2-247 所示。

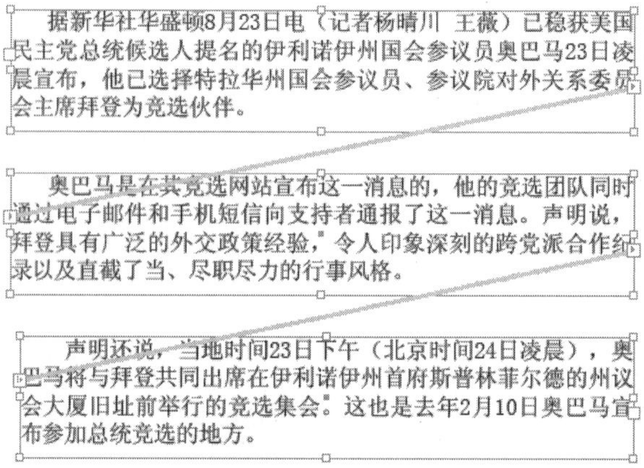

据新华社华盛顿8月23日电（记者杨晴川 王薇）已稳获美国民主党总统候选人提名的伊利诺伊州国会参议员奥巴马23日凌晨宣布，他已选择特拉华州国会参议员、参议院对外关系委员会主席拜登为竞选伙伴。

奥巴马是在其竞选网站宣布这一消息的，他的竞选团队同时通过电子邮件和手机短信向支持者通报了这一消息。声明说，拜登具有广泛的外交政策经验，令人印象深刻的跨党派合作纪录以及直截了当、尽职尽力的行事风格。

声明还说，当地时间23日下午（北京时间24日凌晨），奥巴马将与拜登共同出席在伊利诺伊州首府斯普林菲尔德的州议会大厦旧址前举行的竞选集会。这也是去年2月10日奥巴马宣布参加总统竞选的地方。

图 2-247　串接文本

每个文本框架都包含一个入文口和一个出文口，这些端口用来与其他文本框架进行连接。 空的入文口或出文口分别表示文章的开头或结尾。 端口中的箭头表示该框架链接到另一框架。出文口中的红色加号 (+) 表示该文章中有更多要置入的文本，但没有更多的文本框架可放置文本。这些剩余的不可见文本称为溢流文本，如图 2-248 所示。

1. 产生串接文本

无论文本框架是否包含文本，都可进行串接。产生串接文本的具体操作步骤如下。

1）使用（选择工具）或（直接选择工具）选择一个文本框架。

2）单击框架上的入文口或出文口，如图 2-249 所示，此时光标将变为（载入文本）图标 。然后将载入文本图标放置到新文本框架的位置，单击或拖动鼠标，这样框架和框架就成了串接关系，如图 2-250 所示。

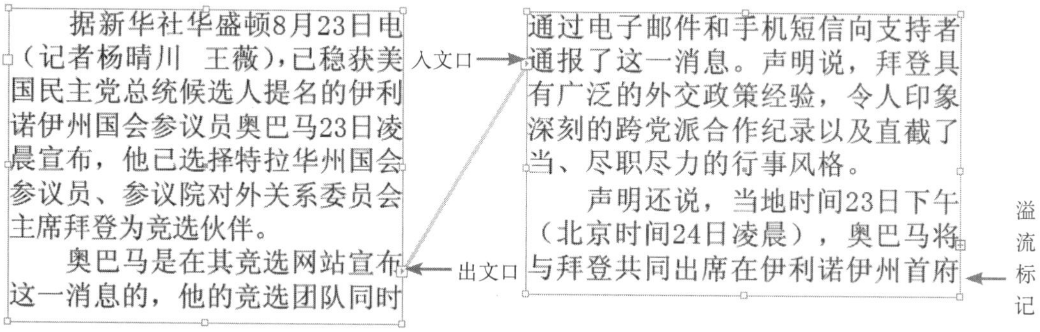

据新华社华盛顿8月23日电（记者杨晴川　王薇），已稳获美国民主党总统候选人提名的伊利诺伊州国会参议员奥巴马23日凌晨宣布，他已选择特拉华州国会参议员、参议院对外关系委员会主席拜登为竞选伙伴。
奥巴马是在其竞选网站宣布这一消息的，他的竞选团队同时

入文口　出文口

通过电子邮件和手机短信向支持者通报了这一消息。声明说，拜登具有广泛的外交政策经验，令人印象深刻的跨党派合作纪录以及直截了当、尽职尽力的行事风格。
声明还说，当地时间23日下午（北京时间24日凌晨），奥巴马将与拜登共同出席在伊利诺伊州首府

溢流标记

图 2-248　串接文本的构成

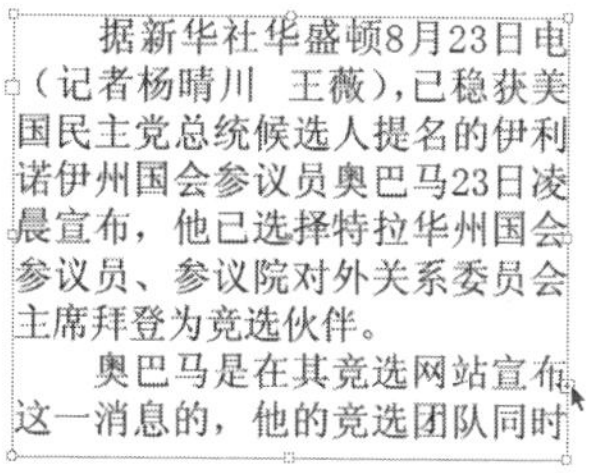

据新华社华盛顿8月23日电（记者杨晴川　王薇），已稳获美国民主党总统候选人提名的伊利诺伊州国会参议员奥巴马23日凌晨宣布，他已选择特拉华州国会参议员、参议院对外关系委员会主席拜登为竞选伙伴。
奥巴马是在其竞选网站宣布这一消息的，他的竞选团队同时

图 2-249　单击框架上的出文口

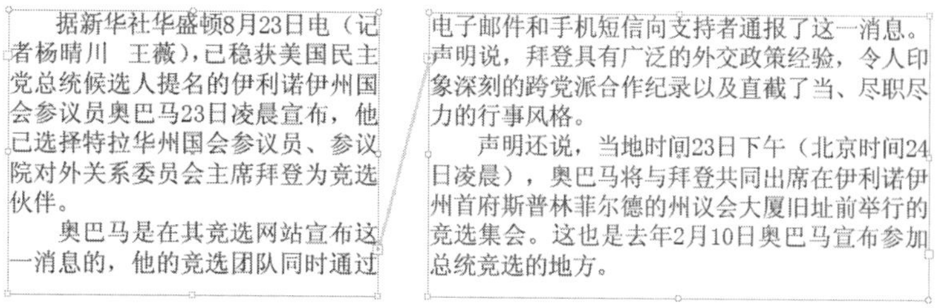

据新华社华盛顿8月23日电（记者杨晴川　王薇），已稳获美国民主党总统候选人提名的伊利诺伊州国会参议员奥巴马23日凌晨宣布，他已选择特拉华州国会参议员、参议院对外关系委员会主席拜登为竞选伙伴。
奥巴马是在其竞选网站宣布这一消息的，他的竞选团队同时通过

电子邮件和手机短信向支持者通报了这一消息。声明说，拜登具有广泛的外交政策经验，令人印象深刻的跨党派合作纪录以及直截了当、尽职尽力的行事风格。
声明还说，当地时间23日下午（北京时间24日凌晨），奥巴马将与拜登共同出席在伊利诺伊州首府斯普林菲尔德的州议会大厦旧址前举行的竞选集会。这也是去年2月10日奥巴马宣布参加总统竞选的地方。

图 2-250　串接的框架

2. 向串接中添加现有框架

向串接中添加现有框架的操作步骤如下。

1）使用（选择工具）或（直接选择工具）选择一个文本框。

2）单击入文口或出文口，光标将变为（载入文本）图标。然后将（载入文本）移动到要添加的框架上时，（载入文本）图标变为（串接文本）图标，如图 2-251 所示。在要添加的文本框架中单击，即可将现有框架添加到串接中，效果如图 2-252 所示。

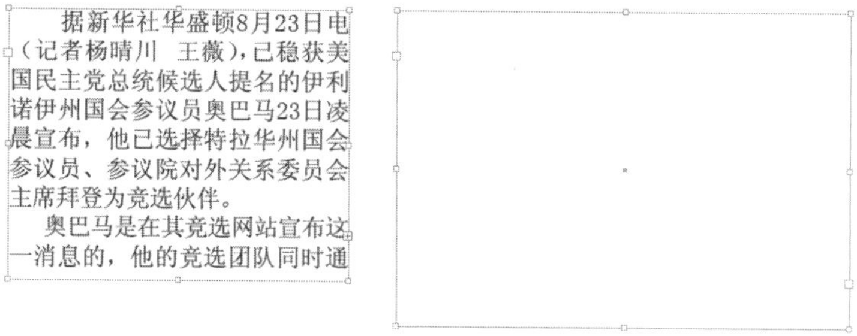

据新华社华盛顿8月23日电（记者杨晴川　王薇），已稳获美国民主党总统候选人提名的伊利诺伊州国会参议员奥巴马23日凌晨宣布，他已选择特拉华州国会参议员、参议院对外关系委员会主席拜登为竞选伙伴。
奥巴马是在其竞选网站宣布这一消息的，他的竞选团队同时通

图 2-251　向串接中添加现有框架

据新华社华盛顿8月23日电（记者杨晴川　王薇），已稳获美国民主党总统候选人提名的伊利诺伊州国会参议员奥巴马23日凌晨宣布，他已选择特拉华州国会参议员、参议院对外关系委员会主席拜登为竞选伙伴。
奥巴马是在其竞选网站宣布这一消息的，他的竞选团队同时通

过电子邮件和手机短信向支持者通报了这一消息。声明说，拜登具有广泛的外交政策经验，令人印象深刻的跨党派合作纪录以及直截了当、尽职尽力的行事风格。
声明还说，当地时间23日下午（北京时间24日凌晨），奥巴马将与拜登共同出席在伊利诺伊州首府斯普林菲尔德的州议会大厦旧址前举行的竞选集会。这也是去年2月10日奥巴马宣布参加总统竞选的地方。

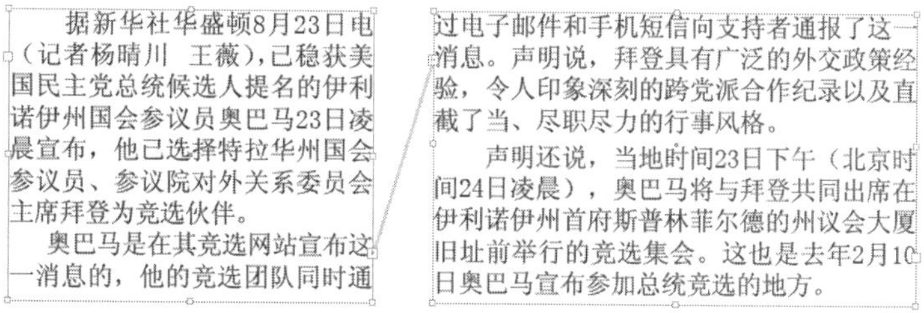

图 2-252　将现有框架添加到串接中

3. 取消串接文本框架

取消串接文本框架时，将断开该框架与串接中的所有后续框架之间的连接。以前显示在这些框架中的任何文本将成为溢流文本（不会删除文本）。所有的后续框架都为空。取消串接文本框架的操作步骤如下。

1）使用（选择工具）或（直接选择工具）单击表示与其他框架的串接关系的入文口或出文口，如图 2-253 所示（例如，在一个由两个框架组成的串接中，单击第一个框架的出文口或第二个框架的入文口）。

据新华社华盛顿8月23日电（记者杨晴川 王薇），已稳获美国民主党总统候选人提名的伊利诺伊州国会参议员奥巴马23日凌晨宣布，他已选择特拉华州国会参议员、参议院对外关系委员会主席拜登为竞选伙伴。
奥巴马是在其竞选网站宣布这一消息的，他的竞选团队同时通过

电子邮件和手机短信向支持者通报了这一消息。声明说，拜登具有广泛的外交政策经验，令人印象深刻的跨党派合作纪录以及直截了当、尽职尽力的行事风格。
声明还说，当地时间23日下午（北京时间24日凌晨），奥巴马将与拜登共同出席在伊利诺伊州首府斯普林菲尔德的州议会大厦旧址前举行的竞选集会。这也是去年2月10日奥巴马宣布参加总统竞选的地方。

图 2-253 使用（选择工具）表示与其他框架的串接关系的出文口

2）将（载入文本）图标放置到上一个框架或下一个框架上，以显示（取消串接）图标，然后在框架内单击，如图 2-254 所示，即可取消串接文本框架，效果如图 2-255 所示。

提示：另外一种取消串接的方法是双击入文口或出文口，以断开两个框架之间的连接。

据新华社华盛顿8月23日电（记者杨晴川 王薇），已稳获美国民主党总统候选人提名的伊利诺伊州国会参议员奥巴马23日凌晨宣布，他已选择特拉华州国会参议员、参议院对外关系委员会主席拜登为竞选伙伴。
奥巴马是在其竞选网站宣布这一消息的，他的竞选团队同时通过

电子邮件和手机短信向支持者通报了这一消息。声明说，拜登具有广泛的外交政策经验，令人印象深刻的跨党派合作纪录以及直截了当、尽职尽力的行事风格。
声明还说，当地时间23日下午（北京时间24日凌晨），奥巴马将与拜登共同出席在伊利诺伊州首府斯普林菲尔德的州议会大厦旧址前举行的竞选集会。这也是去年2月10日奥巴马宣布参加总统竞选的地方。

图 2-254 利用（取消串接）图标在框架内单击

据新华社华盛顿8月23日电（记者杨晴川 王薇），已稳获美国民主党总统候选人提名的伊利诺伊州国会参议员奥巴马23日凌晨宣布，他已选择特拉华州国会参议员、参议院对外关系委员会主席拜登为竞选伙伴。
奥巴马是在其竞选网站宣布这一消息的，他的竞选团队同时通过

图 2-255 取消串接文本框架的效果

2.5.3 文本框架

在实际工作中，用户需要根据客户提出的要求对版面及时做出调整，这将会影响到创建的文本框架，此时可以在“文本框架选项”对话框中对文本框架的常规选项和基线选项进行调整。

1. 设置文本框架的常规选项

在调整文本框架时，用户可以通过选择、拖动的方法对其进行直接调整，但是该方法不能将其分栏，只能对栏宽度进行粗略调整。如果要精确调整文本框中的栏数、内边距、垂直方式等，则需要通过“常规”选项卡进行操作，这样便于用户通过“预览”选项及时查看设置后的效果。

使用 （选择工具）选择框架，然后执行菜单中的“对象 | 文本框架选项”命令，可以打开“文本框架选项”对话框，如图 2-256 所示。

提示：按住键盘上的〈Alt〉键，然后选择工具箱中的 （选择工具），双击文本框架，也可以打开“文本框架选项”对话框。

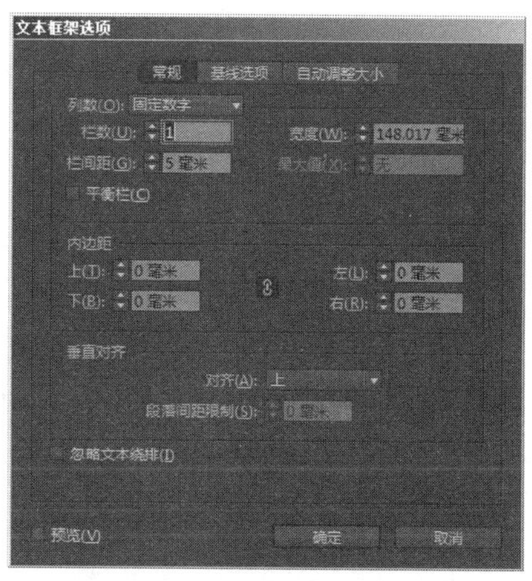

图 2-256　“文本框架选项”对话框

（1）列数

在该对话框的“常规”选项卡中，可以通过“列数”选项组指定文本框架的栏数、每栏宽度和每栏之间的间距（栏间距）。当勾选“平衡栏”复选框后，能够调整框架大小以更改栏数，但不能在视图中更改栏宽。如图 2-257 所示为勾选“平衡栏”复选框后，在视图中调整框架大小的效果，如图 2-258 所示为未勾选“平衡栏”复选框，在视图中调整框架大小的效果。

据新华社华盛顿8月23日电（记者杨晴川 王薇）已稳获美国民主党总统候选人提名的伊利诺伊州国会参议员奥巴马23日凌晨宣布，他已选择特拉华州国会参议员、参议院对外关系委员会主席拜登为竞选伙伴。

奥巴马是在其竞选网站宣布这一消息的，他的竞选团队同时通过电子邮件和手机短信向支持者通报了这一消息。声明说，拜登具有广泛的外交政策经验，令人印象深刻的跨党派合作纪录以及直截了当、尽职尽力的行事风格。

声明还说，当地时间23日下午（北京时间24日凌晨），奥巴马将与拜登共同出席在伊利诺伊州首府斯普林菲尔德的州议会大厦旧址前举行的竞选集会。这也是去年2月10日奥巴马宣布参加总统竞选的地方。

拜登一直被认为是奥巴马的热门副手人选之一。根据日程，他将于27日晚在民主党全国代表大会上正式接受副总统候选人提名，并发表关于外交和国家安全政策的讲话。

拜登1942年11月出生于美国宾夕法尼亚州一个中产阶级家庭。1965年毕业于特拉华大学，1968年毕业于锡拉丘兹大学法律学院并获得法律学位。拜登一度曾以律师为职业，后来从政。

1972年，拜登首次当选国会参议员，成为美国历史上最年轻的参议员之一。

然而，在拜登当选参议员几星期以后，他的妻子和小女儿在一次车祸中丧生，两个儿子也严重受伤。这一沉重打击几乎把拜登压垮。在同事和朋友劝说下，他才决定到参议院上任。自此，拜登连任参议员至今。他曾任参议院司法委员会主席，现任对外关系委员会主席，具有丰富从政经验。他同时还是兼职法律教授。

他曾于1988年竞选总统，但惨遭败绩。他也参加了今年的民主党总统预选，但在首场预选后便宣布退出。

拜登将在本月25日至28日举行的民主党全国代表大会上正式接受副总统候选人提名。

舆论认为，奥巴马选择拜登作为竞选伙伴，可以补足他在政治和外交事务方面缺乏经验的弱点。拜登被认为是民主党温和自由派人士。

继尼泊尔新政府总理普拉昌达18日宣誓就职后，8名部长22日在首都加德满都宣誓就职，尼泊尔首届共和国政府内阁正式宣布成立，从而结束了尼泊尔自今年4月制宪会议选举以来持续数月的政治僵局。但分析人士认为，尼泊尔新政府仍然面临政治、经济等诸多问题的严峻挑战。

首先是执政联盟在政府组成问题上仍然存在分歧。根据尼泊尔制宪会议第一大党尼共（毛主义）、第三大党尼共（联合马列）和第四大党“马迪西人民权利论坛”此前达成的协议，尼共（毛主义）代表将出任新政府国防、财政等9个部长职务。

尼共（联合马列）代表出任内政、工商、地方发展等6个部长职务，“马迪西人民权利论坛”代表出任外交、劳动运输、林业等部长职务。但22日宣誓就职的只有8名部长，其中有4人来自尼共（毛主义），另外4人来自“马迪西人民权利论坛”。除尼共尚有5名部长人选没有确定外，由于在政府首席部长人选问题上存在分歧，尼共（联合马列）指定的6名部长没有参加当天的宣誓就职典礼。

a）

据新华社华盛顿8月23日电（记者杨晴川 王薇）已稳获美国民主党总统候选人提名的伊利诺伊州国会参议员奥巴马23日凌晨宣布，他已选择特拉华州国会参议员、参议院对外关系委员会主席拜登为竞选伙伴。

奥巴马是在其竞选网站宣布这一消息的，他的竞选团队同时通过电子邮件和手机短信向支持者通报了这一消息。声明说，拜登具有广泛的外交政策经验，令人印象深刻的跨党派合作纪录以及直截了当、尽职尽力的行事风格。

声明还说，当地时间23日下午（北京时间24日凌晨），奥巴马将与拜登共同出席在伊利诺伊州首府斯普林菲尔德的州议会大厦旧址前举行的竞选集会。这也是去年2月10日奥巴马宣布参加总统竞选的地方。

拜登一直被认为是奥巴马的热门副手人选之一。根据日程，他将于27日晚在民主党全国代表大会上正式接受副总统候选人提名，并发表关于外交和国家安全政策的讲话。

拜登1942年11月出生于美国宾夕法尼亚州一个中产阶级家庭。1965年毕业于特拉华大学，1968年毕业于锡拉丘兹大学法律学院并获得法律学位。拜登一度曾以律师为职业，后来从政。

1972年，拜登首次当选国会参议员，成为美国历史上最年轻的参议员之一。

然而，在拜登当选参议员几星期以后，他的妻子和小女儿在一次车祸中丧生，两个儿子也严重受伤。这一沉重打击几乎把拜登压垮。在同事和朋友劝说下，他才决定到参议院上任。自此，拜登连任参议员至今。他曾任参议院司法委员会主席，现任对外关系委员会主席，具有丰富从政经验。他同时还是兼职法律教授。

他曾于1988年竞选总统，但惨遭败绩。他也参加了今年的民主党总统预选，但在首场预选后便宣布退出。

拜登将在本月25日至28日举行的民主党全国代表大会上正式接受副总统候选人提名。

舆论认为，奥巴马选择拜登作为竞选伙伴，可以补足他在政治和外交事务方面缺乏经验的弱点。拜登被认为是民主党温和自由派人士。

继尼泊尔新政府总理普拉昌达18日宣誓就职后，8名部长22日在

b）

图 2-257　勾选“平衡栏”复选框后，在视图中调整框架大小的效果

a）调整框架大小前　b）调整框架大小后

a） 　　　　　　　　　　　　b）

图 2-258　未勾选“平衡栏”复选框，在视图中调整框架大小的效果

a）调整框架大小前　b）调整框架大小后

（2）内边距

在“内边距”选项组中，通过设置上、下、左和右的位移距离，可以改变文本与文本框之间的间距。如图 2-259 所示为将“内边距”均设为 0mm 和均设为 5mm 的效果比较。

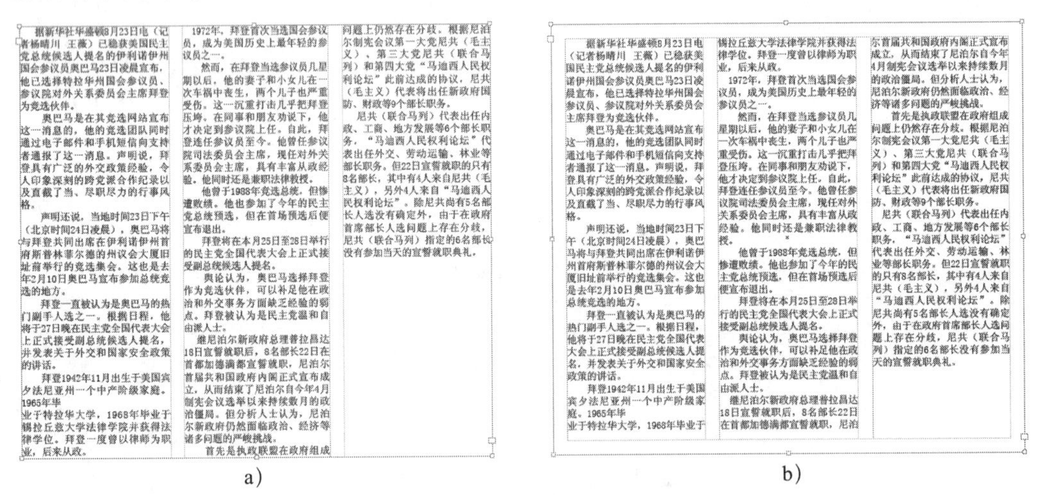

图 2-259　设置不同“内边距”数值的效果比较

a）“内边距”均设为 0 毫米的效果　b）“内边距”均设为 5 毫米的效果

（3）垂直对齐

使用框架对齐方式，不仅可以在文本框架中以该框架为基准垂直对齐文本（如果使用的是直排文字，就是水平对齐文本），还可以使用每个段落的行距和段落间距值，将文本与框架的顶部、中心或底部对齐，并且能够垂直撑满文本，这样无论各行的行距和段落间距值如何，行间距都能保持均匀。

在“文本框架”对话框中“垂直对齐”选项组的“对齐”下拉列表中包括以下选项。

- 上：此项是默认设置，可以使文本从框架的顶部向下垂直对齐，效果如图 2-260 所示。
- 居中：选择此项，可以使文本行位于框架正中，效果如图 2-261 所示。

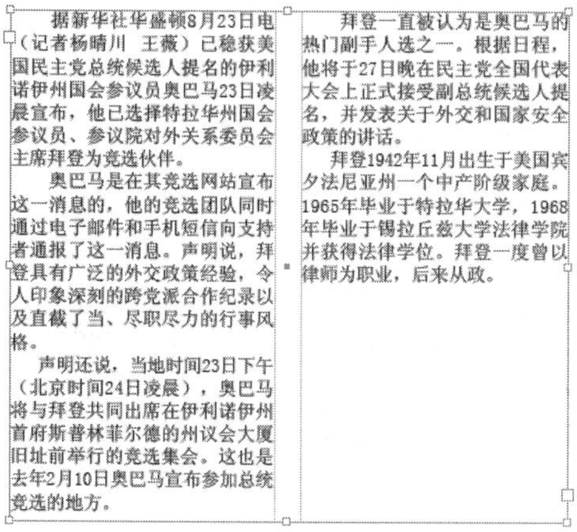

图 2-260　选择“上”的效果

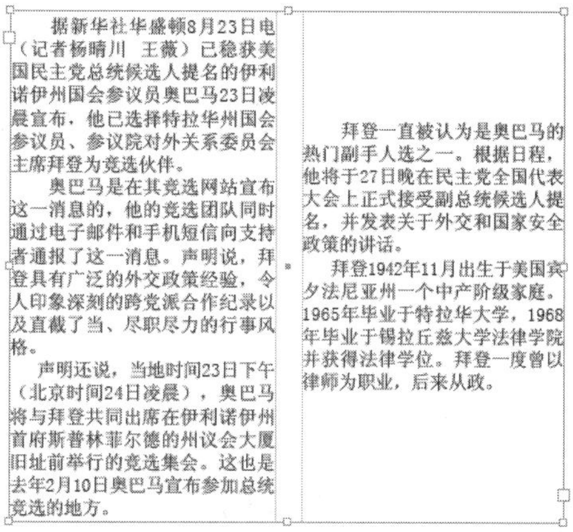

图 2-261　选择“居中”的效果

- 下：选择此项，可以使文本行从框架的底部向上垂直对齐，效果如图 2-262 所示。
- 两端对齐：选择此项，可以使文本行在框架顶部和底部之间的方向上匀称分布，效果如图 2-263 所示。

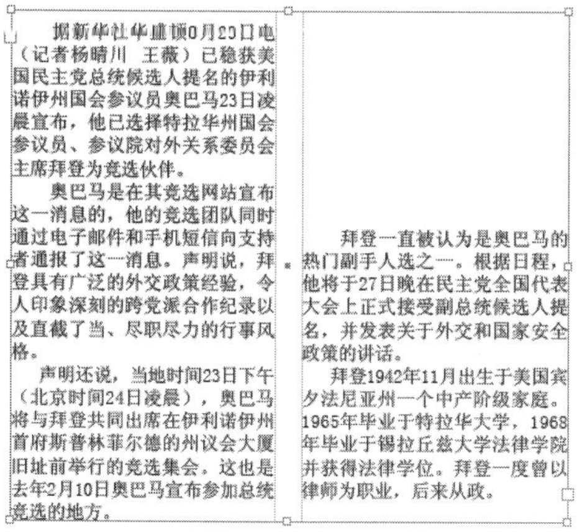

图 2-262　选择“下”的效果

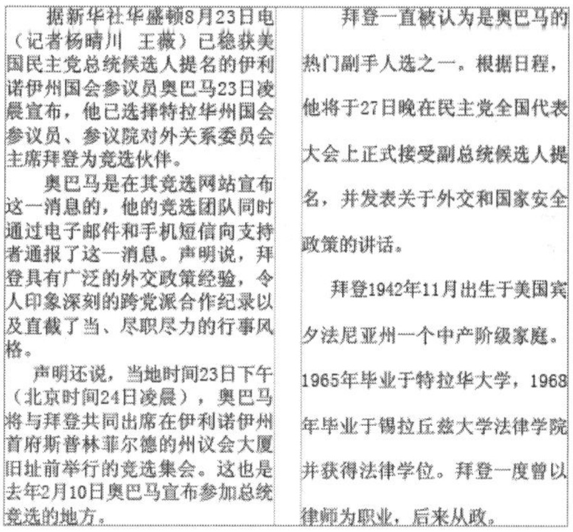

图 2-263　选择“两端对齐”的效果

2. 设置文本框架的基线选项

文本框架中的基线选项针对的是页面中正文部分的行距。用户在使用过程中能够利用行距的数值来控制页面中所有页面元素的位置，确保文本在栏间以及不同页之间的对齐。利用基线能保证页面中文本定位的一致性，能够调整文字段之间的行距，保证基线与页面的底部基线对齐。基线对于不同栏或者临近的文本块之间的对齐非常有用。

（1）首行基线

基线调整确定了文本位于其自然基线之上或基线之下的距离。要更改所选文本框架的首行基线选项，可以执行菜单中的“对象 | 文本框架选项”命令，然后在弹出的“文本框架

选项”对话框中选择“基线选项”选项卡，如图 2-264 所示。

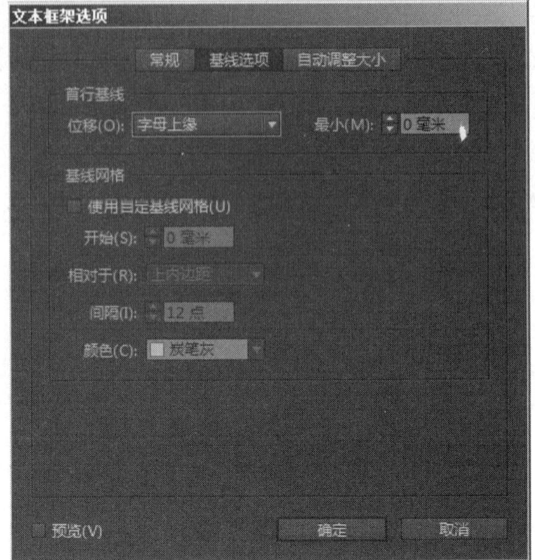

图 2-264 “基线选项”选项卡

在“位移”下拉列表中有以下选项。

- 字母上缘：选择此项，“d”字符的高度会降到文本框架的上内陷以下，效果如图 2-265 所示。
- 大写字母高度：选择此项，大写字母的顶部触及文本框架的上内陷，效果如图 2-266 所示。
- 行距：选择此项，会以文本的行距值作为文本首行基线和框架的上内陷之间的距离，效果如图 2-267 所示。
- x 高度：选择此项，“x”字符的高度会降到框架的上内陷以下，效果如图 2-268 所示。
- 全角字符高度：默认对齐方式。选择此项，意味着行高的中心将与网格框的中心对齐，效果如图 2-269 所示。
- 固定：选择此项，会指定字符的高度为文本首行基线和框架的上内陷之间的距离，效果如图 2-270 所示。

图 2-265 选择“字母上缘”的效果

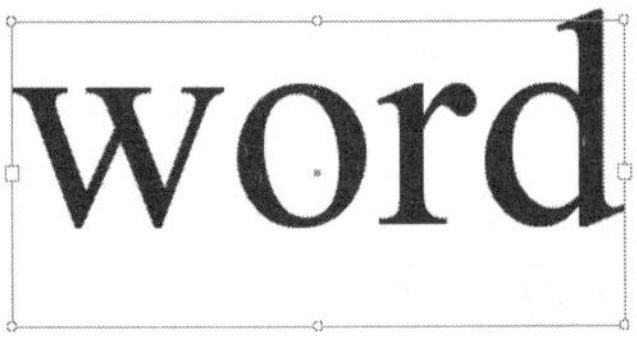

图 2-266 选择“大写字母高度”的效果

图 2-267 选择“行距”的效果

图 2-268 选择“x 高度”的效果

图 2-269 选择“全角字符高度”的效果

图 2-270 选择“固定”的效果

（2）基线网格

基线网格可以指定基线网格的颜色、起始位置、每条网格线的间距以及何时出现等。

在某些情况下，可能需要对框架而不是整个文档使用基线网格。此时，用户可以选择

文本框架或将插入点置入文本框架，执行菜单中的“对象 | 文本框架选项”命令，然后在弹出的“文本框架选项”对话框中选择“基线选项”选项卡，接着勾选“使用自定基线网格”复选框，如图 2-271 所示。使用其下面的选项将基线网格应用于文本框架。

- 开始：在该对话框中设置数值，即可从页面顶部、页面的上边距、框架顶部或框架的上内陷（取决于从“相对于”选项中选择的内容）移动网格。
- 间隔：在该文本框中设置数值可以作为网格线之间的间距。在大多数情况下，设置的数值等于正文文本的行距值，这样可以使文本行恰好对齐网格。
- 颜色：使用该项可以为网格线选择一种颜色，或者选择“图层颜色”以便与显示文本框架的图层使用相同的颜色。

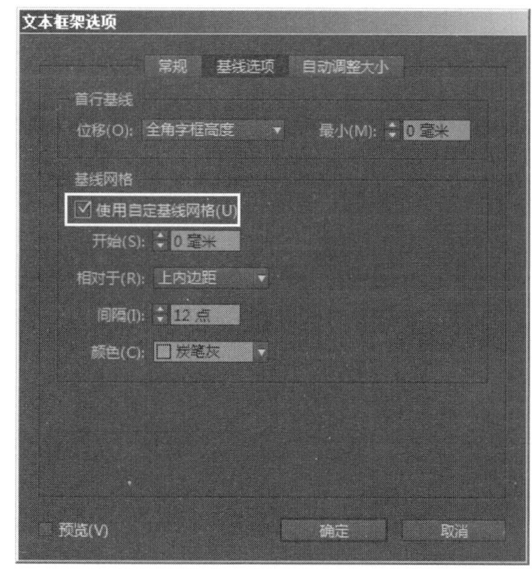

图 2-271　勾选“使用自定基线网格”复选框

2.5.4　框架网格

创建框架网格后，用户可以通过“框架网格”对话框进行属性的更改，例如，更改框架网格中的字体、字符大小、字数等，还可以进行文本框架与框架网格之间的转换，并能够对框架网格中的字数、行数、单元格总数进行统计。

1. 设置框架网格属性

使用（选择工具）选择需要修改其属性的框架，然后执行菜单中的“对象 | 框架网格选项”命令，弹出如图 2-272 所示的“框架网格”对话框。其各项参数内容如下。

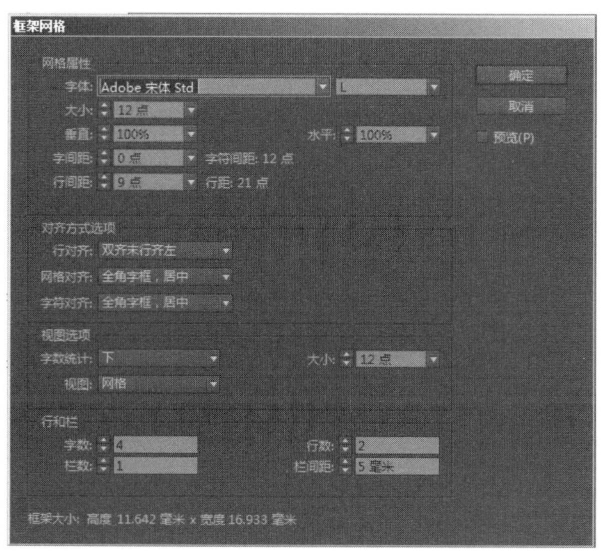

图 2-272　“框架网格”对话框

（1）网格属性

在“网格属性”选项组中，用户可以设置网格中文本的各项属性，包括以下参数。

- 字体：用于选择字体系列和字体样式。这些字体设置将根据版面网格应用到框架网格中。
- 大小：用于指定字号的大小，该数值将作为网格单元格的大小。
- 垂直和水平：以百分比的形式为全角亚洲字符指定网格缩放。
- 字间距：用于指定框架网格中网格单元格之间的间距。
- 行间距：该数值用于设置从首行中网格的底部（或左边）到下一行中网格的顶部（或右边）之间的距离。

（2）对齐方式选项

在该选项组中，用户可以指定文本各行之间的对齐方式、网格之间的对齐方式以及字符之间的对齐方式，包括以下参数。

- 行对齐：用于指定文本各行之间的对齐方式。其下拉列表中包括 7 个选项可供选择，如图 2-273 所示。
- 网格对齐：用于指定文本是与全角字框、表意字框对齐，还是与罗马字基线对齐。其下拉列表中包括 7 个选项可供选择，如图 2-274 所示。

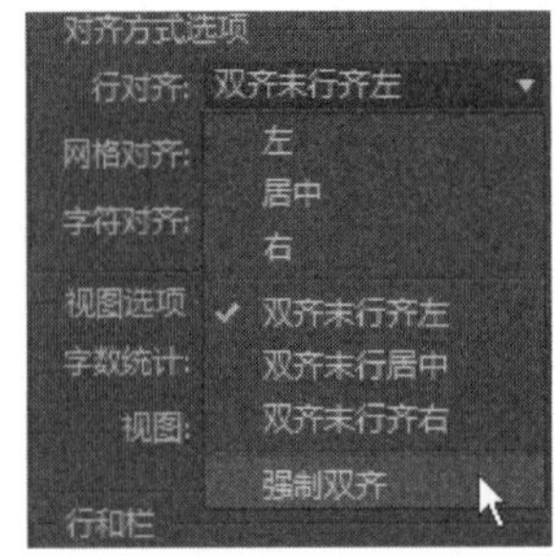

图 2-273 “行对齐”下拉列表

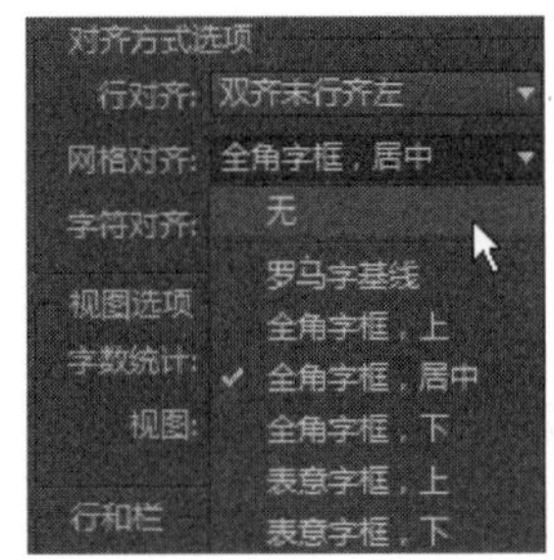

图 2-274 “网格对齐”下拉列表

- 字符对齐：用于指定同一行的小字符与大字符对齐的方式。其下拉列表中有 6 个选项可供选择，如图 2-275 所示。

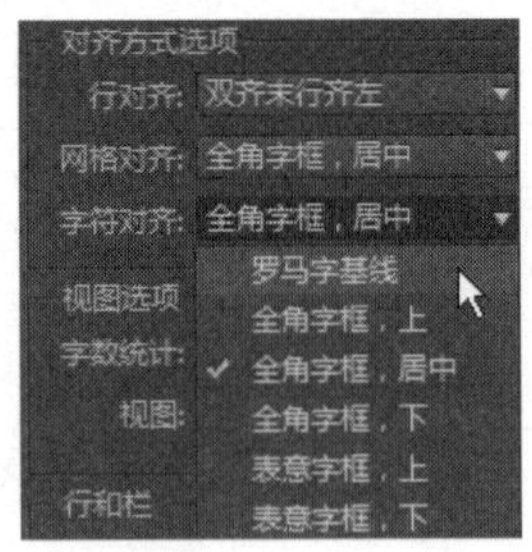

图 2-275 “字符对齐”下拉列表

（3）视图选项

通过该选项组，用户可以设置框架的显示方式，以及指定每行中的字符个数。该选项组包括以下参数。

- 字数统计：用于确定框架网格的尺寸和字数统计的显示位置。其下拉列表包括 5 个选项可供选择，如图 2-276 所示。
- 视图：用于指定框架的显示方式。其下拉列表包括 4 个选项可供选择，如图 2-277 所示。选择“网格”，则会显示包含网格和行的框架网格；选择“N/Z 视图”，则会将框架网格方向显示为深灰色的对角线，而在插入文本时并不显示这些线条；选择“对齐方式视图”，则会显示仅包含行的框架网格；选择“N/Z 网格”，则显示情况为“N/Z 视图”和“网格”的组合。如图 2-278 所示为选择不同视图方式的效果比较。

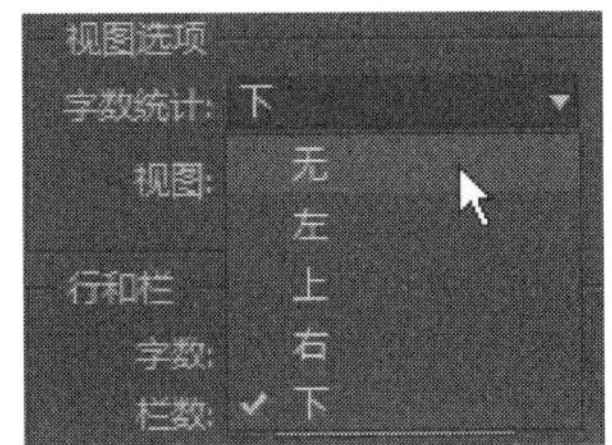

图 2-276　“字数统计”下拉列表

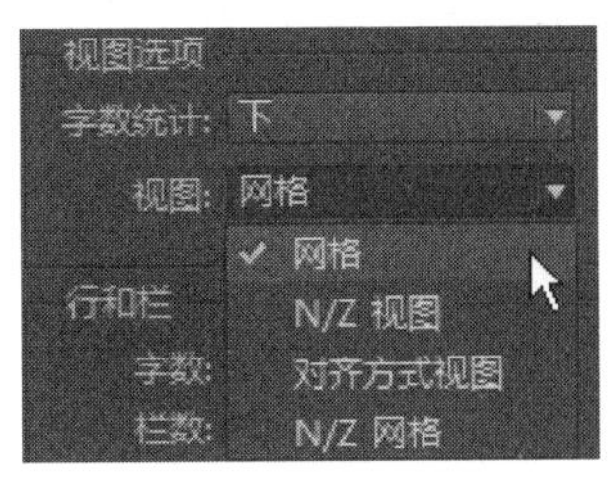

图 2-277　“视图”下拉列表

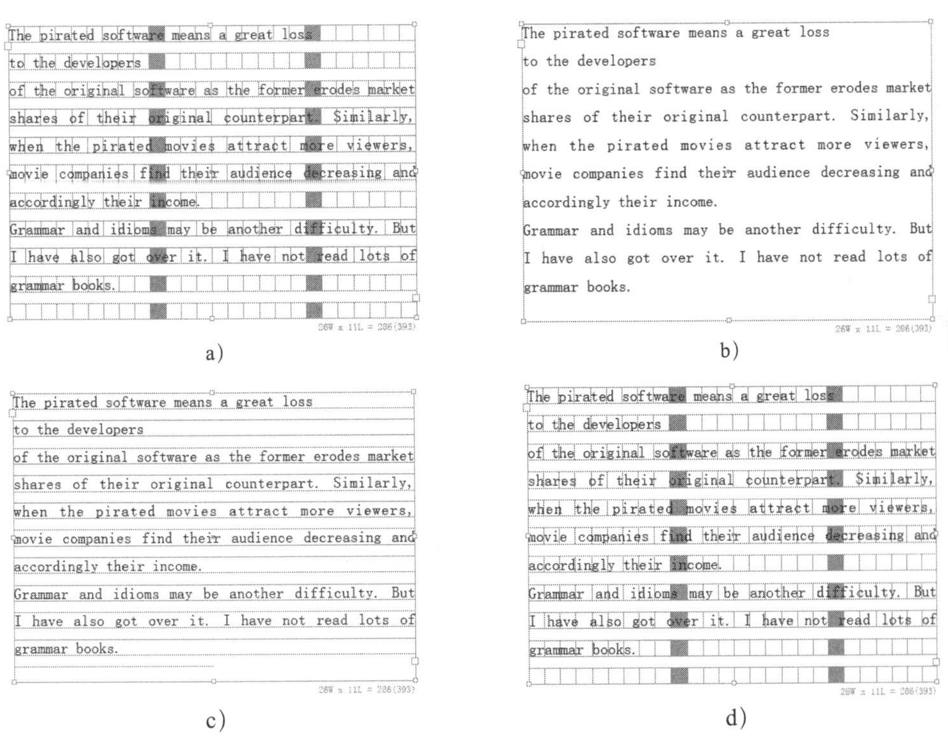

图 2-278　选择不同视图方式的效果比较

a）选择“网格”　b）选择“N/Z 视图”　c）选择“对齐方式视图”　d）选择“N/Z 网格”

（4）行和栏

通过该选项组，用户可以指定一行中的字符数、行数、一个框架网格中的栏数以及相邻栏之间的间距。

2. 转换文本框架和框架网格

在排版过程中，用户可以将纯文本框架转换为框架网格，也可以将框架网格转换为纯文本框架。如果将纯文本框架转换为框架网格，对于文章中未应用字符样式或段落样式的文本，会应用框架网格的文档默认值，但无法将网格格式直接应用于纯文本框架；如果将纯文本框架转换为框架网格，那么预定的网格格式会应用于采用尚未赋予段落样式的文本的框架网格，以此应用网格格式属性。

（1）将纯文本框架转换为框架网格

将纯文本框架转换为框架网格的步骤为：选择文本框架，执行菜单中的“对象 | 框架类型 | 框架网格”命令，可以直接将纯文本框架转换为框架网格。如图 2-279 所示为将纯文本框架转换为框架网格的前后效果比较。

The spelling and meaning of words can be said to be the first difficulty I met as a beginner. As to spelling, I never copied a new work again and again to remember it, but tried to find its relevance to the sound. In fact.

a）

The spelling and meaning of words can be said to be the first difficulty I met as a beginner. As to spelling, I never copied a new work again and again to remember it, but tried to find its relevance to the sound. In fact.

29W x 4L = 116(219)

b）

图 2-279　将纯文本框架转换为框架网格的前后效果比较
a）文本框架　b）网格框架

（2）将框架网格转换为文本框架

将框架网格转换为文本框架的步骤为：选择框架网格，执行菜单中的“对象 | 框架类型 | 文本框架”命令，即可将框架网格转换为文本框架。

3. 查看框架网格字数统计

框架网格字数统计显示在网格的底部，此处显示的是字符数、行数、单元格总数和实际字符数的值，如图 2-280 所示。当用户需要对当前框架网格中的字数进行统计时，执行菜单中的“视图 | 网格和参考线 | 显示字数统计”命令即可。

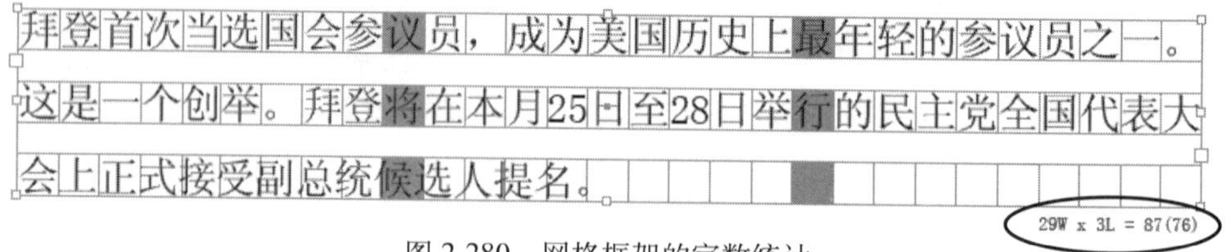

图 2-280　网格框架的字数统计

2.5.5　使用制表符和脚注

InDesign CC 2015 不仅具有丰富的格式设置项，而且具有快速对齐文本的“制表符”对话框。使用该功能可以方便、快捷地对齐段落和特殊字符对象，同时也可以灵活地加入脚注，从而使版面内容更加丰富，便于读者阅读。

1. 制表符

制表符可以将文本定位在文本框中特定的水平位置。制表符设置可以执行菜单中的“编辑 | 首选项 | 单位和增量”命令，然后在弹出的“单位和增量”对话框中进行设置，如图 2-281 所示。

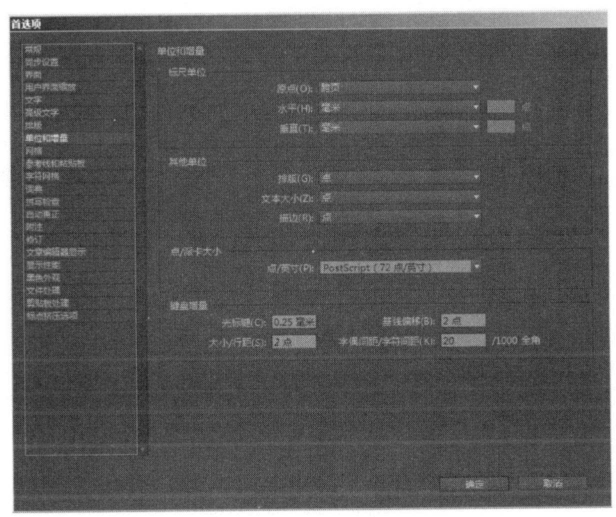

图 2-281 “单位和增量”对话框

制表符对整个段落起作用。所设置的第 1 个制表符会删除其左侧的所有默认制表符；后续制表符会删除位于所设置制表符之间的所有默认制表符，并且还可以设置左齐、居中、右齐、小数点对齐或特殊字符对齐等定位符。

(1) 认识“制表符”面板

制表符的使用需要通过“制表符”面板起作用。执行菜单中的“文字 | 制表符”命令，调出“制表符”面板，如图 2-282 所示。

如果是在直排文本框架中执行此操作，“制表符”面板将会变为垂直方向，如图 2-283 所示。当制表符面板方向与文本框架方向不一致时，单击按钮，可以将标尺与当前文本框架对齐。

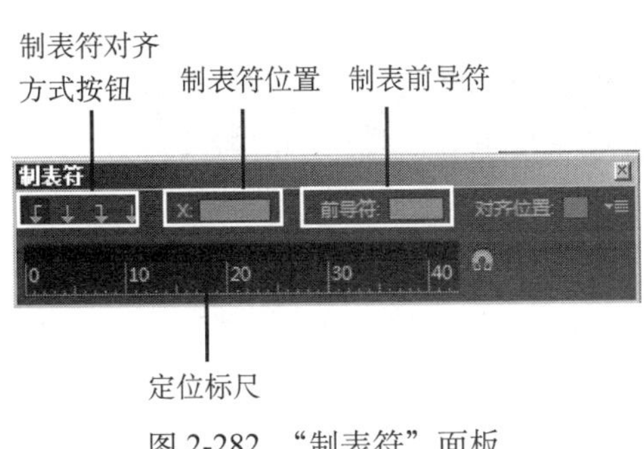

图 2-282 “制表符”面板

图 2-283 “定位符”面板变为垂直方向

（2）设置制表符

使用特殊字符对齐定位符时，可将制表符设为与任何选定字符（如冒号或美元符号）对齐。设置制表符的操作步骤如下。

1）利用T（文字工具）创建一个文本框架，然后选择要设置制表符的文本。

2）执行菜单中的“文字 | 制表符”命令，调出“制表符”面板，如图 2-284 所示。然后按键盘上的〈Tab〉键，在要添加水平间距的段落中添加制表符。接着在“制表符”面板中单击某个制表符对齐方式按钮，再向右拖动至所需指定文本与该制表符位置的对齐位置即可，如图 2-285 所示。

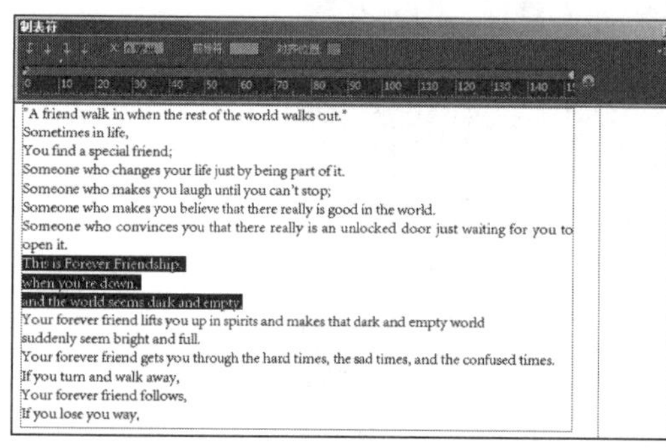

图 2-284 调出“制表符”面板

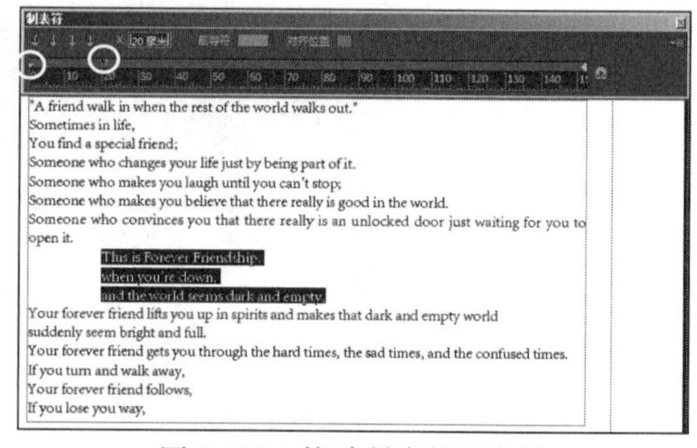

图 2-285 拖动制表符的位置

（3）重复制表符

该命令可根据制表符与左缩进，或前一个制表符定位点间的距离来创建多个制表符。重复制表符的操作步骤如下。

1）在段落中单击确定一个插入点。

2）在“制表符”面板的标尺上选择一个制表位，然后单击右键从弹出的快捷菜单中选择“重复制表符”命令，如图 2-286 所示，“重复制表符”的效果如图 2-287 所示。

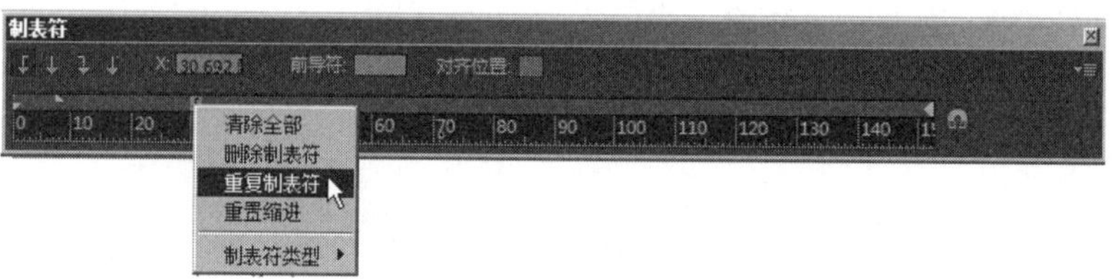

图 2-286 选择“重复制表符”命令

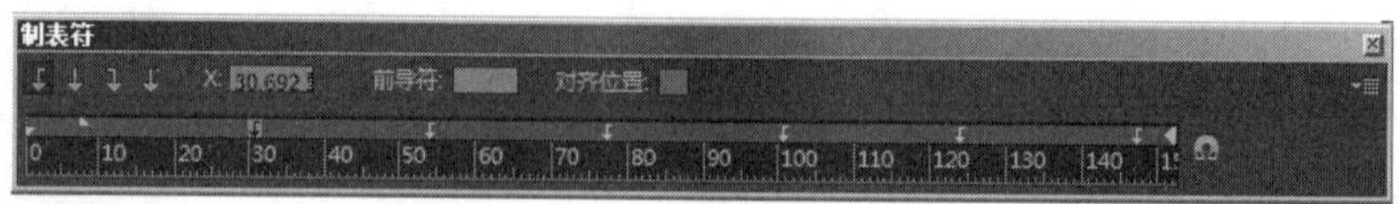

图 2-287 “重复制表符”的效果

（4）移动、删除和编辑制表符位置

使用“制表符”面板可以移动、删除和编辑制表符的位置。操作步骤如下。

1）利用T（文字工具）在段落中单击放置一个插入点。然后在“制表符”面板的标尺上选择一个制表符。

2）移动制表符。方法：在“X：”右侧设置新位置，然后按键盘上的〈Enter〉键，即可移动制表符的位置。

3）删除制表符。方法：将制表符拖离定位符标尺（或右键单击要删除的制表符，从弹出的快捷菜单中选择“删除制表符”命令），即可删除制表符。

4）编辑制表符。方法：单击某个制表符对齐方式按钮，即可对其进行编辑。

提示：在编辑制表符时，单击制表符标记的同时按住键盘上的〈Alt〉键，可以在4种对齐方式间进行切换。

（5）添加制表前导符

制表前导符是制表符和后续文本之间的一种重复性字符模式（如一连串的点或虚线）。在添加时，需要在“制表符”面板的标尺上选择一个定位符，然后在“前导符”文本框中输入一种最多含 8 个字符的模式。接着按键盘上的〈Enter〉键，此时在制表符的宽度范围内将重复显示所输入的字符。

2. 脚注

脚注用于对文章中难以理解的内容进行解释或是对某些内容的补充说明。脚注由显示在文本中的脚注引用编号和显示在页面底部的脚注文本两个相互连接的部分构成，如图2-288所示。

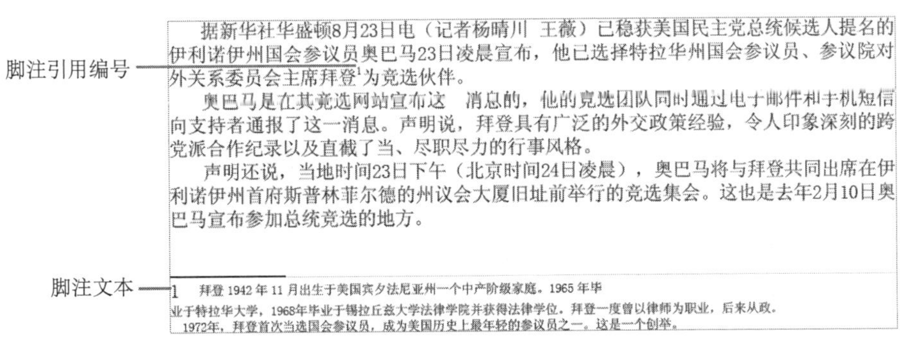

图 2-288　脚注引用编号与脚注文本

（1）创建脚注

可以在 InDesign CC 2015 中创建脚注或从 Word 或 RTF 文档中导入脚注。将脚注添加到文档时，脚注会自动编号，每篇文章中都会重新编号。用户可控制脚注的编号样式、外观和位置，但不能将脚注添加到表或脚注文本。在 InDesign CC 2015 中创建脚注的操作步骤如下。

1）在想要脚注引用编号出现的地方置入插入点。

2）执行菜单中的“文字 | 插入脚注”命令。

3）输入脚注文本。

提示：输入脚注时，脚注区将扩展而文本框架大小保持不变。脚注区继续向上扩展直至到达脚注引用行。在脚注引用行上，如果可能，脚注会拆分到下一文本框架栏或串接的框架。如果脚注不能拆分且脚注区不能容纳过多的文本，则包含脚注引用的行将移到下一栏，或出现一个溢流图标。在这种情况下，应该调整框架或更改文本格式。

（2）脚注编号与格式设置

执行菜单中的“文字|文档脚注选项”命令，打开“脚注选项”对话框，如图 2-289 所示，然后在“脚注选项”对话框中单击“编号与格式”标签，设置以下参数。

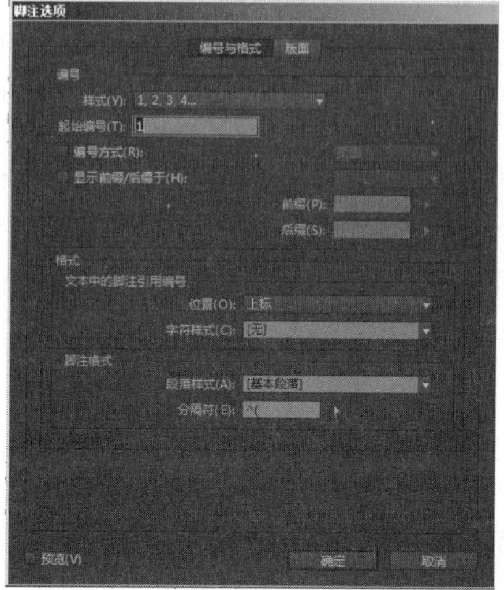

图 2-289 “脚注选项 - 编号和格式”对话框

● 样式：选择脚注引用编号的编号样式，如Ⅰ、Ⅱ、Ⅲ、Ⅳ…a、b、c、d…等，如图 2-290 所示。

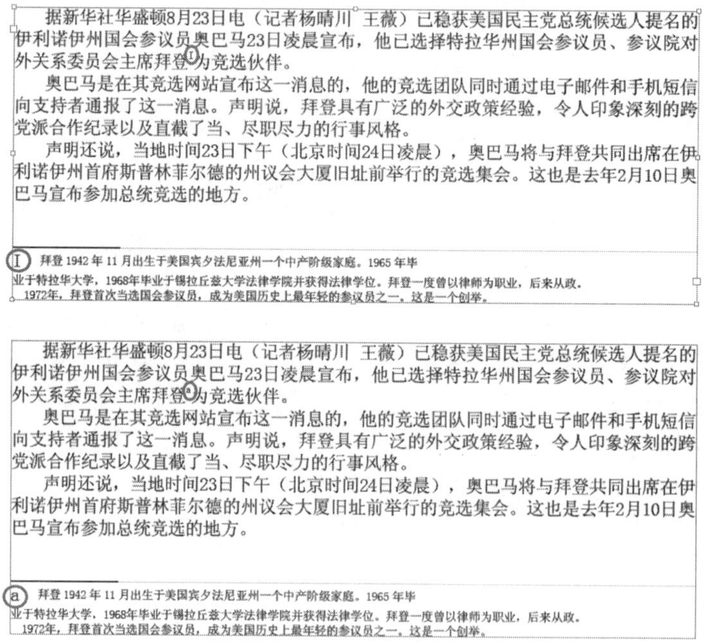

据新华社华盛顿8月23日电（记者杨晴川 王薇）已稳获美国民主党总统候选人提名的伊利诺伊州国会参议员奥巴马23日凌晨宣布，他已选择特拉华州国会参议员、参议院对外关系委员会主席拜登Ⅰ为竞选伙伴。

奥巴马是在其竞选网站宣布这一消息的，他的竞选团队同时通过电子邮件和手机短信向支持者通报了这一消息。声明说，拜登具有广泛的外交政策经验，令人印象深刻的跨党派合作纪录以及直截了当、尽职尽力的行事风格。

声明还说，当地时间23日下午（北京时间24日凌晨），奥巴马将与拜登共同出席在伊利诺伊州首府斯普林菲尔德的州议会大厦旧址前举行的竞选集会。这也是去年2月10日奥巴马宣布参加总统竞选的地方。

Ⅰ 拜登 1942 年 11 月出生于美国宾夕法尼亚州一个中产阶级家庭。1965 年毕业于特拉华大学，1968年毕业于锡拉丘兹大学法律学院并获得法律学位。拜登一度曾以律师为职业，后来从政。1972年，拜登首次当选国会参议员，成为美国历史上最年轻的参议员之一。这是一个创举。

据新华社华盛顿8月23日电（记者杨晴川 王薇）已稳获美国民主党总统候选人提名的伊利诺伊州国会参议员奥巴马23日凌晨宣布，他已选择特拉华州国会参议员、参议院对外关系委员会主席拜登a为竞选伙伴。

奥巴马是在其竞选网站宣布这一消息的，他的竞选团队同时通过电子邮件和手机短信向支持者通报了这一消息。声明说，拜登具有广泛的外交政策经验，令人印象深刻的跨党派合作纪录以及直截了当、尽职尽力的行事风格。

声明还说，当地时间23日下午（北京时间24日凌晨），奥巴马将与拜登共同出席在伊利诺伊州首府斯普林菲尔德的州议会大厦旧址前举行的竞选集会。这也是去年2月10日奥巴马宣布参加总统竞选的地方。

a 拜登 1942 年 11 月出生于美国宾夕法尼亚州一个中产阶级家庭。1965 年毕业于特拉华大学，1968年毕业于锡拉丘兹大学法律学院并获得法律学位。拜登一度曾以律师为职业，后来从政。1972年，拜登首次当选国会参议员，成为美国历史上最年轻的参议员之一。这是一个创举。

图 2-290 编号样式

● 起始编号：指定文章中第一个脚注所用的号码。文档中每篇文章的第一个脚注都具有相同的“起始编号”。如果书籍的多个文档具有连续页码，则可以使每章的脚注编号都能继续上一章的编号。

- 编号方式：选择该选项，可以在对文章中的脚注重新编号时，指定重新编号的位置为页面、跨页或章节。
- 显示前缀 / 后缀于：选择该项，可以让前缀与后缀显示于脚注引用、脚注文本或引用与文本上。在“前缀”与“后缀”中可以选择一种或多种字符。
- 位置：指定脚注的位置，可以指定为上标、下标、拼音、普通字符的位置。选择“普通字符”，可以使用字符样式来设置引用编号位置的格式。默认情况下为拼音。
- 字符样式：指定用来设置脚注引用编号的字符样式。
- 段落样式：为文档中的所有脚注选择一个段落样式来格式化脚注文本。默认情况下，使用“基本段落”样式。
- 分隔符：分隔符确定脚注编号和脚注文本开头之间的空白。 要更改分隔符，可以选择或删除现有分隔符，然后选择新分隔符。 分隔符可包含多个字符。 要插入空格字符，可以使用适当的元字符（如 ^ m）作为全角空格。

(3) 脚注版面设置

要设置脚注的编号与格式，可以执行菜单中的“文字 | 文档脚注选项”命令，然后单击“版面”选项卡，如图 2-291 所示。

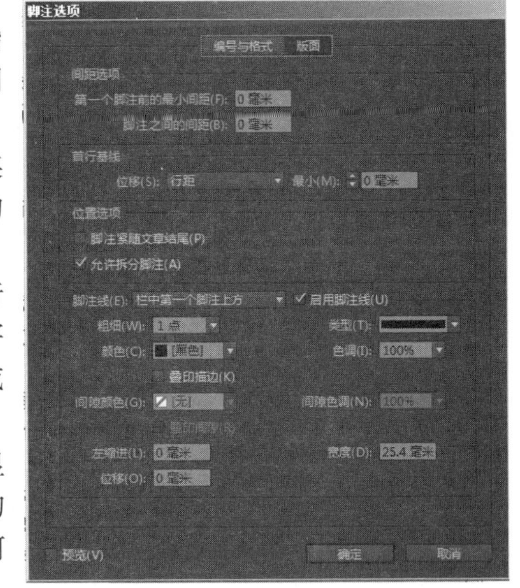

图 2-291　单击“版面”选项卡

- 第一个脚注前的最小间距：输入数值以指定文本框架底部与首行脚注之间的最小间距。间距不能为负数。
- 脚注之间的间距：指定一个文本框架中某一个脚注的最后一个段落与下一个脚注的距离。间距不能为负数。
- 位移：指定脚注分隔符与脚注文本的首行之间的距离。可以设为字母上缘、大写字母高度、行距、X 高度、全角字框高度或固定。
- 脚注紧随文章结尾：使最后一栏的脚注显示在文章的最后一个文本框架中的文本的下面。否则文章的最后一个框架中的任何脚注将显示在栏底部。
- 允许拆分脚注：选择此项，当脚注大小超过栏中脚注的可用间距大小时，将跨栏分隔脚注。否则包含脚注引用编号的行移动到下一栏，或者文本变为溢流文本。

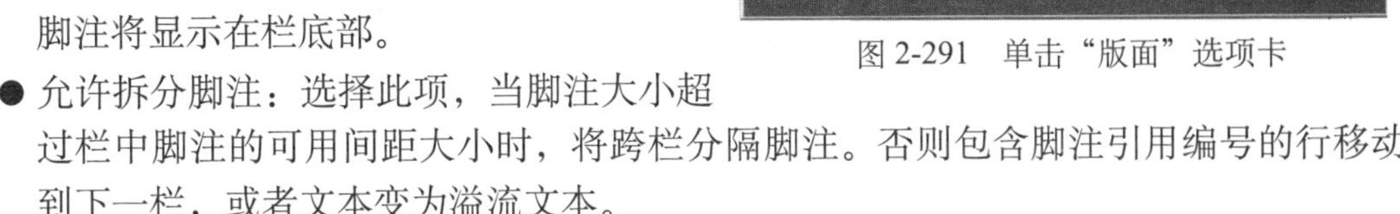

- 脚注线：指定在页面中有分栏时，脚注线置于栏中第一个脚注上方或使用连续脚注。单击“启用脚注线”，脚注线将出现在脚注内容的上方。可以在“脚注线”选项卡中设置脚注线的粗细、颜色、类型、色调、间隙颜色、间隙色调、左缩进、宽度、位移。

（4）删除脚注

要删除脚注，可以在文本中选择显示的脚注引用编号，然后按〈Delete〉键。如果仅删除脚注文本，则脚注引用编号和脚注结构将保留下来。

2.6 表格

在日常生活中，表格是数据结果的一种有效表达形式，制作数据信息时经常需要使用表格。通过表格可以将数据信息进行分类管理，易于查询。在 InDesign CC 2015 中，表格最大的用途是规划页面，它可以将不同文本、图形有机地放置到版面中，以达到版面整齐、规范的目的。

另外，InDesign CC 2015 有非常强大的数据合并功能。在实际生活中，经常会制作相同版式、不同文字信息的出版物，例如信封、名片、证件等。使用普通的排版方式比较烦琐，例如制作某公司员工的名片，需要将不同姓名及职务的名片都制作好以后再进行排版，而使用数据合并功能只需要制作好一个目标文档，然后将其直接与数据源文件合并即可。

2.6.1 创建表格

在专业排版中，使用表格能够给人一种直观、明了的感觉，是组织文字和数据的一种常用方法，本节将介绍 3 种常用的表格创建方法。

1. 插入表格

要插入表格，首先使用 T（文字工具）在绘制区中拖动出矩形文本框，并将插入点定位在文本框架中。然后执行菜单中的“表 | 插入表”命令，在弹出的图 2-292 所示的“插入表”对话框中设置表格的属性后，单击“确定”按钮，即可插入表格。

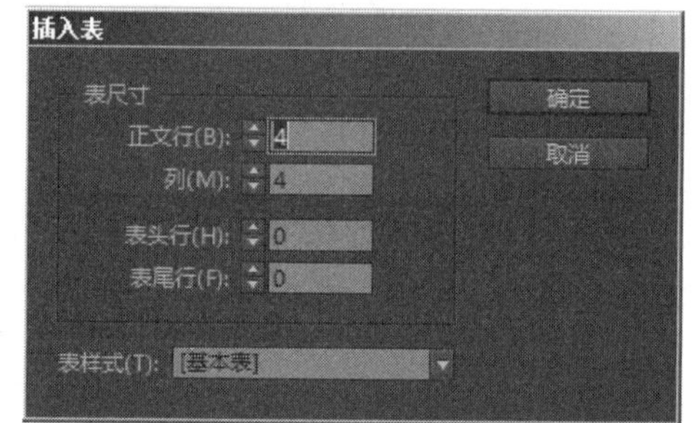

图 2-292 “插入表”对话框

该对话框中各项参数如下。

- 正文行：该文本框用于指定正文的行数。
- 列：该文本框用于指定正文的列数。
- 表头行：该文本框用于指定表头的行数。
- 表尾行：该文本框用于指定表尾的行数。
- 表样式：该下拉列表可以指定基于表的样式。

提示 1：表格的排版方向取决于用来创建该表格的文本框架的排版方向。当文本框架的排版方向改变时，表的排版方向会随之改变。

提示 2：在 InDesign CC 2015 中创建表格时，新建表格的宽度会与作为容器的文本框的宽度一致。插入点位于行首时，表格会插在同一行上；插入点位于行中间时，表格会插在下一行上。

2. 将文本转换为表格

在实际工作中，当创建了使用分隔符分隔的数据文档后，如果需要以表格的形式表现出来，则需将文本转换为表格。将文本转换为表格之前，一定要正确创建规范文本，即输入字符串或数据，并在字符串或数据间插入统一的列分隔符与行分隔符，如制表符、逗号、段落回车符等。

将规范的文本转换为表格的操作步骤如下。

1）使用工具箱中的 T（文字工具）选取要转换为表格的文本。

2）执行菜单中的“表|将文本转换为表”命令，打开“将文本转换为表”对话框，如图 2-293 所示。

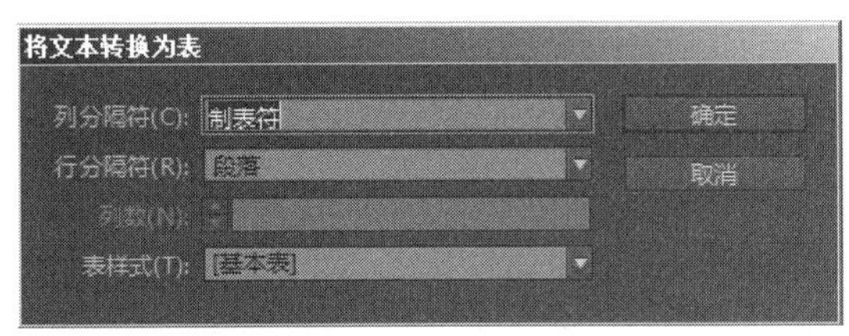

图 2-293 “将文本转换为表”对话框

该对话框的各项参数如下。

- 列分隔符：用于指定文本转换为表格时以何种方式分隔列。该下拉列表中包括“制表符”“逗号”和“段落”3 个选项。当文本源以数据隔开时，可选择“逗号”；当源文件以段落隔开时，可选择“段落”。
- 行分隔符：用于指定文本转换为表格时以何种方式分隔行。该下拉列表中也包括 3 个选项，其使用方法与“列分隔符”相似。当选择“制表符”时，其下方的“列数”变为可用状态，此时在其后的文本框中输入列数即可。
- 表样式：用于指定基于表的样式。

3）在设置完成后，单击“确定”按钮，即可将文本转换为表格。如图 2-294 所示为将文本转换为表格的效果。

学号　姓名　性别　成绩
530700751　于国志　男　78
530700746　白洁　女　80
530700747　李博　男　75
530700737　覃超　女　79
530700755　黄迪　男　70

↓

学号	姓名	性别	成绩
530700751	于国志	男	78
530700746	白洁	女	80
530700747	李博	男	75
530700737	覃超	女	79
530700755	黄迪	男	70

图 2-294 将文本转换为表格的效果

3. 从其他程序中导入表格

除了插入表格和将文本转换为表格外，还可以从其他应用程序中直接导入表格。当处理数据庞大的信息时，可以在 Excel 或 Word 中对数据信息使用表格的形式进行处理，然后再导入到 InDesign CC 2015 中使用。

（1）导入 Word 文件

导入 Word 文件的操作步骤如下。

1）执行菜单中的“文件 | 置入”命令（按快捷键〈Ctrl+D〉），在打开的“置入”对话框中勾选“显示导入选项”复选框，如图 2-295 所示。

2）选择要置入的 Word 文件，单击“打开”按钮。然后弹出如图 2-296 所示的对话框。

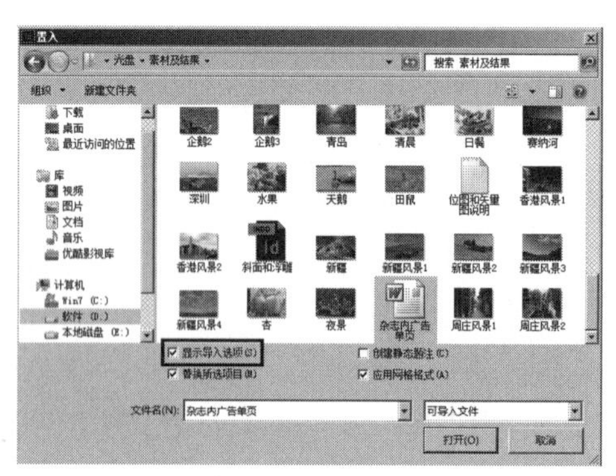

图 2-295　勾选“显示导入选项”复选框

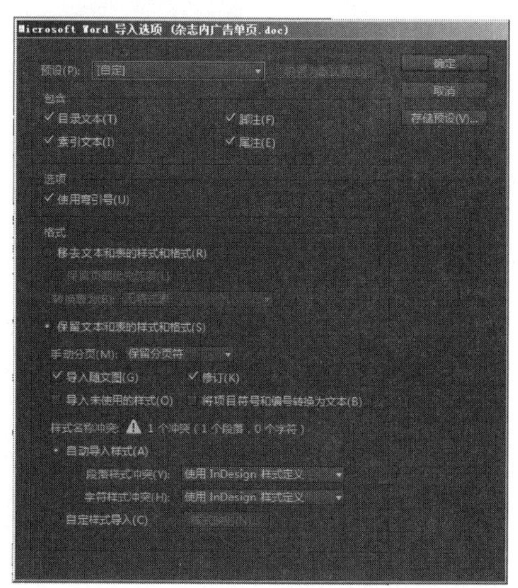

图 2-296　“Microsoft Word 导入选项”对话框

- 预设。在该下拉列表中会自动使用默认的预设，也可以选取一种存储的预设。
- “包含”选项组。勾选“目录文本”复选框，可以将目录作为文本的一部分导入到出版物中，这些条目会以纯文本的方式导入；勾选“索引文本”复选框，则会将索引作为文本的一部分导入到出版物中；勾选“脚注”复选框，则会将 word 脚注导入到 InDesign CC 2015 时进行保留，但会根据文档的脚注设置重新排列；勾选“尾注”复选框，则会将尾注作为文本的一部分导入到出版物的末尾；勾选“目录文本”该复选框，可以将目录作为文本的一部分导入到出版物中，这些条目会作为纯文本导入；勾选“索引文本”复选框，则会将索引作为文本的一部分导入到出版物中；勾选“脚注”复选框，则会将 Word 脚注导入到 InDesign CC 2015 时进行保留，但会根据文档的脚注设置重新排列；勾选“尾注”复选框，则会将尾注作为文本的一部分导入到出版物的末尾。
- “选项”选项组。勾选“使用弯引号”复选框可确保导入的文本为左右引号（“”）和撇号（’），而不是英文直引号（" "）和撇号（'）。
- “格式”选项组。单击“移去文本和表的样式和格式”，将不导入文档中的样式与随文图形，并从导入的文本或表中去除文本格式，比如字体、文字样式等；单击“保留文本和标的样式和格式”，将保留 Word 文档的格式。

3）设置完毕后，单击“确定”按钮，当光标变为置入图标时，单击即可将表格置入到版面中。

（2）导入 Excel 文件

导入 Execl 文件的操作步骤如下。

1）执行菜单中的“文件 | 置入”命令（按快捷键〈Ctrl+D〉），在打开的“置入”对话框中勾选“显示导入选项”复选框。

2）选择要置入的 Excel 文件，单击“打开”按钮。然后弹出如图 2-297 所示的对话框。

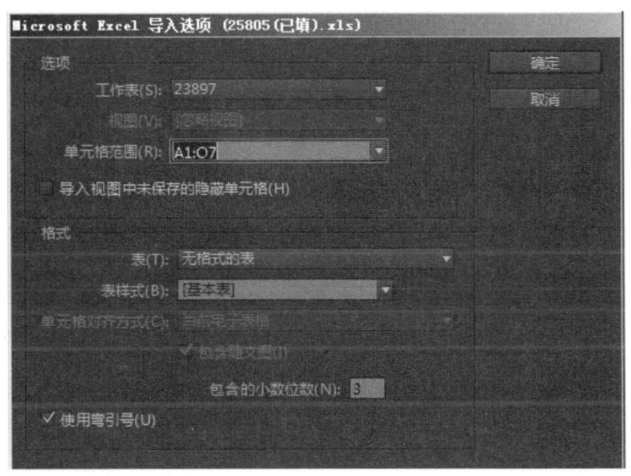

图 2-297　“Microsoft Excel 导入选项”对话框

- 工作表：在下拉列表中选择要导入的表格。
- 视图：指定是导入任何存储的自定或个人视图，还是忽略这些视图。
- 单元格范围：指定单元格的范围，使用冒号 (：) 来指定范围（如 A1:A15）。如果工作表中存在指定的范围，则在“单元格范围”菜单中将显示这些名称。
- 导入视图中未保存的隐藏单元格：选择此项将导入格式化为 Excel 电子表格中的隐藏单元格的任何单元格。
- 表：用于指定电子表格信息在 InDesign CC 2015 文档中显示的方式。如果选择“有格式的表”，则保留 Excel 中用到的相同格式，但单元格中的文本格式可能不会保留；选择“无格式的表”，导入的表格将显示为不带格式的文本；选择“无格式制表符分隔文本”，导入的表格将显示为无格式的制表符分隔的文本。
- 表样式：用于选择表的样式。
- 单元格对齐方式：当在“表”中选择“有格式的表”时，指定导入文档的单元格对齐方式。
- 包含随文图：当在“表”中选择“有格式的表”时，可以选择此项，使导入到 InDesign CC 2015 中的文件还保留 Excel 文档的随文图形。
- 包含的小数位数：指定小数位数。仅当选中“单元格对齐方式”时该选项才可用。
- 使用弯引号：选择此项，可以确保导入的文本使用中文左右引号（“”）和撇号（’）。

3）设置完毕后，单击“确定”按钮。完成后，就会在指定的文字框和插入位置中置入所选择的表格。

2.6.2 编辑表格

在实际工作中，需要根据具体的应用创建符合使用要求的表格，而这些表格有时很难一次性创建成功，通常在创建出原始表格后，还需要经过多次的编辑、调整，才能满足实际的使用要求，例如对表格中的单元格进行拆分与合并，或者增加与删除表格中的行或者列等。下面讲解编辑表格的方法。

1. 选取表格元素

在 InDesign CC 2015 中，表格元素既包含其本身，还包含单元格、行与列，这些元素的选择方法各不相同。使用T（文字工具）可以选择单个或多个单元格，还可以选择整个表格。

（1）选择单个单元格

选择单个单元格的操作步骤为：选择工具箱中的T（文字工具），在表格的任何单元格内单击，然后执行菜单中的“表|选择|单元格”命令，即可选中单个单元格，如图 2-298 所示。

提示：将光标定位在某个单元格中，然后按快捷键〈Esc〉键也可选中该单元格。

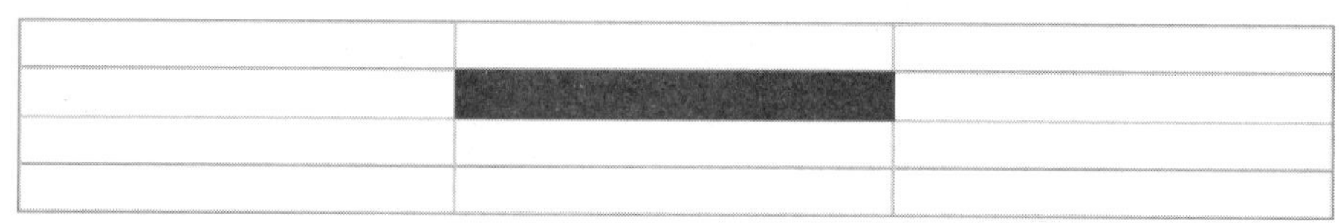

图 2-298　选中单个单元格

（2）选择连续单元格

选择连续单元格的操作步骤为：选择工具箱中的T（文字工具），在表格内单击并跨单元格边框拖动，即可选中连续的单元格，如图 2-299 所示。

提示：选中连续的单元格后，按键盘上的〈Shift〉+ 方向键可以选中连续单元格各方向上的单元格。

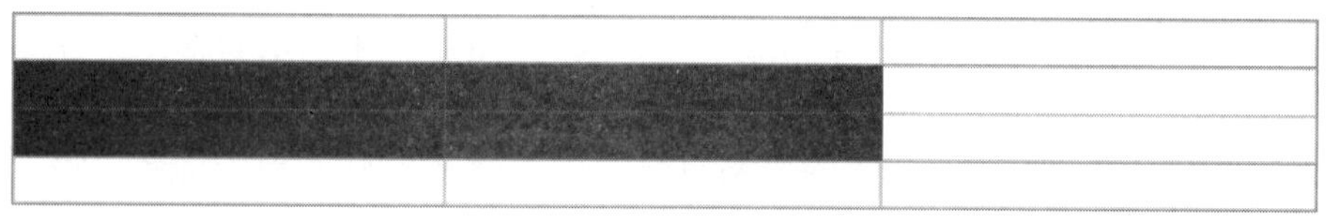

图 2-299　选中连续单元格

（3）选择整行或整列

选择整行或整列的操作步骤为：选择工具箱中的T（文字工具），然后将光标定位在任意一列中，执行菜单中的“表|选择|列”命令，即可将整列单元格选中；同理，执行菜单中的“表|选择|行”命令，即可将整行单元格选中。

提示：选择工具箱中的T（文字工具），然后将光标移至列的边缘，此时光标变为↓形状，如图 2-300 所示，接着单击鼠标即可选中整列，如图 2-301 所示；同理，将光标移至行的边缘，此时光标变为➜形状，如图 2-302 所示，再单击鼠标即可选中整行，如图 2-303 所示。

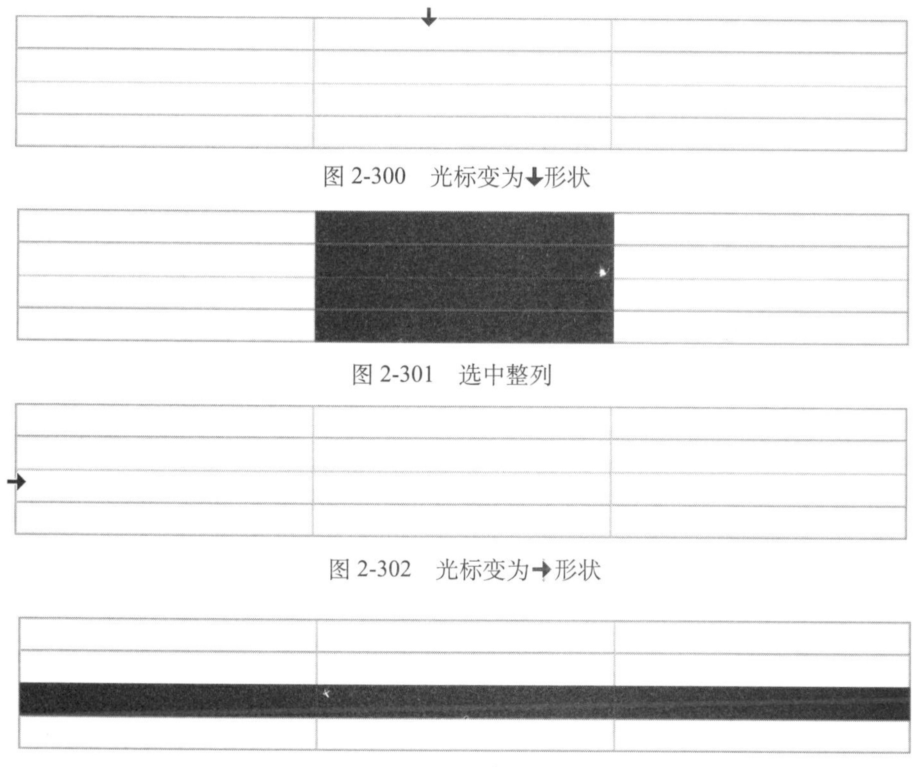

图 2-300　光标变为↓形状

图 2-301　选中整列

图 2-302　光标变为→形状

图 2-303　选中整行

（4）选择整个表

选择整个表的具体操作步骤为：选择工具箱中的T（文字工具），然后将光标移至表格左上角的边缘，此时光标变为↘形状，如图 2-304 所示，接着单击鼠标即可选中整个表格，如图 2-305 所示。

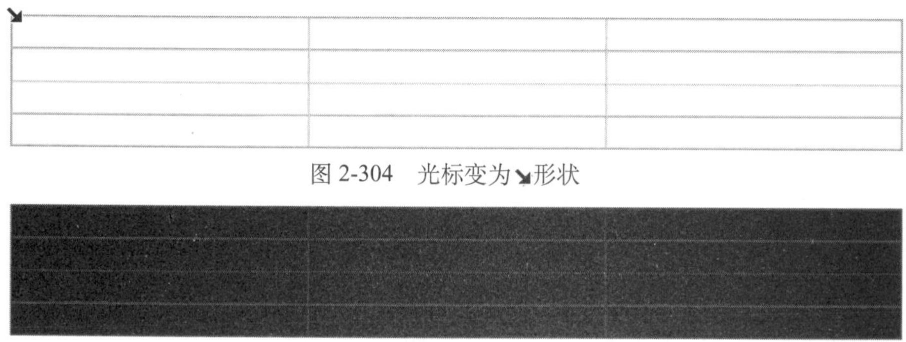

图 2-304　光标变为↘形状

图 2-305　选中整个表

2. 插入行与列

一般情况下，在创建表格时就会设置好所需要的行数与列数，当需要添加内容时，就需要在表格中插入新的行或列。插入行与列的方法有两种：一种是通过菜单命令；一种是通过直接拖动插入行或列。

(1) 通过菜单命令插入行或列

通过菜单命令可以一次性插入多行或多列，并且插入的行或列的属性与插入点所在单元格的属性保持一致。通过菜单命令插入行或列的操作步骤如下。

1) 选择工具箱中的T（文字工具），然后将插入点定位在要出现新行位置的上一行或下一行，如图 2-306 所示。

2) 执行菜单中的“表 | 插入 | 行”命令，打开“插入行”对话框，如图 2-307 所示。

图 2-306　定位鼠标的位置

图 2-307　“插入行”对话框

- 行数：用于设置插入的行数。
- 上（A）：单击该单选框，可以在插入点所在的单元格的上方插入行。
- 下（B）：单击该单选框，可以在插入点所在的单元格的下方插入行。

3) 如设置“行数”为“3”，单击“上（A）”单选框，设置完成后，单击“确定”按钮，即可插入新行，如图 2-308 所示。

提示：将插入点定位在表格的最后一个单元格中，然后按〈Tab〉键也可插入新行。

图 2-308　插入新行的效果

插入新列的方法与插入新行的方法相似，具体操作步骤为：选择工具箱中的T（文字工具），然后将插入点定位在要出现新列的左一列或右一列。接着执行菜单中的“表 | 插入 | 列”命令，在弹出的如图 2-309 所示的“插入列”对话框中设置要插入的列数及位置，单击“确定”按钮，即可插入新列。

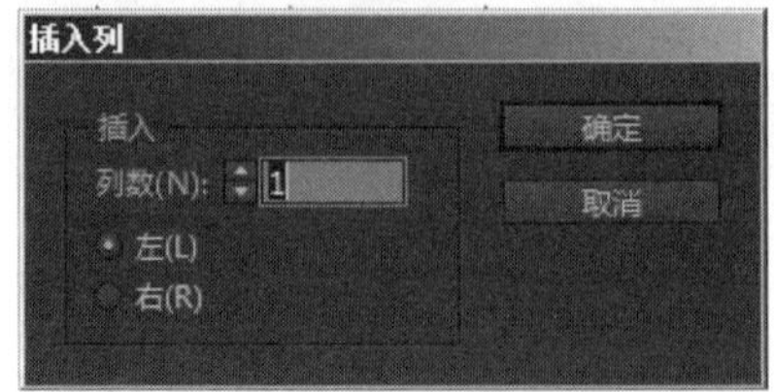

图 2-309　“插入列”对话框

(2) 通过手工拖动的方式插入行或列

通过手工拖动的方式插入行或列的操作步骤如下。

1）将T（文字工具）放置在行线或列线上，鼠标指针变为双箭头图标↔（或 ↕），如图 2-310 所示。

2）按住键盘上的〈Alt〉键，向下拖动即可添加行，如图 2-311 所示。向右拖动可以添加列。

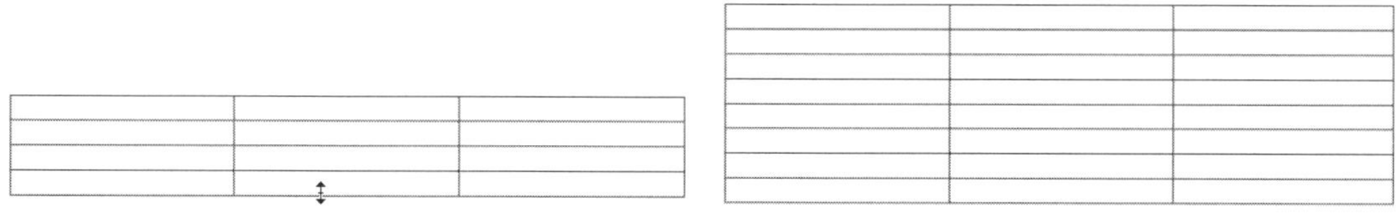

图 2-310　鼠标指针变为双箭头图标　　图 2-311　添加新行的效果

3. 删除行或列

删除行或列有以下两种方法。

- 将插入点放置在要删除的行或列的任意单元格内，或者选择要删除的行或列的任意单元格内的文本，然后执行菜单中的“表 | 删除 | 行”或“列”。

提示：在直排表中，行从表的左侧被删除；列从表的底部被删除。

- 将指针放置在表的底部或右侧的边框上，此时会出现一个双箭头图标↔（或 ↕），然后按住键盘上的〈Alt〉键的同时向上拖动鼠标可删除行，向左拖动可删除列。

4. 调整表格大小

创建表格时，表格的宽度会自动设为文本框架的宽度。默认情况下，每一行的宽度相等，每一列的高度也相等。不过，在应用过程中，可以根据需要调整表格、行和列的大小。

（1）手动调整表格大小

手动调整表格大小的操作步骤为：使用T（文字工具），将指针放置在表的右下角，此时指针变为↘箭头形状，然后拖动即可增加或减小表的大小，如图 2-312 所示。

提示：按住〈Shift〉键的同时进行拖动，可以保持表的高宽比例。

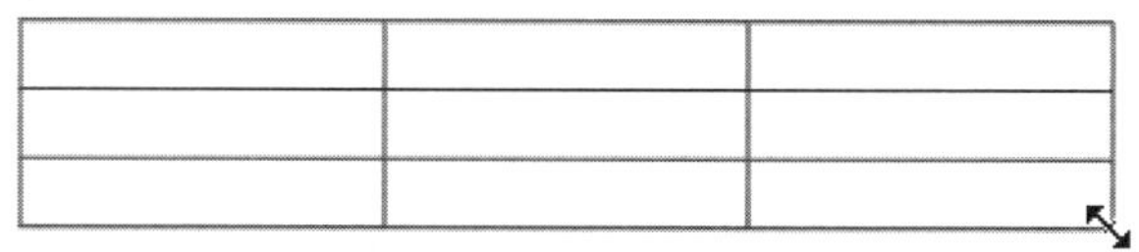

图 2-312　调整表格大小

（2）手动调整行高和列宽

手动调整行高的操作步骤为：选择T（文字工具），然后将鼠标指针置于行线上，当指针变成 ↕ 时，按住鼠标左键向上或向下拖移即可调整行高，如图 2-313 所示。

手动调整列宽的操作步骤为：选择T（文字工具），然后将鼠标指针置于列线上，当光标变成↔时，按住鼠标左键向左或向右拖移即可调整列宽，如图 2-314 所示。

提示：在调整行高与列宽的同时按住键盘上的〈Shift〉键，可以在不影响表格大小的情形下，将指定的行高与列宽放大或缩小。

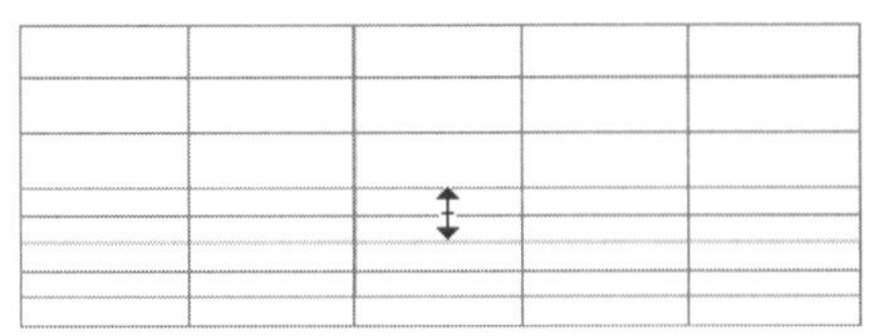

图 2-313　调整行高

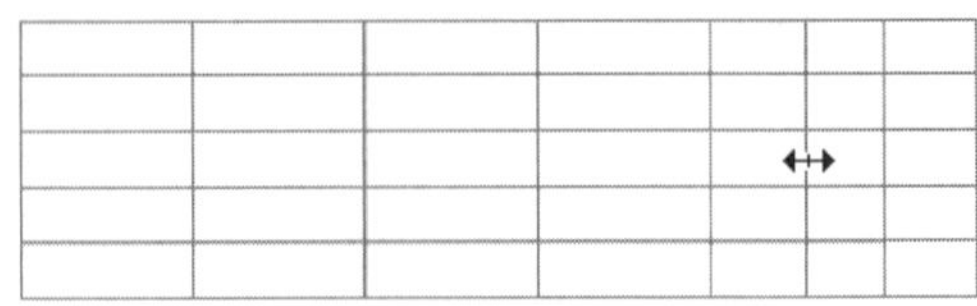

图 2-314　调整列宽

（3）自动调整行高和列宽

使用均匀分布行和均匀分布列，可以在调整行高或列宽时，自动依据选择的行的总高度与所选择的列的总宽度，平均分配选择的行和列。具体操作步骤如下：

1）使用T（文字工具）在列或行中选择需要等宽或等高的单元格，如图 2-315 所示。

2）执行菜单中的“表 | 均匀分布行”或“均匀分布列”命令，即可使表格中的行或列均匀分布，如图 2-316 所示。

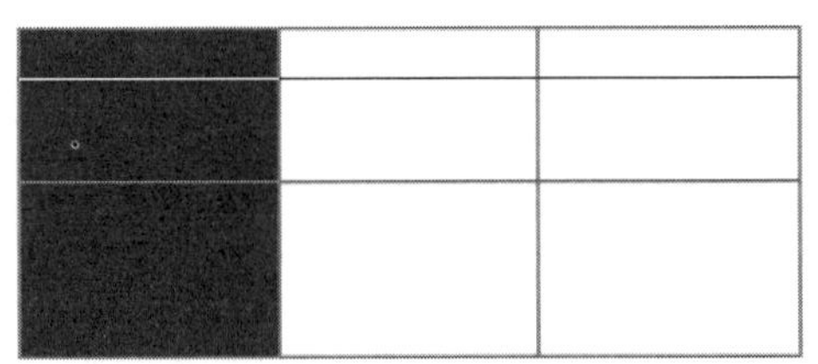

图 2-315　选择需要等高的单元格

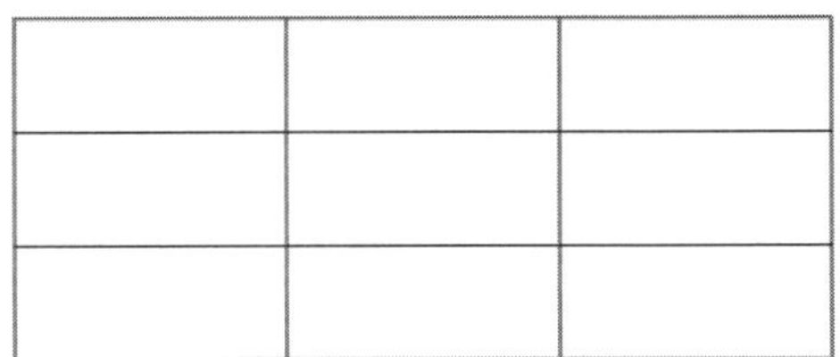

图 2-316　“均匀分布行”的效果

5. 拆分、合并或取消合并单元格

在创建内容较多的表格时，有时需要将某些单元格拆分或合并，例如，可以将表格最上面一行中的所有单元格合并成一个单元格，以便作表格标题使用。

（1）拆分单元格

在创建表单类型的表格时，可以选择多个单元格，然后垂直或水平拆分它们。具体操作步骤为：选择T（文字工具），然后将插入点定位在要拆分的单元格中（也可选择行、列，即单元格区域），接着执行菜单中的“表 | 水平拆分单元格”或“垂直拆分单元格”命令即可。如图 2-317 所示为垂直拆分单元格和水平拆分单元格的效果比较。

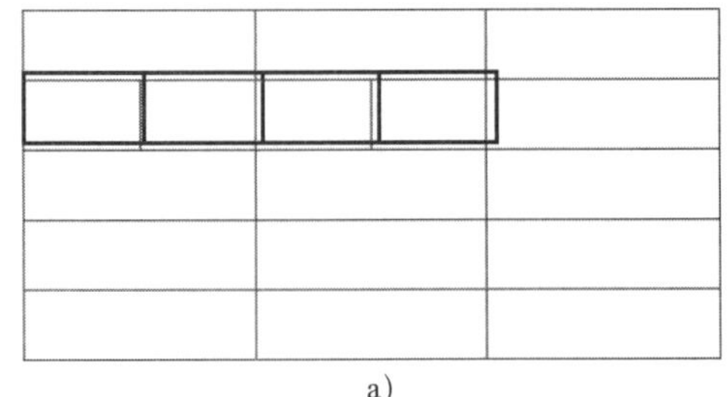

a)

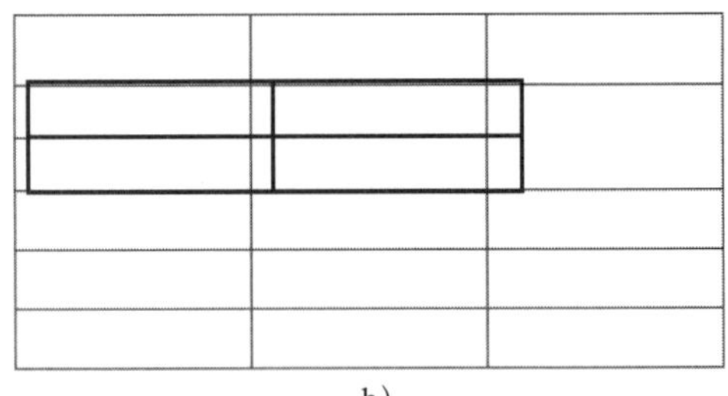

b)

图 2-317　垂直拆分单元格和水平拆分单元格的效果比较
a）垂直拆分单元格　b）水平拆分单元格

（2）合并单元格

合并单元格的步骤为：利用T（文字工具）选取要合并的单元格，然后执行菜单中的“表 | 合并单元格”命令即可。如图 2-318 所示为合并单元格前后的效果比较。

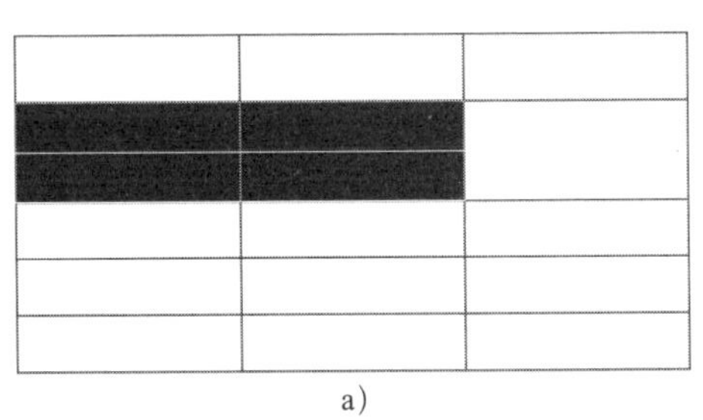

a）

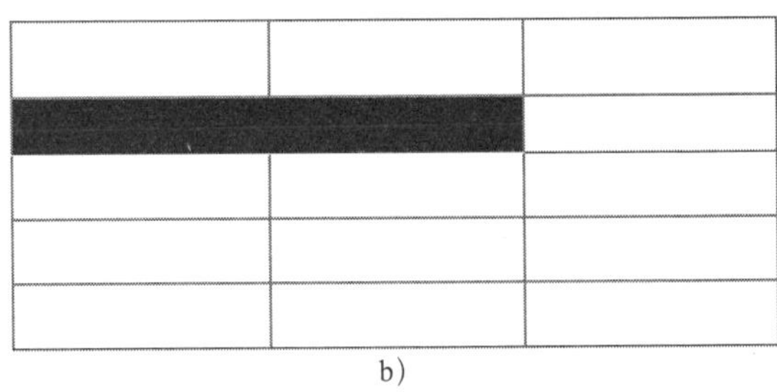

b）

图 2-318　合并单元格前后的效果比较

a）合并单元格前　b）合并单元格后

2.6.3　使用表格

通常，表格是用来显示数据的，如 Excel 中的表格。在 InDesign CC 2015 中，表格除了可以显示数据外，最重要的功能是定位与排版，这样才能够方便地将前面介绍过的文本与图像定位在页面中的任何区域。

1. 在表格中添加文本

在 InDesign CC 2015 中，创建并编辑好表格整体框架以后，就可以在单元格中添加相应的数据、图片等内容了。在表格中插入文本或者图像的方法与直接在版面中插入文本或者图像的方法基本相同，不同之处在于，在插入之前，需要先将光标放置在表格中。

（1）在表格中输入文本

在表格中输入文本的操作步骤为：将插入点放置在一个单元格中，如图 2-319 所示，然后输入文本即可，如图 2-320 所示。当输入的文本宽度超过单元格宽度时将自动换行，按〈Enter〉键可以在同一单元格中开始一个新段落。按〈Tab〉键或〈Shift+Tab〉键可以将插入点相应后移或前移一个单元格。

图 2-319　将插入点放置在一个单元格中

图书分类统计表				
类别	种数	册数	金额	册数占总比(%)
A：哲学、宗教	96	291	6117.00	0.9267
B：政治、法律	148	470	7759.2	1.5550
C：军事	67	331	7856.00	1.0951
D：经济	1	1	18.00	0.0033
E：文化、科学、教育	580	4500	57800.13	14.8878
F：文学	1589	9666	141233.53	31.9791
G：艺术	223	2242	224225.50	7.4175
H：生物科学	50	292	3190.90	0.9661
I：工业技术	42	206	2761.80	0.6815

图 2-320　在表格中输入文本的效果

（2）粘贴文本

粘贴文本的操作步骤为：将插入点放置在表中，然后执行菜单中的“编辑 | 粘贴”命令，即可将从其他位置复制或剪切的文本粘贴到指定单元格中。

（3）置入文本

置入文本的操作步骤为：将插入点放置在要添加文本的位置上，然后执行菜单中的“文件 | 置入”命令，在弹出的对话框中双击要置入的文本文件即可。

2. 在表格中添加图像

除了可以在表格中添加文本之外，还可以向表格中添加图像。对于添加到表格中的图片，还可以对其进行大小缩放、旋转、裁剪路径去除背景等设置。

（1）置入图像

置入图像的操作步骤为：将插入点放置在要添加图像的位置上，然后执行菜单中的“文件 | 置入”命令，在弹出的“置入”对话框中双击要置入的图形的文件名，即可置入图像。

提示：为避免单元格溢流，可以先将图形置入到表的外面，然后利用（选择工具）调整图形的大小并剪切图形，再利用（文字工具）将图形粘贴到单元格中。

（2）插入定位对象

插入定位对象的操作步骤为：将插入点放置在要添加图形的位置上，然后执行菜单中的“对象 | 定位对象 | 插入”命令，在弹出的如图 2-321 所示的对话框中指定定位对象的内容、对象样式、段落样式、高度、位置等参数，单击“确定”按钮，即可将图片添加到定位对象中。

（3）粘贴图像

粘贴图像的操作步骤为：先剪切或复制图像，然后使用（文字工具）将插入点放置在表中，如图 2-322 所示。接着执行菜单中的“编辑 | 粘贴”命令，将图片粘贴入表格的指定位置中，如图 2-323 所示。

提示：当添加的图像大于单元格时，单元格的高度就会扩展以便容纳图像，但是单元格的宽度不会改变，图像有可能扩展到单元格的右侧以外。如果将放置该图像的行高设为固定高度，则高于这一行高的图形会导致单元格溢流。

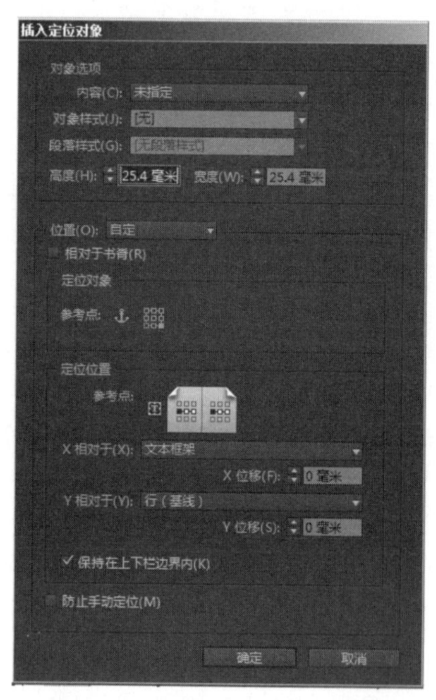

图 2-321 “插入定位对象”对话框

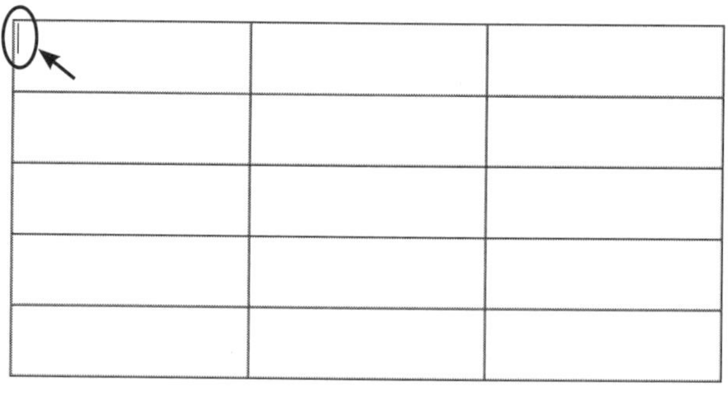

图 2-322 将插入点放置在表中

图 2-323 粘贴图片后的效果

3. 嵌套表格

表格在 InDesign CC 2015 中是用来定位与排版的，而有时一个表格无法满足所有的要求，这时就需要运用到嵌套表格。嵌套表格就是在一个表格中插入另外一个表格。这样一来，由总表格负责整体的排版，由嵌套的表格负责各个子栏目的排版，并插入到总表格的相应位置中。

插入嵌套表格的具体操作步骤为：首先创建一个表格，然后将光标放置在单元格中，使用插入表格的方法插入嵌套表格即可。如图 2-324 所示为在一个 3 行 1 列的表格的首行中插入一个 1 行 3 列嵌套表格的效果。

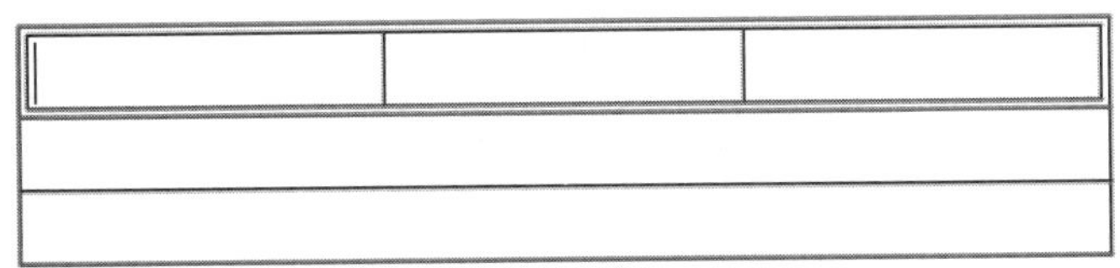

图 2-324　嵌套表格的效果

4. 设置“表”面板

执行菜单中的“窗口｜文字和表｜表”命令，在打开的“表”面板中可以设置单元格的排版方向及对齐方式等，如图 2-325 所示。

该面板各项参数含义如下。

- （行数）：用于设置当前选中表格的行数。
- （列数）：用于设置当前选中表格的列数。
- （行高）：该下拉列表中有“精确”和“最少”两个选项可供选择。选择“精确”，则行高始终为在“行高”文本框中设定的数值，不会随行中文本的多少而变化；选择“最少”，则会随着行中文本的多少自动调整行高。

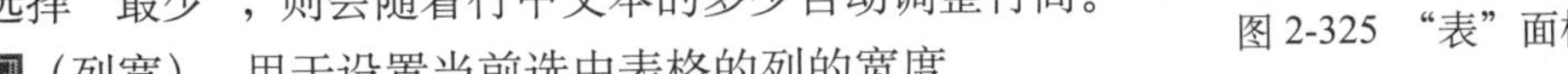

图 2-325　“表”面板

- （列宽）：用于设置当前选中表格的列的宽度。
- 排版方向：该下拉列表中有“横排”和“直排”两个选项可供选择。当选择“横排”时，其后有（上对齐）、（居中对齐）、（下对齐）和（撑满）4 种单元格对齐方式可以使用；当选择“直排”时，其后有（右对齐）、（居中对齐）、（左对齐）和（撑满）4 种单元格对齐方式可以使用。
- （上单元格内边距）：用于设置单元格的内容距单元格顶部边界的距离。
- （下单元格内边距）：用于设置单元格的内容距单元格下部边界的距离。
- （左单元格内边距）：用于设置单元格的内容距单元格左侧边界的距离。
- （右单元格内边距）：用于设置单元格的内容距单元格左侧边界的距离。
- （将所有设置设为相同）：激活该按钮，则所有内边距将使用相同设置；反之，则需分别设置内边距。

2.6.4 设置表格选项

在 InDesign CC 2015 中，创建并调整好表格框架后，还可以通过“表格项”对话框进一步对表格进行编辑，例如设置表格线框样式、填充颜色、设置表头和表尾等。本节讲解设置表格选项的方法。

1. 设置表格样式

选择工具箱中的T（文字工具），然后将光标插入点定位在表格中，执行菜单中的“表|表选项|表设置”命令，打开“表选项”对话框的“表设置”选项卡，如图 2-326 所示。

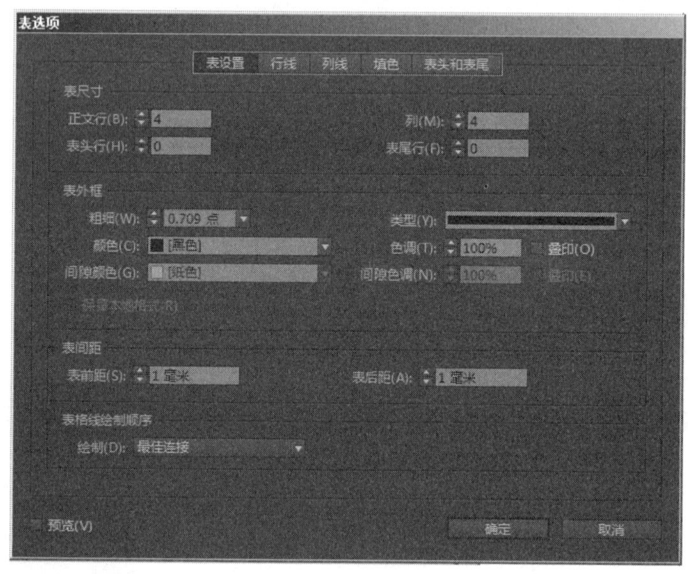

图 2-326 “表选项”对话框的“表设置”选项卡

“表选项”对话框中“表设置”选项卡的各项参数含义如下。

- 表尺寸：用于设置表格中的正文行数和列数、表头行行数、表尾行行数。
- 表外框：用于设置表格外框的粗细、框架类型、颜色、色调、间隙颜色、间隙色调，可以根据需要设置不同风格的表外框。如图 2-327 所示为设置不同表外框的效果比较。

January	February	March
April	May	June
July	August	September
October	November	December

January	February	March
April	May	June
July	August	September
October	November	December

图 2-327 设置不同表外框的效果比较

- 表间距：表前距与表后距用于设置表格的前面和表格的后面离文字或者其他周围对象的距离。
- 表格线绘制顺序：在“绘制”下拉列表中可以设置表格线条的绘制顺序，有“最佳连接”“行线在上”和“列线在上”3 个选项可供选择。默认情况下使用的是“最佳连接”。

2. 设置表格交替行线或列线

设置交替行线或列线的方法完全相同，下面介绍设置交替行线的方法。

执行菜单中的“表 | 表选项 | 交替行线”命令，打开如图 2-328 所示的“表选项”对话框中的“行线”选项卡。

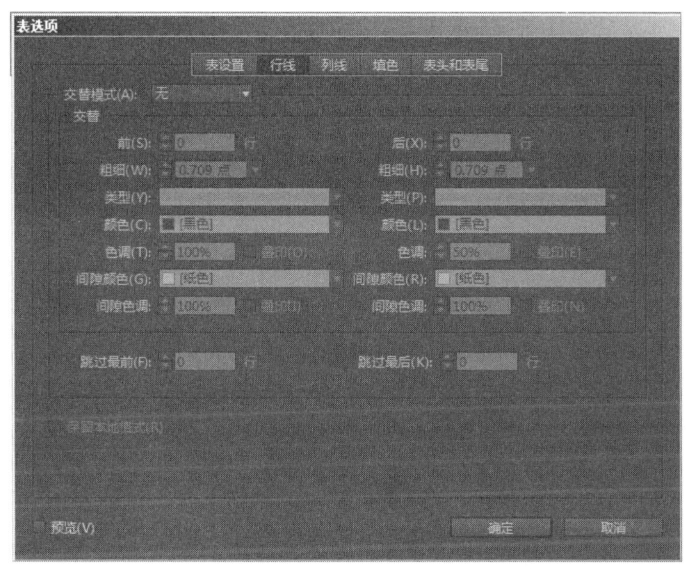

图 2-328　“行线”选项卡

“表选项”对话框中“行线”选项卡的各项参数含义如下：

● 交替模式：用于指定使用的交替模式类型。如图 2-329 所示为选择不同交替模式的效果比较。

January	February	March
April	May	June
July	August	September
October	November	December

a）

January	February	March
April	May	June
July	August	September
October	November	December

b）

图 2-329　选择不同交替模式的效果比较

a）选择“每隔两行”的效果　b）选择“每隔三行”的效果

● 前和后：如果交替模式选择“每隔一行”，则“前”和“后”中的数值都为 1；选择“每隔三行”，则“前”和“后”中的数值都为 3；选择“自定”，则可以指定要设置的行线。

- 粗细：分别为指定的前几行或后几行设置表格中行线的粗细。
- 类型：分别为指定的前几行或后几行设置线条样式。如实底、细 - 粗 - 细、三线、虚线、右斜线、点线、波浪线。
- 颜色：分别为指定的前几行或后几行设置行线的颜色。
- 色调：分别为指定的前几行或后几行设置要应用于描边指定颜色的油墨百分比。
- 叠印：选中该复选框，将使“颜色”下拉列表中所指定的油墨应用于所有底色之上，而不是挖空这些底色。
- 间隙颜色：分别为指定的前几行或后几行设置应用于虚线、点或线条之间的区域的颜色。如果为“类型”选择了“实线”，则此选项不可用。
- 间隙色调：分别为指定的前几行或后几行设置应用于虚线、点或线条之间的区域色调。如果为“类型”选择了“实线”，则此选项不可用。
- 跳过最前或跳过最后：指定不希望填色属性在其中显示的表开始和结尾处的行数或列数。
- 保留本地格式：选择此项可以使以前应用于表的格式填色保持有效。

3. 给表格填充颜色

利用填色选项可以设置表格行与列的填色。

执行菜单中的“表 | 表选项 | 交替填色”命令，打开如图 2-330 所示的“表选项”对话框中的“填色”选项卡。

“表选项”对话框中“填色”选项卡的各项参数含义如下。

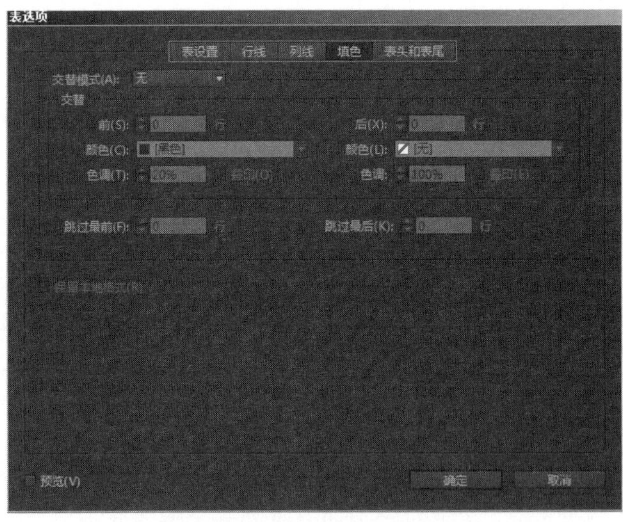

图 2-330 “填色”选项卡

- 交替模式：用于设置表格填色的交替模式，可以设为每隔几行或是每隔几列进行填色。如图 2-331 所示为选择不同交替模式的效果比较。
- 前和后：如果交替模式选择“每隔一行”，则“前”和“后”中的数值都为 1；选择“每隔三行”则“前”和“后”中的数值都为 3；选择“自定”，则可以指定要设置的行线。

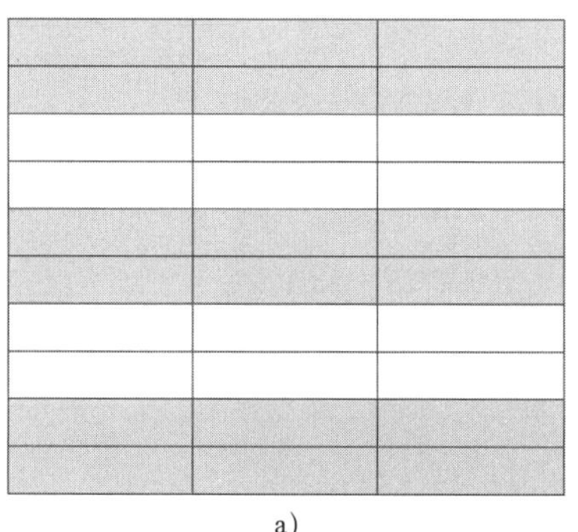

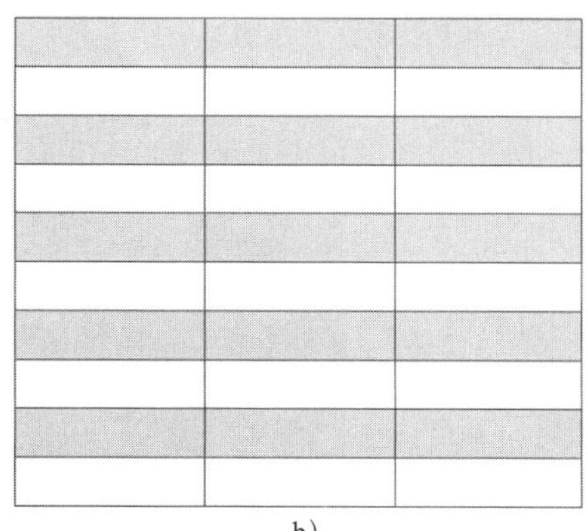

a）　　b）

图 2-331　选择不同交替模式的效果比较

a）选择“每隔两行”的效果　b）选择“每隔一行”的效果

- 颜色：用于选择要填的颜色。
- 色调：用于指定要应用于描边或填色的指定颜色的油墨百分比。
- 叠印：选择此项，将导致“颜色”下拉列表中所指定的油墨应用于所有底色之上，而不是挖空这些底色。
- 跳过最前：可以指定填色时跳过表格中的前几行。如图 2-332 所示为设置跳过最前前后的效果比较。

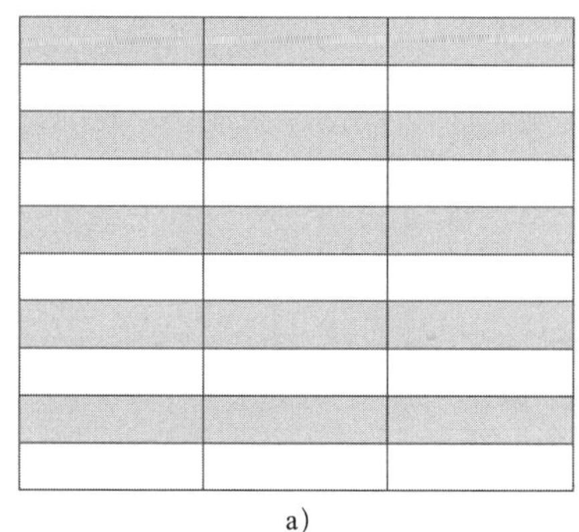

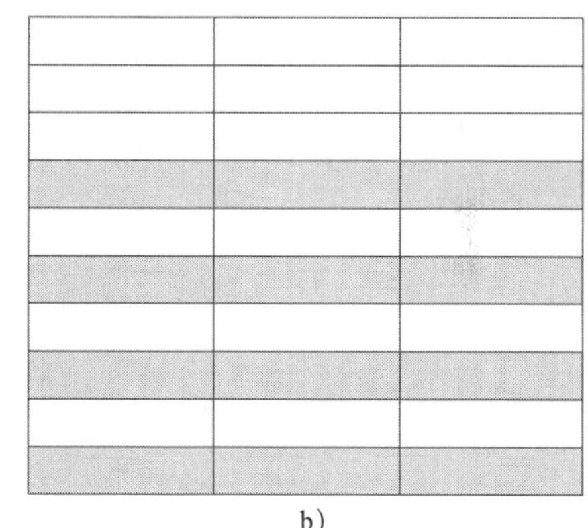

a）　　b）

图 2-332　设置跳过最前前后的效果比较

a）填充时没有跳行　b）填充时跳过前 3 行

- 跳过最后：指定填色时跳过表格的最后几行。
- 保留本地格式：选择此项可以使以前应用于表的格式填色保持有效。

4. 设置表格表头和表尾

在创建长表格时，可能要跨多个栏、框架或页面。通过设置表头或表尾可以在表的每个拆开部分的表头或表尾重复显示信息。用户可以将现有行转换为表头行或表尾行，也可以将表头行或表尾行转换为正文行。

执行菜单中的“表 | 表选项 | 表头和表尾”命令，打开如图 2-333 所示的“表选项”对

话框的“表头和表尾”选项卡。

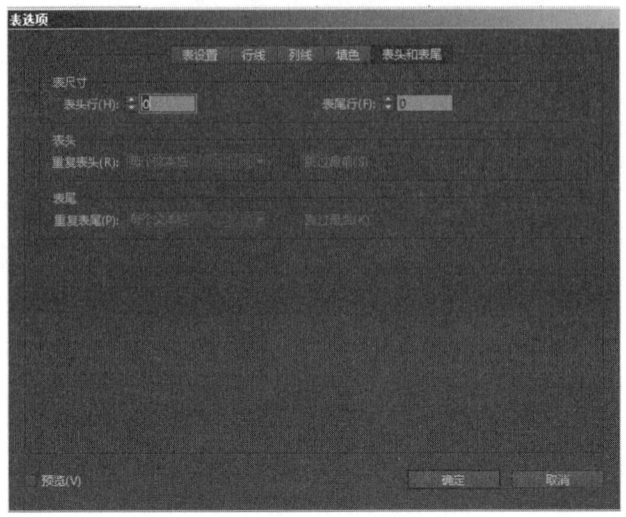

图 2-333 “表头和表尾”选项卡

“表选项”对话框中“表头和表尾”选项卡的各项参数含义如下。

- 表尺寸：在该选项区中，“表头行”和“表尾行”这两个文本框用于指定表头行数与表尾行数。如图 2-334 所示为未添加表头行和表尾行，添加了 1 行表头行和 1 行表尾行的表格效果。

January	February	March
April	May	June
July	August	September
October	November	December

a)

January	February	March
April	May	June
July	August	September

b)

January	February	March
April	May	June
July	August	September

c)

图 2-334 设置表尺寸前后的效果比较

a）未添加表头行和表尾行的效果 b）添加了 1 行表头行的效果 c）添加了 1 行表尾行的效果

- 表头：如果设置了表头行数，可在“重复表头”列表中选择其显示方式，其中包括“每个文本栏”“每个文本框架一次”和“每个页面一次”3 个选项可供选择。如果勾选“跳过第一个”复选框，则可将表头信息不显示在表的第 1 行中。
- 表尾：如果设置了表尾行数，可在“重复表尾”列表中选择其显示方式，其中包括“每个文本栏”“每个文本框架一次”和“每个页面一次”3 个选项可供选择。如果勾选“跳过最后一个”复选框，则可将表头信息不显示在表的最后一行中。

2.6.5 设置单元格选项

单元格是组成表格的最基本元素，可以通过改变单元格的属性来突出表格重点。单元格选项设置包括单元格中文本格式，单元格的描边、填充，单元格的行高、列宽、对角线等。

1. 单元格中文本设置

利用“文本”选项可以设置单元格内边距、文本排版方向、对齐方式等。

执行菜单中的“表|单元格选项|文本”命令，打开“单元格选项”对话框的“文本”选项卡，如图 2-335 所示。

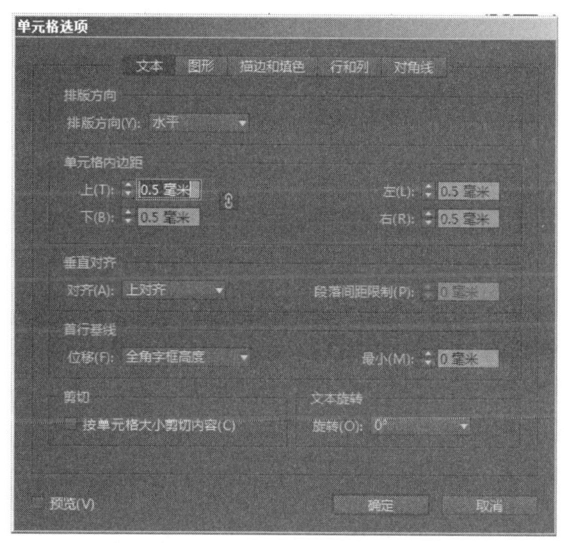

图 2-335 “文本”选项卡

“单元格选项”对话框中“文本”选项卡的各项参数含义如下。

- 排版方向：用于设置单元格内文本的走向为垂直还是水平。
- 单元格内边距：用于设置文字与单元格的距离。如果增加单元格内边距间距，将增加行高；如果将行高设为固定值，设置内边距时必须留出足够的空间，以避免导致溢流文本。
- 垂直对齐：在“对齐”中设置单元格内文本的对齐方式。如果选择“撑满”，则可以设置要在段落间添加的最大空白量。
- 首行基线：设置文本将如何偏离单元格顶部。在“位移”菜单中选择一个选项，以确定单元格中第一行文字的基线高度。也可以通过在“最小”中调整数字来调整基线位移。
- 剪切：如果图像对于单元格而言太大，则它会扩展到单元格边框以外。选择此项，可以剪切扩展到单元格边框以外的图像部分。
- 文本旋转：使文本旋转一定的角度。

2. 单元格描边和填色

利用“描边和填色”选项可以设置单元格描边的粗细、类型、颜色、色调、间隙颜色、间隙色调，设置单元格填色的颜色、色调。

执行菜单中的“表 | 单元格选项 | 描边和填色”命令，打开“单元格选项”对话框的“描边和填色”选项卡，如图 2-336 所示。

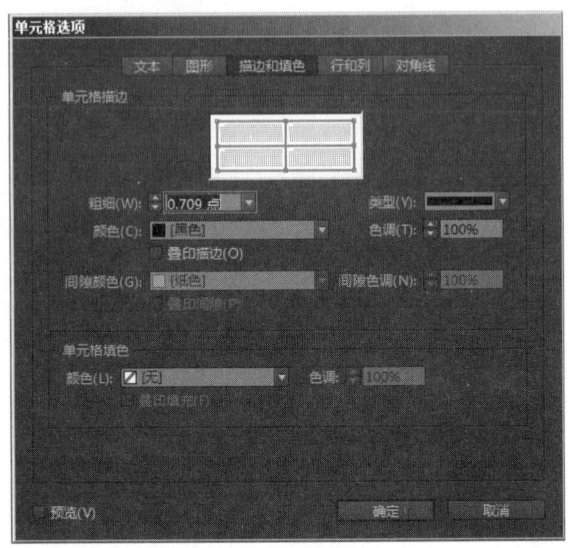

图 2-336 “描边和填色”选项卡

“单元格选项”对话框中“描边和填色”选项卡的各项参数含义如下。

- 粗细：指定表格描边的粗细。
- 类型：指定单元格的描边类型。
- 颜色：指定单元格描边颜色。
- 色调：指定要应用于描边指定颜色的油墨百分比。
- 间隙颜色：如果描边使用虚线、点或其他时，指定应用于线条之间的区域的颜色。如果为“类型”选择了“实线”，则此选项不可用。
- 间隙色调：如果描边使用虚线、点或其他时，指定应用于虚线、点或线条之间的区域色调。如果为“类型”选择了“实线”，则此选项不可用。
- 单元格填色：指定需要为单元格所填的颜色及使用的色调。

3. 设置单元格大小

利用“行和列”选项可以设置单元格的行高、列宽和保持选项等。

执行菜单中的“表 | 单元格选项 | 行和列”命令，打开“单元格选项”对话框的“行和列”选项卡，如图 2-337 所示。

“单元格选项”对话框中“行和列”选项卡的各项参数含义如下。

- 行高：用于指定单元格高度的最小值与精确值。在“最大值”中指定单元格行高的最大值。
- 列宽：用于指定单元格的宽度。
- 起始行：用于指定当创建的表比它驻留的框架高而使框架出现溢流时，换行的位置。可以指定换到下一文本栏、下一框架、下一页、下一奇数页、下一偶数页或选择任何位置。

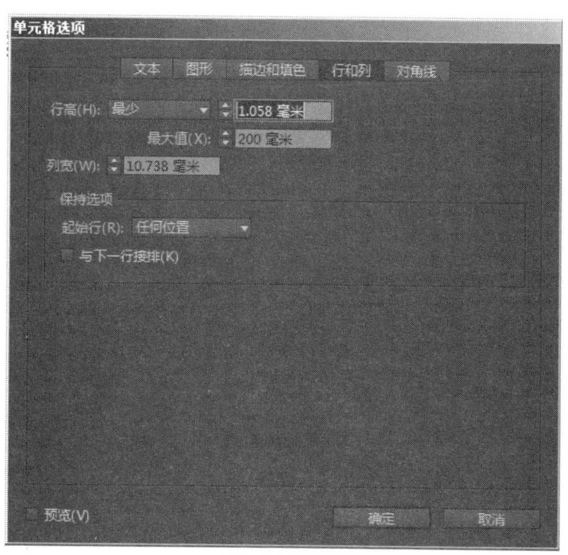

图 2-337　“行和列”选项卡

● 与下一行接排：勾选该复选框，可以将选定行保持在一起。

4. 对角线选项

利用“对角线”选项可以设置单元格的行高、列宽和保持选项等。

执行菜单中的“表 | 单元格选项 | 对角线”命令，打开“单元格选项”对话框的“对角线”选项卡，如图 2-338 所示。

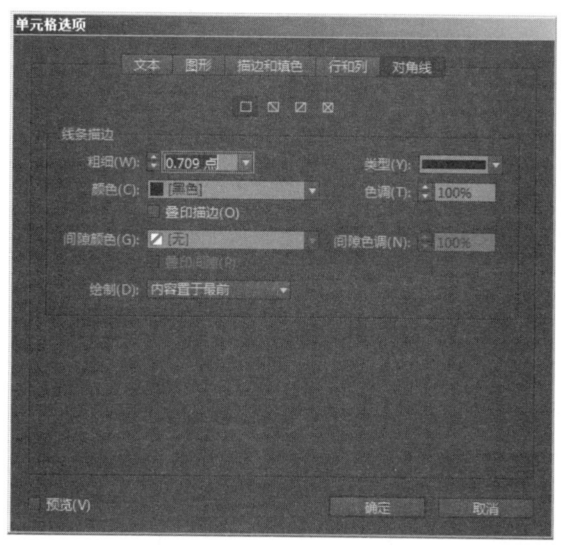

图 2-338　“对角线”选项卡

“单元格选项”对话框中“对角线”选项卡的各项参数含义如下。

● 对角线类型：包括（无对角线）、（从左上角到右下角对角线）、（从右上角到左下角对角线）和（交叉对角线）4 个按钮可供选择。如图 2-339 所示为单击不同对角线类型按钮的效果比较。

图书分类统计表

	种数	册数	金额	册数占总比(%)
A：哲学、宗教	96	291	6117.00	0.9267
B：政治、法律	148	470	7759.2	1.5550
C：军事	67	331	7856.00	1.0951
D：经济	1	1	18.00	0.0033
E：文化、科学、教育	580	4500	57800.13	14.8878
F：文学	1589	9666	141233.53	31.9791
G：艺术	223	2242	224225.50	7.4175
J：生物科学	50	292	3190.90	0.9661
K：工业技术	42	206	2761.80	0.6815

a）

图书分类统计表

	种数	册数	金额	册数占总比(%)
A：哲学、宗教	96	291	6117.00	0.9267
B：政治、法律	148	470	7759.2	1.5550
C：军事	67	331	7856.00	1.0951
D：经济	1	1	18.00	0.0033
E：文化、科学、教育	580	4500	57800.13	14.8878
F：文学	1589	9666	141233.53	31.9791
G：艺术	223	2242	224225.50	7.4175
J：生物科学	50	292	3190.90	0.9661
K：工业技术	42	206	2761.80	0.6815

b）

图书分类统计表

	种数	册数	金额	册数占总比(%)
A：哲学、宗教	96	291	6117.00	0.9267
B：政治、法律	148	470	7759.2	1.5550
C：军事	67	331	7856.00	1.0951
D：经济	1	1	18.00	0.0033
E：文化、科学、教育	580	4500	57800.13	14.8878
F：文学	1589	9666	141233.53	31.9791
G：艺术	223	2242	224225.50	7.4175
J：生物科学	50	292	3190.90	0.9661
K：工业技术	42	206	2761.80	0.6815

c）

图书分类统计表

	种数	册数	金额	册数占总比(%)
A：哲学、宗教	96	291	6117.00	0.9267
B：政治、法律	148	470	7759.2	1.5550
C：军事	67	331	7856.00	1.0951
D：经济	1	1	18.00	0.0033
E：文化、科学、教育	580	4500	57800.13	14.8878
F：文学	1589	9666	141233.53	31.9791
G：艺术	223	2242	224225.50	7.4175
J：生物科学	50	292	3190.90	0.9661
K：工业技术	42	206	2761.80	0.6815

d）

图 2-339 单击不同对角线类型按钮的效果比较

a）（无对角线） b）（从左上角到右下角对角线） c）（从右上角到左下角对角线） d）（交叉对角线）

- 线条描边：用于设置描边对角线所需的粗细、类型、颜色和间隙颜色以及“色调”百分比。可根据情况选择或取消勾选“叠印描边”选项。
- 绘制：如果选择“对角线置于最前”，则对角线将放置在单元格内容的前面；如果选择“内容置于最前”，则对角线将放置在单元格内容的后面。

2.7 应用样式与库

应用样式是排版过程的重要的环节，使用它不仅可以节省时间，而且可以使排版的文件风格统一、和谐。在样式设置对话框中，可以设置基本属性如字体、大小、字间距、行间距、段落线等，还可以设置框架、表格、图片等。

2.7.1 创建字符样式

使用字符样式可以设置文字的大小、颜色、字距、旋转角度、倾斜等与文字格式相关的属性。当文件中有经常使用到的具有相同字符样式的设置时，则可以为这些文字格式新建一个字符样式，以减少许多文字格式设置的操作。创建字符样式的操作步骤如下。

1）执行菜单中的“窗口|文字与表格|字符样式”命令，调出“字符样式”面板，如图 2-340 所示。

2）在“字符样式”面板中，单击面板下方的（创建新样式）按钮，新建“字符样式 1”，如图 2-341 所示。

3）在新建的字符样式名称上双击鼠标左键，打开“新建字符样式”对话框后，如图 2-342 所示。然后在“样式名称”栏输入新建的样式名称，在“基于”菜单中选择目前的字符样式要以哪一个字符样式为基础。接着在“快捷键”文本框内单击鼠标左键，再在键盘上按下想要指定应用该字符样式的快捷键。

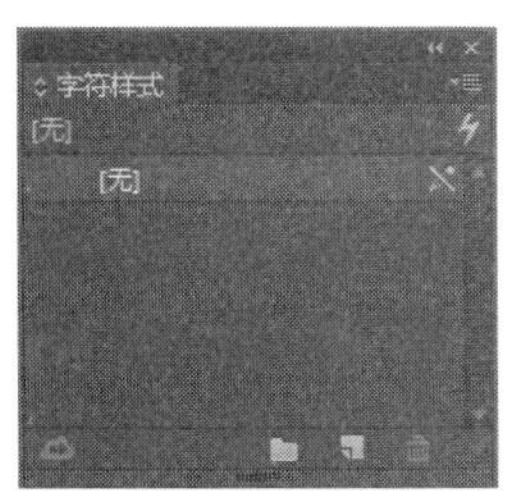

图 2-340　“字符样式”面板

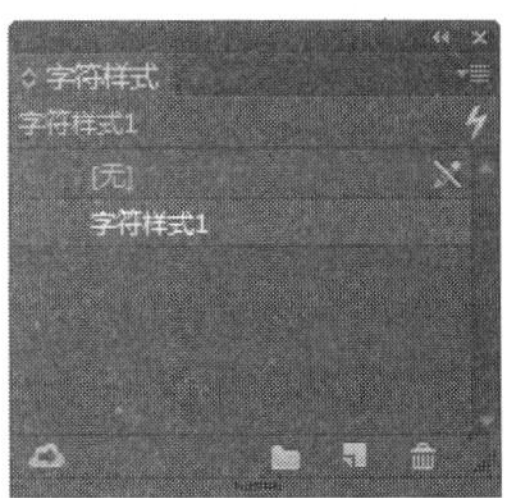

图 2-341　新建“字符样式 1”

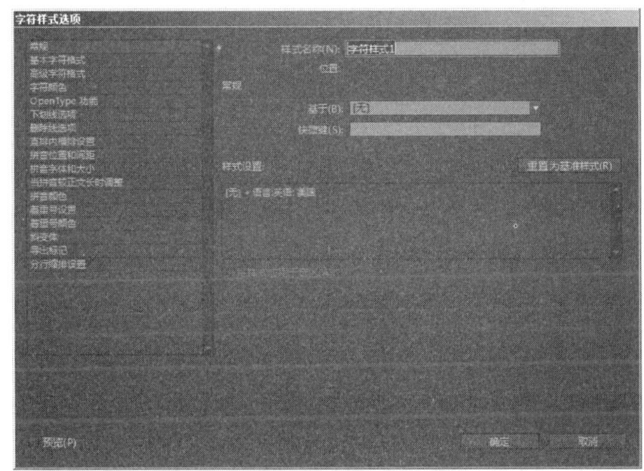

图 2-342　“新建字符样式”对话框

4）在对话框左边选择“基本字符格式”，然后在窗口右边的选项中设置文字的基本格式，如图 2-343 所示。

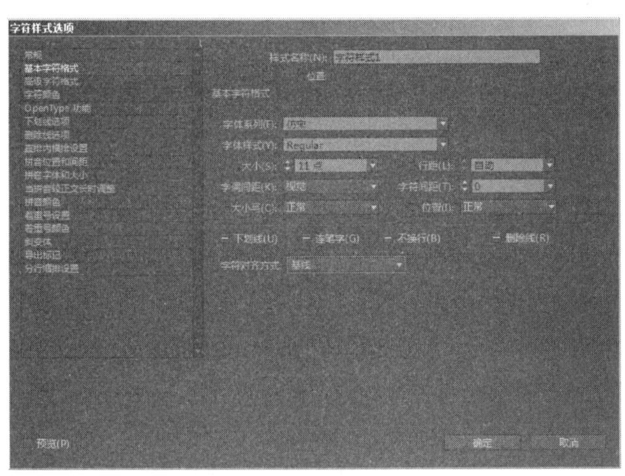

图 2-343　设置基本字符格式

5）在对话框左边选择“高级字符格式”，然后在窗口右边的选项中设置文字的高级格式，如图 2-344 所示。

6）在对话框左边选择“字符颜色”，然后在窗口右边的选项中设置文字的填充颜色与描边颜色，如图 2-345 所示。

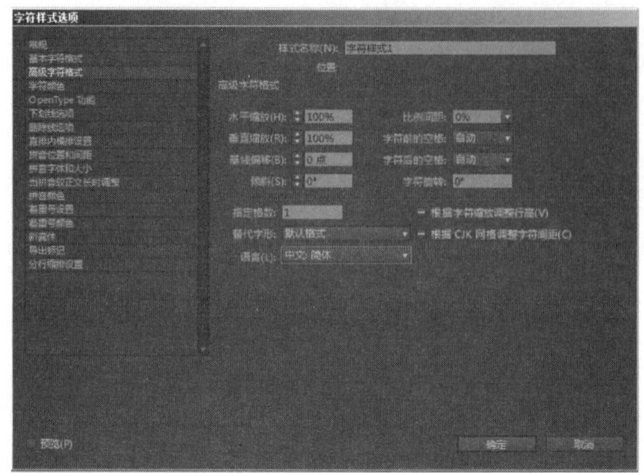

图 2-344　设置高级字符格式

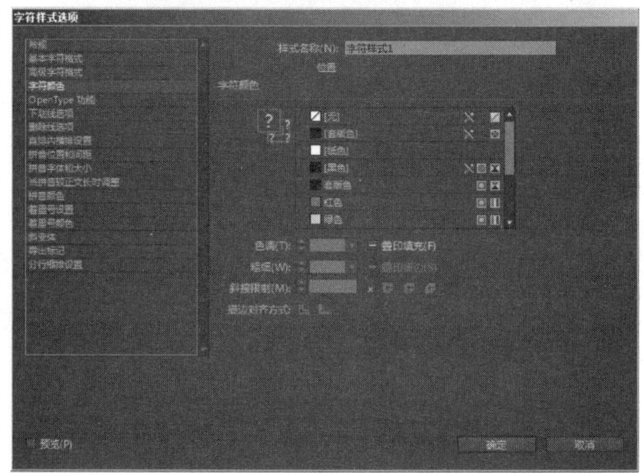

图 2-345　设置字符颜色

7）继续设置其他属性，完成后，单击“确定”按钮。

2.7.2　创建段落样式

在创建段落样式时，不仅要设置与段落相关的选项，还要设置字符样式。

将一个段落样式应用到文件段落时，在段落样式中的所有设置，包括文字的大小、字体、颜色、段落的对齐方式、内缩格式等都会应用到所选择的段落中。创建段落样式的操作步骤如下：

1）执行菜单中的“窗口 | 文字与表格 | 段落样式”命令，调出“段落样式”面板，如图 2-346 所示。

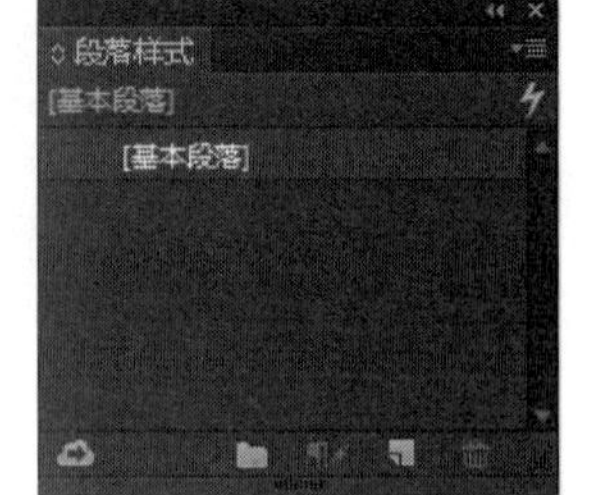

图 2-346　“段落样式”面板

2）在“段落样式”面板中，单击面板下方的（创建新样式）按钮，新建“段落样式 1”，如图 2-347 所示，然后在新建的段落样式名称上双击鼠标左键。

3）打开“新建段落样式”对话框，如图 2-348 所示，然后在“样式名称”栏中输入新建的样式名称，再在“基于”菜单中选择目前的字符样式要以哪一个段落样式为基础，接着在“快捷键”文本框内单击鼠标左键，再在键盘上按下想要指定应用该段落样式的快捷键。

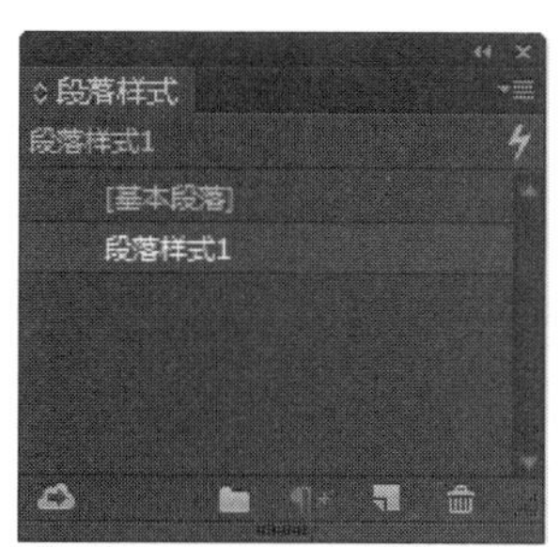

图 2-347　新建“段落样式 1”

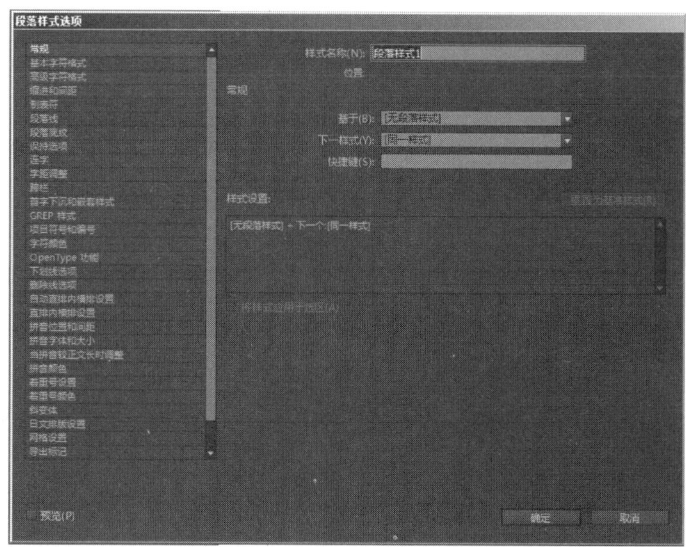

图 2-348　“新建段落样式”对话框

4）在对话框左边选择“缩进和间距”，然后在右边的选项中设置段落的对齐方式，还有段落缩排与段前、段后的距离，如图 2-349 所示。

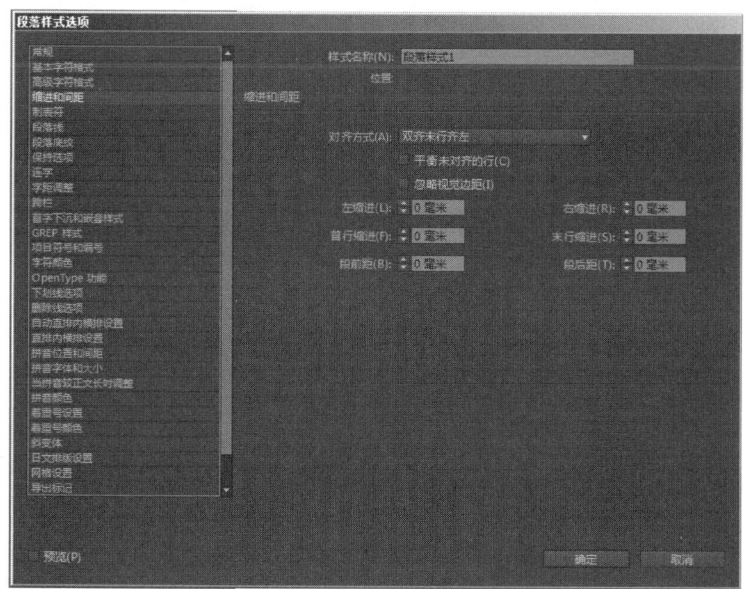

图 2-349　设置段落的缩进和间距

5）在对话框左边选择“段落线”，然后在窗口右边的选项中设置段落线的样式，如图 2-350 所示。

6）在对话框左边选择“首字下沉和嵌套样式”，然后在窗口右边的选项中设置嵌套的样式，如图 2-351 所示。

7）继续设置其他属性，完成后，单击“确定”按钮。

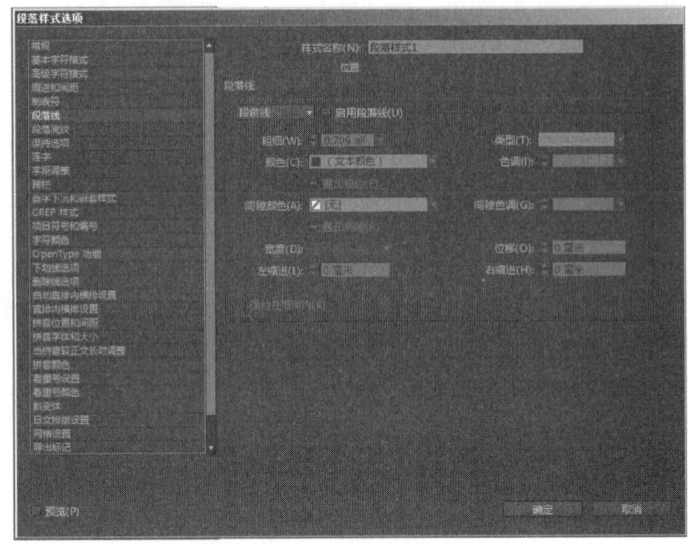

图 2-350　设置段落线选项

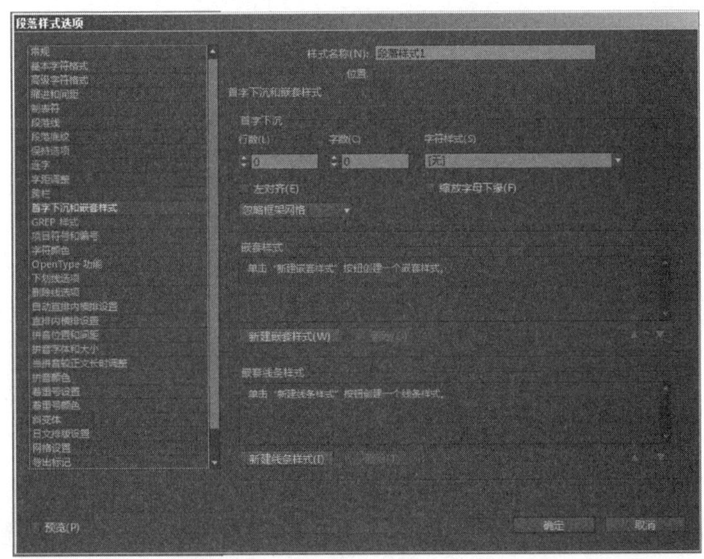

图 2-351　设置首字下沉和嵌套样式

2.7.3　载入样式

在 InDesign CC 2015 中，还可以将另一个 InDesign 文档（任何版本）的段落和字符样式导入到当前文档中。在导入时，可以决定载入哪些样式，也可以决定当载入的某个样式与当前文档中的某个样式同名时该怎么处理。载入样式的操作步骤如下。

1）执行以下操作之一。

- 单击“字符样式”面板右上角的按钮，从弹出的快捷菜单中选择“载入字符样式”命令，如图 2-352 所示。
- 单击“段落样式”面板右上角的按钮，从弹出的快捷菜单中选择“载入段落样式”命令，如图 2-353 所示。

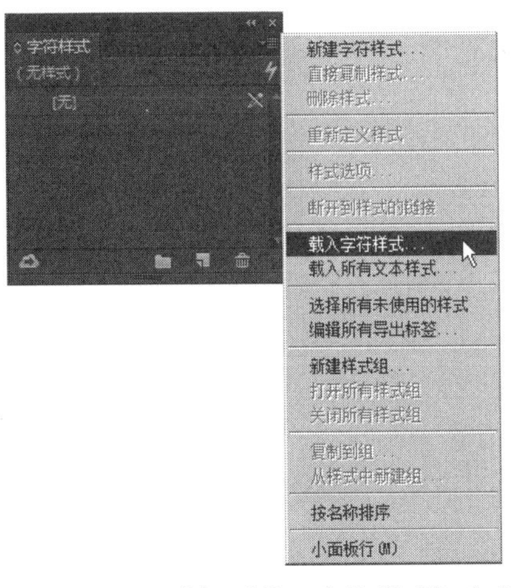

图 2-352　选择“载入字符样式”命令

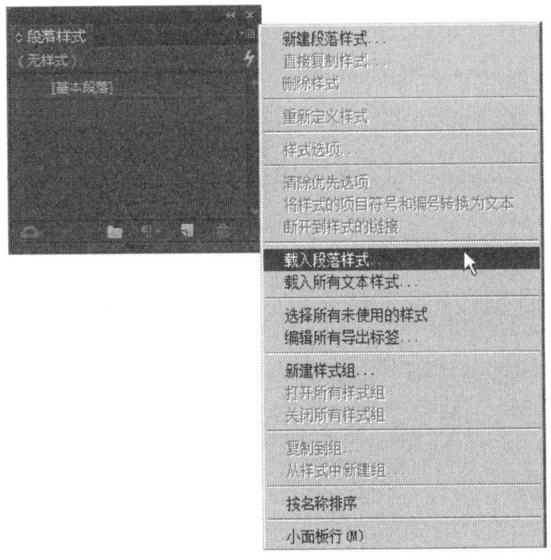

图 2-353　选择“载入段落样式”命令

- 单击“字符样式”或“段落样式”面板右上角的按钮，从弹出的对话框中选择“载入所有文本样式”命令，可以将所有的字符样式和段落样式都载入。

2）在“打开文件”对话框中，找到包含要导入样式的 InDesign 文档，如图 2-354 所示。然后单击“打开”按钮。

3）在弹出的“载入样式”对话框中，选中要导入的样式，如图 2-355 所示。如果现有样式与其中一个要导入的样式同名，可以在“与现有样式冲突”下选择下列选项之一。

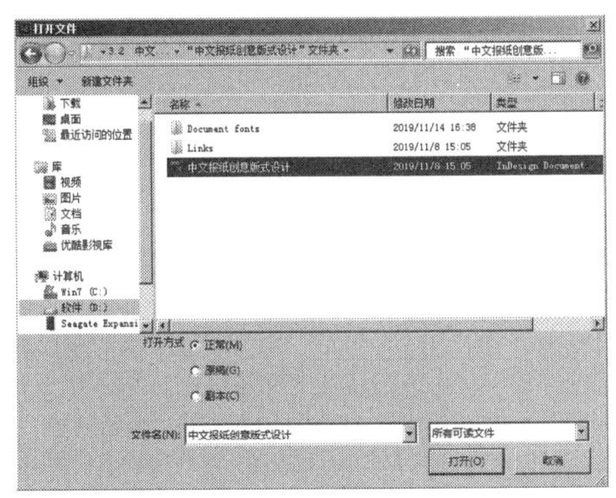

图 2-354　选择要导入样式的 InDesign 文档

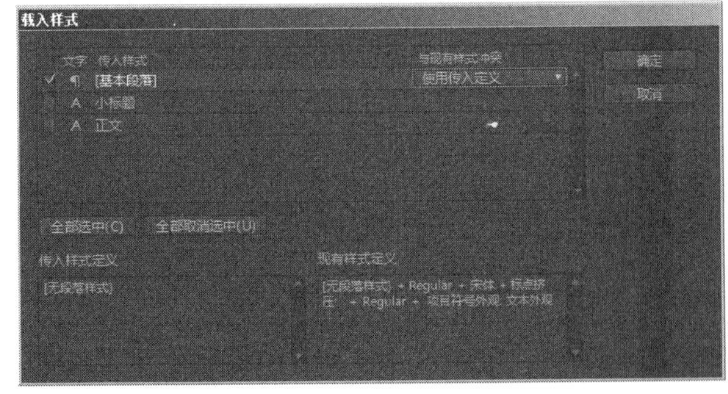

图 2-355　选中要导入的样式

- 使用传入定义：用载入的样式覆盖现有样式，并将它的新属性应用于当前文档中使用旧样式的所有文本。传入样式和现有样式的定义都显示在“载入样式”对话框的下方。
- 自动重命名：为载入的样式重命名。

4）设置完成后，单击“确定”按钮，即可导入样式。

2.7.4　复制样式

当要创建的两个样式很相似时，可以先创建其中一个样式，然后将创建的样式进行复制，再将复制的样式加以修改即可，这样可以加快创建样式的速度。

复制样式的具体操作步骤为：选择要复制的样式，然后按住鼠标左键拖移到 （创建新样式）按钮上，如图 2-356 所示，接着放开鼠标左键即可复制样式。

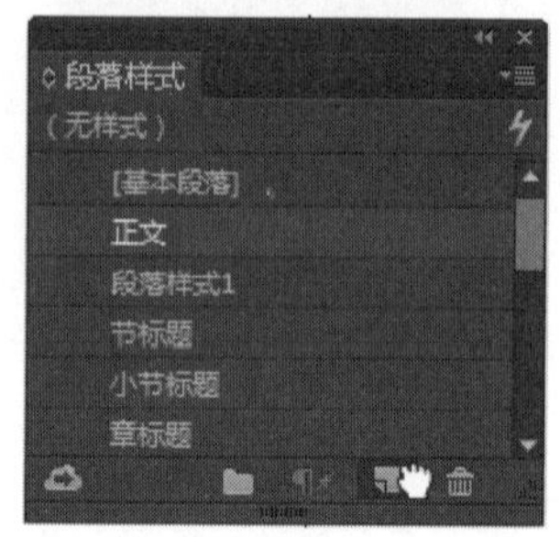

图 2-356　复制样式

2.7.5　应用样式

默认情况下，在应用一种样式时，虽然可以选择移去现有格式，但是，应用段落样式并不会移去段落局部所应用的任何现有字符格式或字符样式。如果选定的文本在使用一种字符或段落样式时，又使用了不属于应用样式范畴的附加格式，则“样式”面板中当前段落样式的旁边就会显示一个加号 (+)。 这种附加格式称为覆盖。

1. 应用字符样式

选择要应用字符样式的字符，再执行下列操作之一。

- 在“字符样式”面板中选择字符样式的名称。
- 在“控制”面板的下拉列表中选择字符样式的名称。
- 按指定给该字符样式的键盘快捷键。

2. 应用段落样式

选择要应用段落样式的全部或部分段落，再执行下列操作之一。

- 在“段落样式”面板中选择段落样式的名称。
- 在“控制”面板的下拉列表中选择段落样式的名称。
- 按指定给该段落样式的键盘快捷键。

3. 应用段落样式时保留或移去覆盖

不属于某个样式的格式应用于施加了该样式的文本时，称为覆盖。当选择含覆盖的文本时，样式名称旁会显示一个加号 (+)，如图 2-357 所示。

应用段落样式时保留或移去覆盖有以下几种情况。

- 应用段落样式并保留字符样式，但要移去覆盖：在单击“段落样式”面板中的样式的名称时，按住〈Alt〉键。
- 应用段落样式并移去字符样式和覆盖：按住〈Alt+Shift〉键单击“段落样式”面板中的样式名称。
- 编辑样式、应用样式或应用样式时清除覆盖：在“段落样式”面板中右键单击该样式，然后从上下文菜单中选择一个选项。

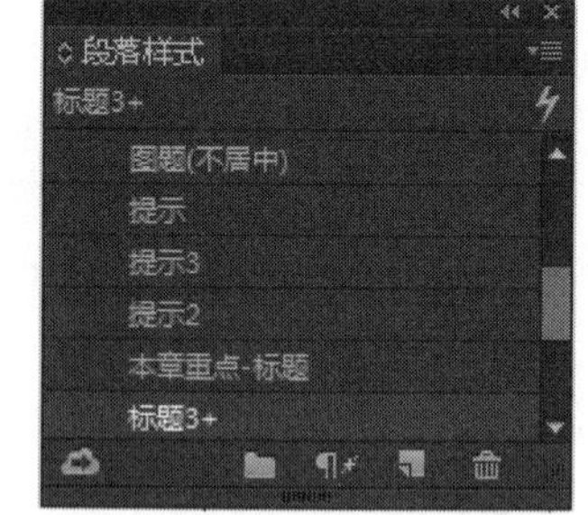

图 2-357　样式名称旁会显示加号 (+)

4. 清除段落样式覆盖

清除段落样式覆盖的操作步骤为：选择包含覆盖的文本（可以多选几个使用不同样式的段落），然后在“段落样式”面板中，执行下列操作之一。

- 移去段落和字符格式：单击“段落样式”面板下方的 （清除选区中的优先选项）按钮，

如图 2-358 所示，或者从“段落样式”面板中选择“清除优先选项”命令。

- 移去字符覆盖但保留段落格式覆盖：单击“段落样式”面板下方的（清除选区中的优先选项）图标的同时按住〈Ctrl〉键。
- 移去段落级覆盖但保留字符级覆盖：在“段落样式”面板中，单击（清除选区中的优先选项）图标的同时按住〈Shift+Ctrl〉键。

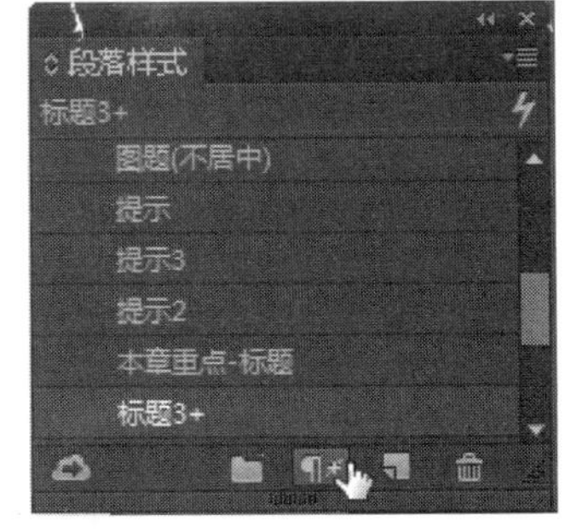

图 2-358　单击（清除选区中的优先选项）按钮

5. 使用快速应用查找并应用样式

使用“快速应用”，可以在包括很多段落样式、字符样式或对象样式（必须是已选定对象）的文档中快速找到需要的样式，并进行应用。使用快速应用查找并应用样式的操作步骤如下。

1）选择要应用这种样式的文本或框架。

2）执行菜单中的“编辑 | 快速应用”命令，或者单击“段落样式”或“字符样式”面板右上方的（快速应用）按钮，可以弹出“快速应用”列表，如图 2-359 所示。

3）在右侧的文本框中，输入样式的名称。

提示：如果输入的名称和样式的名称不完全一致，则会显示出包含输入文字的所有样式。

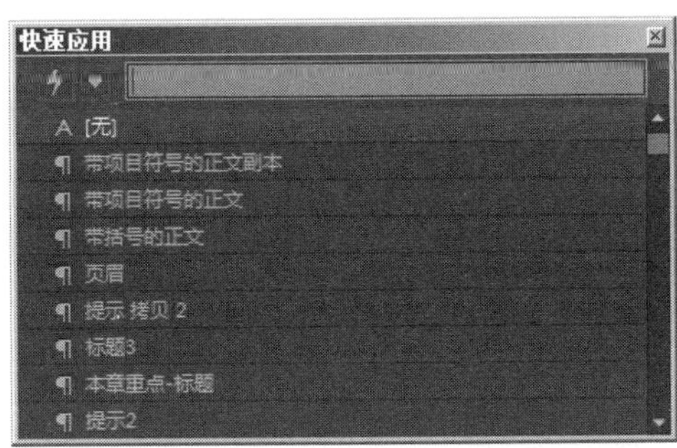

图 2-359　“快速应用”列表

4）选择要应用的样式，可执行以下操作。

- 应用样式：按〈Enter〉键。
- 应用段落样式并移去覆盖：可以按〈Alt+Enter〉键。
- 应用段落样式并移去覆盖和字符样式：按〈Alt+Shift+Enter〉键。
- 应用样式并使用“快速编辑”列表继续显示：按〈Shift+Enter〉键。
- 要关闭“快速编辑”列表而不应用样式：按〈Esc〉键。

6. 查找并替换样式

使用“查找 / 更改”对话框可查找使用某种样式的所有对象并为其替换另一样式。查找并替换样式的具体操作步骤如下。

1）执行菜单中的“编辑 | 查找 / 更改”命令，打开“查找 / 更改”对话框，如图 2-360 所示。

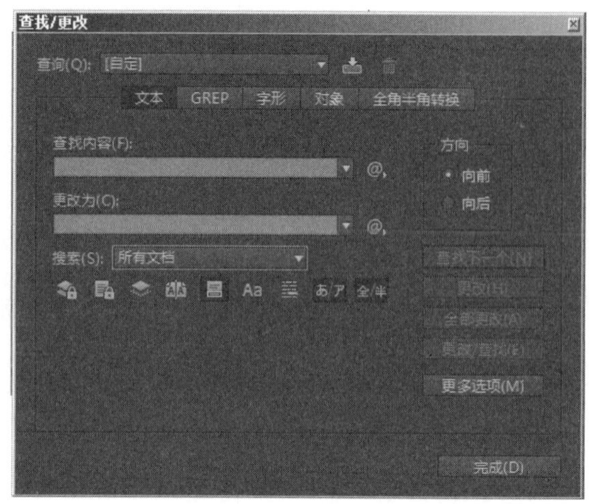

图 2-360 “查找 / 更改”对话框

2）在“查找 / 更改”面板中，“查找内容”和“更改为”选项不做设置。

3）在“搜索”右侧下拉列表中选择“所有文档”，以便在所有打开的文档中更改该样式。

4）单击面板右侧的“更多选项”按钮。

5） 在“查找格式”选项中，单击（指定要查找的属性）按钮，如图 2-361a 所示，然后在弹出的图 2-361b 所示的“更改格式设置”对话框右侧“字符样式”或“段落样式”下拉列表框中选择要搜索的样式，单击“确定”按钮。

6）在“更改格式”选项中，单击（指定要查找的属性）按钮，然后在弹出的“更改格式设置”对话框右侧“字符样式”或“段落样式”下拉列表框中选择替换样式，单击“确定”按钮。

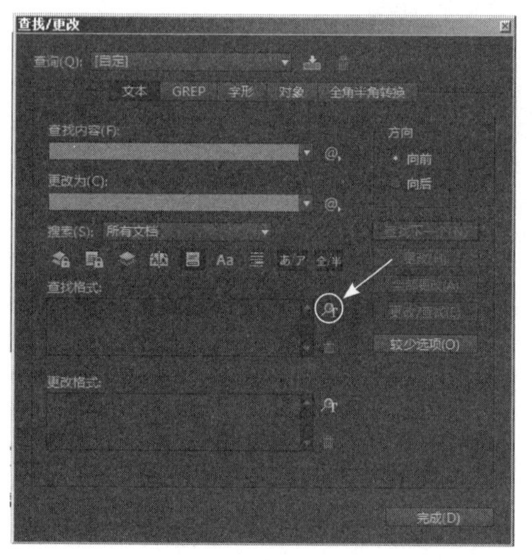

a）

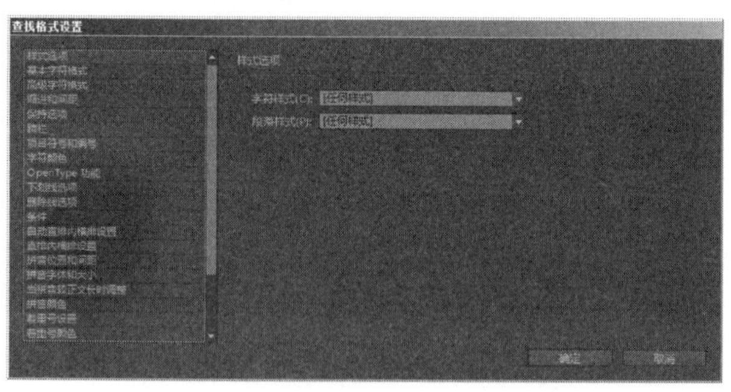

b）

图 2-361 设置“查找格式”选项

a) 单击（指定要查找的属性）按钮 b)“更改格式设置”对话框

7）单击“查找下一个”按钮，然后使用“更改 / 查找”或“全部更改”按钮替换该样式。

2.7.6　删除样式

在 InDesign CC 2015 中可以删除一个字符或段落样式，并选择其他字符或段落样式来替换它。删除字符或段落样式的方法相似，下面以删除段落样式为例来说明删除样式的方法，具体步骤如下。

1）在“段落样式”面板中选择要删除的样式名称。

2）执行下列操作之一。

- 单击“段落样式”面板右上角的按钮，从弹出的快捷菜单中选择“删除样式”命令，打开“删除段落样式”对话框，如图 2-362 所示。

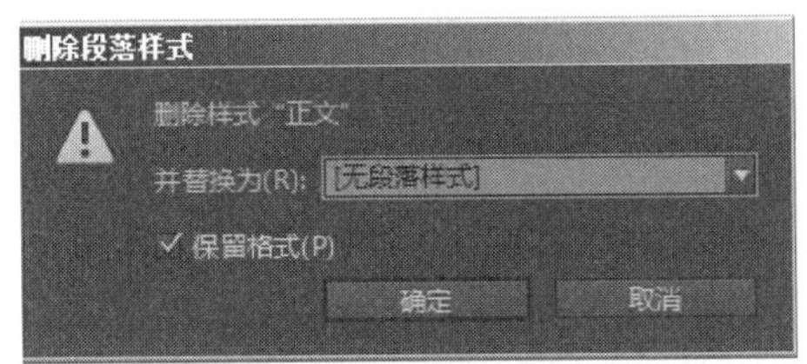

图 2-362　“删除段落样式”对话框

- 单击“段落样式”面板下方的（删除选定样式 / 组）按钮，或者将该样式拖到（删除选定样式 / 组）按钮上。
- 在要删除的样式上，右键单击，然后选择“删除样式”命令。

3）在删除样式并替换为文本框列表中，选择替换为的样式。如果选择“[无段落样式]”来替换某个段落样式，并勾选“保留格式”复选框，则可以保留应用了该段落样式的文本的原格式。

4）单击“确定”按钮，即可删除相应的段落样式。

提示：如果要删除所有未使用的段落样式，可以在“段落样式”面板中单击右上方的按钮，从弹出的快捷菜单中选择“选择所有未使用的”命令，从中选择“段落样式”面板中所有未使用的样式。然后单击“段落样式”面板下方的（删除选定样式 / 组）按钮，即可删除所有未使用的段落样式。

2.8　版面管理

在报纸、杂志、书籍等出版物中，每一个页面都是一个独立的版面，其内容包含图片、文字以及除图片和文字以外的空白部分。一般情况下，版面中间是文字与图形，上部为标有相同文档信息的页眉，下部为带有文档编码的页脚。

当多个版面中需要放置相同的对象时，可以将这些相同的元素统一放置到一个页面，并将该页面应用到其他页面上，特别是当创建的文档页数较多时，就需要插入页码，以便查找。本节将详细讲解版面管理的技巧。

2.8.1　更改边距与分栏

页面分栏可以在创建文档时创建，也可以在需要应用时设置。如果在创建页面时的分栏设置不符合需要，可以使用“边距和分栏”对话框进行更改。操作步骤如下。

1）如果要设置或更改一个跨页或页面的边距和分栏设置，则需要转到要更改的跨页或在“页面”面板中选择一个跨页或页面；如果要设置或更改多个页面的边距和分栏设置，则需要在“页面”面板中选择这些页面，或选择控制要更改的页面的主页。

2）执行菜单中的“版面 | 边距和分栏”命令，打开“边距和分栏”对话框，如图 2-363 所示。

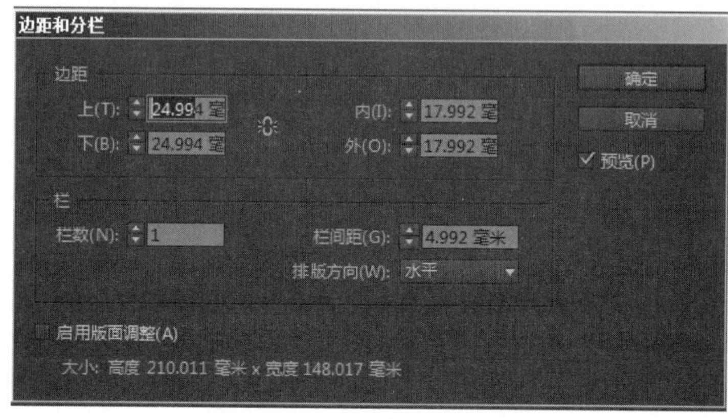

图 2-363 “边距和分栏”对话框

- 栏数：输入数值，指定要在边距参考线内创建的分栏的数目。
- 栏间距：输入数值，指定一个栏间的宽度值。
- 排版方向：选择“水平”或“垂直”来指定栏的方向。此选项还可设置文档基线网格的排版方向。

3）设置完毕后，单击“确定”按钮。

2.8.2 标尺和零点

在制作标志、包装设计等出版物时，可以利用标尺和零点精确定位图形或文本所在的位置。

1. 标尺

标尺是带有精确刻度的度量工具，它的刻度大小随单位的改变而改变。在 InDesign CC 2015 中执行菜单中的“视图 | 显示标尺”命令，可以显示出标尺。标尺有水平标尺和垂直标尺。默认情况下，标尺以毫米为单位，还可以根据需要将标尺的单位设为英寸、厘米、毫米或像素。要改变标尺的单位，可以右键单击鼠标并选择所需单位即可，如图 2-364 所示。

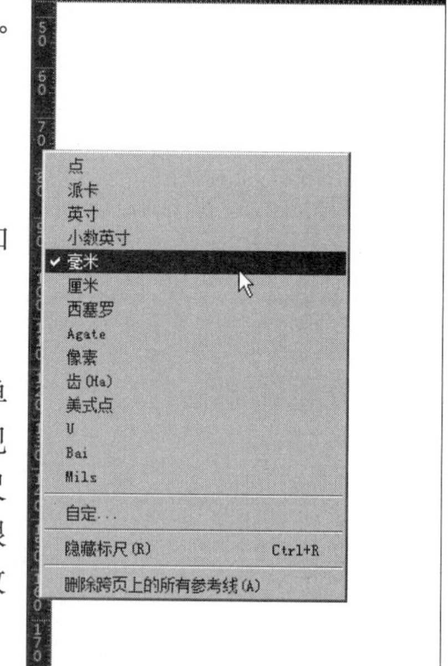

图 2-364 右键单击鼠标并选择所需单位

2. 零点

零点是水平标尺和垂直标尺重合的位置。默认情况下，零点位于各个跨页的第 1 页的左上角。零点的默认位置相对于跨页来说始终相同，但是相对于粘贴板来说会有变化。

“信息”面板和“变换”面板中显示的 X 和 Y 位置坐标就是相对于零点而言的。可以移动零点来度量距离、创建新的度量参考点或拼贴超过尺寸的页面。默认情况下，每个跨页在第 1 页的左上角有一个零点，如图 2-365 所示。移动零点时，在所有的跨页中，零点都将移动到相同的相对位置。例如，如果将零点移动到页面跨页的第 2 页的左上角，则在该文档中的所有其他跨页的第 2 页上，零点都将显示在该位置。要移动零点，可以在水平和垂直标尺的交叉点单击并拖动到版面上要设置零点的位置，如图 2-366 所示，然后松开鼠标，即可建立新零点，如图 2-367 所示。

提示：在跨页的左上角标尺处单击，可以将零点归零，恢复到默认状态。

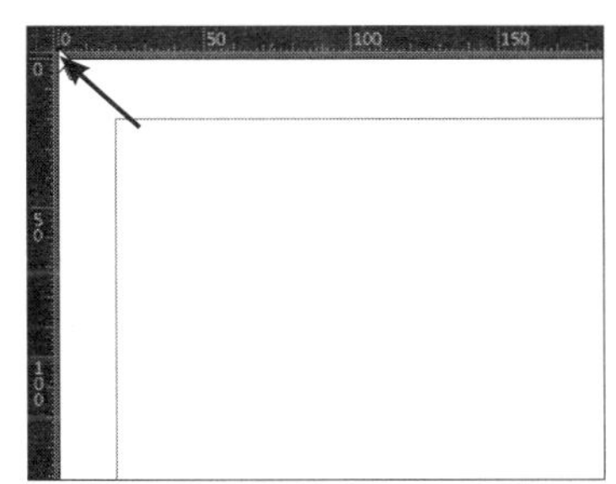
图 2-365　零点的位置

图 2-366　移动零点的位置

图 2-367　建立新零点

2.8.3　参考线

参考线是跟标尺密切相关的辅助工具，是版面设计中用于参照的线条。参考线分为 3 种类型：标尺参考线、分栏参考线、出血参考线。在创建参考线之前，必须确保标尺和参考线都可见并选择了正确的跨页或页面作为目标，然后在“正常视图”模式中查看文档。

1. 创建标尺参考线

标尺参考线可以在页面或粘贴板上自由定位，并且与它所在的图层一同显示或隐藏。可以添加的参考线分为页面参考线和跨页参考线两种类型，如图 2-368 所示。

每个 InDesign CC 2015 跨页都包括自己的粘贴板，粘贴板是页面外的区域，可以在该区域存储还没有放置到页面上的对象。每个跨页的粘贴板都可提供用以容纳对象出血或扩展到页面边缘外的空间。

(1) 创建页面参考线

要创建页面参考线，可以将指针定位到水平或垂直标尺两侧，然后拖动到跨页上的目标位置即可。

如果要创建一组等间距的页面标尺参考线，可以选择目标图层，然后执行菜单中的“版面 | 创建参考线”命令，打开“创建参考线”对话框（如图 2-369 所示），设置参数后，单击“确定”按钮，即可创建出等距参考线，如图 2-370 所示。

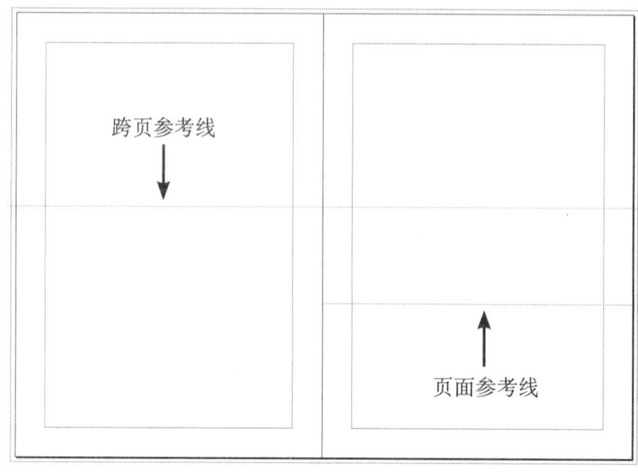

图 2-368　页面参考线和跨页参考线

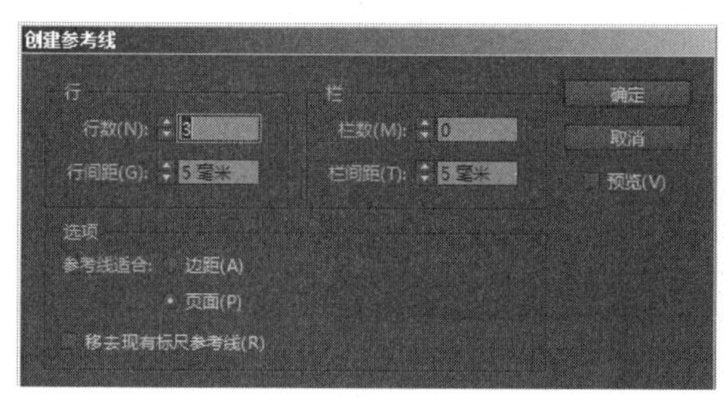

图 2-369 “创建参考线”对话框

图 2-370　创建等距参考线

（2）创建跨页参考线

要创建跨页参考线，可以按住〈Ctrl〉键从水平或垂直标尺处进行拖动，然后在跨页的目标位置松开鼠标，即可创建出跨页参考线。

如果双击水平或垂直标尺的目标位置，则可在不进行拖动的情况下创建跨页参考线；如果在双击标尺的同时按住〈Shift〉键，则可将跨页参考线与最近的刻度线进行对齐；如果从目标跨页的左上角标尺交叉点上拖动鼠标的同时按住〈Ctrl〉键，则可同时创建水平和垂直跨页参考线。

2. 选择、移动和删除参考线

（1）选择参考线

选择参考线的操作步骤为：利用 （选择工具）或 （直接选择工具）单击要选取的参考线，即可选取该参考线。配合键盘上的〈Shift〉键可以选择多个参考线。

（2）移动参考线

移动跨页参考线的操作步骤为：拖动参考线位于粘贴板上的部分，如图 2-371 所示，或按住〈Ctrl〉键的同时在页面内拖动参考线，即可移动跨页参考线。

图 2-371　拖动参考线位于粘贴板上的部分

(3) 删除参考线

删除参考线的操作步骤为：利用 (选择工具) 或 (直接选择工具) 选择要删除的参考线，然后单击〈Delete〉键即可删除参考线。如果要删除目标跨页上的所有标尺参考线，可以配合〈Ctrl+Alt+G〉键选择所有参考线，再单击〈Delete〉键即可删除目标跨页上的所有参考线。

3. 使用参考线创建不等宽的栏

要创建间距不相等的栏，需要先创建等间距的栏参考线，然后执行菜单中的“视图 | 网格和参考线 | 锁定栏参考线”命令，取消栏参考线的锁定状态。接着利用 (选择工具) 或 (直接选择工具) 拖动分栏参考线到目标位置即可。

2.8.4　页面和跨页

在“页面设置”对话框中选择“对页”选项时，文档页面将排列为跨页。跨页是一组一同显示的页面。

1. 更改页面和跨页显示

1) 单击页面面板右上角的 按钮，从弹出的快捷菜单中选择“面板选项”命令，打开“面板选项”对话框，如图 2-372 所示。

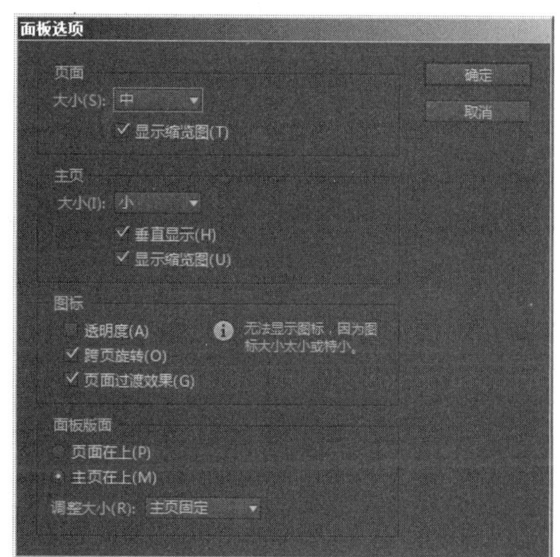

图 2-372　“面板选项”对话框

2) 在“面板版面”部分中选择“页面在上”，可以使页面图标部分显示在主页图标部分的上方；选择“主页在上”，可以使主页图标部分显示在页面图标部分的上方。

3) 要控制在调整面板大小时“页面”面板部分的变化方式，可以在“面板版面”部分的“调整大小”菜单中选择相关选项。选择“按比例”，可以同时调整面板的“页面”和“主页”部分；选择“页面固定”，可以保持“页面”部分的大小不变而使“主页”部分增大；选择“主页固定”，可以保持“主页”部分的大小不变而使“页面”部分增大。

4）设置完成后，单击“确定”按钮。

2. 添加页面

在新建文档时没有更改页数设置的话，那么默认为 1 个页面，而通常需要在编辑过程中根据需要添加页面。添加页面有以下几种方法。

- 单击“页面”面板下方的（新建页面）图标，即可新建一个页面。新建的页面与正在编辑的页面使用同一主页。
- 单击“页面”面板右上角的按钮，从弹出的快捷菜单中选择“插入页面”命令，然后在弹出的图 2-373 所示的“插入页面”对话框中输入要插入的页数，插入的位置和指定将要应用的主页。

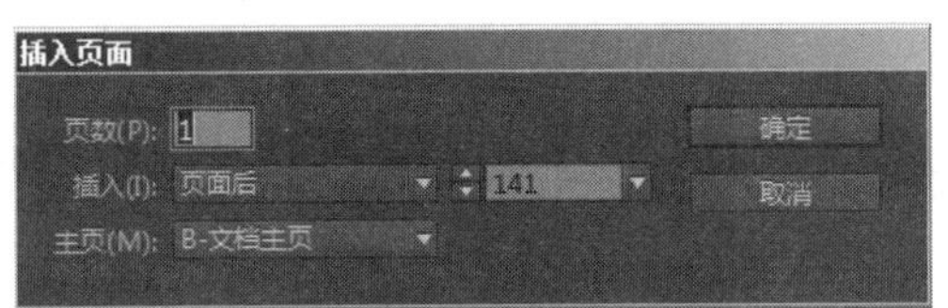

图 2-373 “插入页面”对话框

- 执行菜单中的“版面 | 页面 | 添加页面”命令，即可添加一页，添加的页面会自动添加到文档的最后一页之后。

3. 切换页面

在编辑文档时，常常需要切换到不同的页面进行编辑和修改等操作。切换页面有以下几种方法。

- 在“页面”面板中双击其页面图标。其中双击页面，即可在视图中显示该页面，如图 2-374 所示；在“页面”面板中双击页码，即可在视图中显示该跨页，如图 2-375 所示。

图 2-374 切换到单页页面

图 2-375　切换到跨页页面

- 执行“版面”菜单中的相关命令，如图 2-376 所示，即可选择想要切换的页面。
- 在文档窗口底部状态栏中的页面菜单中选择要切换的页面，如图 2-377 所示。

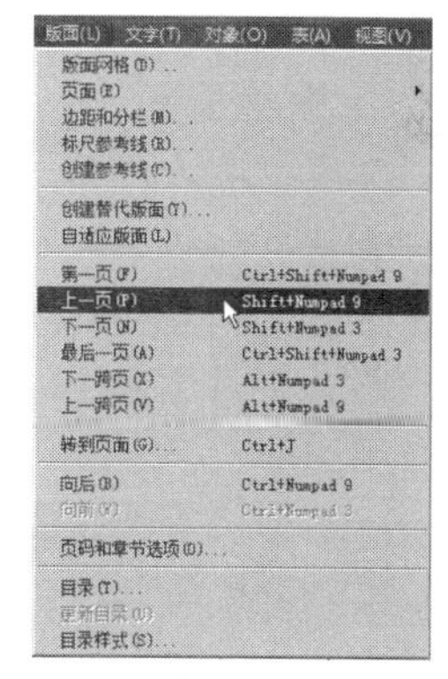

图 2-376　应用“版面”菜单切换页面

4. 移动页面或跨页

在排版中经常会遇到调整页面顺序的情况，在 InDesign CC 2015 中调整页面顺序有以下几种方法。

- 在页面面板中，选中要移动的页面图标，然后按住鼠标拖动到要插入的页面图标前面或后面。
- 执行菜单中的“版面 | 页面 | 移动页面”命令（或单击“页面”面板右上角的按钮，从弹出的快捷菜单中选择“移动页面”命令，然后在弹出的图 2-378 所示的“移动页面”对话框中可以指定要移动的页面和目标，单击“确定”按钮即可。

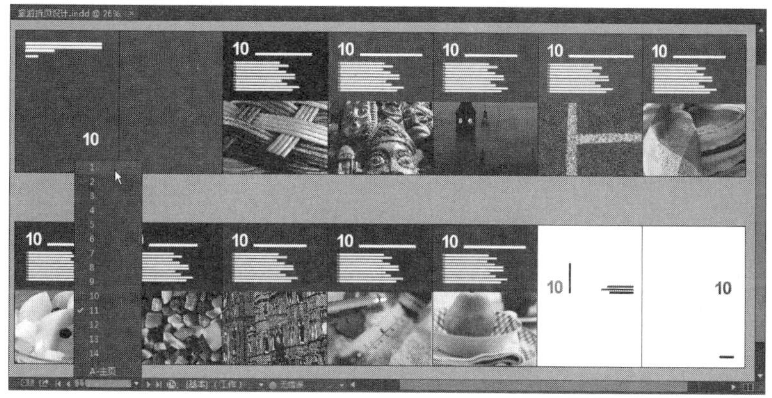

图 2-377　在状态栏中切换页面

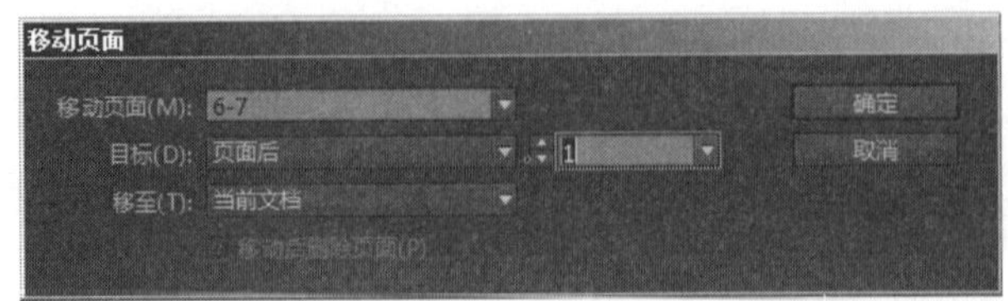

图 2-378 “移动页面”对话框

5. 复制页面或跨页

复制页面或跨页有以下几种方法。

- 选中有内容的或无内容的页面或跨页，然后单击“页面”面板右上角的小三角，从弹出的快捷菜单中选择“复制页面”或“复制跨页”命令，即可将复制好的页面或跨页按页码向后排。
- 将选中的页面或跨页拖到“页面”面板下方的 （新建页面）按钮上，如图 2-379 所示，然后放开鼠标即可。

6. 删除页面

删除页面有以下几种方法。

- 在“页面”面板中选中需要删除的一个或多个页面图标，然后拖到面板下方的 （删除选中页面）上，如图 2-380 所示，放开鼠标，即可删除这些页面。或者选中要删除的页面图标后，直接单击 （删除选中页面）按钮也可删除页面。

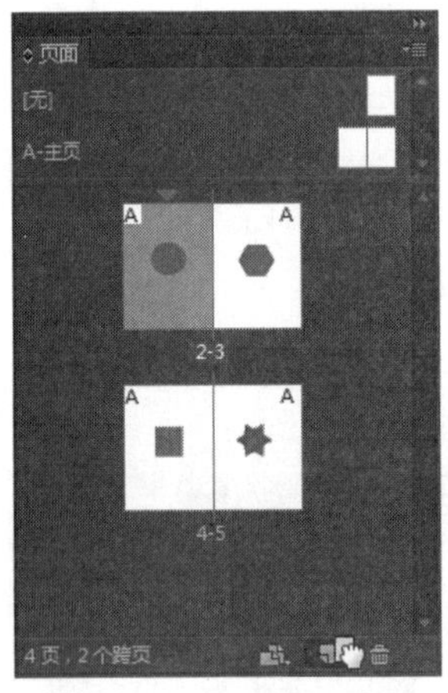

图 2-379 复制页面

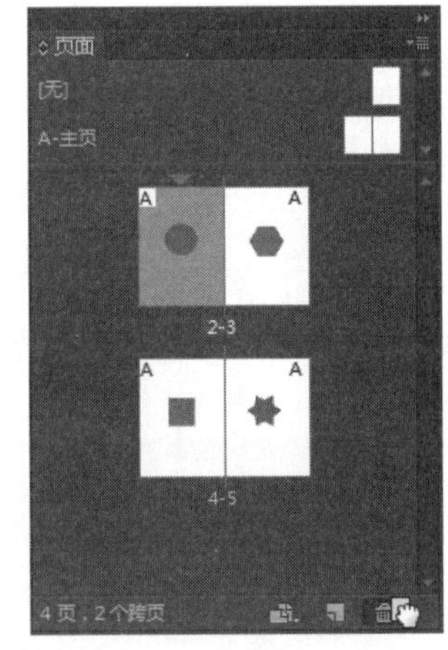

图 2-380 删除页面

- 选中要删除的页面或跨页，在“页面”面板菜单中选择“删除页面”或“删除跨页”。

2.8.5 主页

在排版书籍、报刊时，可能发现有很多内容是相同或相似的、例如重复出现的徽标、页码、页眉和页脚，如图 2-381 所示。这时就可以使用 InDesign CC 2015 提供的创建主页功能，将想要在每页重复显示的固定属性与设置集中管理，从而省去了重复设置或逐一修改的重复劳动。

图 2-381　主页效果

1. 新建主页

新建文档时，在页面面板的上方将出现两个默认主页，即一个名为“无”的空白主页，应用此主页的工作页面将不含有任何主页元素；另一个是名为“A- 主页”的主页，该主页可以根据需要对其进行修改，其页面上的内容将自动出现在各个工作页面中，还可以根据需要重新创建新的主页。

（1）新建新主页

新建新主页的操作步骤如下。

1） 单击“页面”面板右上角的小三角，从弹出的快捷菜单中选择“新建主页”命令，打开“新建主页”对话框，如图 2-382 所示。

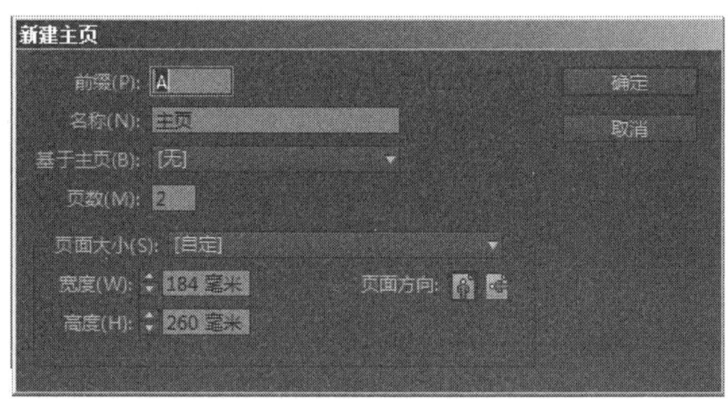

图 2-382　“新建主页”对话框

- 前缀：用于输入一个前缀，以标识“页面”面板中的各个页面所应用的主页。最多可以输入四个字符。默认前缀为 A、B、C 等。
- 名称：用于输入主页跨页的名称。默认为“主页”。
- 基于主页：在该下拉列表中可以选择已有的主页作为基础主页。如果选择“无”选项，将不基于任何主页。

- 页数：在该文本框中，默认页数为 2。可以输入作为主页跨页中的要包含的页数。

2）在该对话框中设置相关参数后，单击“确定”按钮，即可新建主页。

（2）从现有页面或跨页创建主页

从现有页面或跨页创建主页的操作步骤为：将整个跨页从“页面”面板的“页面”部分拖动到“主页”部分，如图 2-383 所示。此时原页面或跨页上的任何对象都将成为新主页的一部分，如图 2-384 所示。如果原页面使用了主页，则新主页将是基于原页面的主页。

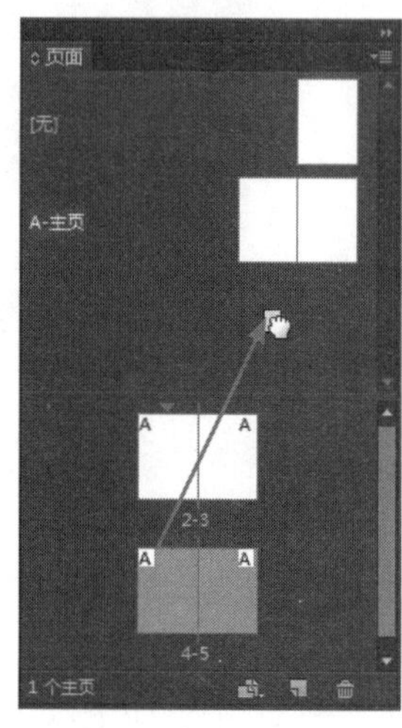

图 2-383　将整个跨页从“页面”面板的“页面”部分拖动到“主页”部分

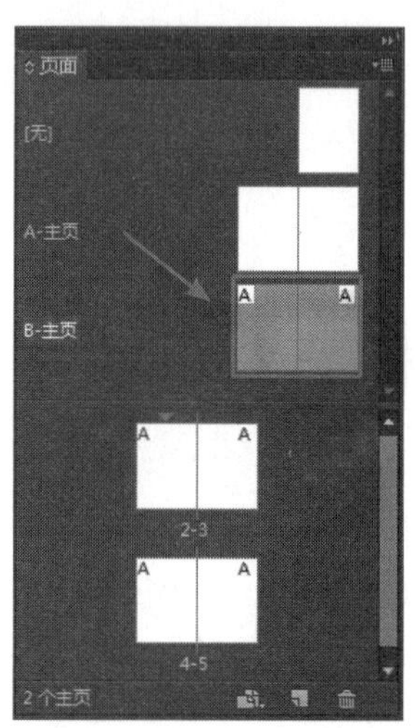

图 2-384　原页面或跨页上的任何对象都将成为新主页的一部分

2. 主页的应用

（1）将主页应用于页面或跨页

将主页应用于页面或跨页有以下两种方法。

- 将主页应用于页面：在“页面”面板中将主页图标拖动到页面图标。当黑色矩形围绕所需页面时，释放鼠标，如图 2-385 所示。
- 将主页应用于跨页：在“页面”面板中将主页图标拖动到跨页的角点上。当黑色矩形围绕所需跨页中的所有页面时，释放鼠标，如图 2-386 所示。

（2）将主页应用于多个页面

将主页应用于多个页面的操作步骤如下。

1）在“页面”面板中，选择要应用新主页的页面。

2）单击“页面”面板右上角的按钮，从弹出的快捷菜单中选择“将主页应用于页面”命令。

3）在弹出的如图 2-387 所示的“应用主页”对话框中，为“应用主页”选择一个主页，在“于页面”选项中输入页面的页码，然后单击“确定”按钮，即可一次性地将主页应用于多个页面。

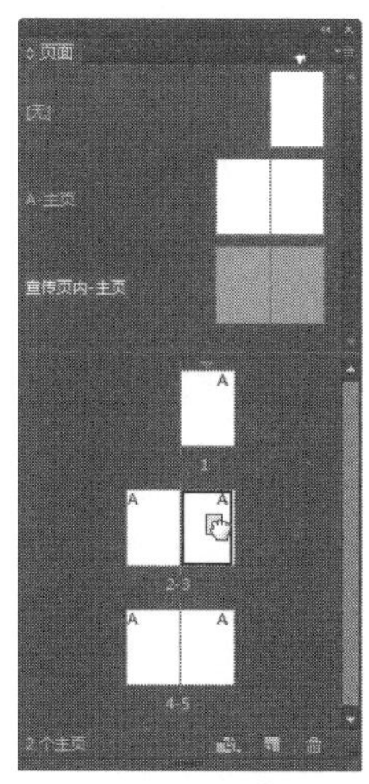

图 2-385　将主页应用于页面

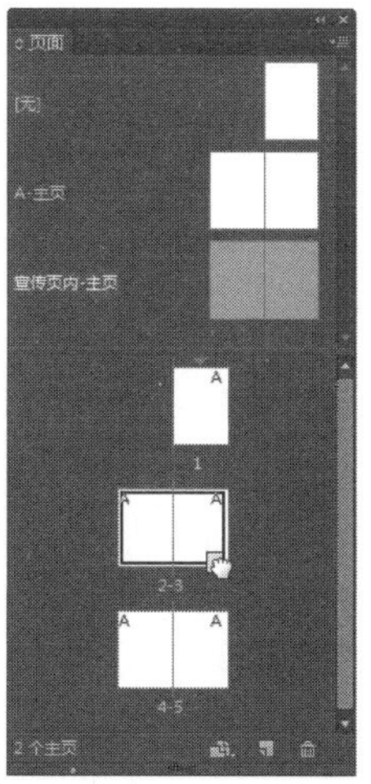

图 2-386　将主页应用于跨页

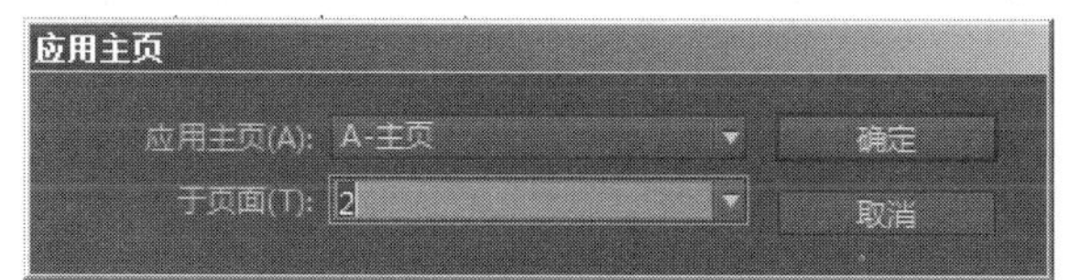

图 2-387　“应用主页”对话框

3. 从文档中删除主页

在“页面”面板中，选择一个或多个主页图标（要选择所有未使用的主页，可以单击“页面”面板右上角的按钮，从弹出的快捷菜单中选择“选择未使用的主页”命令。然后执行下列操作之一。

- 将选定的主页或跨页图标拖动到面板底部的（删除选中页面）按钮上。
- 单击面板下方的（删除选中页面）按钮。
- 单击“页面”面板右上角的按钮，从弹出的快捷菜单中选择“删除主页跨页 [跨页名称]”命令。

4. 覆盖主页对象

当主页应用于文档页面时，应用这一主页的页面上都会显示主页上的所有内容。如果有些页面需要做一点变化，可以执行下列操作之一。

- 改变局部内容：选择要更改的页面，然后按下〈Ctrl+Shift〉键，使用（选择工具）选择要更改的对象。接着放开〈Ctrl+Shift〉键后就可以编辑这些对象的属性，比如描边、填色、改变路径、旋转、缩放等。
- 覆盖全部内容：单击“页面”面板右上角的按钮，从弹出的快捷菜单中选择“覆盖全部主页项目”命令，这样应用于这个页面上的所有主页元素就可以改变属性或删除了。

5. 分离主页对象

- 将单个主页对象从其主页分离：按〈Ctrl+Shift〉并选择跨页上的任何主页对象。然后单击“页面”面板右上角的按钮，从弹出的快捷菜单中选择“从主页分离选区”命令即可。

提示：使用此方法覆盖串接的文本框架时，将覆盖该串接中的所有可见框架，即使这些框架位于跨页中的不同页面上。

- 分离跨页上的所有已被覆盖的主页对象：转到包含要从其主页分离且已被覆盖的主页对象的跨页，然后单击“页面”面板右上角的按钮，从弹出的快捷菜单中选择“从主页分离全部对象”命令即可。

提示：如果“从主页分离全部对象”命令不可用，说明该跨页上没有任何已覆盖的对象。

6. 重新应用主页对象

覆盖了的页面或跨页上的主页对象，可以重新恢复到原来的状态，恢复以后，主页上的物件被编辑时，这些对象也随之改变。

- 重新应用页面中的一个或多个主页：选择这些原本是主页对象的对象，然后单击“页面”面板右上角的按钮，从弹出的快捷菜单中选择“移去选中的本地覆盖”命令，这样选中的主页对象会自动恢复为原来属性。
- 重新应用页面或跨页中的所有元素：选择要恢复的页面或跨页，然后单击“页面”面板右上角的按钮，从弹出的快捷菜单中选择“移去全部本地覆盖”命令，这样选中的整个页面或跨页自动恢复为应用主页状态。

提示：如果这些页面或跨页已经删除了原先使用的主页，则将无法恢复主页，只能重新将主页应用于这些页面。

2.8.6 页码和章节

一般的书籍、杂志、宣传册等都会印有页码，以便于迅速地翻阅查找，特别是页数比较多的书籍，页码的存在就更为重要了。

1. 创建自动页码

在 InDesign CC 2015 中可以在主页上插入自动页码，这样页码将自动从第一页排到最后一页，如有增减，页码会自动更新排列。创建自动页码的操作步骤如下。

1）在“页面”控制面板的主页控制区，双击要添加页码的主页。

2）选择工具箱中的（文字工具），在主页上需要添加页码的地方绘制一个文本框架，如图 2-388 所示。

3）执行菜单中的“文字 | 插入特殊字符 | 标志符 | 当前页码”命令，此时会在光标闪动的地方出现页码标志。出现的标志是随主页的前缀的，如果当前主页的前缀为“A”，在矩形中出现的就会是“A”，如图 2-389 所示。

4）在主页都插入页码后，切换到普通页面，就可以在和主页同样的位置看到自动排好的页码。

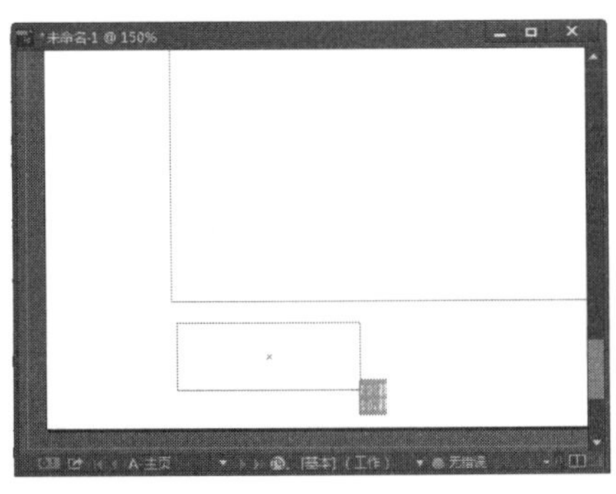

图 2-388　用于输入页码的文本框架

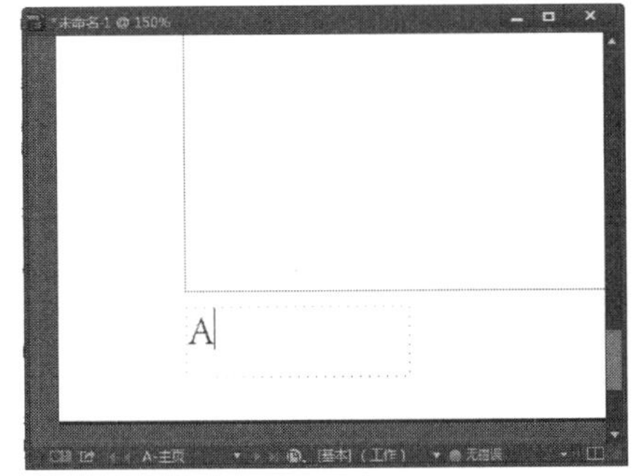

图 2-389　插入的自动页码

2. 对页面和章节重新编号

选择除第一页外的页面，然后单击“页面”面板右上角的按钮，从弹出的快捷菜单中选择“页码和章节选项”命令，或执行菜单中的“版面 | 页码和章节选项”命令，打开“新建章节”对话框，如图 2-390 所示。就可以给指定的页面添加章节编号。

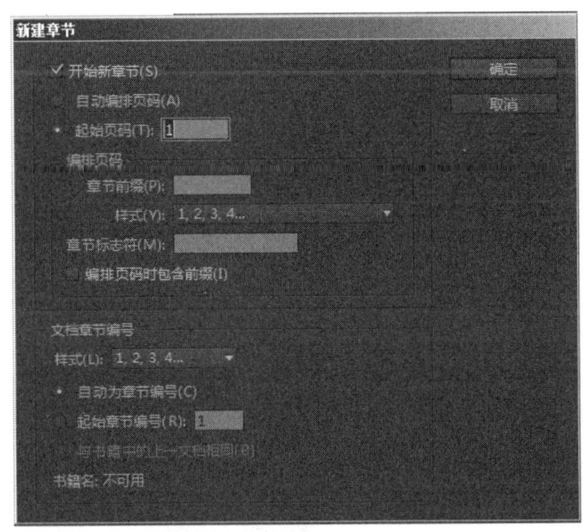

图 2-390　“新建章节”对话框

- 开始新章节：勾选该复选框，则选定的页面将成为新章节的开始，如果不想开始新的章节，可以取消选择“开始新章节”。
- 自动编排页码：单击该项，则当前章节的页码还跟随前一章的页码。如果在前面添加或删除页面，本章中的页码也会自动更新。
- 起始页码：单击该项，输入一个起始页码，则该章节将作为单独的一部分进行编排，第一页为输入的那个页码。
- 章节前缀：可以为每一章都做一个既个性化又统一的章节前缀，可以包括标点符号等，最多可输入八个字符。

- 样式：可以在菜单中选择一种页码样式，菜单中的样式如图 2-391 所示。默认情况下，使用阿拉伯数字作为页码。还有其他几种样式，如罗马数字、阿拉伯数字、汉字等。该样式选项允许选择页码中的数字位数。
- 章节标志符：输入一个标签，InDesign CC 2015 将把该标签插入页面上章节标志符字符所在的位置。
- 编排时包含前缀：勾选该复选框，则章节选项可以在生成目录索引或在打印包含有自动页码的页面时显示；如果只是想在 InDesign CC 2015 中显示，而在打印的文档、索引和目录中不显示章节前缀，则可以取消勾选该项。

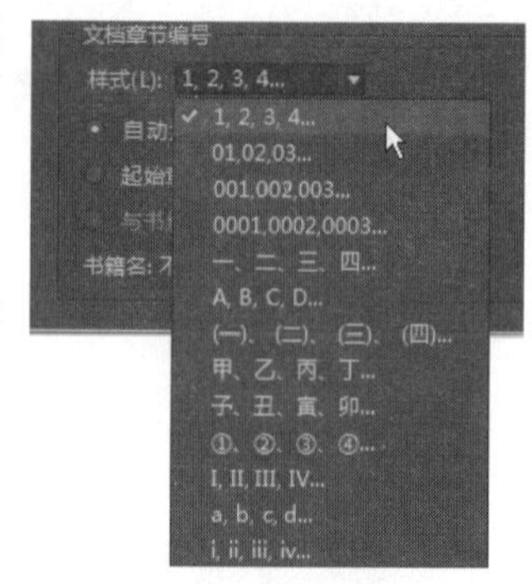

图 2-391　页码样式选项

2.9　打印与创建 PDF 文件

在 InDesign CC 2015 中，处理图像的输出方式包括两种：打印与导出 PDF 文件。前者可以方便地进行打印管理，设置打印或者印刷高级功能，可以方便地在激光打印机、喷墨打印机、胶片或者印刷机中打印高分辨率的彩色文档；后者为网络出版，也就是将其制作成电子文件，以便在计算机中浏览或者发布到网络中去。本节主要讲解设置打印选项、创建 PDF 文档、创建书签、超链接的方法。

2.9.1　打印设置

打印是输出图像最常见的方式之一。在打印之前，首先要进行相关设置，比如设置打印的份数、页面大小和方向等，然后再存储这些设置。执行菜单中的“文件 | 打印”命令，在弹出的“新建打印预设”中可以进行相关的打印设置。下面主要讲解“常规”“页面”“标记和出血”和“输出”4 个常用选项的相关参数。

1. 常规设置

单击“打印”对话框左侧列表中的“常规”选项，显示出相关选项，如图 2-392 所示。

- 份数：用于设置打印的份数。如果是两份或者两份以上，可以选中“逐份打印”复选框。如果选中“逆页打印”复选框，则将从后到前打印文档。
- 页面：在“页面”选项区的“打印范围”下拉列表中包括“全部页面”“仅偶数页”和“仅奇数页”3 个选项，选择不同的选项可打印相关的页面。选中“跨页”复选框可打印跨页，否则将打印单个

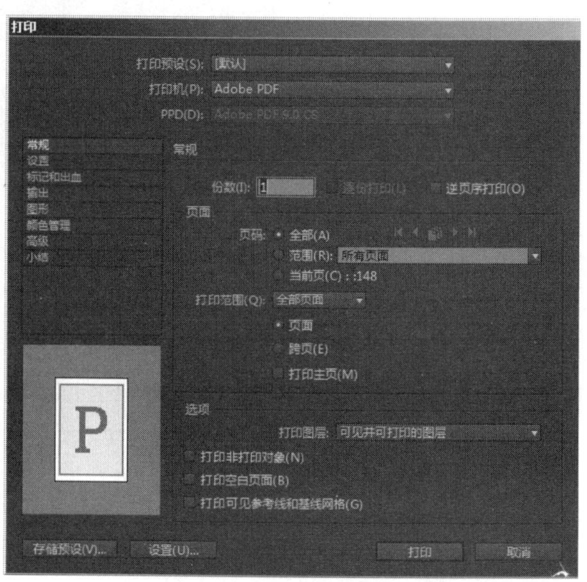

图 2-392　“常规”选项中的参数显示

页面；选中“打印主页”复选框将只打印主页，否则将打印所有页面。

- 选项：在“选项”选项区中，可以设置文档中要打开的图层范围。如果要打印默认情况下不会打印的对象，则可以根据需要启用不同的复选框。选中“打印非打印对象”复选框，将打印所有对象而不考虑选择性地防止打印单个对象的设置；选中“打印空白页面”复选框，将打印指定页面范围中的所有页面，包括没有出现文本或对象的页面（当打印分色时，此复选框不可用）；选中“打印可见参考线和基线网格”复选框，将按照文档中的颜色打印可见的参考线和基线网格（打印分色时，该复选框不可用）。

2. 页面设置

单击“打印”对话框左侧列表中的“设置”选项，显示出相关选项，如图 2-393 所示。

- 纸张大小：在“页面大小”列表中选择打印的纸张大小。下面就会显示所选择纸张的宽度和高度。
- 页面方向：可以选择打印页面的方向。有纵向、横向、反纵向、反横向 4 种方式可供选择，如图 2-394 所示。
- 缩放：可以设置对象缩放的宽度和高度的百分比。选中“约束比例”复选框，则会按比例缩放对象。单击“缩放以适合纸张”，则会通过缩放对象来适合纸张。
- 页面位置：设置打印页面在纸张上的位置，可以设为左上、垂直居中、水平居中或居中，如图 2-395 所示。

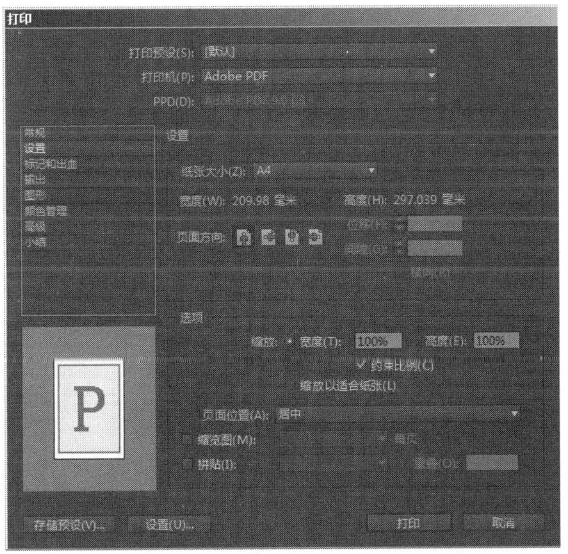

图 2-393 “设置”选项中的参数显示

- 缩览图：选中该复选框，可以在一个页面中打印多页。图 2-396 为选择不同缩览图选项的效果比较。

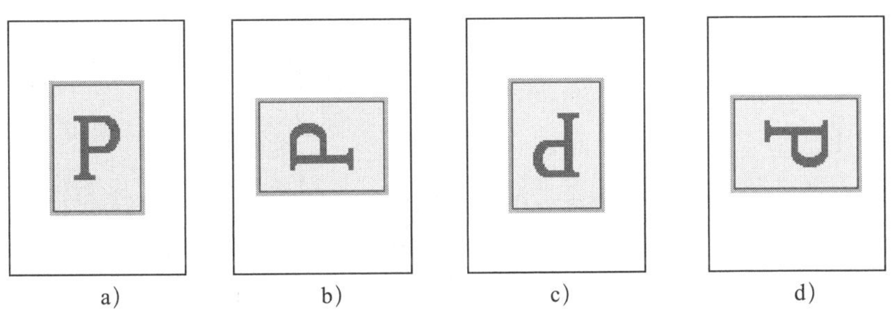

a)　　b)　　c)　　d)

图 2-394　页面方向比较
a）纵向　b）横向　c）反纵向　d）反横向

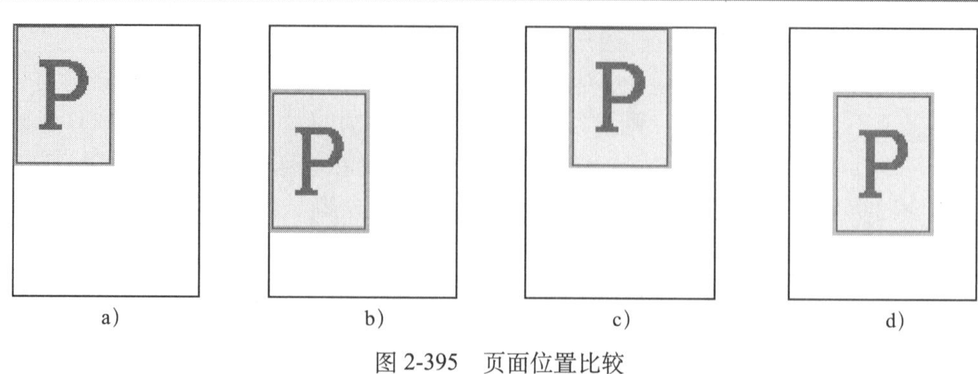

a)　　b)　　c)　　d)

图 2-395　页面位置比较

a）左上　b）垂直居中　c）水平居中　d）居中

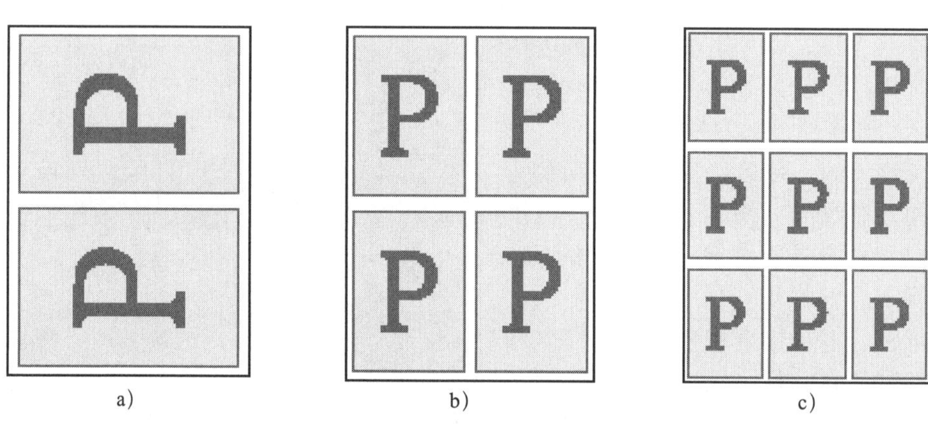

a)　　b)　　c)

图 2-396　选择不同缩览图选项的效果比较

a）选择 1×2　b）选择 2×2　c）选择 3×3

- 拼贴：可以将超大尺寸的的文档分为一个或多个可用页面大小进行拼贴。有“自动拼贴”“自动对齐”和“手动”3 个选项可供选择。选择“自动”，则会自动计算所需拼贴的数量，包括重叠部分；选择“自动对齐”，则会增加重叠量（如果需要），以便最右边拼贴的右边与文档页面的右边对齐，最下面拼贴的底边与文档页面的底边对齐；选择“手动”，则会打印单个拼贴，注意在选择此选项之前，需要首先通过拖动标尺的零点指定拼贴的左上角，然后执行“文件 | 打印”，并将“拼贴”选项选择为“手动”。

3. 标记和出血设置

单击“打印”对话框左侧列表中的“标记和出血”选项，显示出相关选项，如图 2-397

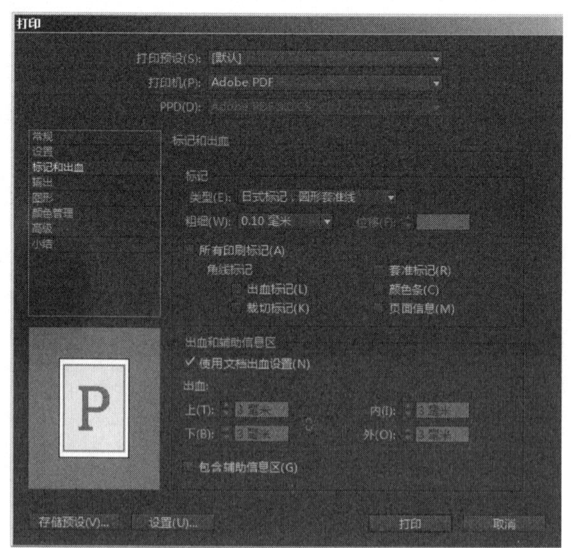

图 2-397　“标记和出血”选项中的参数显示

所示。

- 类型：用于设置标记类型。有“默认”“日式标记，圆形套准线”“日式标记，十字套准线”3 个选项可供选择。
- 粗细：默认设为 0.10 毫米。有“ 0.05 毫米”“0.07 毫米”“0.10 毫米”“0.15 毫米”“0.20 毫米”“0.30 毫米”“0.125 点”“0.25 点”和“ 0.50 点”几个选项（两种单位）可供选择。
- 位移：用于指定 InDesign CC 2015 打印页面信息或标记距页面边缘的宽度（裁切标记的位置）。该项只有在“类型”中选择“默认”时，此选项才可用。
- 所有印刷标记：选择此项，将打印所有的标记；如果不选此项，则可以根据需要选择要打印的标记。
- 裁切标记：用于添加定义页面应当裁切位置的水平和垂直细线。裁切标记可以与出血标记一起，通过将上下标记重叠，帮助把一个分色与另一个分色对齐。
- 出血标记：用于添加细线，该线用于控制页面中图像向外扩展区域的大小。
- 套准标记：在页面区域外添加小的“靶心图”，以对齐彩色文档中不同的分色。
- 颜色条：用于添加表示 CMYK 油墨和灰色色调（以 10% 递增）的颜色的小方块。
- 页面信息：在每页纸张或胶片的左下角用 6 磅的宋体字体打印文件名、页码、当前日期和时间及分色名称。“页面信息”选项要求距水平边缘有 0.5 英寸 (13mm)。
- 出血：如果选择“使用文档出血设置”将使用文档中的出血设置。如果不选，则可以在上、下、内、外中输入出血宽度。
- 包含辅助信息区：选择此项，可以打印在“文档设置”对话框中设置的辅助信息区域。

4. 输出设置

单击“打印”对话框左侧列表中的“输出”选项，显示出相关选项，如图 2-398 所示。“输出”选项中，可以确定如何将文档中的复合颜色发送到打印机。启用颜色管理时，“颜色”设置默认值会使输出的颜色得到校准。在颜色转换中专色信息将保留；只有印刷色将根据指定的颜色空间转换为等效值。

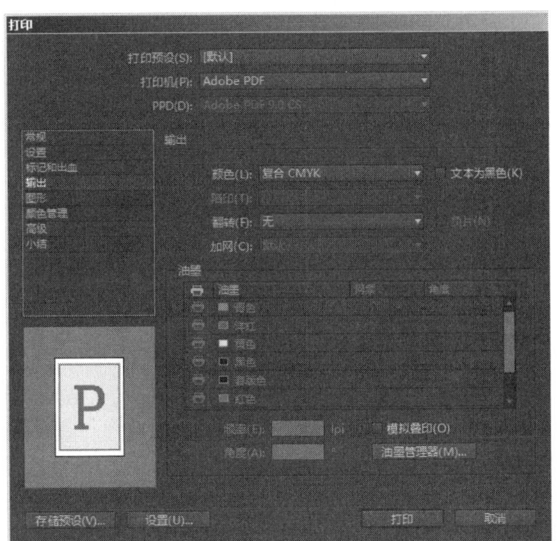

图 2-398 “输出”选项中的参数显示

- 颜色：用于颜色模式。有“复合保持不变”“复合灰度”“复合 RGB”“复合 CMYK”“分色”和“In-RIP 分色”6 个选项可供选择。选中“复合保持不变”，会将指定页面的全彩色版本发送到打印机，保留原始文档中所有的颜色值，当选择此选项时，则禁用“模拟叠印”；选择“复合灰度”，会将灰度版本的指定页面发送到打印机；选择“复合 RGB”，会将彩色版本的指定页面发送到打印机；选择“复合 CMYK”，会将彩色版本的指定页面发送到打印机；选择“分色”，会为文档要求的每个分色创建 PostScript 信息，并将该信息发送到输出设备，此项仅可用于 PostScript 打印机；选择“In-RIP 分色”，会将分色信息发送到输出设备，此项仅可用于 PostScript 打印机。

- 文本为黑色：将 InDesign CC 2015 中创建的文本全部打印成黑色，文本颜色为“无”或“纸色”，或与“白色”的颜色值相等。
- 陷印：如果选择分色打印，则可以在“陷印”中选择一种陷印方式。选择“应用程序内建”将使用 InDesign CC 2015 自带的陷印引擎；选择“Adobe in-RIP”将使用 Adobe in-RIP 陷印；选择“关闭”将不使用陷印。
- 翻转：可以将要打印的页面翻转，如水平、垂直、水平翻转、垂直翻转。
- 加网：用于设置加网方式。
- 油墨：用于选择一种油墨色，并设置该油墨的网屏与密度。

2.9.2 创建 PDF 文件

在 InDesign CC 2015 中制作出来的文件，除了可以通过打印的方式来查看外，还可以将其创建为 Adobe PDF 文件在计算机中查看。

PDF（Portable Document Format，便携式文档格式）是由 Adobe 公司开发的跨平台文件格式。PDF 拥有超强的跨平台功能（适合于 MAC/Windows/UNIX/OS2 等平台），不依赖任何系统的语言、字体和显示模式。PDF 和 HTML 一样拥有超文本链接，可导航阅读，具有极强的印刷排版功能，可支持电子出版的各种要求。而且与其他传统的文档格式相比，体积更小，更便于在因特网上传输。

在 InDesign CC 2015 中打开制作好的文档，执行菜单中的“文件|导出”（快捷键〈Ctrl+E〉）命令，在弹出的图 2-399 所示的“导出”对话框中设置保存类型为 Adobe PDF，然后输入文档名称后单击“保存”按钮。接着在弹出的图 2-400 所示的“导出 Adobe PDF”对话框中单击“导出”按钮，即可导出 PDF 文件。

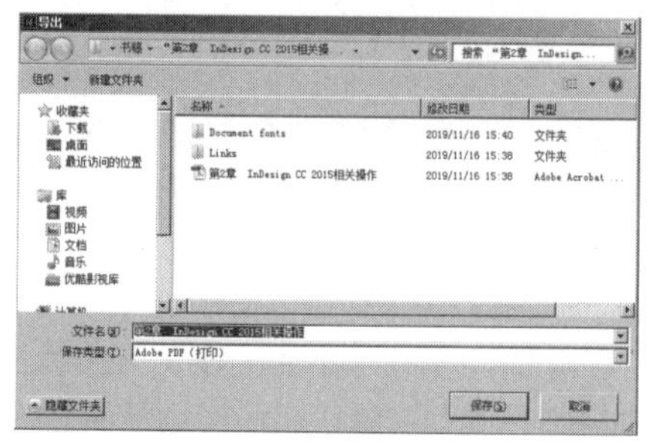

图 2-399 “导出”对话框

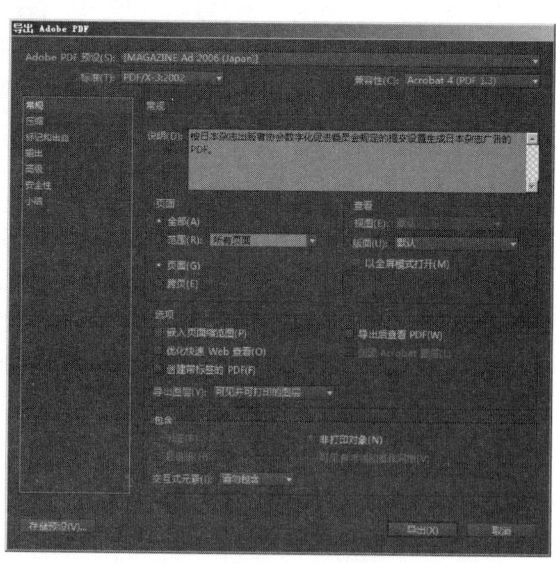

图 2-400 “导出 Adobe PDF”对话框

2.10 课后练习

1. 填空题

（1）InDesign CC 2015 的文本工具包括 ________、________、________ 和 ________4 种。

（2）在 InDesign CC 2015 中锚点分为 ________ 和 ________ 两种类型。

（3）按住 ________ 键的同时在页面内拖动参考线，即可移动跨页参考线。

2. 选择题

（1）在 InDesign CC 2015 中置入命令的快捷键是（　　）？

A.〈Ctrl+D〉　　B.〈Ctrl+I〉　　C.〈Ctrl+E〉　　D.〈Ctrl+K〉

（2）将插入点定位在表格的最后一个单元格中，然后按 ________ 键可插入新行。

A.〈Ctrl〉　　B.〈Shift〉　　C.〈Alt〉　　D.〈Tab〉

（3）利用“效果”面板可以为选定的对象添加多种特殊效果，下列哪些属于在 InDesign CC 2015 中可以添加的特殊效果（　　）？

A. 投影　　B. 内阴影　　C. 外发光　　D. 光泽

E. 定向羽化

3. 问答题

（1）简述在 InDesign CC 2015 中置入图形与图像的方法。

（2）简述文本绕排的方法。

（3）简述排列、对齐与分布对象的方法。

（4）简述定义和应用字符样式的方法。

第 2 部分　实例演练

第 3 章　报纸版面设计

报纸最主要的作用就是给人们提供最实时、最真实的信息，因此报纸的版式设计要时刻以清晰的信息和丰富多彩的内容为准。与其他的出版物相比，市面上的报纸大多数版式设计都显得较为简单和传统，基本都是文字和图片的罗列，没有特别新颖的版式。出现这种情况的部分原因是报纸新闻出版的保守性，以及报纸在读者群中积累的可信赖性，任何矫揉造作和不恰当的版式都会使报纸作为信息来源的可信度大跌。

报纸给人的感觉是一种信息获取的权威渠道，因此在图片与文字交互排列时不能没有规章，更不能使信息零碎，要严格按照版式网格的构架规律排列。信息的罗列要清晰，文字与图片的链接关系要合理。总的来说，要让读者能够轻松愉悦地从中获取主要信息。

本章将通过两个典型性的案例来讲解报纸的版式设计。这些案例中图文混排的工作是在 InDesign CC 2015 软件中完成的，而报纸图像的特殊处理工作则是通过 Photoshop 等软件来完成的。

3.1　国外报纸版式设计

要点：

国外一些优秀的报纸版式大多不仅是文字与图片的规律混排，还具有一定的艺术性。本例将制作一个名为“国外报纸版式设计”的案例，效果如图 3-1 所示。通过本例的学习不仅要掌握文字与图片的基本排列，还要严谨地考虑版式的网格结构、板块与板块之间的主次位置关系、图片与文本的大小比例关系、独立文本框之间的间距及对齐方式和字体的具体设计。

Local
SECTION
B
The Repository
Sunday,April 25,2008
RICK SENFTEN
Easy to talk trash
Hard to pick it up
Buding a wenderful house
BATS
can turn your house
upside down
Tiny creatures misunderstood,
but they have a purpose
Bats around Ohio
Canser survivors walking proud
Stark seeming benefits, the pirated software and movies

图 3-1　国外报纸版式设计

操作步骤：

1. 制作主背景框架

1）首先执行菜单中的“文件 | 新建 | 文档”命令，在弹出的对话框中设置如图 3-2 所示的参数，然后单击“边距和分栏”按钮，在弹出的对话框中设置如图 3-3 所示的参数，单击“确定”按钮。设置完成后的版面效果如图 3-4 所示，这是一个四边边距各为 15 毫米并均分为 5 栏的单页。接着单击工具栏下方的▣（正常视图模

式）按钮，使编辑区内显示出参考线、网格及框架状态。

提示：①一般的出版物出血大多是 3 毫米。报纸一般是 A3 幅面，由于是单页的报纸，因此“页数”设为 1。边距和分栏的设置要根据每种出版物特有的性质和版式的需求分别设定。

②辅助线中黑线区域表示页面尺寸，红线是出血线，蓝线区域表示辅助信息区，品红线表示边空，紫色线是分栏线。

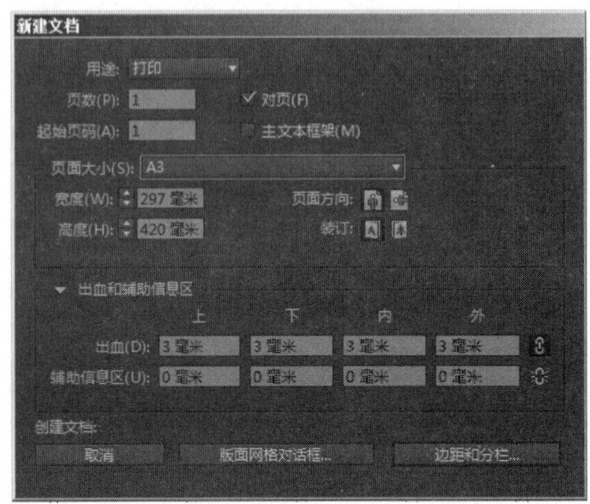

图 3-2　在“新建文档”对话框中设置参数

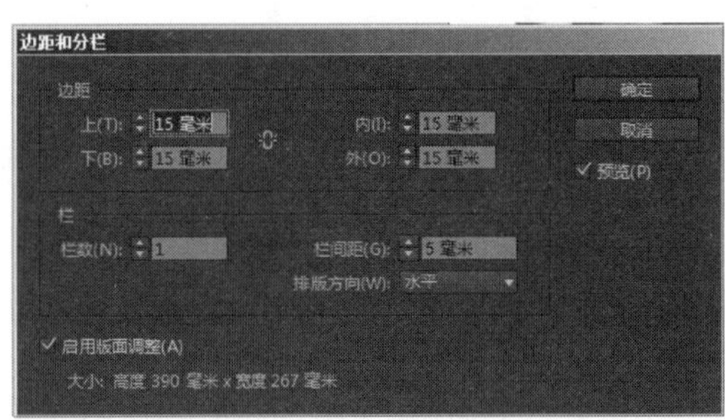

图 3-3　设置“边距和分栏”

图 3-4　版面效果

2）制作将报头和正文分隔开的两条水平线，这是整个报纸版面非常重要的结构线，因此它的位置、长短、粗细、颜色都要仔细考量。方法：首先按〈Ctrl+R〉键，在窗口的左侧和上侧出现标尺，然后从水平标尺中拉出一条参考线并定位到垂直标尺 50 毫米处，如图 3-5 所示，此时版面效果如图 3-6 所示。接着单击工具箱中的 （矩形框架工具），在版面空白处单击鼠标左键，在弹出的对话框中设置矩形的长宽参数，如图 3-7 所示。单击“确定”按钮，此时页面上部会出现一条细长的矩形框架。下面将它的填色设为灰色（参考色值为：CMYK（0，0，0，50）），并将矩形框架放置到如图 3-8 所示的位置。

提示：矩形长宽的计算方式：A3 版面的宽度是 297 毫米，而两侧的边距各是 15 毫米，（297−15×2）毫米=267 毫米，这正好是版心的宽度，在这些数据上的严谨对待可以使版面排布更加精确。

图 3-5　参考线纵向坐标

图 3-6　添加水平参考线

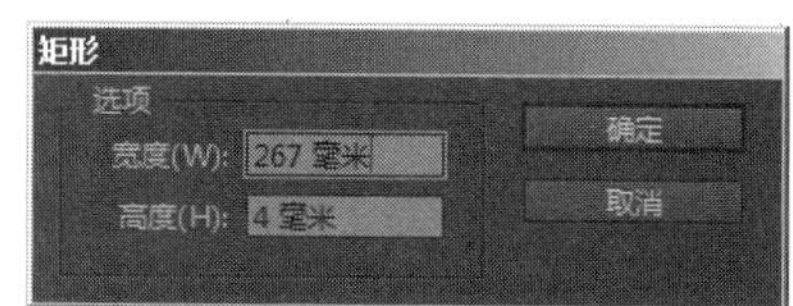

图 3-7　设置矩形参数

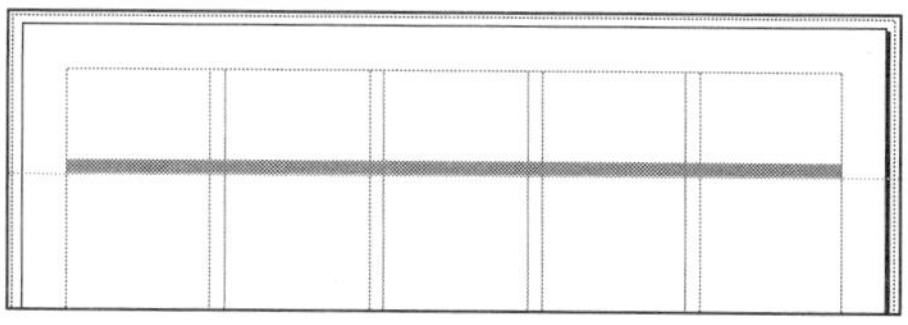

图 3-8　矩形框架效果

3）在灰色矩形条上方再绘制一条同样长度但是高度只有 1 毫米的蓝色矩形条，制作方法同上。蓝色的参考色值为：CMYK（100，84，0，38）。然后将其放置于灰色矩形条上方。为了使两个矩形条能精确地对齐，下面执行菜单中的“窗口 | 对象和版面 | 对齐”命令，打开“对齐”面板，再利用（选择工具），配合〈Shift〉键将两个矩形条同时选中，接着再单击“对齐”面板中的（左对齐）按钮，如图 3-9 所示，对齐后效果如图 3-10 所示。

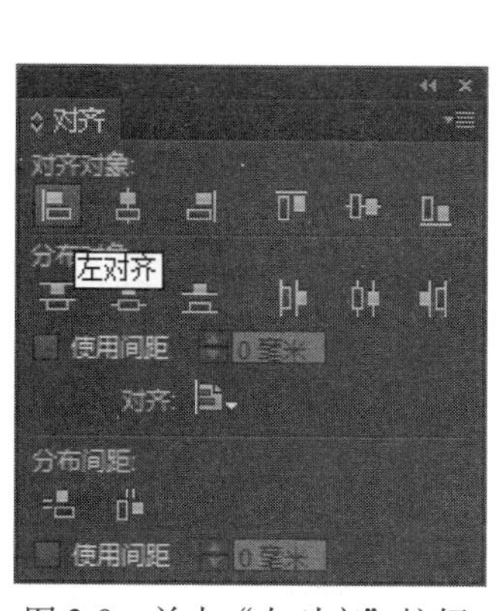

图 3-9　单击“左对齐”按钮

图 3-10　对齐后效果

4）设置两个矩形条的间距为 1 毫米。方法：勾选“对齐”面板下方的“使用间距”项，设置“间距”为 1 毫米。然后单击对齐面板中的（垂直分布间距）按钮，如图 3-11 所示，这样它们之间的间距就很准确，也是绝对对齐的。最终效果如图 3-12 所示。

5）这样，版面的基本结构就构架了出来，下面将其保存为“国外报纸版面设计 .indd”。

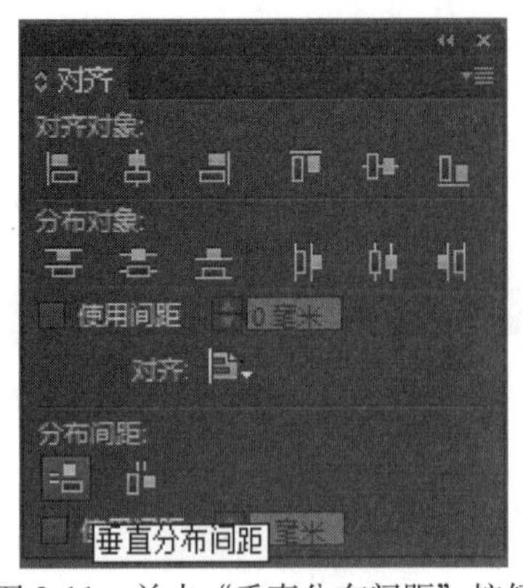

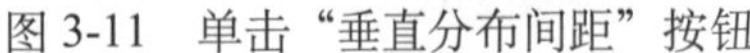

图 3-11　单击“垂直分布间距”按钮

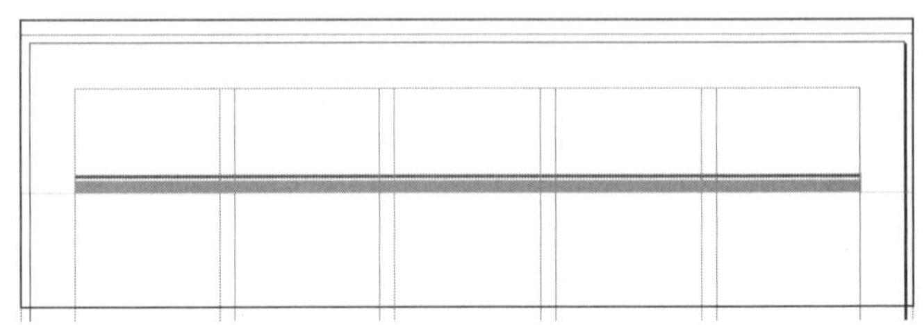

图 3-12　两个矩形条在版面中的效果

6）在进行具体排版之前，先在 Photoshop 软件中进行图像的处理，然后再将其置入。首先，在 Photoshop 中绘制出这个报纸版面的主背景图。方法：启动 Photoshop CC 2015 软件，新建一个 A4 大小的文件，“分辨率”为 300 像素 / 英寸，“色彩模式”为 CMYK，如图 3-13 所示，然后打开网盘中的“素材及结果 \3.1 国外报纸版面设计 \ 所需素材 \ 树叶 .psd”文件，选取树叶图形后复制粘贴到主文件中，接着进行缩放并旋转，再放置在画面的左上角。最后再复制出一份树叶图形放在画面的右上角，如图 3-14 所示。

图 3-13　设置“新建”参数

图 3-14　将树叶放置在画面合适的位置

7）在“图层”面板中将树叶这两层同时选中，然后执行菜单中的“图层 | 合并图层”命令，将两片树叶合并到一层，再将图层的名称改为“绿叶”。接着选中该层，执行菜单中的“图像 | 调整 | 亮度 / 对比度”命令，在弹出的对话框中设置如图 3-15 所示参数，单击“确定”按钮，从而将图像亮度和对比度降低，使树叶颜色变得深暗，效果如图 3-16 所示。

图 3-15　设置“亮度 / 对比度”参数

图 3-16　树叶的颜色变暗

8）由于是报纸版面的背景图，所以需要将画面处理得模糊一点。方法：执行菜单中的“滤镜 | 模糊 | 高斯模糊”命令，在弹出的对话框中将“半径”设为 8.5 像素，如图 3-17 所示，单击“确定”按钮，模糊后的画面最终效果如图 3-18 所示。

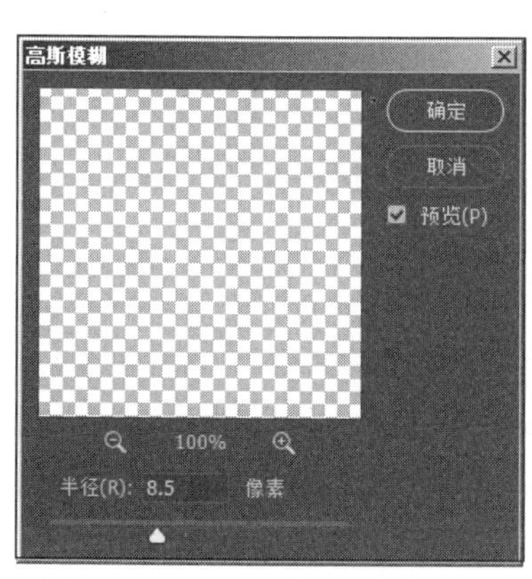

图 3-17　设置“高斯模糊”参数

图 3-18　画面最终效果

9）为了要制作出一种朦胧的效果，还需要将树叶边缘和部分颜色加深。方法：单击（加深工具），在工具选项栏里如图 3-19 所示参数设置，然后将树叶的边缘部位依次加深，效果如图 3-20 所示。此时仅仅是树叶边缘部分加深，整个树叶显得比较生硬，还要使用（画笔工具）进行描画。参考图 3-21 所示的画笔工具选项栏参数设置，将画笔的颜色设定为黑色。随后用此工具在两片树叶上进行不规律的涂抹，最终效果如图 3-22 所示。

10）接下来绘制背景。方法：选中背景图层，然后选择 （画笔工具），在工具栏中设置参数如图 3-21 所示，再将画笔的色彩设为深蓝紫色（参考色值为：CMYK（89，94，50，8））。接着使用 （画笔工具）沿着树叶和画面的边缘进行轻轻地涂抹，并随时调整画笔的透明度和填充度，使其产生渐隐渐弱的效果，最终效果如图 3-23 所示。这样，报纸主背景图的绘制就完成了，下面将其保存为“主背景图 .psd”。

80 范围：中间调 曝光度：30%

图 3-19　设置“加深工具”参数

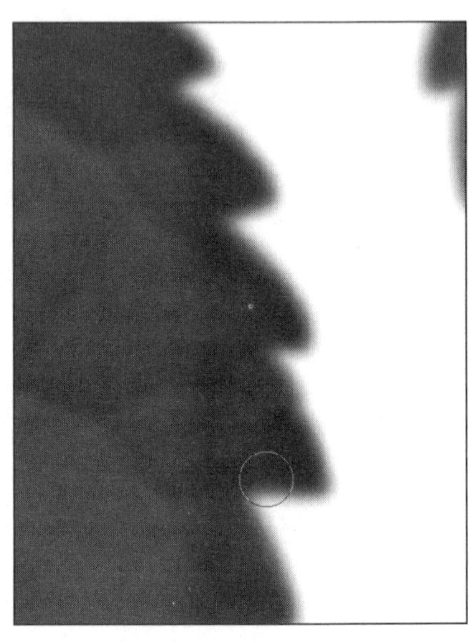

图 3-20　将树叶边缘部分加深

图 3-21　设置画笔参数

图 3-22　树叶经画笔处理后的效果

图 3-23　经画笔绘制后的背景效果

11）回到“国外报纸 .indd”文件，开始正式的版面编排。首先从水平标尺拉一条参考线，并定位到垂直标尺的 330 毫米处，如图 3-24 所示，然后利用 （矩形框架工具）根据参考线和分栏线创建一个矩形框架，它的作用是定位主背景图在版面中的位置，如图 3-25 所示。

12）利用 （选择工具）选中刚刚创建好的矩形框架，然后执行菜单中的“文件 | 置入”命令，在弹出的对话框中选择“主背景图 .psd”文件，如图 3-26 所示，单击“打开”按钮，将其置入框架内，效果如图 3-27 所示。接着执行菜单中的“对象 | 适合 | 使内容适合框架”命令，将“主背景图 .psd”的大小与矩形框架贴合一致，最后效果如图 3-28 所示。

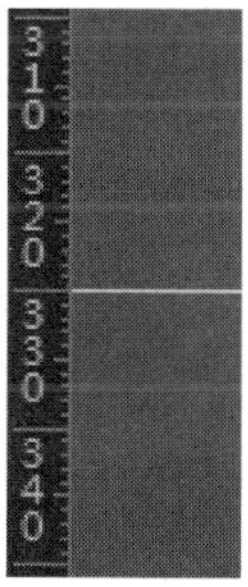

图 3-24　添加水平参考线

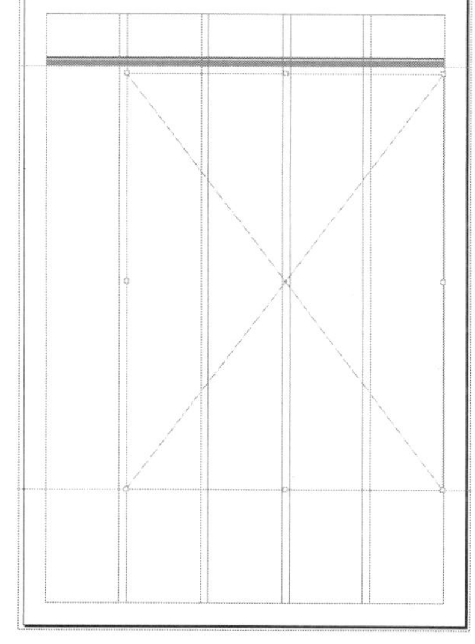

图 3-25　创建主背景图框架

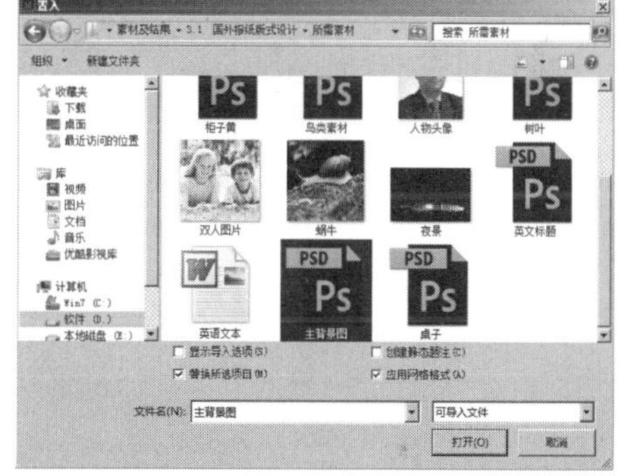

图 3-26　在弹出的“置入”对话框中选择文件

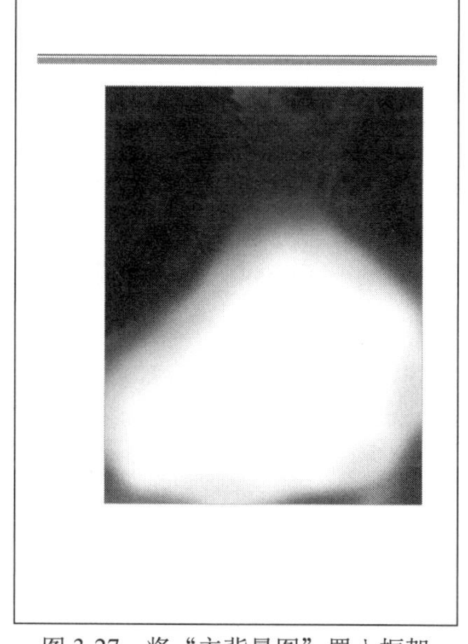

图 3-27　将“主背景图”置入框架

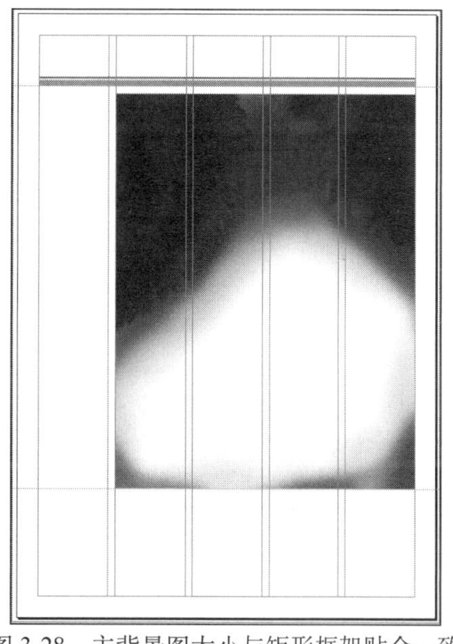

图 3-28　主背景图大小与矩形框架贴合一致

2. 在主背景的框架内编排图片和内容

主背景图的位置确定以后，报纸的版面结构就更加明确化了。在下面的步骤中，将在主背景的框架内编排图片和内容，这是一系列复杂烦琐的步骤，要做到精准仔细。

1）打开网盘中的“素材及结果\3.1 国外报纸版面设计\所需素材\飞鸟 1.psd”文件，然后将其置入文档（置入方法与之前的一致），如图 3-29 所示，接着选中置入的“飞鸟 1”图形，调整它的大小并放置于主背景图左上方，再执行菜单中的“对象 | 变换 | 水平翻转”命令，将图像水平翻转，如图 3-30 所示。最后执行菜单中的“对象 | 变换 | 旋转”命令，在弹出的对话框中设置角度，如图 3-31 所示，单击“确定”按钮，旋转后效果如图 3-32 所示。

提示：飞鸟的形状在 Photoshop 中已预先进行选取，并且飞鸟图形之外的背景在图层中已被删除，然后将文件存储为 psd 文件，这样图片在置入 InDesign CC 2015 后可以自动去除背景。

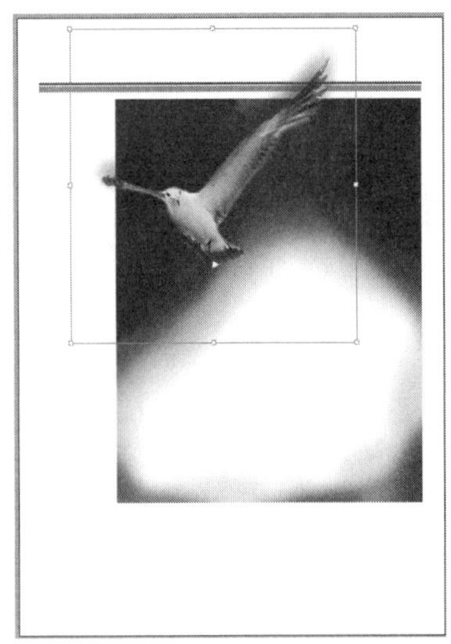

图 3-29　将“飞鸟 1.psd”置入文档

图 3-30　将图像水平翻转

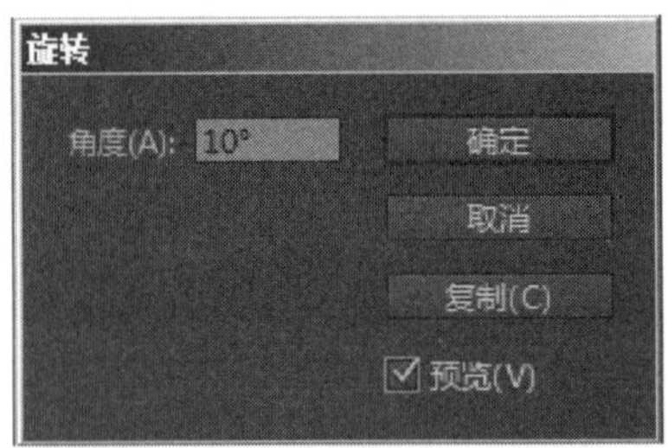

图 3-31　在对话框中设置角度

图 3-32　图像旋转后效果

2）置入网盘中的“素材及结果\3.1 国外报纸版面设计\所需素材\飞鸟 2.psd”文件，如图 3-33 所示，然后执行菜单中的“对象 | 排列 | 后移一层” 命令，将“飞鸟 2”移至“飞鸟 1”的下一层，如图 3-34 所示。接着调整其大小和角度直到合适状态，效果如图 3-35 所示。最后将网盘中的“素材及结果\3.1 国外报纸版面设计\所需素材\飞鸟 3.psd”置入，编排效果如图 3-36 所示。

图 3-33　将“飞鸟 2.psd”置入

图 3-34　将其置于后面一层

图 3-35　飞鸟 2 最后效果

图 3-36　飞鸟 3 在版面中效果

3）在 InDesign CC 2015 中制作英文标题文字，因为标题字体为特殊设计的艺术字，因此不能使用字库的字体直接输入，而需要作为图形来绘制。方法：首先利用（钢笔工具）进行绘制，再使用（转换方向点工具）进行调整，从而制作出“BATS”英文字样的闭合路径，如图 3-37 所示。然后再绘制出英文字母“B”和字母“A”的空心部分（闭合路径），如图 3-38 所示。接着使用（选择工具）将它们全部选中，打开“路径查找器”工具面板，单击（排除重叠：重叠形状区域除外）按钮，如图 3-39 所示，这样空心部分就会自动镂空了。最后打开“渐变”工具面板，设置如图 3-40 所示，将“类型”设为“线性”，“角度”设为

90°，将右侧色标的颜色设为浅紫色（参考色值为：CMYK（43，48，11，0）），标题处理后的效果如图 3-41 所示。

图 3-37　用“钢笔工具”绘制出“BATS”字样

图 3-38　绘制出“A”和“B”的空心部分

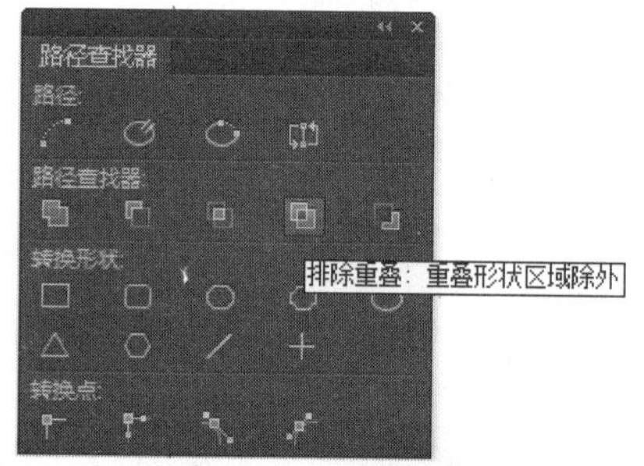

图 3-39　“路径查找器”工具面板

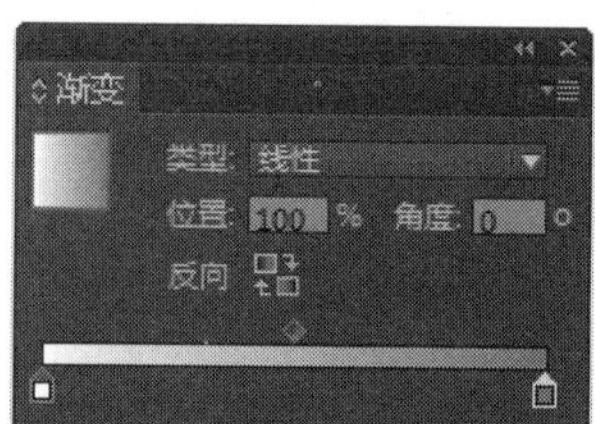

图 3-40　设置“渐变”参数

图 3-41　标题处理后效果

4）选中英文标题，执行菜单中的“对象 | 效果 | 外发光”命令，在弹出的对话框中设置参数如图 3-42 所示，将“模式”设为“正常”，“不透明度”设为 87%，“颜色”设为黑色，“方法”设为“柔和”，“大小”设为 2.469 毫米，“扩展”设为 10%，“杂色”设为 0%，单击“确定”按钮后效果如图 3-43 所示。然后执行菜单中的“对象 | 效果 | 羽化”命令，在

弹出的对话框中将类型设为“线性”，角度为 -90°，如图 3-44 所示，单击“确定”按钮。此时英文标题的下方色彩出现渐渐隐去的效果，如图 3-45 所示。

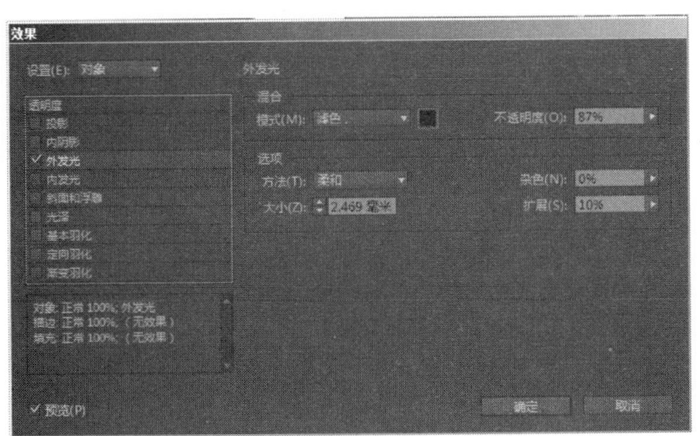

图 3-42　设置“外发光”参数

图 3-43　英文标题外发光效果

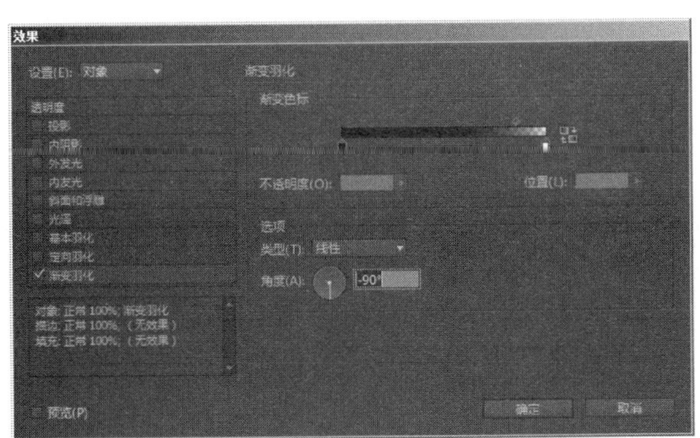

图 3-44　设置渐变羽化效果参数

图 3-45　英文标题形成渐隐的效果

5）主要图片编排完成后，下面开始对主背景图下方的空白版面进行编排。首先要增加几条参考线，进行版面的分割。如图 3-46 所示，用红色圆圈标记的是新增加的参考线。浅红色区域是主要编排区。这些参考线都起着划分版面结构的作用。接下来的图文编排都是以此为标准的。

6）将网盘中的“素材及结果\3.1 国外报纸版面设计\所需素材\夜景.jpg”图片置入文档，然后调整其大小与左侧浅红区域的宽度一致，并放在左侧浅红区域的顶部，与参考线一致，如图 3-47 所示。

7）为了使夜景图与背景图区分开来，下面对夜景图再添加一圈白色的描边。方法：选中夜景图，在屏幕右侧单击按钮，打开“描边”面板，在面板中如图 3-48 所示参数设置，将描边的“颜色”设为白色。添加描边后的效果如图 3-49 所示。

8）置入网盘中的“素材及结果\3.1 国外报纸版面设计\所需素材所需素材|柜子红.psd、柜子黄.psd”图片，它们都是事先在 Photoshop 中进行过褪底操作的图像文件（褪好底的图

像置入版面后，在进行图文绕排的时候能方便文字根据图像的轮廓自动编排），然后调整它们的大小并置于夜景图的下方、参考线的框架内，如图 3-50 所示。

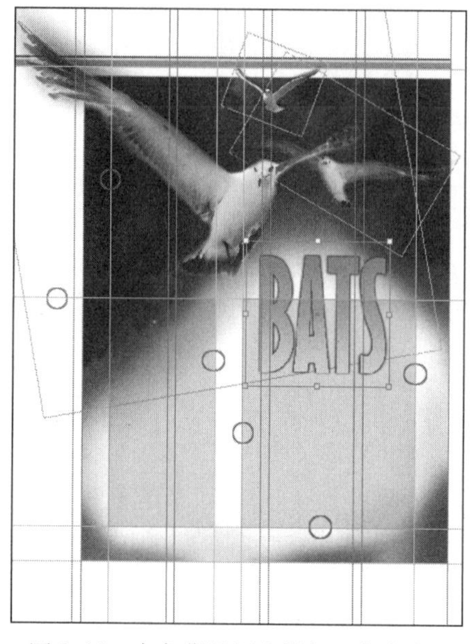

图 3-46　在主背景图上增加几条参考线

图 3-47　将“夜景”图片置入文档

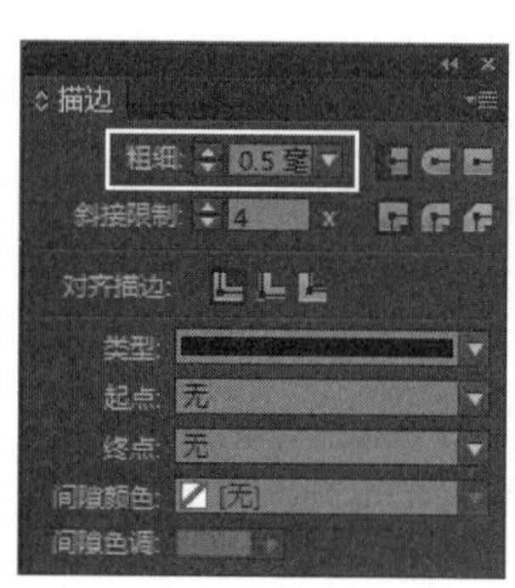

图 3-48　在“描边”面板中设置参数

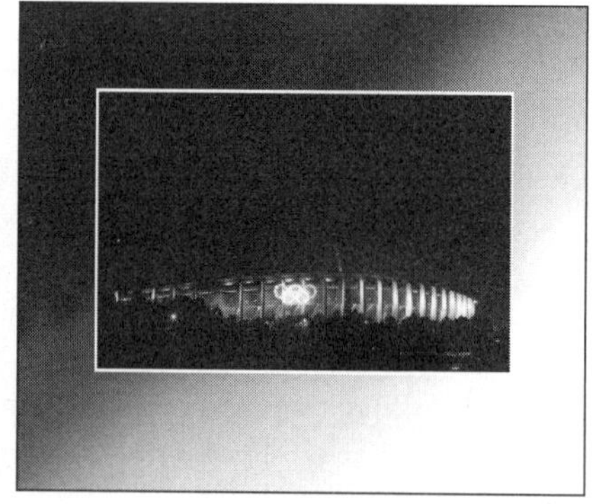

图 3-49　为夜景图设置描边后的效果

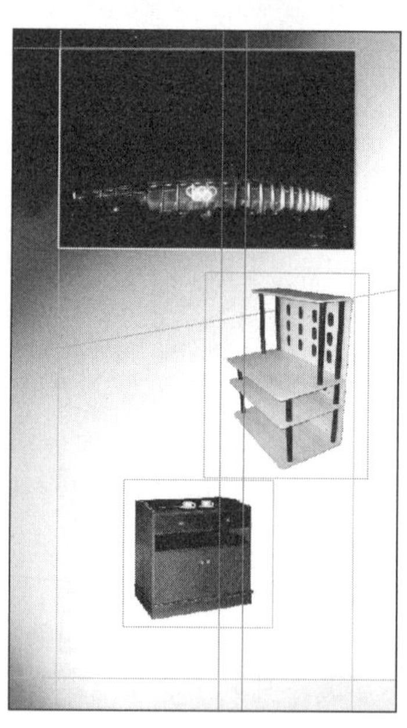

图 3-50　柜子图片置入后的效果

9）增加一条参考线，使其落在夜景图中部的位置，如图 3-51 所示，这条参考线的作用是为以后的文本编辑做基础。然后将网盘中的“素材及结果 \3.1　国外报纸版面设计 \ 所需素材 \ 蜗牛 .jpg”图片置入文档，再调整其大小放在右侧浅红区域的左下方，并增加四条参考线，一条与蜗牛图片的顶边一致，一条与夜景底边一致，一条在“柜子黄 .psd”下部，一条在蜗牛图片的右侧 3 毫米处，如图 3-52 所示，图中标记圆圈的为新增的参考线。

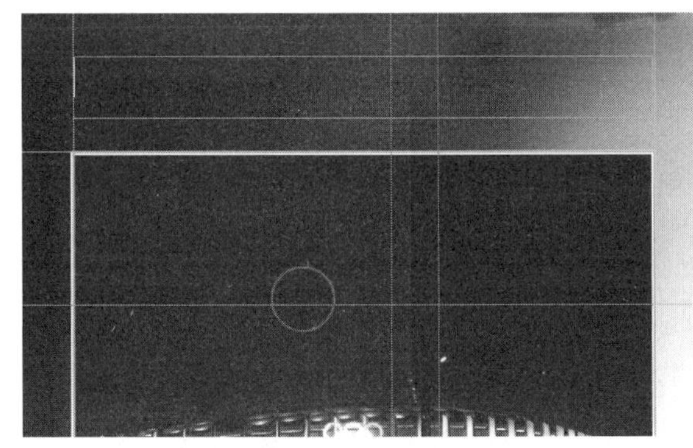

图 3-51　增加参考线

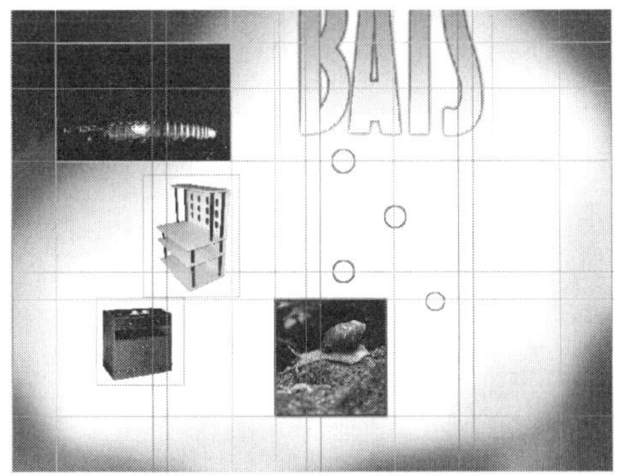

图 3-52　置入蜗牛图片并增加参考线

10）为蜗牛图片设置描边。方法：打开“描边”面板，设置参数如图 3-53 所示，描边的“填色”设为黑色。效果如图 3-54 所示。

11）至此，主背景图区域内需要置入的图片全部编排完成，接下来是文字的编排。根据之前所设置的参考线，大致可以把文字编排的区域分为红、黄、蓝三块，如图 3-55 所示，颜色区域的划分也可以参看本书彩插图示。接下来在这三块区域中进行图文混排。

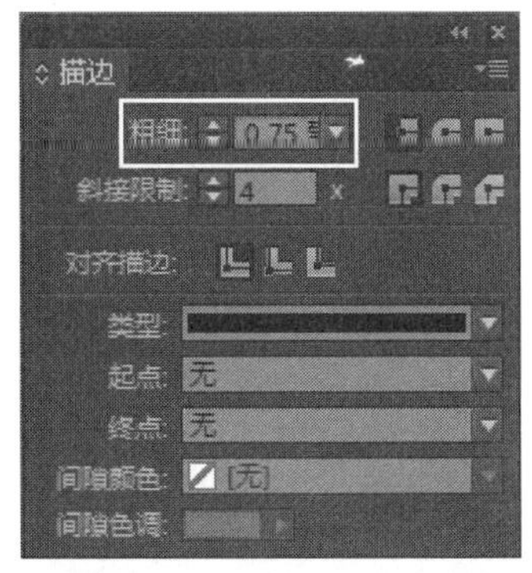

图 3-53　设置“描边”参数

图 3-54　设置描边后效果

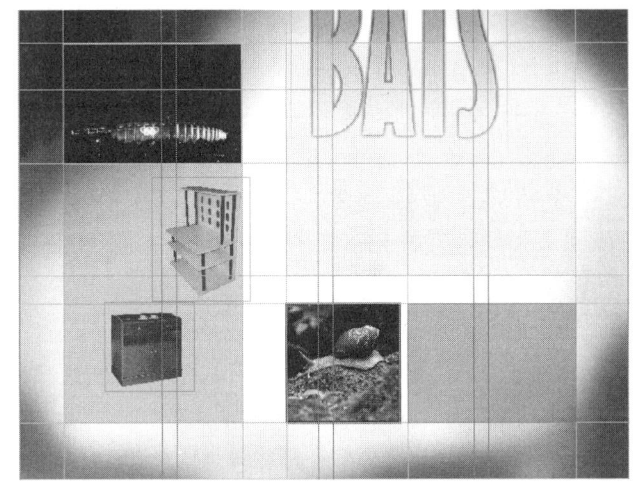

图 3-55　文字编排区域示意图（参看本书彩插图示）

12）在夜景图上方添加蓝色区域文章的标题。方法：单击工具栏中的 T（文字工具），在夜景图上方拉出一个文本框。然后按快捷键〈Ctrl+T〉，在打开的“字符”面板中设置参数如图 3-56 所示，将“字体”设为 Impact，“字号”设为 15 号，“字符间距”设为 5，其他为默认值。接着在文本框中输入“Buding a wonderful house”字样，再使用▣（左对齐）按钮使其与夜景图左对齐，并且两者之间的“垂直分布间距”为 2 毫米。具体方法前面已有详细介绍，在这里就不累述，最终效果如图 3-57 所示。

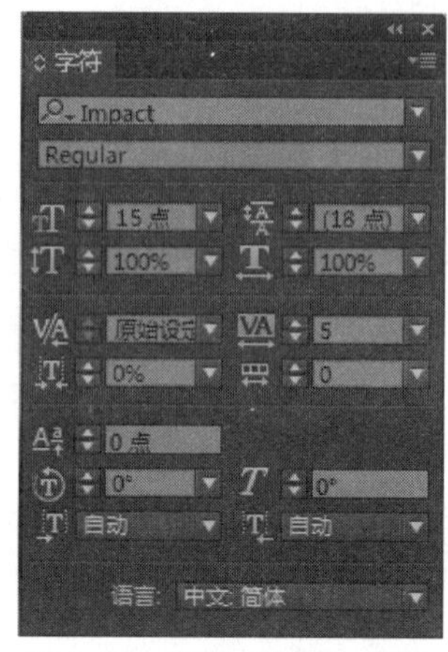

图 3-56　设置“字符”参数

图 3-57　文章标题最后效果

13）下面将刚才的标题字符设为一种“字符样式”，以便在需要相同字符属性的文本时直接套用该字符样式，而无需重新设定参数，从而提高工作效率。方法：先选中刚刚编辑好的文字标题，按〈Shift+F11〉键打开“字符样式”面板，然后单击面板下方的▣（创建新样式）按钮，将样式的名称改为：中等标题，如图 3-58 所示。如果需要修改字符参数，只需双击字符样式面板中对应的字符样式，在弹出的如图 3-59 所示的对话框中修改参数后单击“确定”按钮，此时所有与之对应的字符都会集体自动修改，而无需逐一修改。

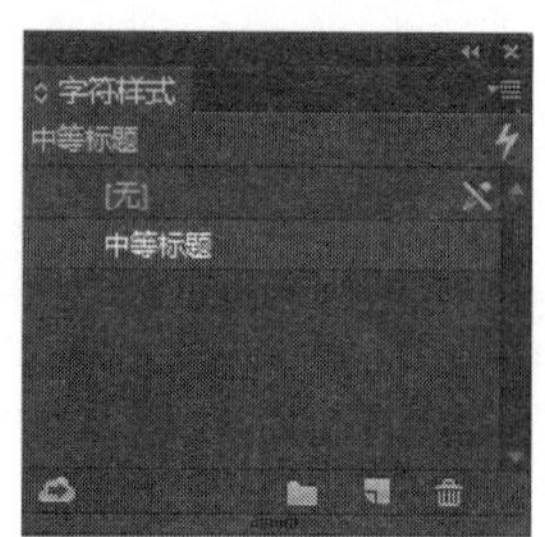

图 3-58　新建字符样式

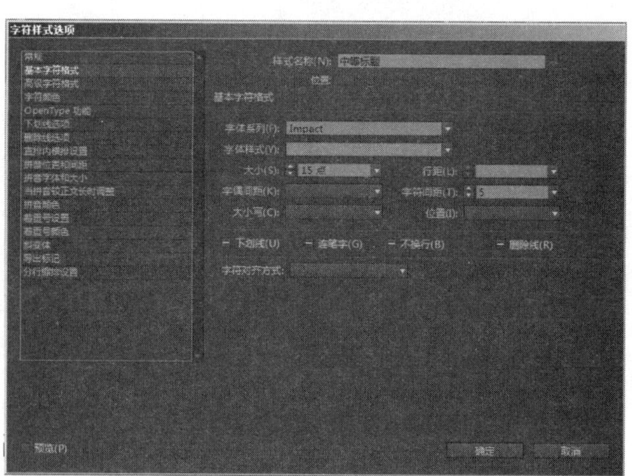

图 3-59　“字符样式选项”对话框

14）接下来编排“柜子黄 .psd”旁边空白处的文字。在进行图文混排的时候，文本框与图片之间要形成一种协调的美感，因此在这里的文本框不能是规则的，要根据图片的外轮廓创建一个自由形态的文本框。方法：选择工具箱中的（钢笔工具），绘制一个不规则多边形，注意多边形的左侧边要与参考线对齐，如图 3-60 所示。然后按〈Shift+F11〉键打开“字符”面板，如图 3-61 所示设置参数，将“字体”设为：Sylfaen，“字号”设为 7 号，“字符间距”设为 -50，“行距”为 7，其他为默认值。接着将准备好的英文文本粘贴入文本框，此时文字会根据文本框的形状自动调整适应，效果如图 3-62 所示。最后将这种字符样式在“字符样式”面板中存储为新样式“正文”。

提示：在进行段落文字的编排时应注意以下几个问题：

① 不要让一个单字或短行来结束一个段落。

② 不要让一段的最后一行出现在文本栏的顶部。

③ 如果是英文文本，避免在转行的时候分割单词。

④ 避免把名字分割开，一个人的姓和名要尽量在一行中全部出现。

⑤ 方括号和圆括号要正直，即使它们出现在斜体文字中。

⑥ 大多数标点符号都不能出现在文字的开头，如果是引号，要让它悬挂在并排文本的外面。

⑦ 如果是英文文本的话，逗号和引号之间的距离应该删除，这些符号会在上面或下面“占据”额外的空间。

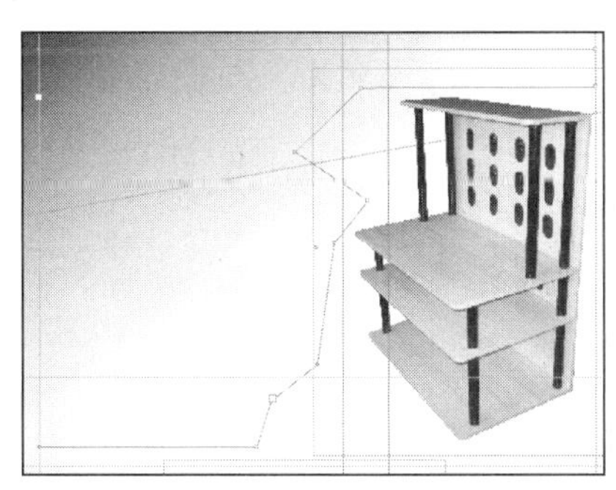

图 3-60　绘制文本框图形

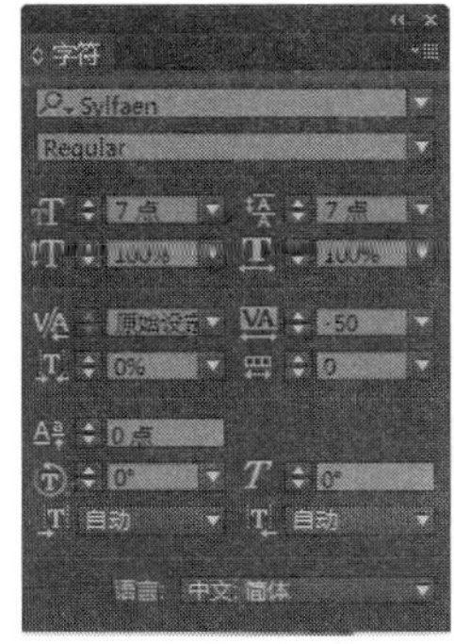

图 3-61　设置字符参数

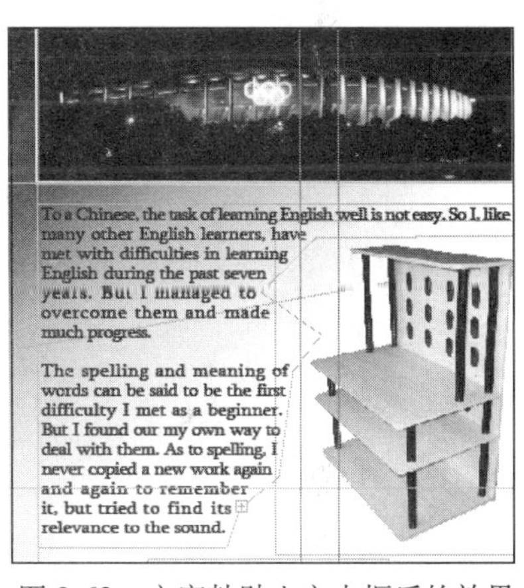

图 3-62　文字粘贴入文本框后的效果

15）同理，在“柜子红 .psd”的左侧绘制不规则文本框，如图 3-63 所示。然后选择（文字工具），用鼠标点中文本框，在“字符样式”面板中选择“正文样式”，接着将准备好的英文文本粘贴入文本框，效果如图 3-64 所示。

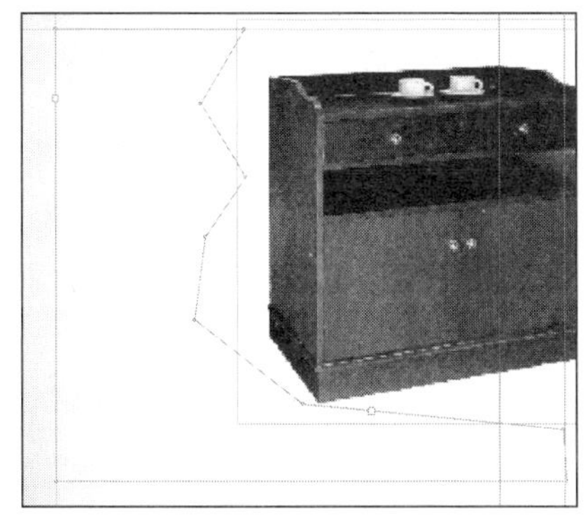

图 3-63　绘制不规则文本框

图 3-64　粘贴入英文文本

16）利用（矩形框架工具）在蓝色编辑区的最下方根据参考线建立一个矩形文本框，如图 3-65 所示，然后选择“正文字符样式”，将文本粘贴入文本框，效果如图 3-66 所示。

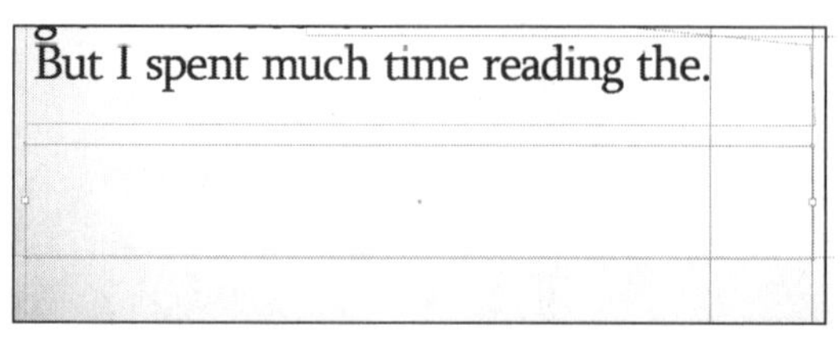

图 3-65　建立矩形文本框

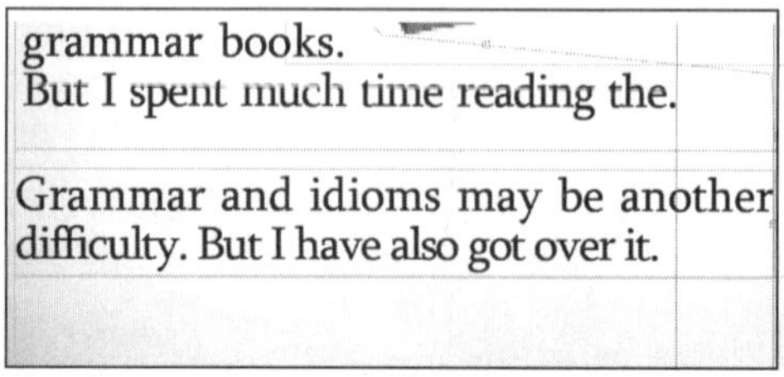

图 3-66　文本粘贴入文本框后的效果

同理，利用（矩形框架工具）在“柜子红 .psd”的右侧创建 3 个宽度一致的矩形文本框，并将它们成纵向排列，如图 3-67 所示。然后选择“正文字符样式”将文字置入，效果如图 3-68 所示。

提示：使矩形框的宽度或高度一致有两种方法，一是按住〈Alt〉键拖动复制，另一种是绘制好矩形框后，在选项栏设置或调整数值，其中“W”代表宽度，“H”代表高度，如图 3-69 所示。

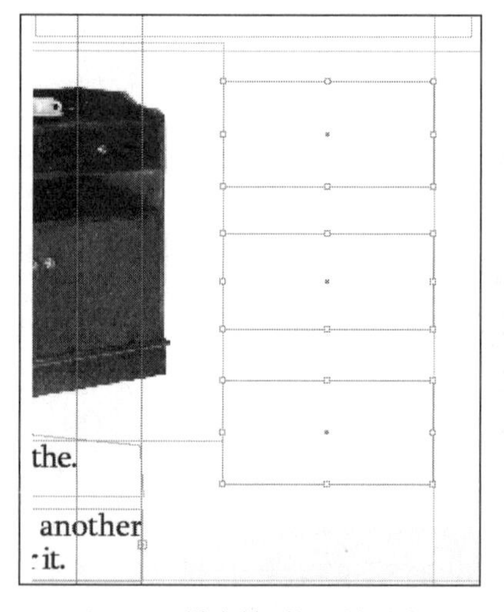

图 3-67　纵向排列矩形文本框

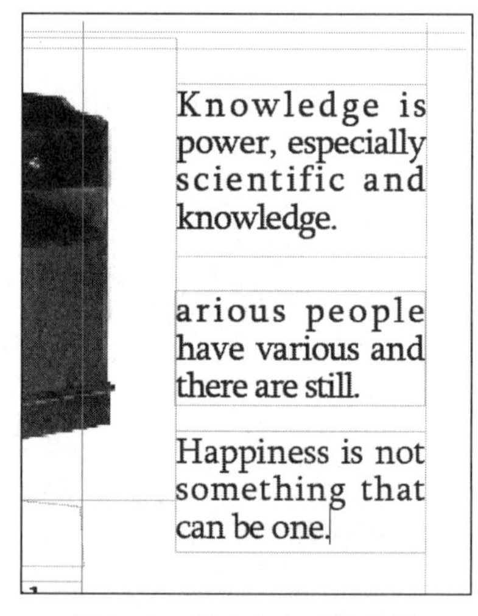

图 3-68　置入文字后的效果

图 3-69　设置宽度和高度

17）三个矩形框内的文字实际上是左侧家具图片的局部注解，为了强调这种图注的关系，下面绘制线条将图文进行连接。方法：选择工具栏中的（直线工具），在“描边”面板将“粗细”设为 0.15 毫米，选择（圆头端点），如图 3-70 所示，然后在图片与文本框之间拉出三条直线，如图 3-71 所示。

18）在蓝色编辑区的右下角将最后的一句文字编排完成，这样，蓝色编辑区的图文混排就全部完成了，最终效果如图 3-72 所示。

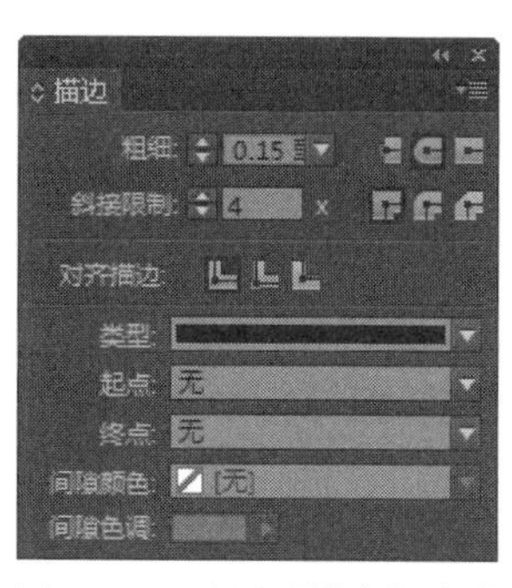

图 3-70　设置“描边”参数

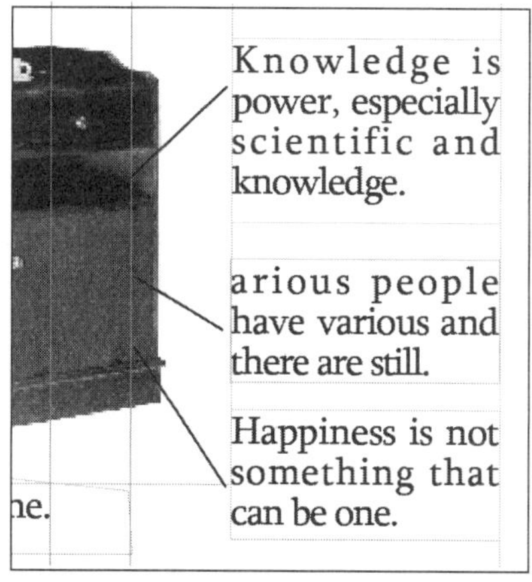

图 3-71　三条直线与文本的链接效果

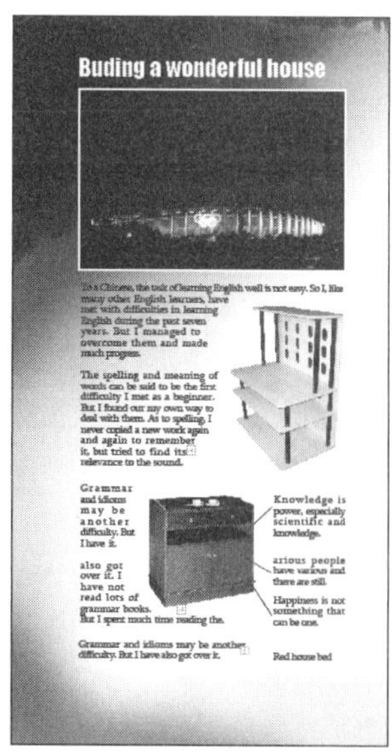

图 3-72　蓝色编辑区完成效果

19）按照顺序，开始黄色编辑区的图文混排。方法：首先开始标题下方的标题文字编排。在“BATS”英文标题的中下方用⊠（矩形框架工具）创建一个矩形文本框，其长宽与参考线围合而成的矩形框架一致，如图 3-73 所示。然后在“字符”面板中设置如图 3-74 所示参数，将“字体”设为 Arial Black，“字号”为 24 号，“水平缩放”为 110%，其他为默认值。接着在文本框中输入英文文本，如图 3-75 所示。再执行菜单中的“对象 | 适合 | 使框架适合内容”命令，使框架与文字严密贴合，便于以后多个文本框的编排，最后效果如图 3-76 所示（红色边框代表文本框）。至此，这部分的标题绘制完成。

20）通常在标题的下方是副标题，下面输入副标题文字，效果如图 3-77 所示。

21）标题部分绘制完成后，开始编辑正文部分。方法：首先在标题的下方依据左方和下方的参考线用⊠（矩形框架工具）创建一个矩形文本框，如图 3-78 所示。然后如图 3-79 所示输入小标题文字和小副标题文字。

图 3-73　创建矩形文本框

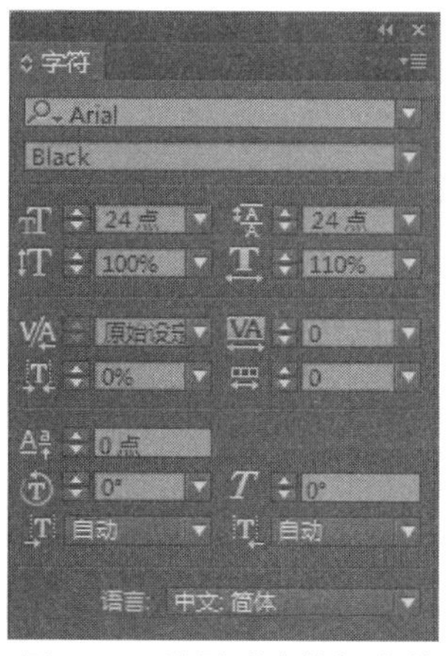

图 3-74　设置“字符”参数

图 3-75　在文本框中输入英文文本

图 3-76　文本框调整大小后与文字贴合效果

图 3-77　输入副标题文字

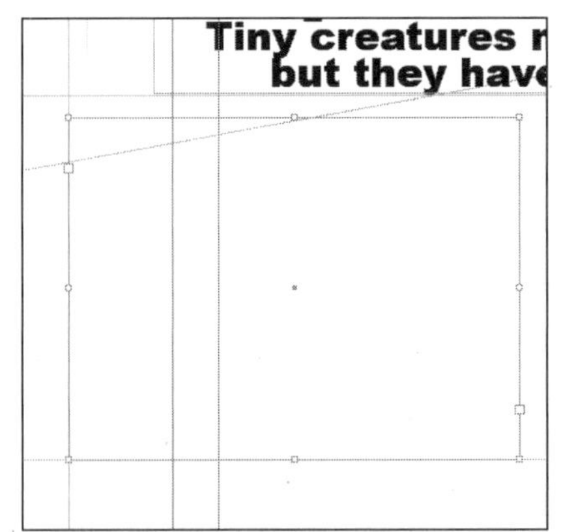

图 3-78　在标题部分下方创建文本框

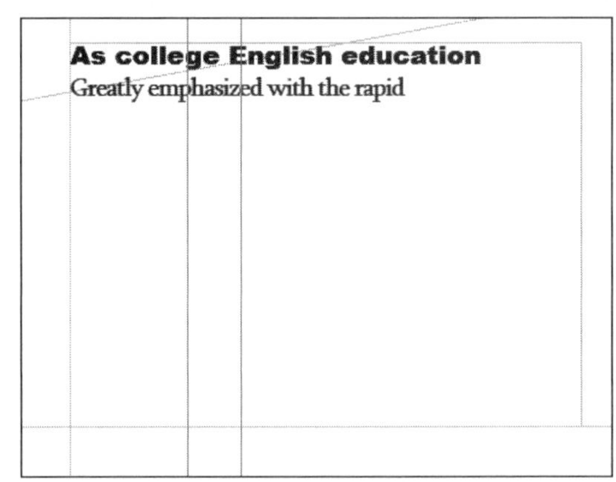

图 3-79　输入小标题文字和小副标题文字

22）为了使标题和正文能更好地区分开，通常会使用标题线。方法：利用 （直线工具）在小标题的下方拉一条水平直线，直线的描边“粗细”设为 0.25 毫米，平头端点，长度与文本框宽度一致，效果如图 3-80 所示。然后在标题线下方文本框内粘贴文本，同样选用“正文”的字符样式，最后效果如图 3-81 所示。

23）接下来在刚完成的文本框旁创建一个与其高度相等的文本框，然后利用 （左对齐）按钮使这两个文本框顶对齐，两个文本框之间的间距是 3 毫米，并且使右部的文本框与右侧参考线对齐，如图 3-82 所示。此时会发现在左侧文本框的右下角有个“红色加号”，如图 3-83 所示，这表示刚刚粘贴入文本框的整段文字没有剩余部分，这部分文字要续排入右侧的文本框。下面单击“红色加号”，再单击右侧的文本框，这样，剩余的文字就会自动排进文本框，如图 3-84 所示。

24）至此，黄色编辑区编排完成，最终效果如图 3-85 所示。

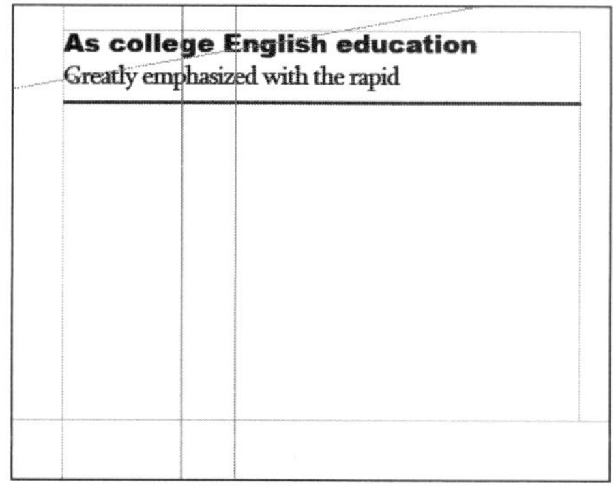

图 3-80　标题线效果

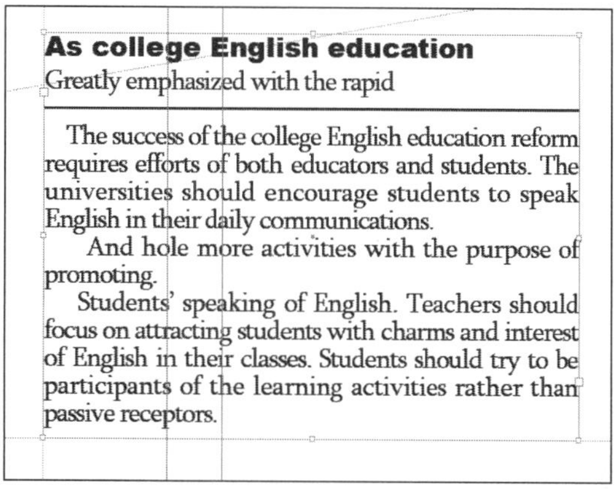

图 3-81　粘贴入正文后效果

图 3-82　创建文本框

图 3-83　红色加号位置

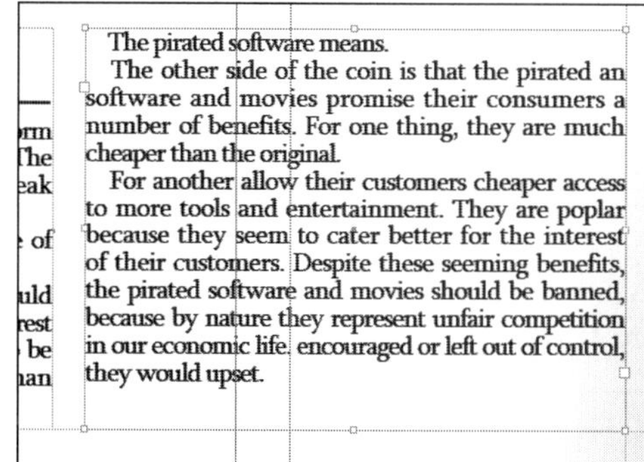

图 3-84　使用文本续排方法使剩余文字自动排入

图 3-85　黄色编辑区最终的效果

25）现在开始红色编辑区的图文混排。方法：首先在蜗牛图片的右边创建一个标题文本，使其与蜗牛图片顶对齐，两者间距为 3 毫米，字符样式为“中等标题”，文字“填色”为黑色，效果如图 3-86 所示。

26）在标题的下方有一段正文的引言，文本选择“正文”字符样式。在引言下方的正文部分中包含字符属性相同的多个小标题，将它设为样式。方法：先输入第一个小标题，设置“字体”为 Impact，“字号”为 7 号，“字符间距”为 5，其他为默认值，如图 3-87 所示，然后将这种字符属性存储于“字符样式”面板并命名为：小标题，如图 3-88 所示。

图 3-86　标题输入后效果

图 3-87　输入小标题文字

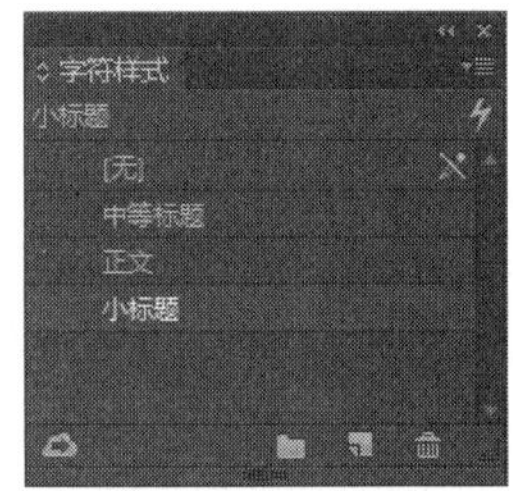

图 3-88　新建“小标题”字符样式

27）选择“正文”字符样式，将文本置入小标题下方，如图 3-89 所示，然后选择工具箱中的（椭圆工具），按住〈Shift〉键的同时在正文第一排的第一个单词前方绘制一个标准圆，将其“填色”设为黑色。如图 3-90 所示，这个圆圈符号在每一排文字前方都有，因此将这个小圆形做成随文图形，方法：将小图形选中后进行复制，然后利用（文字工具）在文本段落中插入光标，再进行粘贴即可形成随文图形，最后效果如图 3-91 所示。

28）同理，在此文本框右边创建同样大小的文本框，并以相同的字符样式编辑正文，方法与之前的一致，在这里就不累述，请读者参照图 3-92 自行制作，两个文本框之间的距离为 3 毫米。

图 3-89　将文本置入文本框

图 3-90　绘制圆圈符号

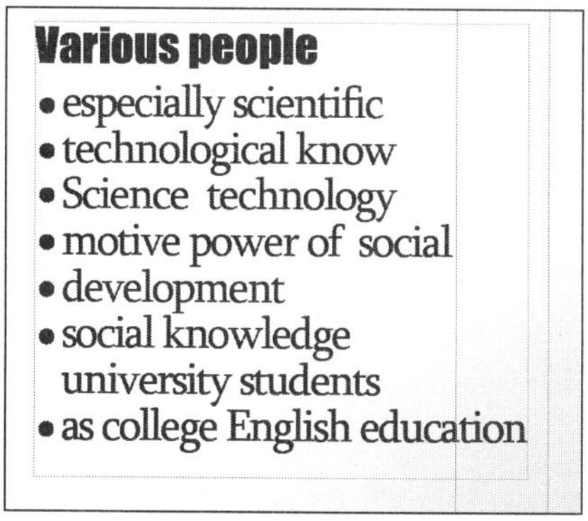

图 3-91　将圆圈绘制成随文图形

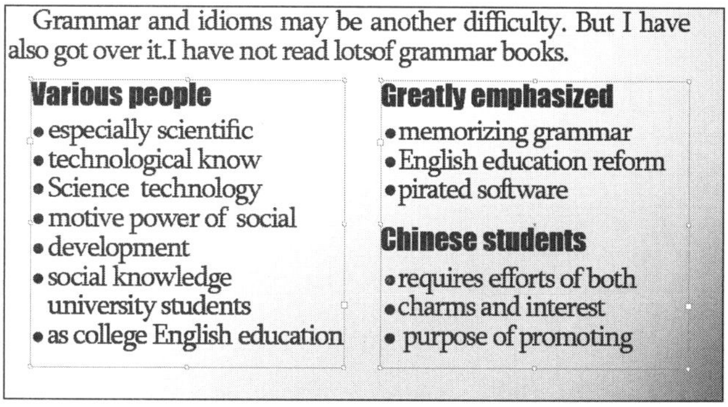

图 3-92　两个文本框的最后效果

29）在红色编辑区的最下方创建一个长条的文本框，由于这是正文的最尾段，属于落款或注释，因此字号一般比较小，不能再延用正文字符样式，请读者自己添加并设为稍小一些的文字，效果如图 3-93 所示。至此，红色编辑区的图文混排也完成了，最后效果如图 3-94 所示。

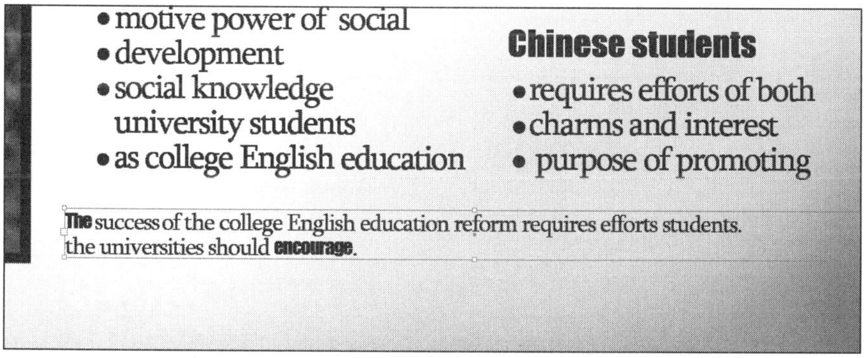

图 3-93　正文的最尾段设置较小号文字

图 3-94　红色编辑区的最终效果

30）最后，在主背景图的右下角添加落款及注释文字，这样，主背景图上方红、黄、蓝三个编辑区的图文混排也就全部完成了，最终效果如图 3-95 所示。

31）随后开始编排剩余的版心部分，剩余的版心部分可分为绿色、紫色和橙色三个板块，如图 3-96 所示。首先开始绿色编辑区的图文混排。将准备好的网盘中的“素材及结果 \3.1 国外报纸版面设计 \ 所需素材 \ 人物头像 .jpg”图片置入文档，调整其大小放置在绿色编辑区的顶部，如图 3-97 所示。然后为图片设置黑色描边，“粗细”设为：0.75 毫米，如图 3-98 所示。

图 3-95　主背景图上方的图文混排效果

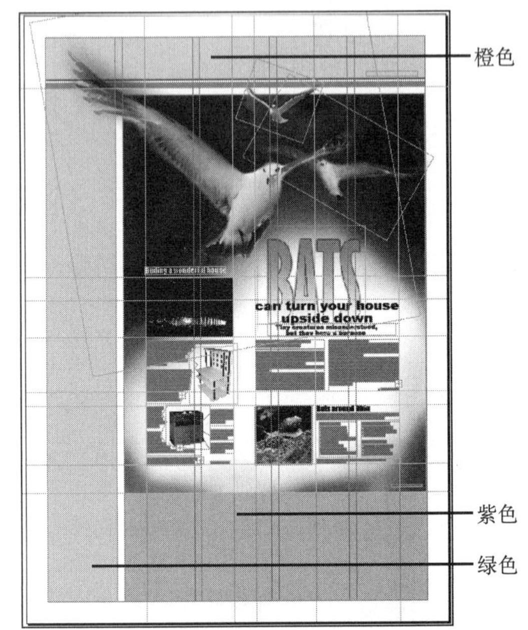

图 3-96　绿、紫、橙编辑区示意图

图 3-97　将人物头像置入

图 3-98　设置图片描边

32）在图片的上方利用 ⊠（矩形框架工具）创建两个标题文本框，然后打开“字符”面板设置参数，如图 3-99 所示。接着将文本粘贴入文本框，并将上方的文本框移至“飞鸟 1.psd”的后一层，如图 3-100 所示。再在标题文本框下方添加图注文本，并选择“正文”字符样式。最后在两个标题文本框的中间利用 ◯（椭圆工具）绘制黑实心圆形符号，效果如图 3-101 所示。

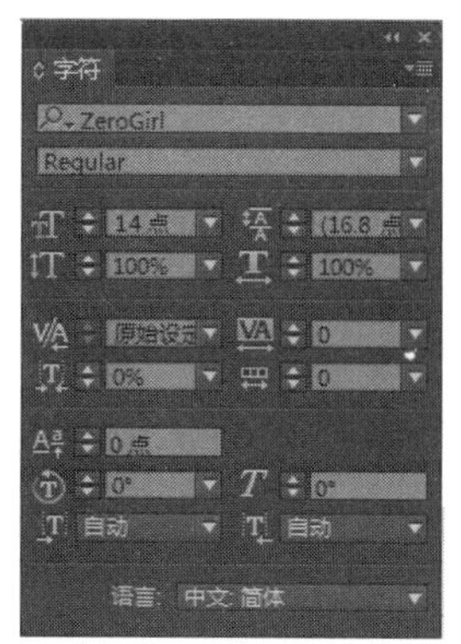

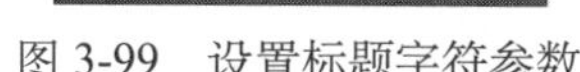
图 3-99　设置标题字符参数

图 3-100　标题文字置入效果

图 3-101　图注完成后的效果

33）在图片的下方创建副标题的文本框，同样打开“字符”面板设置字符参数，如图 3-102 所示。然后在文本框中输入文字，最后效果如图 3-103 所示。

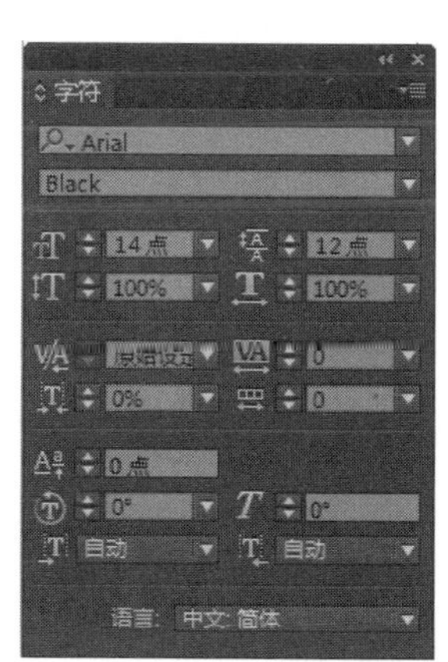

图 3-102　设置副标题字符参数

图 3-103　副标题文字输入后的效果

34）同理，在副标题下方创建一个正文文本框，使其长度一直延续到绿色编辑区的底部，宽度与绿色编辑区宽度一致，然后选择“正文”字符样式，将文本置入文本框，这样绿色编辑区的图文混排就完成了，最终效果如图 3-104 所示。

35）现在开始进行紫色编辑区的编辑。方法：首先在紫色编辑区的左上角创建题注的文本框，然后设置字符参数：“字体”为 Impact，“字号”为 8 号，其他为默认值。接着输入前面两个单词，后面一个单词用“正文”字符样式输入。再利用（直线工具）在文本框下方拉一条水平的标题线，描边“粗细”为 0.25 毫米，长度与题注文本框宽度一致，效果如图 3-105 所示。

36）在标题线下方根据分栏线创建标题的文本框。方法：打开“字符”面板，设置“字体”为 Arial Black，“字号”为 26，其他为默认值，然后输入标题文字，效果如图 3-106 所示。接着在标题的下方，依据分栏线，创建正文的文本框，输入两行引言文字和引言注释文字，如图 3-107 所示。

图 3-104　绿色编辑区最终效果

图 3-105　题注部分整体效果

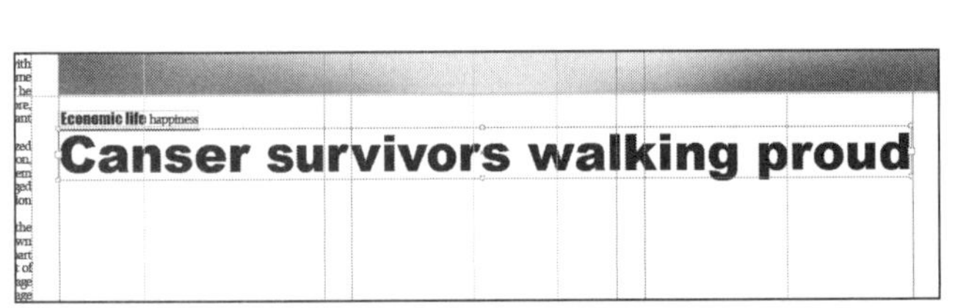

图 3-106　标题文字输入后的效果

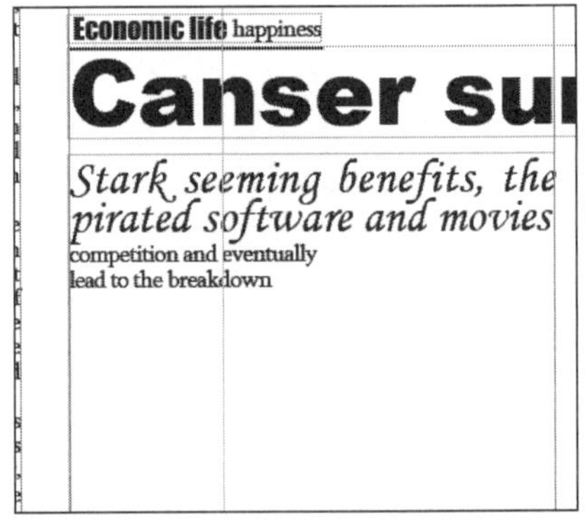

图 3-107　引言文字和引言注释文字效果

37）利用 (直线工具) 在引言文字下方拉一条水平标题线，其长度与文本框宽度一致，粗细与之前的标题线一致为 0.25 毫米，然后选择“正文”字符样式将文本置入（关于文本续排的方法请参看本例步骤），效果如图 3-108 所示。

38）执行菜单中的“文件 | 置入”命令，将网盘中的“素材及结果 \3.1 国外报纸版面设计 \ 所需素材 \ 双人图片 .jpg”图片置入文档，调整其大小放置在紫色编辑区的右端，其宽度与栏宽一致，效果如图 3-109 所示，然后设置图片“描边”为黑色，“粗细”为 0.5 毫米，效果如图 3-110 所示。

39）接下来在图片的右下方添加图注文本，最终效果如图 3-111 所示。至此，紫色编辑区的图文混排就全部完成了。

Economic life happiness

Canser survivors walking proud

Stark seeming benefits, the pirated software and movies

competition and eventually lead to the breakdown

Some problems of the students' learning habits is also the source of the inadequacy. Chinese students tend to separate vocabulary memorizing,.

grammar, listening, speaking, reading, and writing and therefore their English is also "broken" in this way. In addition.

they are generally reluctant to practice speaking. This has greatly contributed to the "dumb English" of Chinese students.

The success of the college English education reform requires efforts of both educators and students.

The universities should encourage students to speak English in their daily communications and hole more activities with the purpose of promoting students' speaking of English. Teachers should focus on attracting students with charms andnterest of English in their classes. Students should try to be participants of the learning activities rather than passive receptors. With the collaboration of educators and students, the reform of college English education will surely yield plentiful fruits.

The pirated software means a great loss to the developers of the original software as the former erodes market shares of their original counterpart. Similarly, when the pirated movies attract more viewers, movie companies find their audience decreasing and accordingly their income down.

The other side of the coin is that the pirated software and movies promise their consumers a number of benefits. For one thing, they are much cheaper than the original. For another allow their customers cheaper access to more tools and entertainment. They are poplar because they seem to cater better for the interest of their customers.

Despite these seeming benefits, the pirated software and movies should be banned, because by nature they represent unfair competition in our economic life. encouraged or left out of control, they would upset normal competition and eventually lead to the breakdown of economic order. Software developers would cease to offer .

products of quality and movie companies would refuse to produce good movies. If all this happened, ultimately customers would have to suffer. Therefore, we'd better stop the pirated software and movies

To a Chinese, the task of learning English well is not easy. So I, like many other English learners, have met with difficulties in learning English during the past seven years. But I managed to overcome them and made much progress.

The spelling and meaning of words can be said to be the first difficulty I met as a beginner. But I found our my own way to deal with them.

As to spelling, I never copied a new work again and again to remember it, but tried to find its relevance to the sound. In fact, as long as I can read the word out, I can write it out. As to the meaning, I rarely recite its Chinese translation but often put the word into the sentence to learn its meaning.

Moreover, if you use a word quite often, its spelling and meaning will be no problem. After all, we are learning English in order to use it.

■ MARYA SMITNA

图 3-108　报纸下部区域文字编排完成的效果

图 3-109　将双人图片置入文档

图 3-110　给图片设置黑色描边

Can money buy happiness? Various people have various answers. Some people think that money is the source of happiness. With money, one can buy whatever he enjoys. With money, one can do whatever he likes. So, in their minds, money can bring comfort, security, and so on. Money, as they think, is the source of happiness there are still.

图 3-111　紫色编辑区最终效果

40）最后编辑橙色编辑区，也就是报头。报头主要是以文字为主，因此比较简单。请读者参照图 3-112 自行完成，在这里提供所需字体：报名“Local”字体为 Book Antiqua，字母“B”字体为 Franklin Gothic Medium，其他字体分别为 Verdana、Impact、Microsoft Sans

Serif。“B”字母填色为：CMYK（100，84，0，38）。

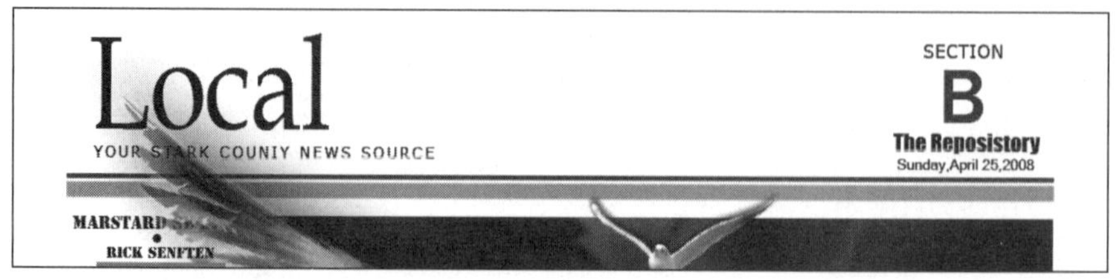

图 3-112　报头效果

41）报头制作完成后，整个报纸版式制作完毕。这是一种较典型的英文报纸编排模式，最终效果如图 3-113 所示。

图 3-113　最后完成的英文报纸版面效果

3.2　中文报纸创意版式设计

要点：

日常生活中常见的报纸版式大多是一个主标题，配有一张图片，再来几段文本。本例将介绍一个中文报纸创意版式设计的制作实例，效果如图 3-114 所示。该例不仅图片的数量有所增加，而且在色彩方面也有了较大尺度的创新。文本与图片的关系不再是一对一的解析关系，而是构成了版式细节上的活跃性和易接近性。这样就可以使读者以轻松愉悦的心情阅读报纸。通过本例的学习应掌握图片和文本混排的方法。

人物剪影
2013年度世界人物大盘点
魅力四射
今日头条

图 3-114　中文报纸创意版式设计

操作步骤：

1）首先执行菜单中的“文件 | 新建 | 文档”命令，在弹出的对话框中设置参数，如图 3-115 所示，将“出血”设为 3 毫米，然后单击“边距和分栏”按钮，在弹出的对话框中设置参数，如图 3-116 所示，单击“确定”按钮。设置完成的版面状态如图 3-117 所示，这是一个四边边距各为 15 毫米且无分栏的单页。接着单击工具栏下方的（正常视图模式）按钮，使编辑区内显示出参考线、网格及框架状态。

2）制作将报头和正文分隔开的一条水平线，它是整个报纸版面非常重要的结构线，因此其位置、长短、粗细、颜色都要仔细考虑。方法：首先按快捷键〈Ctrl+R〉，显示出标尺，然后从水平标尺中拉出一条参考线并定位到垂直标尺 47.5 毫米处，效果如图 3-118 所示。接着选择（直线工具），在“描边”面板里设置参数，将“粗细”设为 0.75 毫米，选择（平头端点），如图 3-119 所示。最后沿着参考线拉一条水平直线，其长度是 267 毫米。

提示：A3 版面的宽度是 297 毫米，而两侧的边距各是 15 毫米，(297−15×2) 毫米 =267 毫米，这正好是版心的宽度，在这些数据上的严谨对待可以使版面排布更加精确，直线效果如图 3-120 所示。

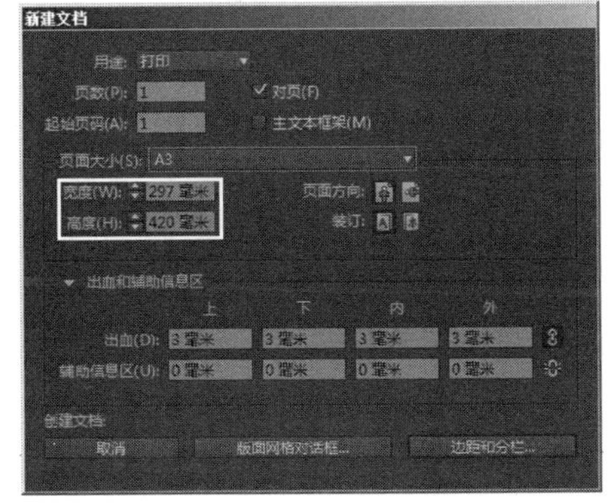

图 3-115　在“新建文档”对话框中设置参数

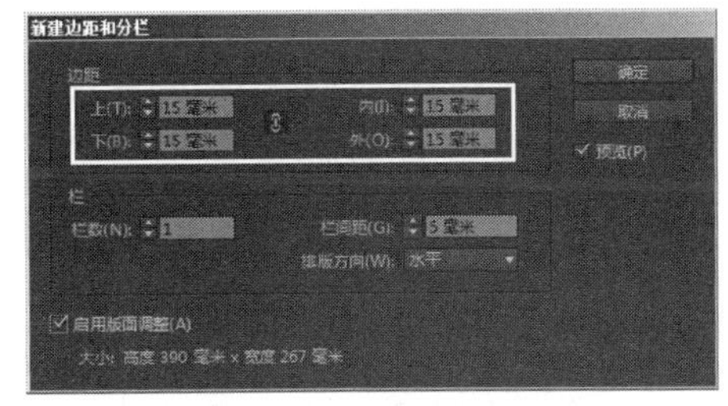

图 3-116　设置边距和分栏

图 3-117　版面状态

图 3-118　添加水平参考线

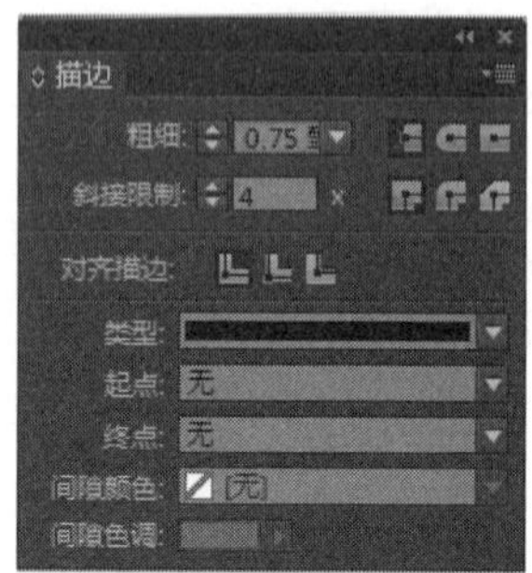

图 3-119　设置“描边”参数

图 3-120　水平直线效果

3）该报纸正文部分的版式图片占了很大比例，图片围绕在文字四周共同形成一个整体，并且分布在一块黑色的大背景上，下面首先来绘制这个黑色块面。方法：选择▣（矩形工具），在版面空白处双击鼠标左键，在弹出的对话框中设置矩形的长宽参数，如图 3-121 所示，单击“确定”按钮，此时页面中间会出现一个矩形块面。然后将它的填色设为黑色，并将黑色块面移至版心中央，效果如图 3-122 所示。

图 3-121　设置矩形的长宽参数

图 3-122　黑色背景效果

4）现在开始编排正文部分的图片与色块。由于图片与色块是呈交叉状排列在黑色矩形块面的内围，并且图片与色块都是正方形，因此它们的边长以及间距都要进行准确的计算，以符合黑色背景的长宽，并且排列有序。计算方法为：将间距设为 3 毫米，假设水平方向图片与色块的总数为 6 个，那么边长为：[(267-3×7)/6] 毫米 = 41 毫米，以 41 毫米为边长，那么垂直方向图片与色块的总数就为 8 个。这样边长与个数确定以后，就可以开始编排图片与色块了。

方法：选择 ⊠（矩形框架工具），在版面空白处双击鼠标左键，在弹出的对话框中设置矩形的长宽参数，如图 3-123 所示，将“长”和“宽”都设为 41 毫米，单击“确定”按钮。然后将创建的矩形框架移至黑色块面的左上角，如图 3-124 所示。接着使用 ▶（选择工具）选中矩形框架，并按住〈Alt〉键拖动复制出 5 个相同的矩形框架，如图 3-125 所示。再打开“对齐”面板，将 6 个矩形框架全部选中，单击“对齐”面板中的 ▣（顶对齐）按钮，并勾选“对齐”面板下方的“使用间距”项，设置“间距”为 3 毫米，如图 3-126 所示。最后单击 ▣（水平分布间距）按钮，如图 3-127 所示，这样 6 个矩形框架水平对齐并且保持一致间距，效果如图 3-128 所示。

图 3-123　设置矩形的长宽参数

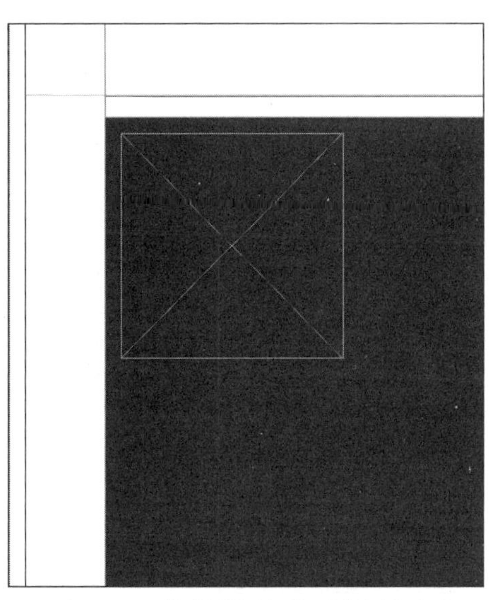
图 3-124　将矩形框架移至背景左上角

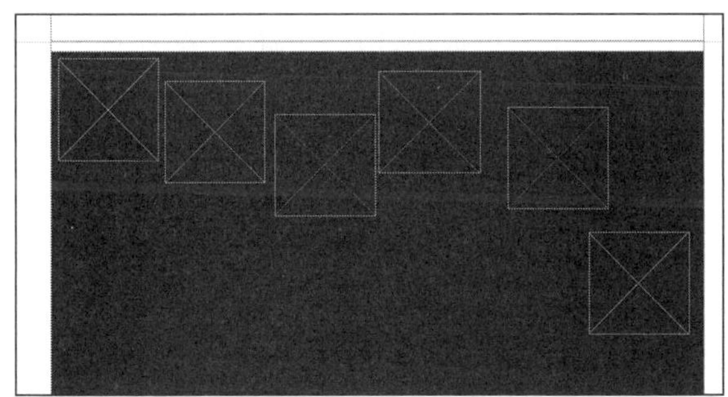
图 3-125　拖动复制出 5 个相同矩形框架

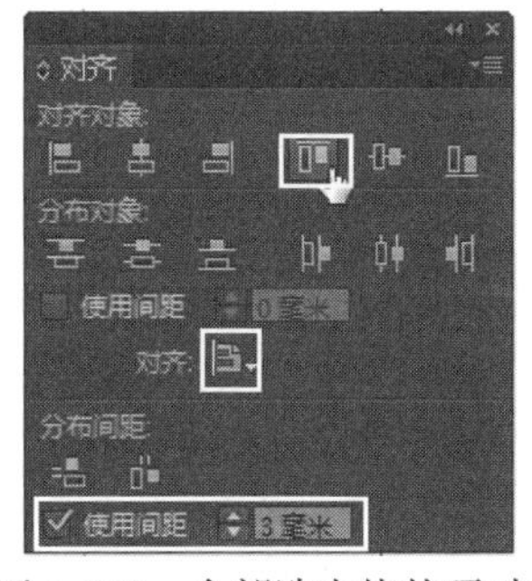

图 3-126　全部选中使其顶对齐

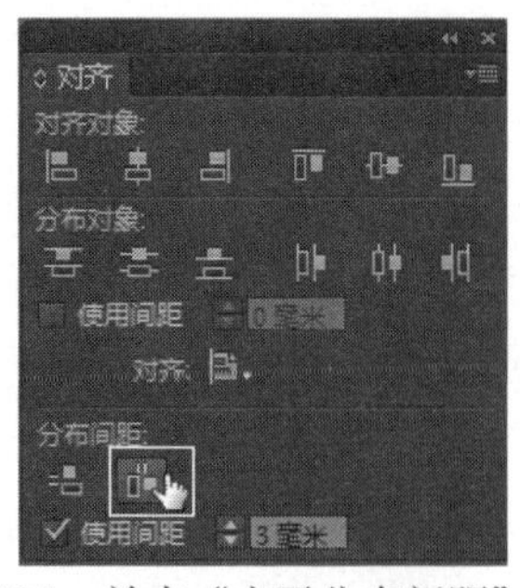

图 3-127 单击“水平分布间距”按钮

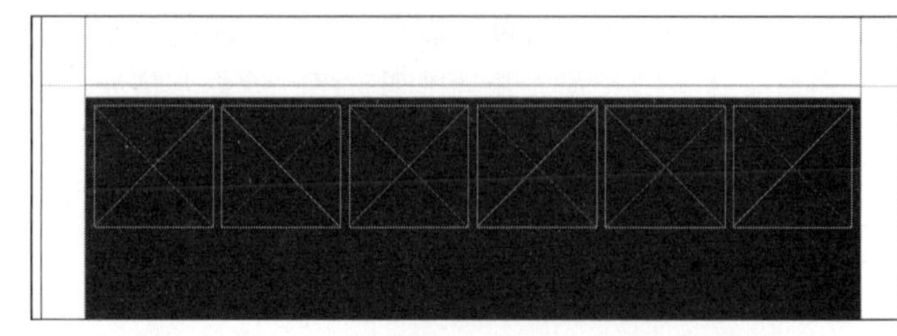
图 3-128 6 个矩形框架对齐并且间距分布均匀后的效果

5）同理，在垂直方向创建 8 个边长一致的矩形框架，单击“对齐”面板中的(左对齐)以及(垂直分布间距）按钮，如图 3-129 和图 3-130 所示，使它们垂直对齐并间距一致。请读者用同样的方法将其他的框架也创建出，效果如图 3-131 所示。

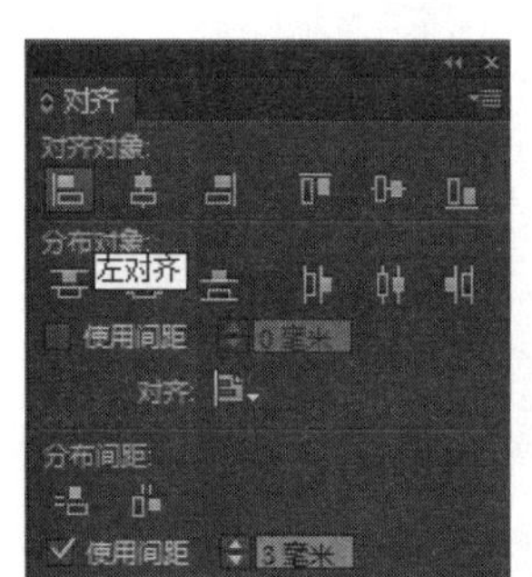

图 3-129 单击“左对齐”按钮

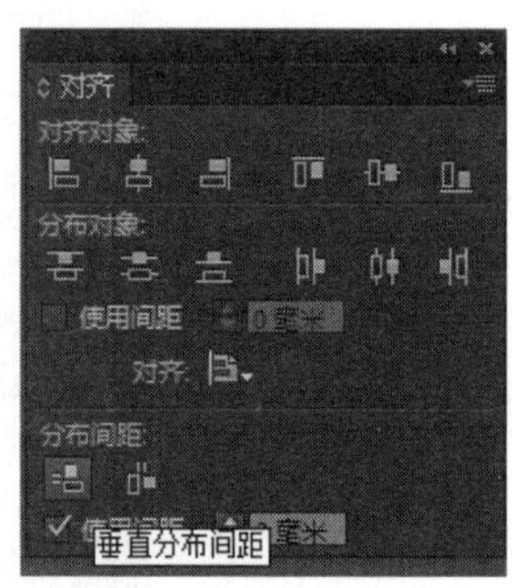

图 3-130 单击“垂直分布间距”按钮

图 3-131 内围全部框架创建出效果

6）给矩形框架填色。方法：利用(选择工具)选中左上角第二个矩形框架，将其填色设为橙黄色，参考色值为：CMYK（20，54，85，0），效果如图 3-132 所示。间隔一个矩形框，选中下一个矩形框，将其填色设为红色（参考色值为：CMYK（19，100，100，0）），效果如图 3-133 所示。

7）利用(吸管工具）将其余需要填色的矩形框架都完成填色。方法：利用(选择工具）选中需要填色的框架，然后利用(吸管工具）吸取已完成填色的框架，这样，需要填色的框架就会自动完成填色，其颜色和被吸取的框架一致。最后效果如图 3-134 所示。

8）在黑色背景中部绘制一个白色的圆角矩形，它的作用是为文本的编排提供空间。方法：首先利用(矩形工具）在黑色背景中部绘制一个长方形矩形，将其填色设为白色，其大小与中部露出的黑色块面基本一致，但注意要留出一些空隙，如图 3-135 所示。然后执行菜单中的“对象 | 角选项”命令，在弹出的对话框中如图 3-136 所示参数设置，单击“确定”按钮。这样，方形的矩形块面就变成了圆角矩形，效果如图 3-137 所示。

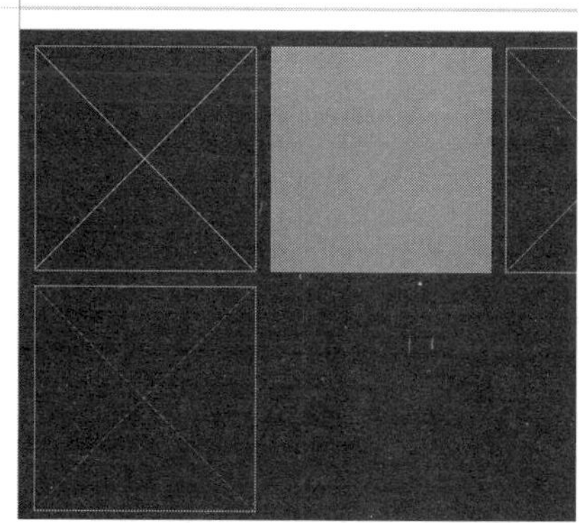

图 3-132　将框架填充为黄色

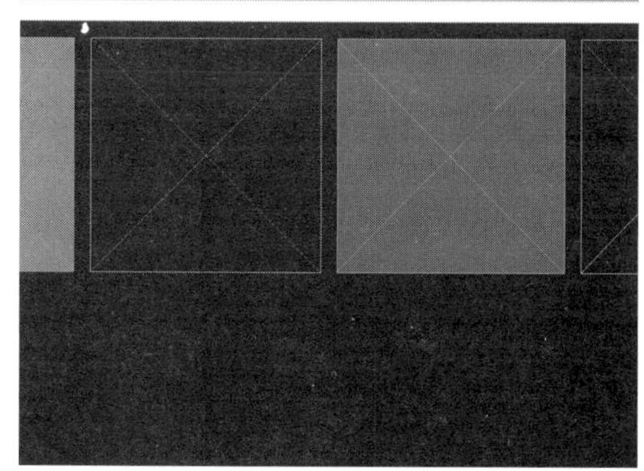

图 3-133　将另一个框架填充为红色

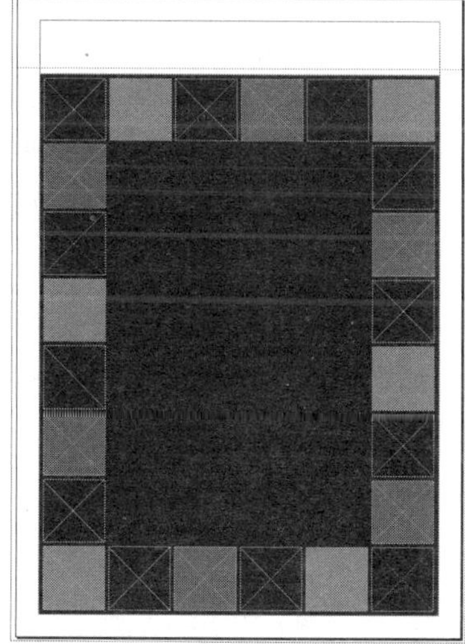

图 3-134　填色完成的框架效果

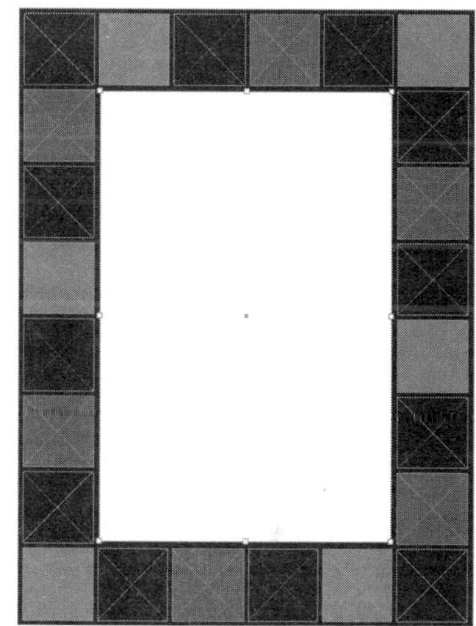

图 3-135　创建长方形矩形块面

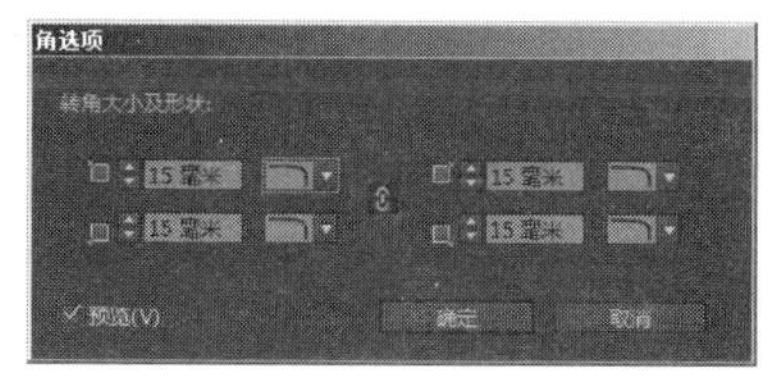

图 3-136　在“角选项”对话框中设置参数

图 3-137　圆角矩形最终效果

9）在剩余的框架里面置入人物图片，使其与色块交替形成一种新颖的视觉感。方法：利用 （选择工具）选中左上角第一个矩形框架，然后执行菜单中的“文件 | 置入”命令，在弹出的“置入”对话框中选择网盘中的“素材及结果\3.2 中文报纸创意版式设计\“中文报纸创意版式设计”文件夹\Links\人物图片 1.jpg”图像文件，如图 3-138 所示，单击“打开”按钮，此时图片会自动置入框架内，如图 3-139 所示。接着执行菜单中的“对象 | 适合 | 使内容适合框架”命令，此时“人物图片 1.jpg”的图像大小就与矩形框架贴合一致了，效果如图 3-140 所示。

10）同理，将其余图片置入剩余的矩形框架中，效果如图 3-141 所示。

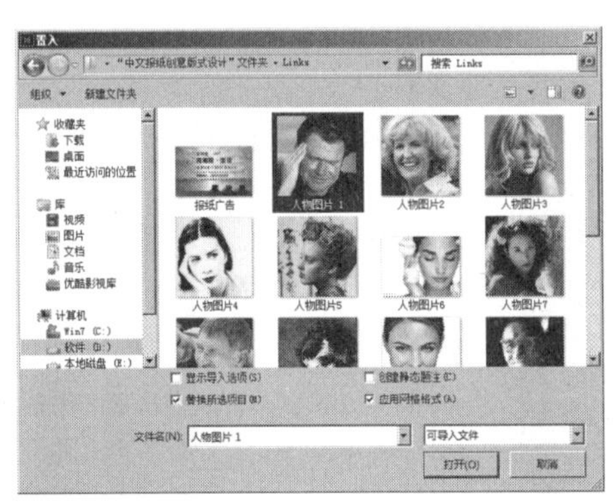

图 3-138　在弹出的“置入”对话框中选择文件

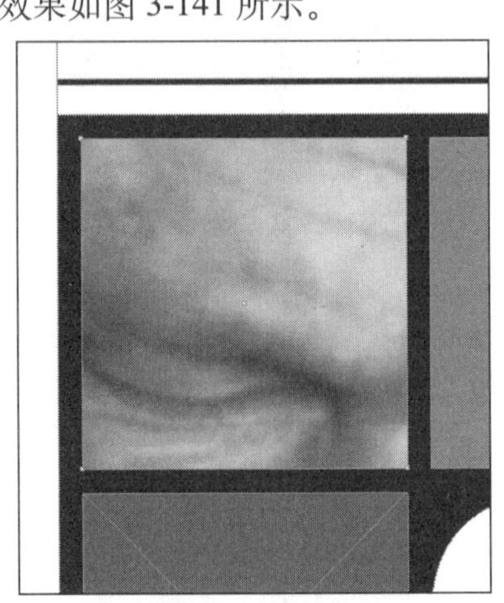

图 3-139　将“人物图片 1.jpg”置入矩形框架内部

图 3-140　使图片大小与框架贴合一致

图 3-141　将其余的图片置入剩余的矩形框架

11）至此，报纸的图片部分编辑完成，接下来开始进行白色圆角矩形上方的文字编排。首先要增加 6 条参考线，将白色圆角矩形编辑区域大致分为上、中、下 3 个板块，如图 3-142

所示，红色圆圈标记的为参考线所在位置。然后选择（直线工具）沿着上、中、下三个编辑区之间的参考线画出两条黑色水平直线，将其“描边”设为 0.25 毫米，效果如图 3-143 所示。其作用是使版面结构更为清晰，在视觉上给人整齐规律的感受。

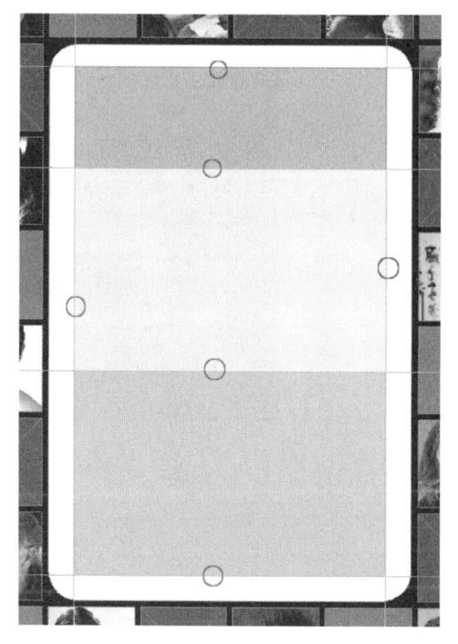

图 3-142　增加 6 条参考线，划分板块区域

图 3-143　绘制版面结构线

12）现在开始进行最上面一个区域的文字编排。方法：利用（矩形框架工具）在左上角创建小标题的文本框，如图 3-144 所示；然后选择工具箱中的（文本工具），将鼠标定位在小标题文本框中，按快捷键〈Ctrl+T〉，在打开的“字符”面板中设置参数如图 3-145 所示；接着在文本框内输入文字，效果如图 3-146 所示。

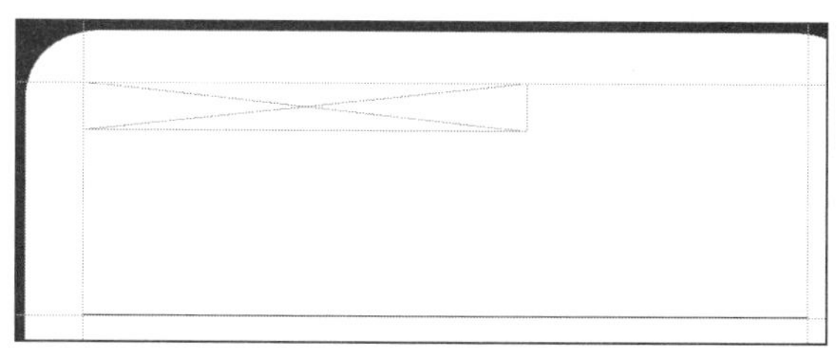

图 3-144　创建小标题文本框

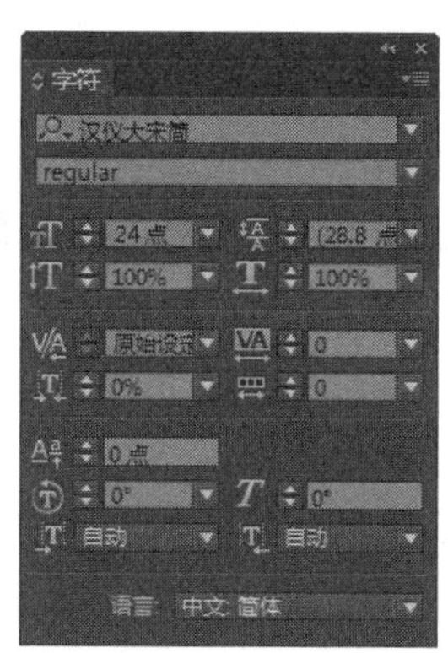

图 3-145　设置小标题字符参数

2013年度世界人物大盘点

图 3-146　在文本框内输入标题文字

13）随后在小标题的下方创建正标题文本框，其宽度与小标题文本框一致，如图 3-147 所示；同样，按快捷键〈Ctrl+T〉，在打开的“字符”面板如图 3-148 所示参数设置，然后在文本框中输入主标题文字，如图 3-149 所示。

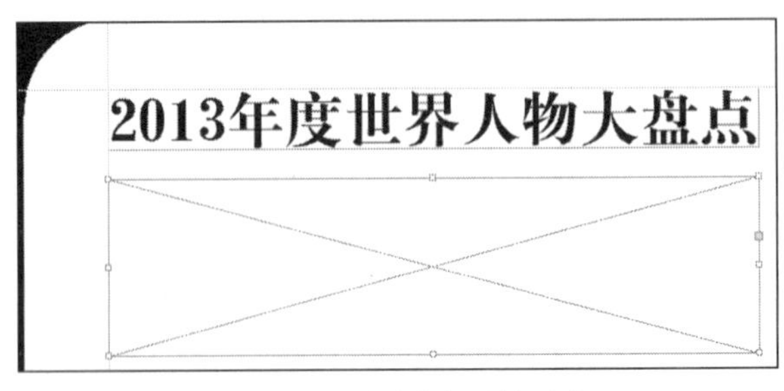

图 3-147　创建主标题文本框

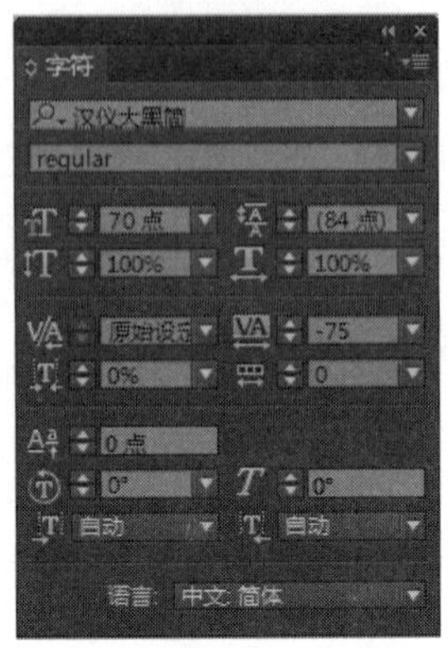

图 3-148　设置主标题字符参数

图 3-149　输入主标题文字

14）接下来在编辑区右部创建正文文本框，如图 3-150 所示；同样，打开字符面板设置如图 3-151 所示的正文字符参数，然后输入文本（或将事先复制的文本粘贴入文本框内）。将正文部分的标题文字“字体”改为“楷体 _GB2312”，“字体大小”改为 10 点，其他为默认值，效果如图 3-152 所示。

15）现在将该版面上会重复使用的文字属性存储为“样式”。方法：先涂黑选中正文部分的标题文字“各行各业崭露头角”，按快捷键〈Shift+F11〉打开“字符样式”面板，单击面板下方的（创建新样式）按钮，将样式的名称改为“小标题”。再将正文部分文字选中，在“字符样式”面板中存储为新样式“正文”，如图 3-153 所示。

提示：中文报纸正文一般采用宋体，字号可以根据版式自定。

16）在该编辑区的底部添加一个提示语，将其“字体”设为“汉仪大黑简”，“字体大小”设为 17 点，（水平缩放）设为 90%，（字符间距）设为 -100 点，效果如图 3-154 所示。然后将文字“今日”的填色改为土黄色（参考色值为 CMYK（20，55，85，0））。接着将标题“2013 年度世界人物大盘点”的颜色也设为土黄色（参考色值为 CMYK（20，55，85，0））。此时最上面一个编辑区的文字编排情况如图 3-155 所示。

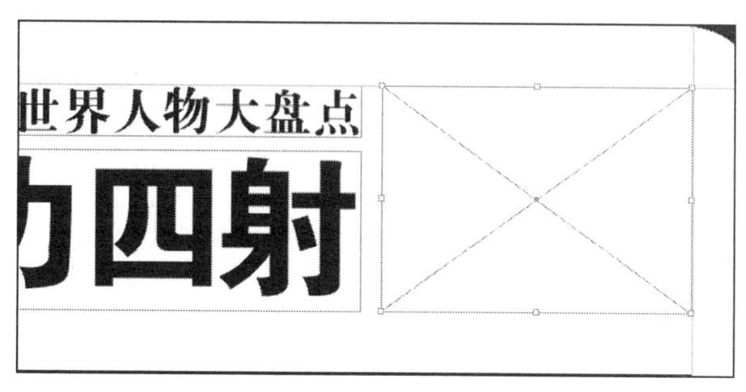

图 3-150　创建正文文本框

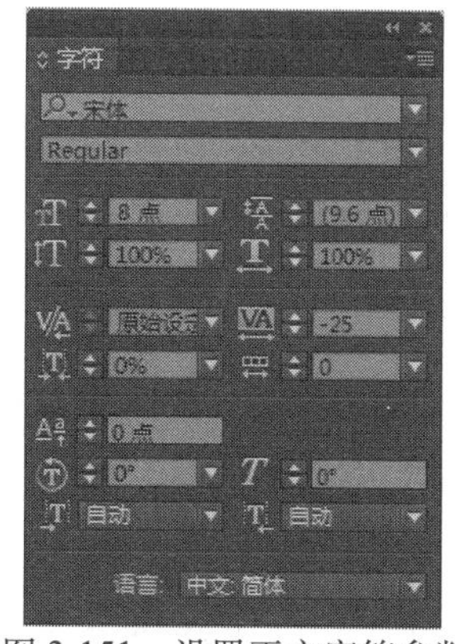

图 3-151　设置正文字符参数

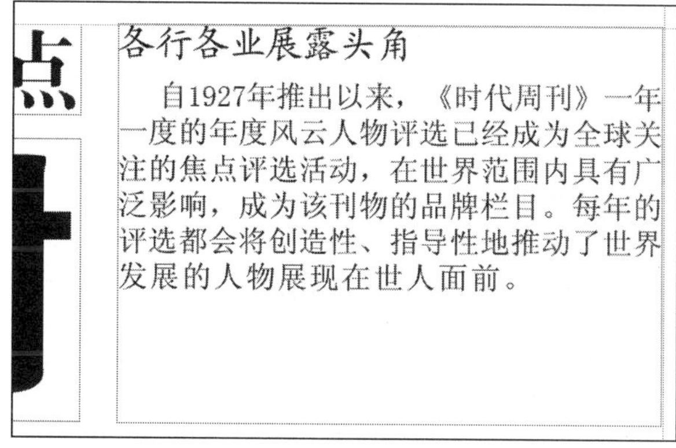

图 3-152　在文本框内输入正文并设置正文标题参数

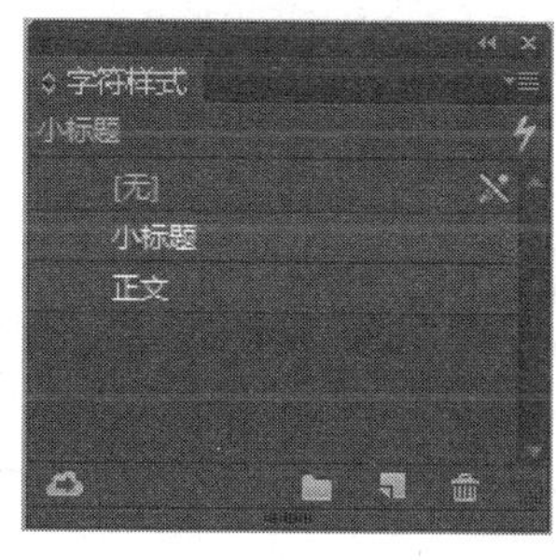

图 3-153　新建“正文”和“小标题”字符样式

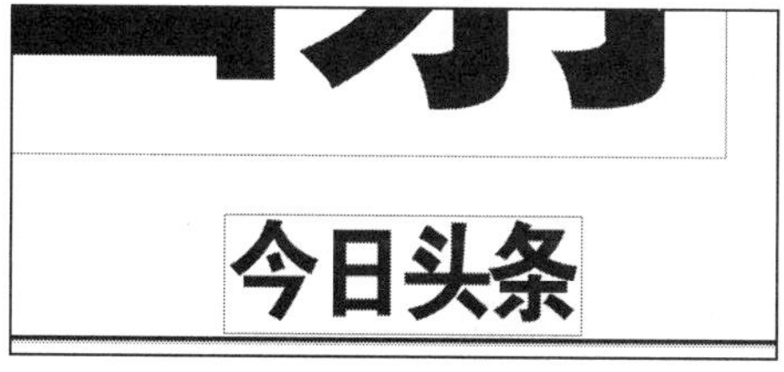

图 3-154　提示语效果

图 3-155　最上面编辑区最后排版效果

17）现在开始中部编辑区的文字图文混排。首先要增加 5 条参考线，如图 3-156 所示，从而将中部编辑区的架构划分出来（标记红色圆圈的为新增参考线）。接下来开始图片的编排，首先将网盘中的“素材及结果 \3.2 中文报纸创意版式设计 \“中文报纸创意版式设计”文件夹 \Links\ 人物图片 14.jpg”图片文件置入文档中，并调整大小，放置在中部区域左上方由参考线围合而成的区域内，如图 3-157 所示。随后在“描边”面板中给图片设置黑色描边（描边的“粗细”为 1 毫米），效果如图 3-158 所示。最后执行菜单中的“对象 | 变换 | 旋转”命令，在弹出的对话框中设置参数如图 3-159 所示。单击“确定”按钮，此时图片会产生细微的倾斜效果，如图 3-160 所示。

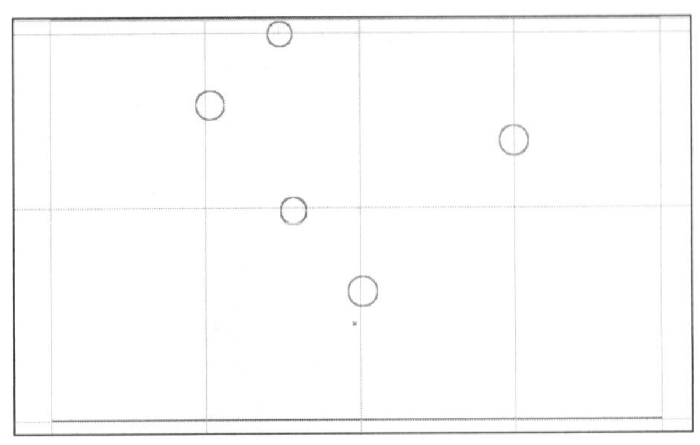

图 3-156　新增 5 条参考线

图 3-157　将人物图片置入文档

图 3-158　图片描边效果

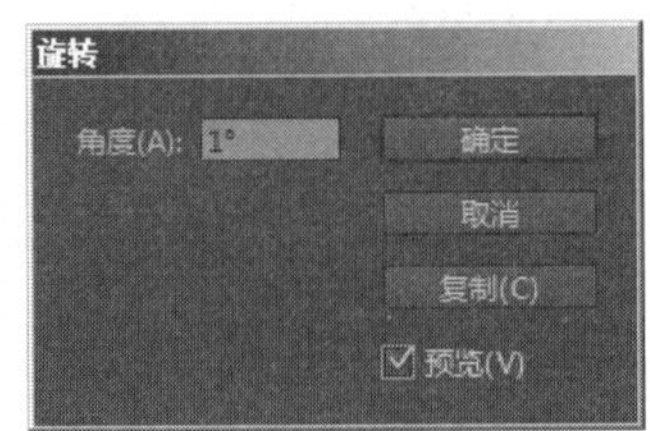

图 3-159　设置图片旋转参数

图 3-160　图片旋转倾斜效果

18）同理，将网盘中的“素材及结果\3.2 中文报纸创意版式设计\“中文报纸创意版式设计”文件夹\Links\人物图片 15.jpg、人物图片 16.jpg、人物图片 17.jpg”三张图片置入文档，使它们各自旋转不同的角度，交错排列，富有生动感，效果如图 3-161 所示。

图 3-161　所有图片交错混排效果

19）接下来开始文字的编排。方法：首先沿着垂直参考线用（直线工具）画出三条垂直直线，描边“粗细”为 0.2 毫米，效果如图 3-162 所示。然后选择（文字工具）在右数第一张图片下创建一个文本框，并选择“正文”字符样式，输入文本，效果如图 3-163 所示。

20）同理，将其余图片下的文字都编排完，如图 3-164 所示。下面来看一看报纸版面中部编辑区的整体效果，如图 3-165 所示。

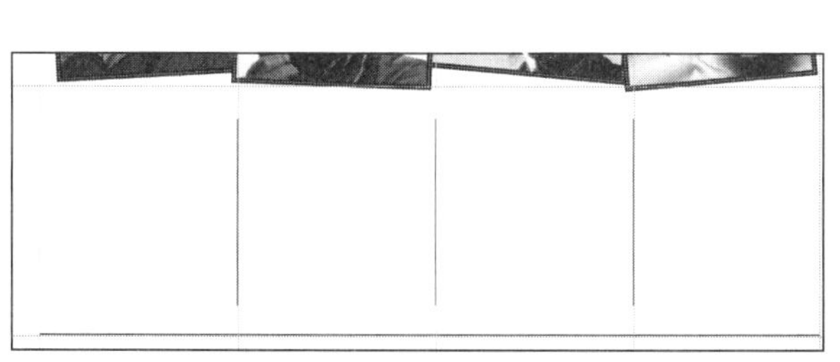

图 3-162　三条垂直直线划分中部版面

图 3-163　第一张图片下的文本效果

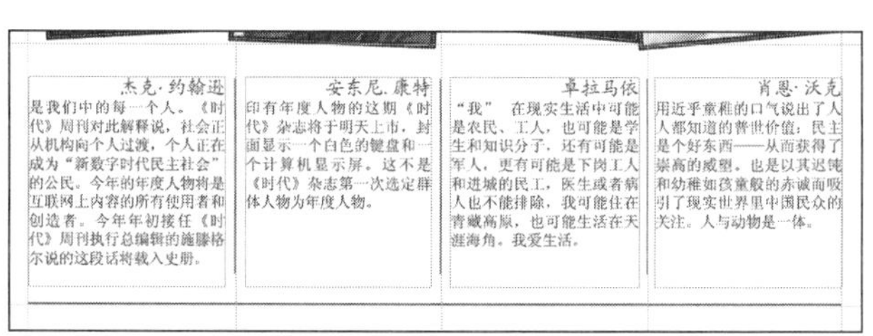

图 3-164　文字部分最后效果

图 3-165　黄色编辑区最终效果

21）现在开始利用文本框架分栏下部编辑区的文字编排。方法：利用（文字工具）在页面中创建一个“宽度”为 150 毫米，“高度”为 93 毫米的矩形文本框，如图 3-166 所示。然后选择“正文”字符样式，将事先复制的文本粘贴入最左边的文本框内，如图 3-167 所示。接着选择文本框架，执行菜单中的“对象 | 文本框架选项”命令，从弹出的“文本框架选项”对话框中设置参数如图 3-168 所示，单击“确定”按钮，效果如图 3-169 所示。最后在第 3 栏下面添加一条描边粗细为 0.2 毫米，颜色为黑色的直线。再在直线下方添加作者名称，“字体”设为“黑体”，“字体大小”为 7 点，效果如图 3-170 所示。

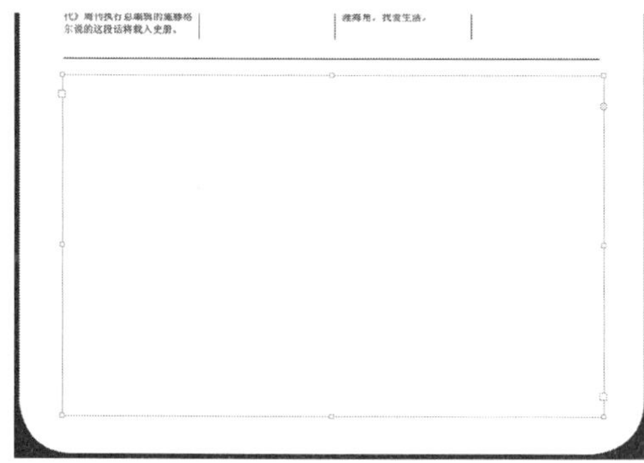

图 3-166　创建矩形文本框

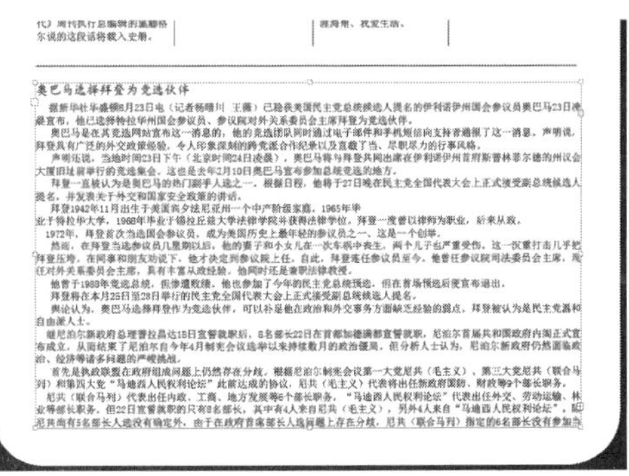

图 3-167　粘贴事先复制的文本

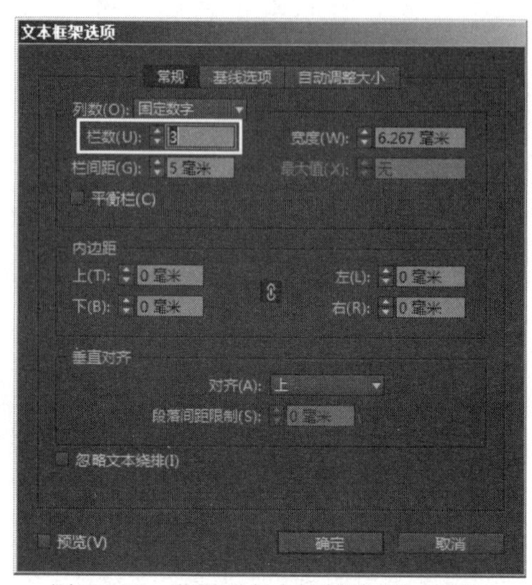

图 3-168　设置“文本框架选项”参数

奥巴马选择拜登为竞选伙伴

据新华社华盛顿8月23日电（记者杨晴川　王薇）已稳获美国民主党总统候选人提名的伊利诺伊州国会参议员奥巴马23日凌晨宣布，他已选择特拉华州国会参议员、参议院对外关系委员会主席拜登为竞选伙伴。

奥巴马是在其竞选网站宣布这一消息的，他的竞选团队同时通过电子邮件和手机短信向支持者通报了这一消息。声明说，拜登具有广泛的外交政策经验，令人印象深刻的跨党派合作纪录以及直截了当、尽职尽力的行事风格。

声明还说，当地时间23日下午（北京时间24日凌晨），奥巴马将与拜登共同出席在伊利诺伊州首府斯普林菲尔德的州议会大厦旧址前举行的竞选集会。这也是去年2月10日奥巴马宣布参加总统竞选的地方。

拜登一直被认为是奥巴马的热门副手人选之一。根据日程，他将于27日晚在民主党全国代表大会上正式接受副总统候选人提名，并发表关于外交和国家安全政策的讲话。

拜登1942年11月出生于美国宾夕法尼亚州一个中产阶级家庭。1965年毕

图 3-169　将文本粘贴入最左边的文本框内

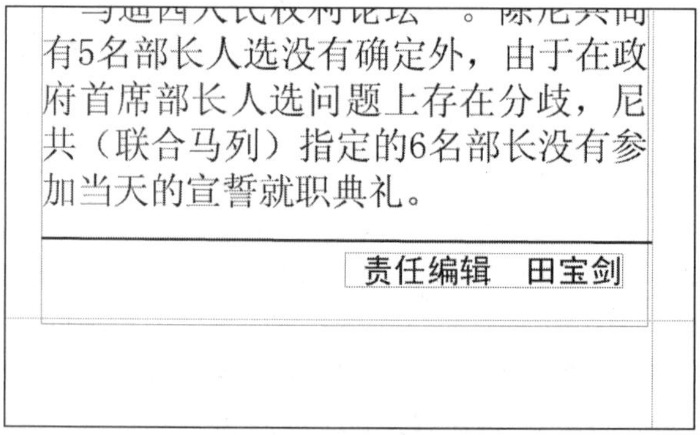

有5名部长人选没有确定外，由于在政府首席部长人选问题上存在分歧，尼共（联合马列）指定的6名部长没有参加当天的宣誓就职典礼。

责任编辑　田宝剑

图 3-170　作者落款效果

22）至此，版面下部编辑区的文字编排就完成了，效果如图 3-171 所示。显示全部页面，目前整体报纸版面效果如图 3-172 所示，图片将文字围合在内，色块与图片的搭配给人耳目一新的视觉感受，版式层次分明，富有旋转的动态感。

23）现在开始编排版面剩下的最后一个板块——报头。首先在版面最上部创建一个大标题文本框，并将“字体”设为“汉仪大黑简”，“字号”设为 60 点，然后在文本框中输入大标题文字，如图 3-173 所示。接着在大标题左边创建矩形框架并将网盘中的“素材及结果 \3.2 中文报纸创意版式设计 \“中文报纸创意版式设计”文件夹 \Links\ 人物图片 19.jpg”图像文件置入其中，添加黑色描边，效果如图 3-174 所示。

提示：人物图片出现在标题旁边起到了提示版面内容的作用，使报头不仅能传递文字信息，而且图文并茂。

奥巴马选择拜登为竞选伙伴

据新华社华盛顿8月23日电（记者杨晴川　王薇）已稳获美国民主党总统候选人提名的伊利诺伊州国会参议员奥巴马23日凌晨宣布，他已选择特拉华州国会参议员、参议院对外关系委员会主席拜登为竞选伙伴。

奥巴马是在其竞选网站宣布这一消息的，他的竞选团队同时通过电子邮件和手机短信向支持者通报了这一消息。声明说，拜登具有广泛的外交政策经验，令人印象深刻的跨党派合作纪录以及直截了当、尽职尽力的行事风格。

声明还说，当地时间23日下午（北京时间24日凌晨），奥巴马将与拜登共同出席在伊利诺伊州首府斯普林菲尔德的州议会大厦旧址前举行的竞选集会。这也是去年2月10日奥巴马宣布参加总统竞选的地方。

拜登一直被认为是奥巴马的热门副手人选之一。根据日程，他将于27日晚在民主党全国代表大会上正式接受副总统候选人提名，并发表关于外交和国家安全政策的讲话。

拜登1942年11月出生于美国宾夕法尼亚州一个中产阶级家庭。1965年毕业于特拉华大学，1968年毕业于锡拉丘兹大学法律学院并获得法律学位。拜登一度曾以律师为职业，后来从政。

1972年，拜登首次当选国会参议员，成为美国历史上最年轻的参议员之一。这是一个创举。

然而，在拜登当选参议员几星期以后，他的妻子和小女儿在一次车祸中丧生，两个儿子也严重受伤。这一沉重打击几乎把拜登压垮。在同事和朋友劝说下，他才决定到参议院上任。自此，拜登连任参议员至今。他曾任参议院司法委员会主席，现任对外关系委员会主席，具有丰富从政经验。他同时还是兼职法律教授。

他曾于1988年竞选总统，但惨遭败绩。他也参加了今年的民主党总统预选，但在首场预选后便宣布退出。

拜登将在本月25日至28日举行的民主党全国代表大会上正式接受副总统候选人提名。

舆论认为，奥巴马选择拜登作为竞选伙伴，可以补足他在政治和外交事务方面缺乏经验的弱点。拜登被认为是民主党温和自由派人士。

维尼泊尔新政府总理普拉昌达18日宣誓就职后，8名部长22日在首都加德满都宣誓就职，尼泊尔首届共和国政府内阁正式宣布成立，从而结束了尼泊尔自今年4月制宪会议选举以来持续数月的政治僵局。但分析人士认为，尼泊尔新政府仍然面临政治、经济等诸多问题的严峻挑战。

首先是执政联盟在政府组成问题上仍然存在分歧。根据尼泊尔制宪会议第一大党尼共（毛主义）、第三大党尼共（联合马列）和第四大党“马迪西人民权利论坛”此前达成的协议，尼共（毛主义）代表将出任新政府国防、财政等9个部长职务。

尼共（联合马列）代表出任内政、工商、地方发展等6个部长职务，“马迪西人民权利论坛”代表出任外交、劳动运输、林业等部长职务。但22日宣誓就职的只有8名部长，其中有4人来自尼共（毛主义），另外4人来自“马迪西人民权利论坛”。除尼共尚有5名部长人选没有确定外，由于在政府首席部长人选问题上存在分歧，尼共（联合马列）指定的6名部长没有参加当天的宣誓就职典礼。

责任编辑　田宝剑

图 3-171　版面下部编辑区完成效果

图 3-172　整体报纸版面效果

图 3-173　大标题文字效果

图 3-174　在标题旁添加人物图片

24）接着在其左边添加注释文本，如图 3-175 所示；再在报头的右侧创建矩形框架，将网盘中的“素材及结果\3.2 中文报纸创意版式设计\“中文报纸创意版式设计”文件夹\Links\报纸广告 .jpg” 图像文件置入其中，同样添加黑色描边，效果如图 3-176 所示；最后，在报头上方的中部添加报纸出版信息文本，效果如图 3-177 所示。

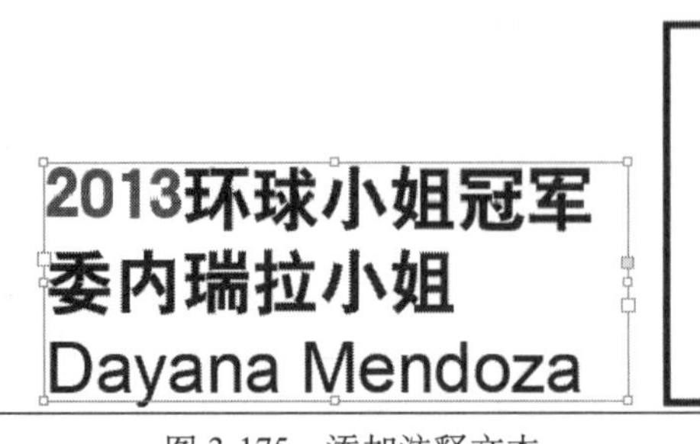

图 3-175　添加注释文本

图 3-176　置入“报纸广告 .jpg”图片

图 3-177　报纸出版信息文本效果

25）至此，报头编辑区的图文编排全部完成。在这个板块内文字与图片互相呼应，左右协调，每个文本框中文字的大小与字号都相互关联，例如标题用较为粗壮的文字，那么在它上方的出版信息文字就要纤细一些，在选择英文字体的时候要以易读为主要标准。报头编辑区最终效果如图 3-178 所示。

图 3-178　报头编辑区最终效果

26）最后在版面的最下方添加一条水平直线，让版面层次感更强一点，效果如图 3-179 所示。

图 3-179　版面最下方水平直线效果

27）至此，中文报纸版面的编排全部完成。这个案例的步骤虽然简单，但是版面的形式很丰富，色块与图片的搭配是最大亮点，几何形编辑区域的活用也很重要，读者可从中吸取经验，创作出更多新颖的版式，最终效果如图 3-180 所示。

Dayana Mendoza

人物剪影

2013年度世界人物大盘点

魅力四射

今日头条

图 3-180　版面最终效果

3.3　课后练习

制作如图 3-181 所示的报纸版面效果。

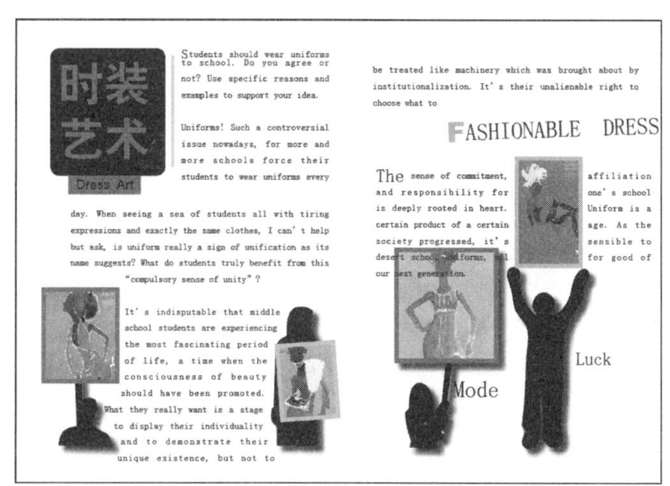
时装艺术

Dress Art

Students should wear uniforms to school. Do you agree or not? Use specific reasons and examples to support your idea.

Uniforms! Such a controversial issue nowadays, for more and more schools force their students to wear uniforms every day. When seeing a sea of students all with tiring expressions and exactly the same clothes, I can' t help but ask, is uniform really a sign of unification as its name suggests? What do students truly benefit from this "compulsory sense of unity"?

It' s indisputable that middle school students are experiencing the most fascinating period of life, a time when the consciousness of beauty should have been promoted. What they really want is a stage to display their individuality and to demonstrate their unique existence, but not to be treated like machinery which was brought about by institutionalization. It' s their unalienable right to choose what to

FASHIONABLE DRESS

The sense of commitment, affiliation and responsibility for one' s school is deeply rooted in heart. Uniform is a certain product of a certain age. As the society progressed, it' s sensible to desert school uniforms, all for good of our next generation.

图 3-181　报纸版面效果

第 4 章　广告单页设计

广告单页在版式方面主要的要求是视觉冲击力要强，因此通常会采用以图片为主、文字为辅，但文字一般也要求相当突出的艺术效果，所以在广告单页中，文字尽量不要直接采用字库的字体，最好能进行单独字体设计或添加特效字，让信息的传递更具感染力。除此之外，色块与线条的运用也很重要，它们对版面的划分以及版面层次的深化起着至关重要的作用。本章将通过几个案例来详细介绍广告单页的制作。

通过本章的学习，读者应掌握以下内容。

■ 掌握传统广告单页设计的方法。

■ 掌握杂志内广告单页设计的方法。

■ 掌握活动庆典广告单页设计的方法。

4.1　传统广告单页设计

要点：

本例将制作一个名为“传统广告单页设计”的海报，如图 4-1 所示。本例中海报的画面层次比较清晰，版面结构呈典型的放射状，以红、蓝、白三色为主色调，很有异国气息。通过本例的学习，读者应掌握绘制路径、“使内容适合框架”命令，添加“渐变羽化”效果以及调整“透明度”等知识的综合应用。

图 4-1　“传统广告单页设计”海报

操作步骤：

1. 创建文档

1）执行菜单中的“文件 | 新建 | 文档”命令，在弹出的对话框中设置如图 4-2 所示的参数值，将“出血”设为 3 毫米。然后单击“边距和分栏”按钮，在弹出的对话框中设置如图 4-3 所示的参数值，单击“确定”按钮，设置完成的版面状态如图 4-4 所示。

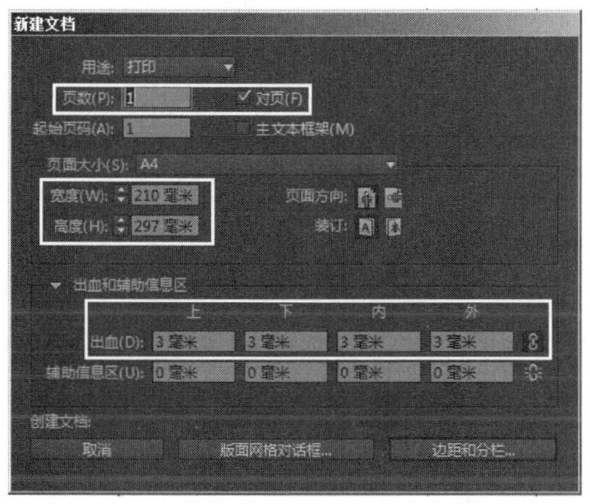

图 4-2　在“新建文档”对话框中设置参数

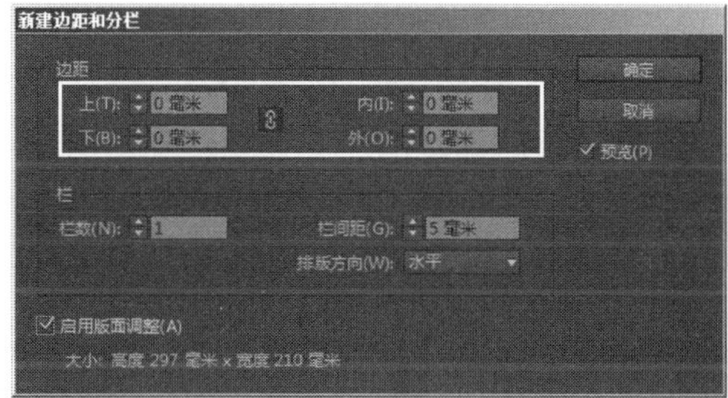

图 4-3　设置边距和分栏

图 4-4　设置完成的版面效果

2）这是一个四边无边距且无分栏的单页，下面单击工具栏下方的（正常视图模式）按钮，使编辑区内显示出参考线、网格及框架状态。

3）这张广告单页的背景是一张处理成黑白色调的楼群图片，下面先将图片置入。方法：执行菜单中的“文件 | 置入”命令，在弹出的对话框中选择网盘中的“素材及结果 \4.1 传统广告单页设计 \“传统广告单页设计”文件夹 \Links\ 楼房图片 .jpg”图片，如图 4-5 所示，

然后单击“打开”按钮，将“楼房图片.jpg”置入文档，效果如图 4-6 所示。接着选择工具箱中的（选择工具），将“楼房图片”的框架变换大小使之与版面的出血框架一样大，如图 4-7 所示。最后执行菜单中的“对象 | 适合 | 使内容适合框架”命令，使图片自动拉撑与框架大小一致，效果如图 4-8 所示。

提示：像海报这种出版物要将其版面内容扩大到与出血框架一致，以防止打印或者切割时留出白边。

图 4-5　在弹出的“置入”对话框中选择文件

图 4-6　将“楼房图片.jpg”置入文档

图 4-7　改变图片框架大小

图 4-8　使图片与框架大小一致

2. 绘制放射形色块并使其与底图发生融合

1）绘制蓝色色块。方法：选择工具箱中的（钢笔工具），在画面的左上角绘制一个不规则四边形框架，如图 4-9 所示。然后将其填色设为深蓝色（参考色值为：CMYK（96，82，13，0）），效果如图 4-10 所示。同理绘制其余蓝色块面，效果如图 4-11 所示。

图 4-9　绘制不规则四边形框架

图 4-10　将其填充为深蓝色

图 4-11　将画面中其余蓝色块面绘制完成

2）接下来绘制红色块面。方法：选择工具箱中的 （钢笔工具），在画面中部先绘制主红色块面的框架，将其填色设为大红色（参考色值为：CMYK（17，100，100，0）），效果如图 4-12 所示，同理绘制其余红色块面，效果如图 4-13 所示。

3）最后绘制白色块面。在此要特别注意，由于在后面的步骤中关联着渐变羽化效果的运用，因此在绘制白色块面的时候，一定要注意不能与红色块面或者蓝色块面有任何细微的重叠，必须使用 （缩放显示工具）将画面放大，耐心地根据边界线绘制框架，最后效果如图 4-14 所示。

图 4-12　绘制主要的红色块面

图 4-13　将其余红色块面绘制完成

图 4-14　白色块面效果图

4）由于将色块都填充了颜色，因此背景图被全部覆盖住了，下面需要将色块与背景图结合起来，使版面不要显得过于死板，并且使其显得更有层次感。这里就要着重用到“渐变

羽化”这种效果。方法：首先使用 （选择工具）选中面积最大的红色块面，然后执行菜单中的“对象 | 效果 | 渐变羽化”命令，在弹出的对话框中设置参数如图 4-15 所示；在右侧“渐变色标”选项组中选中每一个色标，逐一设置“不透明度”与“位置”参数，完成后单击“确定”按钮。此时红色块面由左上到右下出现了渐隐效果，背景图部分显示了出来，效果如图 4-16 所示。

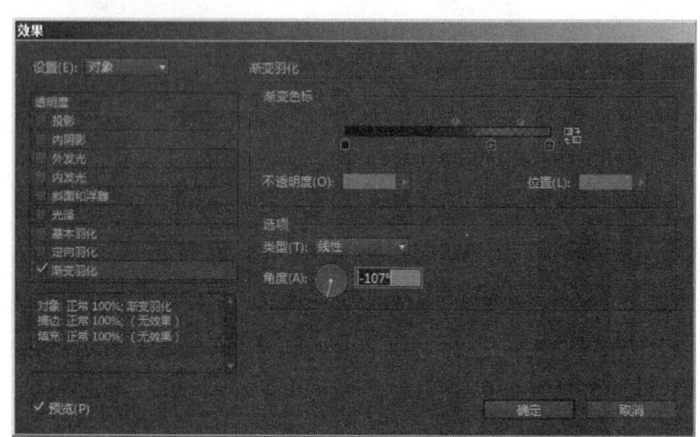

图 4-15　在渐变羽化效果对话框中设置参数 1

图 4-16　红色块面渐隐效果

5）同理，利用 （选择工具）选择位于版面右下角的蓝色块面，执行菜单中的“对象 | 效果 | 渐变羽化”命令，在弹出的对话框中设置参数如图 4-17 所示，选择右侧的色标，将其“不透明度”设为 28%，“位置”设为 100%，“类型”设为“线性”，“角度”设为 −90°，单击“确定”按钮，此时蓝色块面出现了由上至下的渐隐效果，效果如图 4-18 所示。

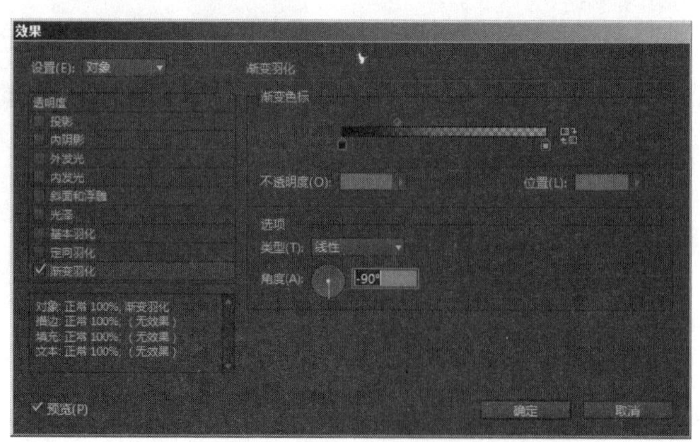

图 4-17　在渐变羽化效果对话框中设置参数 2

图 4-18　蓝色块面渐隐效果

6）同理，再选中版面左侧中部三角形红色块面（很窄的色条），在“渐变羽化”对话框中设置参数如图 4-19 所示，将右侧色标的“透明度”设为 50%，“位置”设为 100%，“类型”设为“线性”，“角度”设为：-160°，单击“确定”按钮，可见三角形红色块面出现了右上至左下的渐隐效果，如图 4-20 所示。

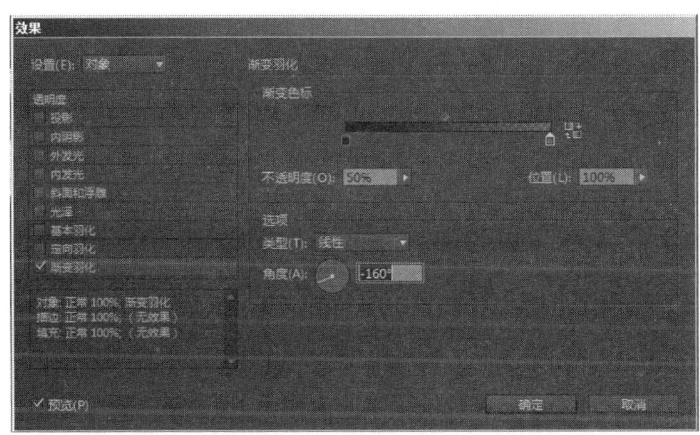

图 4-19　在渐变羽化效果对话框中设置参数 3

图 4-20　三角形红色块面渐隐效果

7）同理，请读者参照图 4-21 中的参数处理版面右侧中部三角形红色块面，效果如图 4-22 所示。然后参照图 4-23 处理版面左侧中部三角形蓝色块面，效果如图 4-24 所示。

8）最后，利用（选择工具），配合〈Shift〉键同时选中所有的白色块面，然后执行菜单中的“对象 | 效果 | 透明度”命令，在弹出的对话框中将“透明度”设为 90%，如图 4-25 所示参数，单击“确定”按钮，此时画面效果如图 4-26 所示。这时画面中白色的块面呈现出半透明状，整个画面充满了通透感，层次清晰。

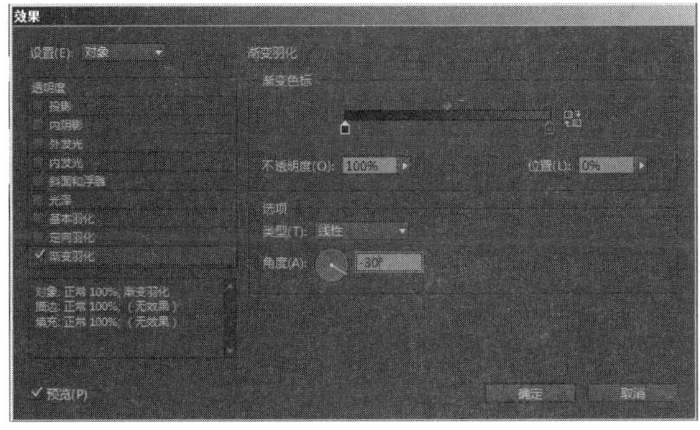

图 4-21　在渐变羽化效果对话框中设置参数 4

图 4-22　右侧三角形红色块面渐隐效果

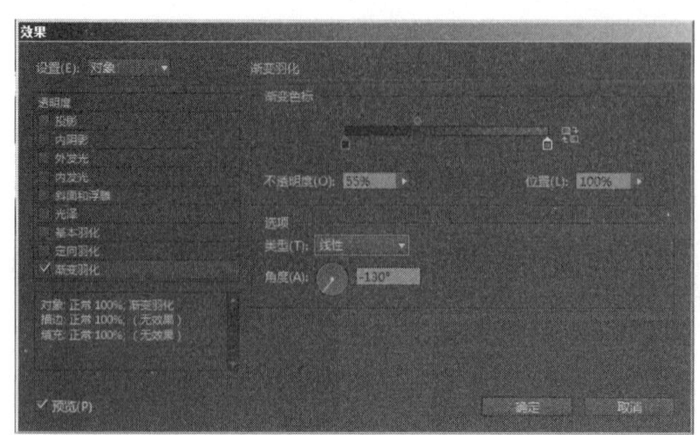

图 4-23　在渐变羽化效果对话框中设置参数 5

图 4-24　三角形蓝色块面渐隐效果

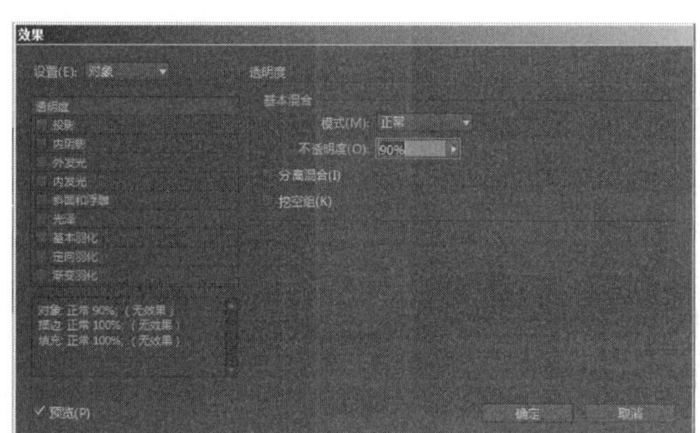

图 4-25　在透明度效果对话框中设置参数

图 4-26　画面整体效果

3. 制作标题文字

1）选择工具箱中的 T（文字工具），然后在画面中部创建一个矩形文本框，接着按快捷键〈Ctrl+T〉，在打开的“字符”面板设置参数如图 4-27 所示，将“字体”设为 Poplbr Std，“字号”为 150 点，“水平缩放”为 80%，其他为默认值，最后在文本框中输入黑色标题文字，如图 4-28 所示。

2）由于背景是放射性的版式，标题文字必须与之相呼应，下面将它制作成倾斜效果，并与背景中主红色块面的倾斜方向一致。方法：执行菜单中的“对象 | 变换 | 旋转”命令，在弹出的“旋转”对话框中设置如图 4-29 所示的参数值，将“角度”设为 17°，单击“确定”按钮，从而使标题文字形成了向左上至右下的倾斜放置效果，与背景相呼应，效果如图 4-30 所示。

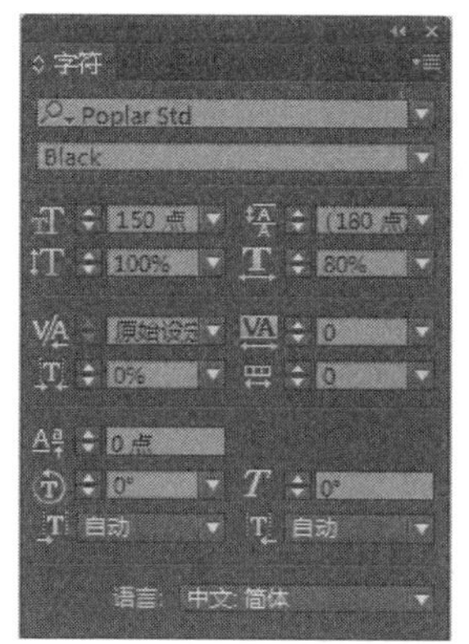

图 4-27　在“字符”面板设置字符参数

图 4-28　在文本框中输入标题文字

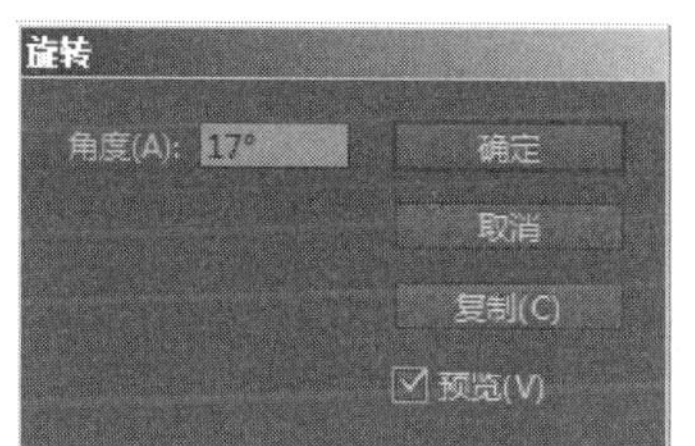

图 4-29　设置“旋转”参数

图 4-30　标题文字倾斜放置效果

3）虽然调整了倾斜度与背景画面形成了呼应，但是可以发现标题文字字符之间的间距并不规律，尤其是字母“E、a、T”之间的距离就过大。另外，为了使标题文字看起来具有交错的视觉感，必须给每个字符设置基线偏移。方法：先将字母“B”和字母“E”的字号稍做调整，将字母“B”的字号调大一些，字母“E”的字号调小一点，然后利用 （文字工具）选中字母“a”，如图 4-31 所示。在打开的“字符”面板中将 （基线偏移）设为：−10 点，效果如图 4-32 所示。再用同样的方法，将其余并排的字母也形成上下交错偏移，整体效果如图 4-33 所示。

图 4-31　选中字母“a”

图 4-32　使其基线偏移后的效果

图 4-33　其余字母基线偏移后的效果

4）接下来将字母“a”和字母“T”之间的距离缩小。方法：利用（文字工具）选中字母“a”和字母“T”，如图 4-34 所示。在“字符”面板中将（字符间距）这一项设为 -50，效果如图 4-35 所示。然后使用同样的方法将“T”和“L”之间的间距缩小，效果如图 4-36 所示。此时，标题文字的整体效果如图 4-37 所示。

图 4-34　用光标选中字母“a”和字母“T”

图 4-35　缩小间距后效果

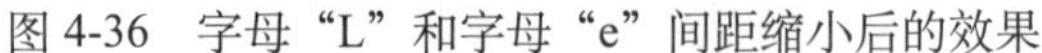

图 4-36　字母“L”和字母“e”间距缩小后的效果

图 4-37　标题文字此时整体效果

5）目前看起来标题文字的大小相对整个版面过小，而且字型的个性化色彩还不够，下面需要对标题文字进一步细化调整。方法：首先利用（选择工具）选中标题文字，然后

执行菜单中的“文字 | 创建轮廓”命令，此时标题文字会被图形化并且边缘出现了许多调节控制点，效果如图 4-38 所示。下面按住〈Shift〉键向外拖动文本块四个角上的控制手柄，如图 4-39 所示，进行等大缩放，使其大小与海报的宽度基本一致，效果如图 4-40 所示。

图 4-38　将文字轮廓化

图 4-39　拖动控制手柄使其等大缩放

图 4-40　等大缩放后效果

6）现在看来文字的间距与大小基本合适了，但是字母与字母之间有重叠，比如“T”和“L”之间。而且有些字母的空隙太小，比如字母“B”“a”和“e”中的镂空太小，字型带给人一种压抑感。下面将其空隙扩大一些，首先从字母“B”开始。方法：利用▶（直接选择工具）选中字母“B”上部空隙中的调整控制点，如图 4-41 所示；然后移动其调整控制点，使其往外移动，还可以结合▷（转换方向点工具）调整镂空部分的形状，请参见图 4-42、图 4-43 和图 4-44 绘制；调整完成后，字母“B”上部镂空部分扩大了一圈，如图 4-45 所示。

图 4-41　用直接选择工具调整控制点

图 4-42　用转换方向点工具调整镂空部分形状 1

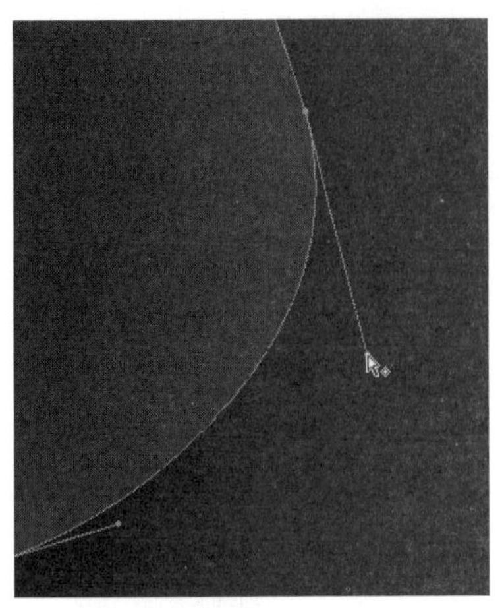

图 4-43　用转换方向点工具调整镂空部分形状 2

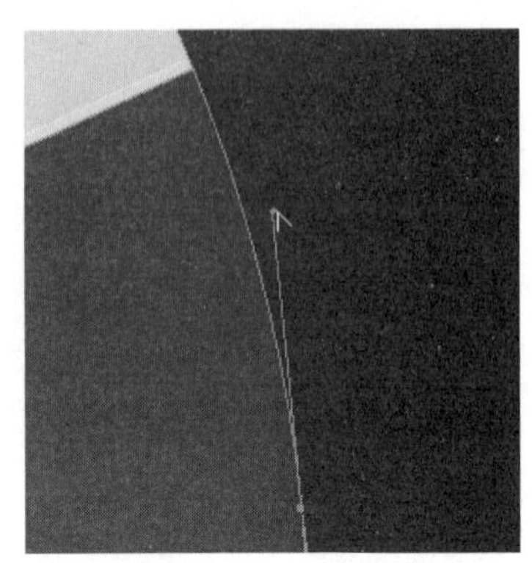

图 4-44　用转换方向点工具调整镂空部分形状 3

图 4-45　调整后镂空部分效果

7）同理，将其他字母的镂空部分都调整一下，所有文字完成调整后效果如图 4-46 所示。可见镂空部分扩大了不少，文字的透气感也加强了。

图 4-46　标题文字镂空部分调整后效果

8）镂空部分调节完成，下面开始进行重叠部分的调节。方法：利用（直接选择工具）按住〈Shift〉键的同时选中字母“T”中的几个调节控制点，如图 4-47 所示，然后将其整个向上移动一些距离，效果如图 4-48 所示，这样重叠的部分就分开了。

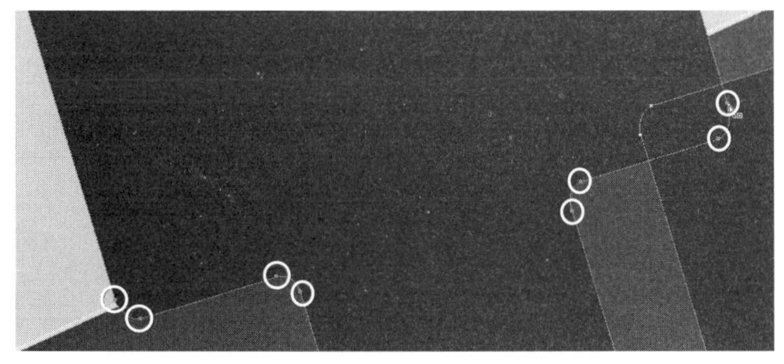

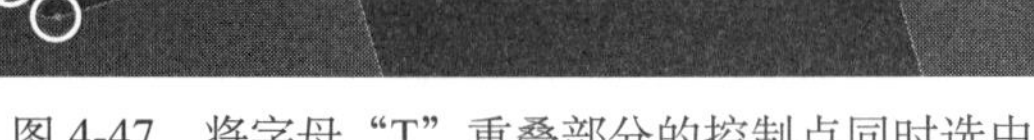

图 4-47　将字母“T”重叠部分的控制点同时选中

图 4-48　重叠部分分开效果

9）同理将字母“M”和字母“N”的三角部分间隙扩大一些，请读者参照前面的步骤自行调节，并在文字后面增添一个感叹号，效果如图 4-49 所示。

图 4-49　标题文字重叠部分调整后效果

10）至此，标题文字的字型处理完毕，但是纯黑色的文字与背景并没有很好地融为一体，而且显得过于深沉。下面将文字与背景白色块面重叠的部分的颜色变为红色，使之与背景发生有趣的关联。方法：利用（钢笔工具）将字母“B”与白色块面重叠部分的形状轮廓绘制出来，然后将其填充为与背景红色块面相同的红色，效果如图 4-50 所示，接着使用同样的方法将其余重叠部分绘制出来，并填充相同的红色，效果如图 4-51 所示。

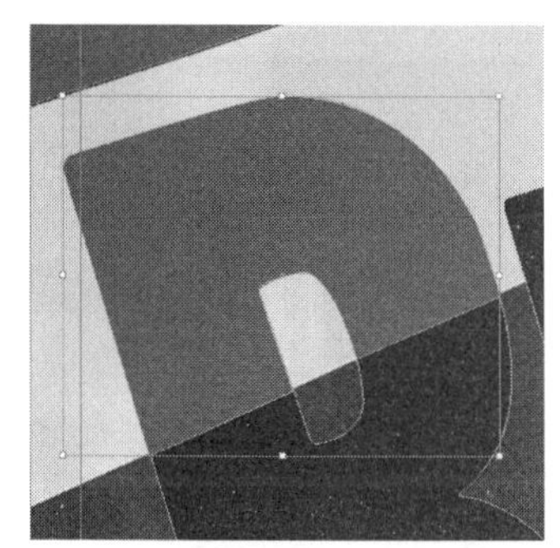

图 4-50　重叠区域绘制完成效果

图 4-51　所有文字重叠区域绘制完成效果

4. 制作海报辅助信息

1）首先编辑第一条辅助信息，在“字符”面板设置参数如图 4-52 所示，然后在编辑区

空白处输入文字信息，如图 4-53 所示。为了使文字与海报放射状版式相结合，下面将其进行适当的旋转。方法：执行菜单中的“对象 | 变换 | 旋转”命令，在弹出的“旋转”对话框中设置“角度”为 17°，如图 4-54 所示。单击“确定”按钮，接着将其放置在画面中文字标题的左上方，效果如图 4-55 所示。

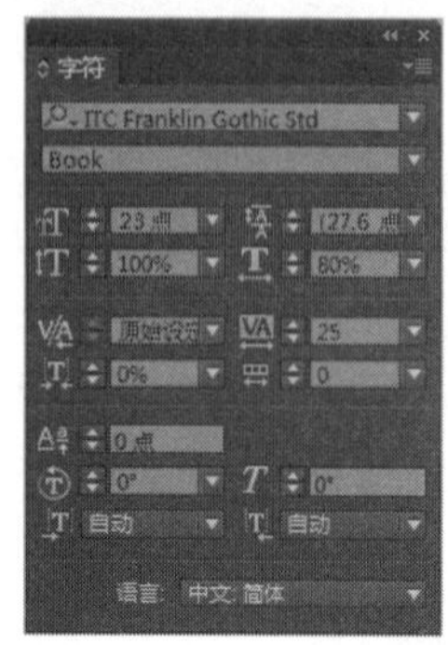

图 4-52　设置辅助信息字符参数

AMERICA MEETS THE BEATLES 1964

图 4-53　在编辑区空白处输入文字信息

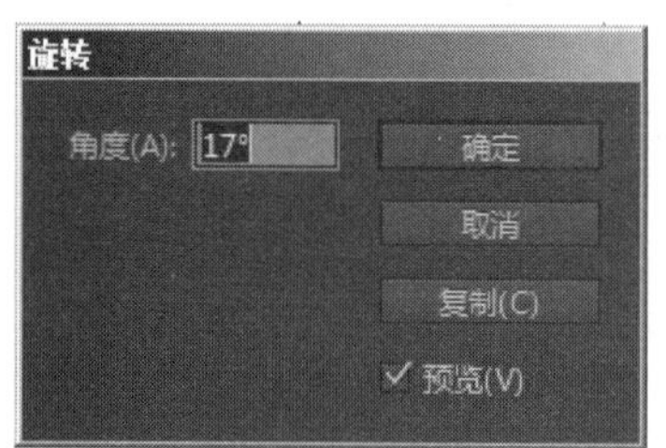

图 4-54　在“旋转”对话框中设置参数

图 4-55　将辅助信息文字放置在标题文字左上方

2）编辑第二条辅助信息，同样先在“字符”面板设置参数如图 4-56 所示，然后在编辑区输入文字信息，并将最后两个字符的颜色设为红色，如图 4-57 所示。接着执行“对象 | 变换 | 旋转”命令，在弹出的“旋转”对话框中将旋转“角度”设为 7 °，单击“确定”按钮，再将其移置第一条辅助信息上方，效果如图 4-58 所示。

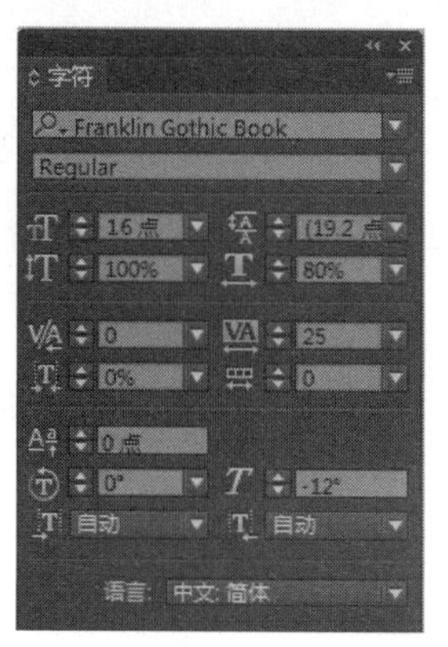

图 4-56　在“字符”面板中设置参数

图 4-57　输入文字信息

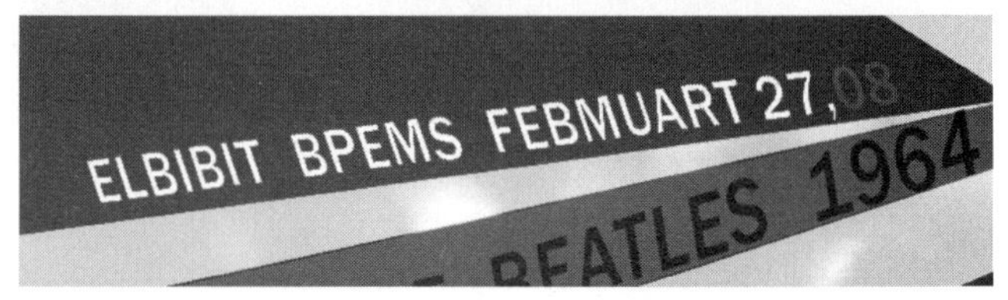

图 4-58　将其放置在第一条辅助信息文字的上方

3）在整个画面的左上方添加第三条辅助信息，所用字体与之前的一致，读者可参照图 4-59 自行制作。然后执行菜单中的“文件 | 置入”命令，在弹出的如图 4-60 所示的对话框中选择网盘中的“素材及结果 \4.1 传统广告单页设计 \“传统广告单页设计”文件夹\Links\logo.psd”，单击“打开”按钮。接着将其放置在画面的右下方，如图 4-61 所示。最后在标志的旁边添加一段辅助信息，请读者参照图 4-62 自行添加（所用字体：Arial Black，Brial）。

图 4-59　第三条辅助信息效果

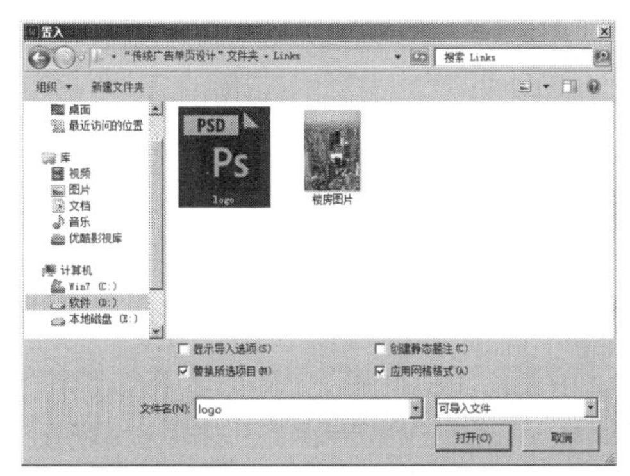

图 4-60　在“置入”对话框中选择“logo.psd”文件

图 4-61　将标志置入文档

图 4-62　标志及辅助信息效果

4）至此，传统单页广告的版面编辑全部完成，可见辅助信息的添加使画面更具有层次感，左上与右下的文字信息相互辉映，使画面平衡感良好，背景图透过红、蓝、白色块若隐若现，更加凸显画面的层次与艺术效果。放射状结构的版面，加上独特的颜色搭配，透出一种很浓郁的欧美风情。最后的效果如图 4-63 所示。

4.2　杂志内广告页设计

要点：

一般的杂志都会有广告页着重介绍某一个产品，以加深读者对其产品的印象，因此通常会将产品或产品广告扩大至一整页，然后在接下来的一页中重点介绍此产品。其制作方法通常比较简单，产品图片或者产品广告都是由厂商提供的完成稿，只需直接置入即可，需要精心编排的是对产品详细介绍页的版面。本例要学习制作的杂志内广告页如图 4-64 所示。通过本例的学习应掌握基本的图文排版和文字编辑功能。

图 4-63　画面完成效果

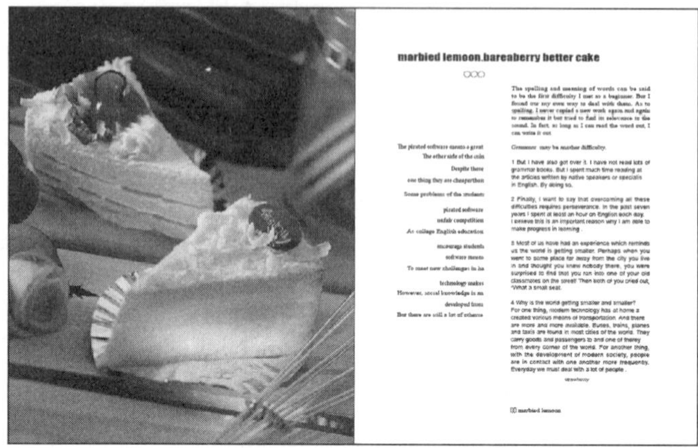

图 4-64　杂志内广告页设计

操作步骤：

1）执行菜单中的“文件 | 新建 | 文档”命令，在弹出的对话框中将“页数”设为 2 页，页面“宽度”设为 200 毫米，“高度”设为 250 毫米，“出血”设为 3 毫米，如图 4-65 所示。然后单击“边距和分栏”按钮，在弹出的对话框中将“上边距”设为 25 毫米，“下边距”设为 30 毫米，“内边距”设为 25 毫米，“外边距“设为 28 毫米，如图 4-66 所示。单击“确定”按钮，设置完成的页面状态如图 4-67 所示。

2）这是一个双页文档，此时的页面是一上一下随机分布的，下面需要将其调整为跨页文档。方法：选择第 1 页，然后单击“页面”面板右上角的按钮，从弹出的菜单中将“允许选定的跨页随机排布”名称前的“√”取消，如图 4-68a 所示。接着在“页面”面板中将第 2 页拖至第 1 页旁边形成跨页模式即可，如图 4-68b 所示，调整后的版面状态如图 4-69 所示。下面单击工具栏下方的（正常视图模式）按钮，使编辑区内显示出参考线、网格及框架状态。

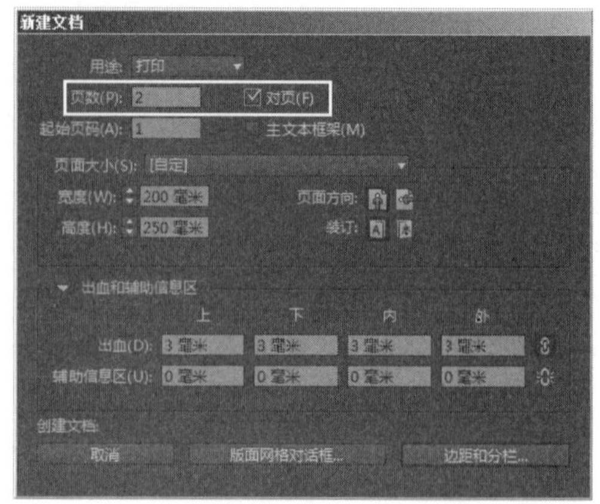

图 4-65　在“新建文档”对话框中设置参数

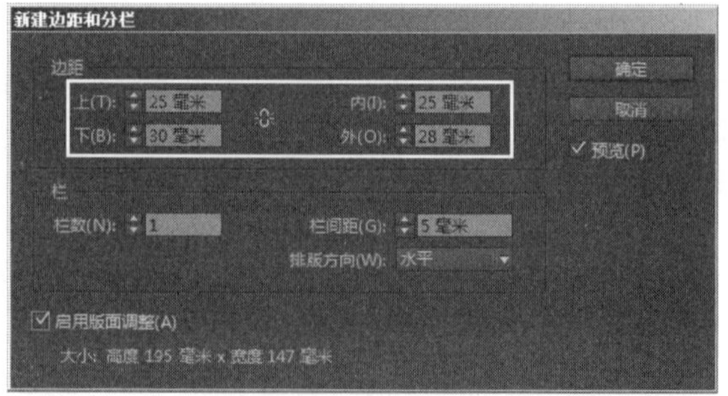

图 4-66　设置边距和分栏

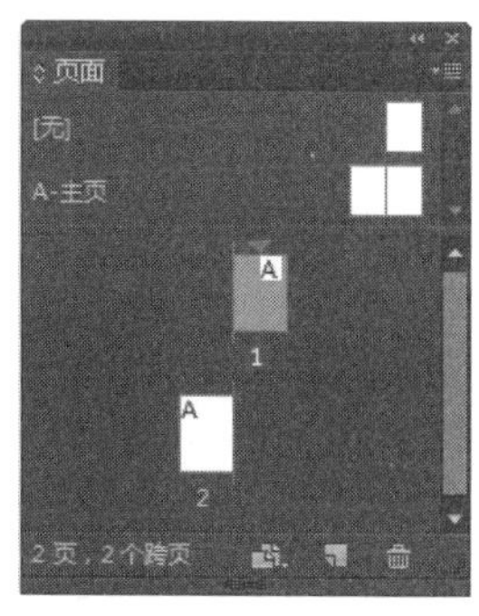

图 4-67　“页面”面板状态

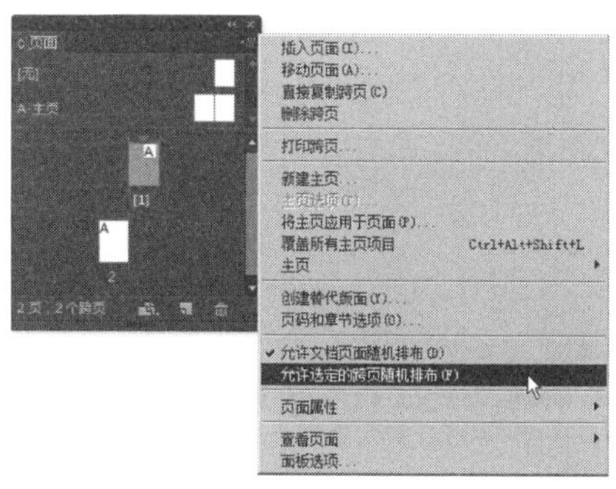

a)

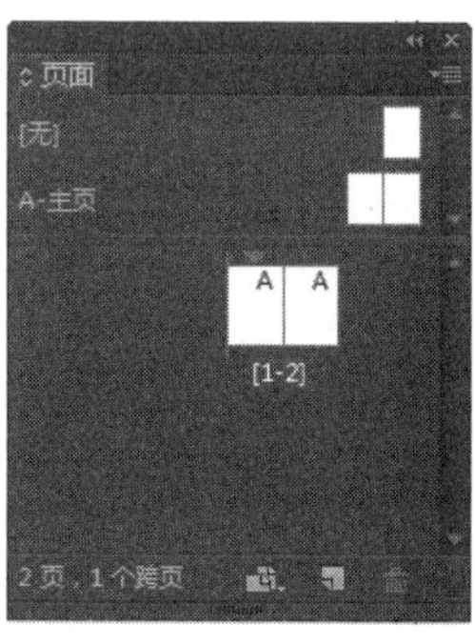

b)

图 4-68　调整跨页文档

a) 取消勾选“允许选定的跨页随机排布”　b) 页面调整后状态

图 4-69　对页的版面状态

3）本例的广告页主题是蛋糕广告，左页将被蛋糕图片填满。下面执行菜单中的“文件 | 置入”命令，在弹出的“置入”对话框中选择网盘中的“素材及结果\4.2 杂志内广告页设计\“杂志内广告单页设计”文件夹\Links\蛋糕.jpg”，如图 4-70 所示。单击“打开”按钮，将“蛋糕.jpg”置入文档，效果如图 4-71 所示。然后利用 （选择工具）将“蛋糕.jpg”的框架变换大小，使之与版面的出血框架一样（注意：广告单页的编排也需要将其版面内容扩大到与出血框架一致，防止打印或者切割时留出白边），接着执行“对象 | 适合 | 使内容适合框架”命令，这样图片就会自动填充满整个框架，效果如图 4-72 所示。

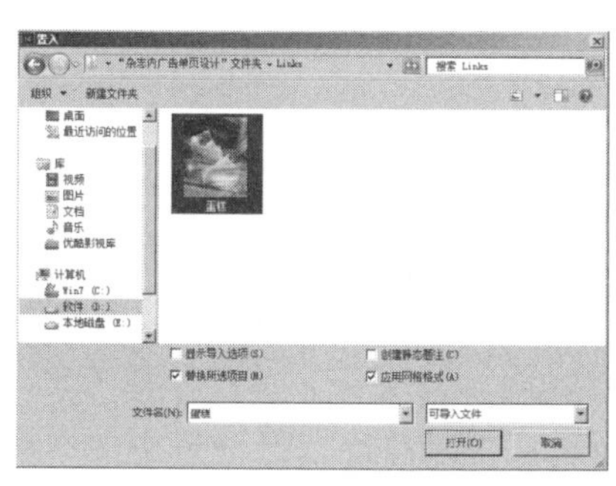

图 4-70　在弹出的“置入”对话框中选择文件

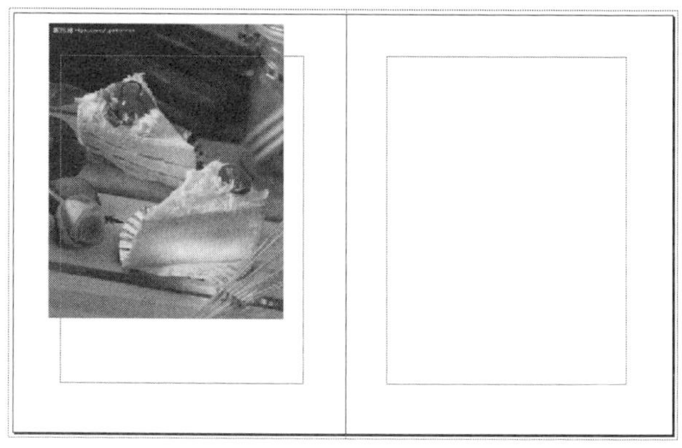

图 4-71　将“蛋糕.jpg”置入文档

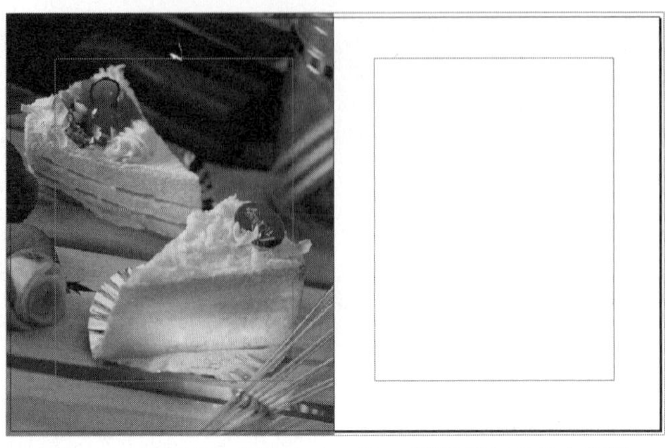

图 4-72　使图片与框架大小一致，将版面左页完全填满

4）左页的编辑就算完成了，现在开始右页的编辑。右页的功能是产品介绍，主要是文字编排。下面首先开始制作总标题。方法：按快捷键〈Ctrl+T〉，在打开的“字符”面板中设置标题参数如图 4-73 所示，将“字体”设为 Impact，“字号”为 17 点，其他为默认值，然后在页面边距框的左上方输入文字，如图 4-74 所示。接下来在右页中心部位拉出两条垂直参考线（先按〈Ctrl+R〉打开标尺，这时窗口的左侧和上侧出现标尺，从垂直标尺中拉出两条参考线并定位到水平标尺的 275 毫米和 290 毫米处），效果如图 4-75 所示。

字符
Impact
Regular
17 点
(20.4 点)
100%
120%
原始设定
0
0%
0
0 点
0°
0°
自动
自动
语言：中文：简体

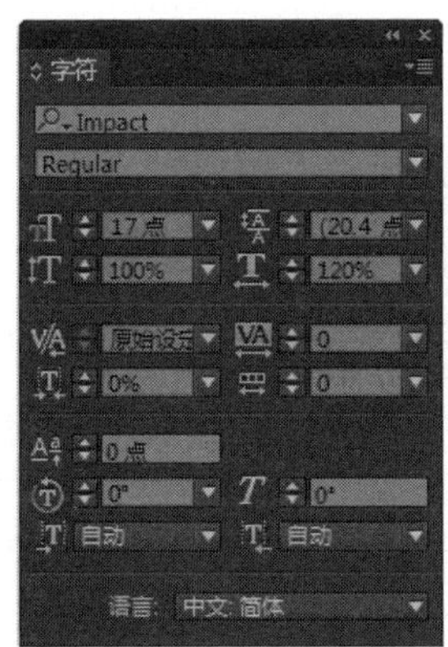

图 4-73　设置字符参数

marbied lemoon.bareaberry better cake

图 4-74　在文本框中输入标题文字

marbied lemoon.bareaberry better cake

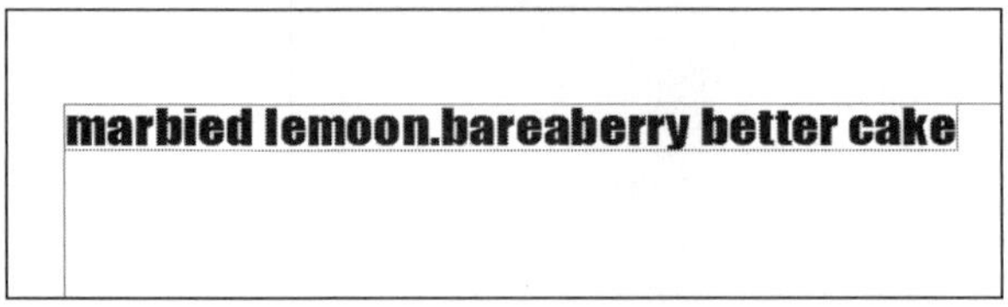

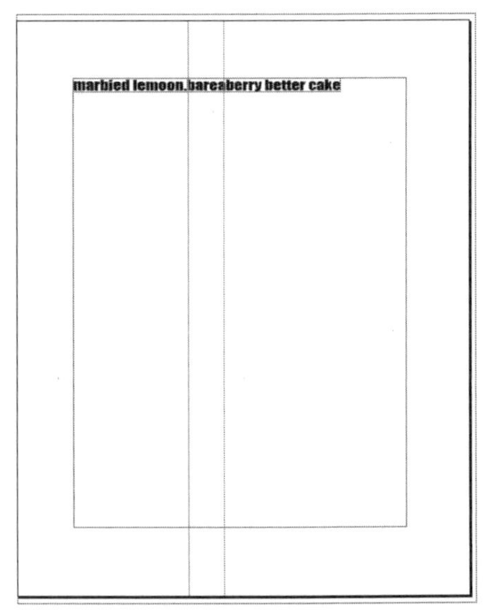

图 4-75　标题在页面中的位置及效果

5）现在开始正文部分的编排。首先沿着右侧的参考线与边距框用 T（文本工具）创建一个矩形文本框，如图 4-76 所示；然后在打开的“字符”面板设置正文字符参数，如图 4-77 所示；接着在文本框内部的上方粘贴首段英文文本，效果如图 4-78 所示；再次打开“字符”面板，设置此文本框其余段落的字符参数，如图 4-79 所示；最后将准备好的英文文本粘贴入文本框，效果如图 4-80 所示。

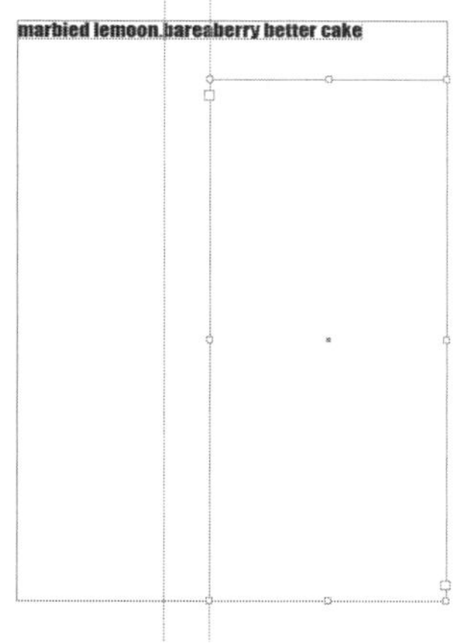

图 4-76　创建矩形文本框

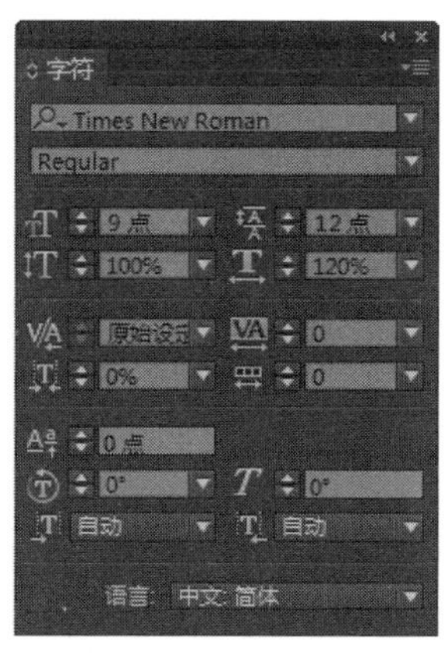

图 4-77　设置字符参数

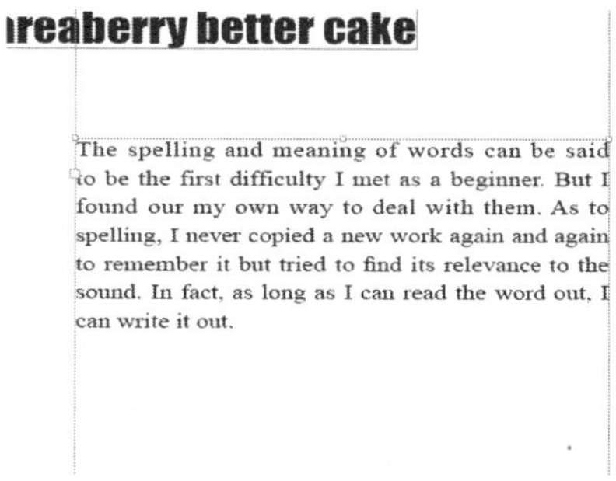

图 4-78　在文本框中粘贴首段文字

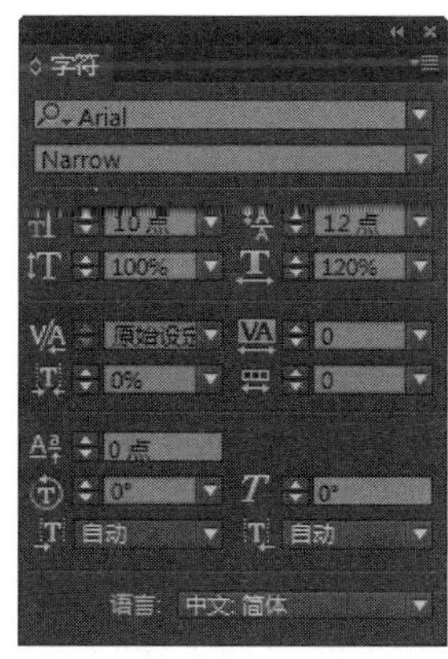

图 4-79　设置第二种正文字符参数

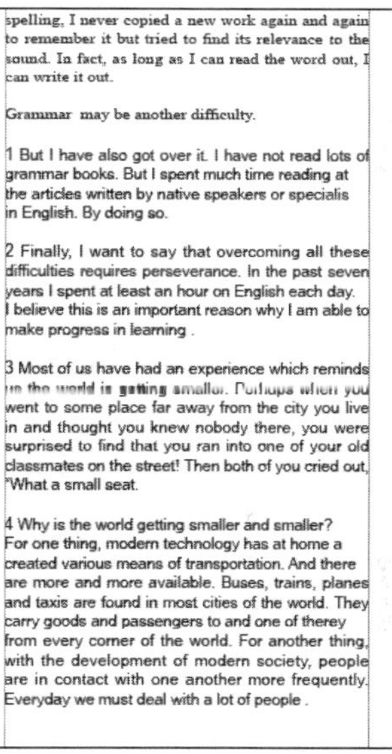

图 4-80　在文本框中粘贴其余段落文字

6）在右侧文本框下添加辅助信息，所用字体是 Times New Roman，请读者参照图 4-81 和图 4-82 自行制作，此时版面效果如图 4-83 所示。

7）版面右侧编辑完成，现在开始左侧的文字编排。首先沿着参考线用 T（文本工具）创建一个矩形文本框，如图 4-84 所示，然后按快捷键〈Ctrl+T〉，在打开的“字符”面板设置第三种正文字符，参数如图 4-85 所示，接着在文本框中粘贴前 4 行文字，如果文本自动居左排列就单击选项栏右侧的（右对齐）按钮，使它居右对齐排列，如图 4-86 所示。

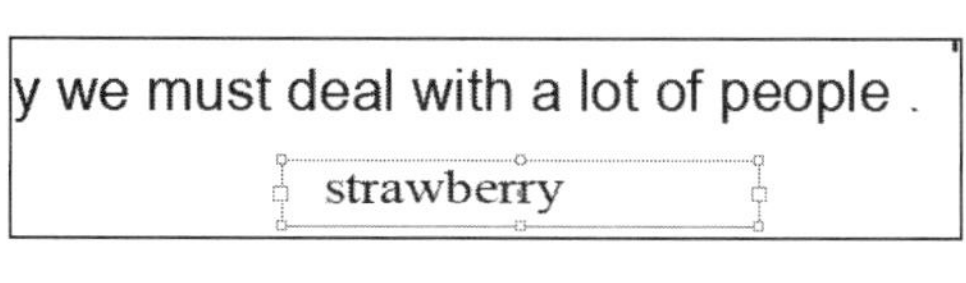

图 4-81　辅助信息 1 效果

图 4-82　辅助信息 2 效果

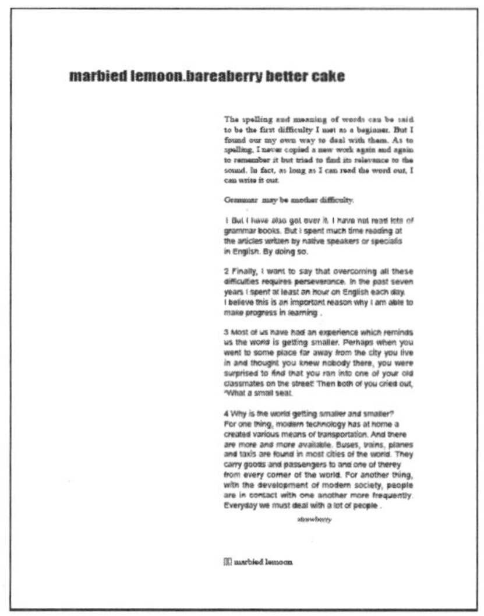

图 4-83　此时版面效果

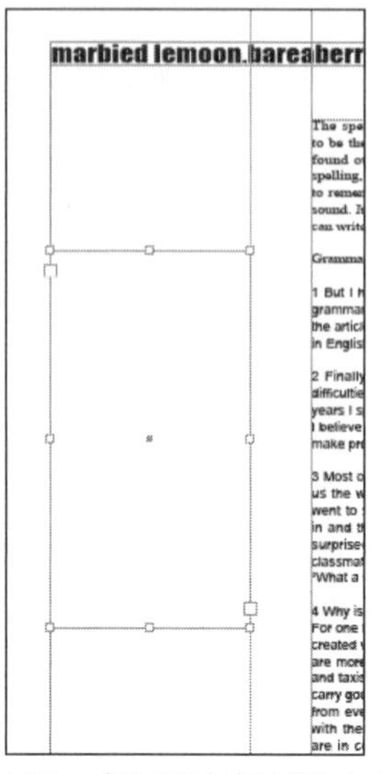

图 4-84　在版面左侧创建文本框

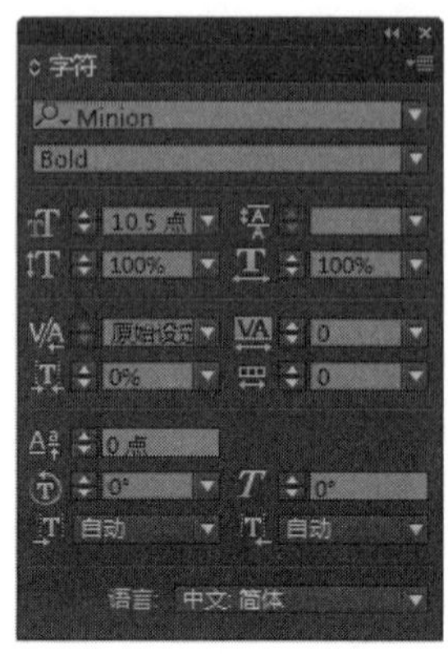

图 4-85　设置第三种正文字符参数

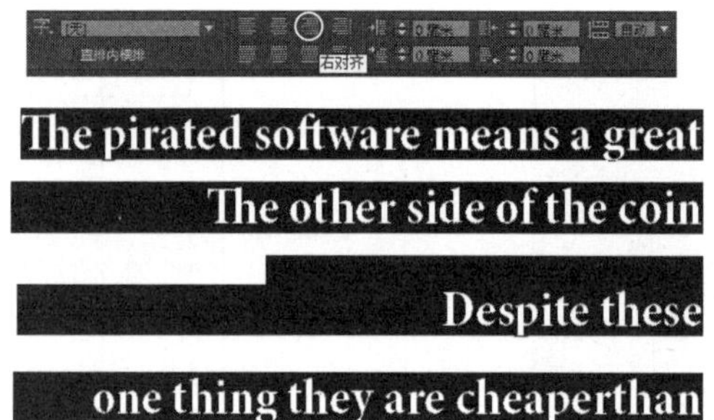

图 4-86　在文本框中粘贴前 4 行文字并居右对齐排列

8）在“字符”面板设置第四种正文字符参数，如图 4-87 所示，最后将剩余的文本用这两种字符参数交叉输入文本框中，并将文字的对齐方式设为右对齐，效果如图 4-88 所示。

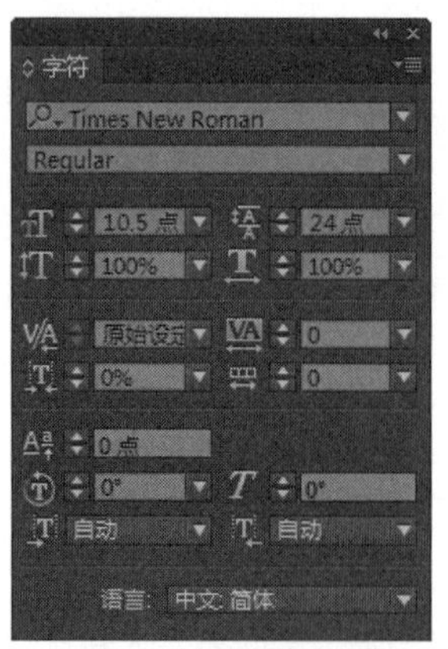

图 4-87　设置第四种正文字符参数

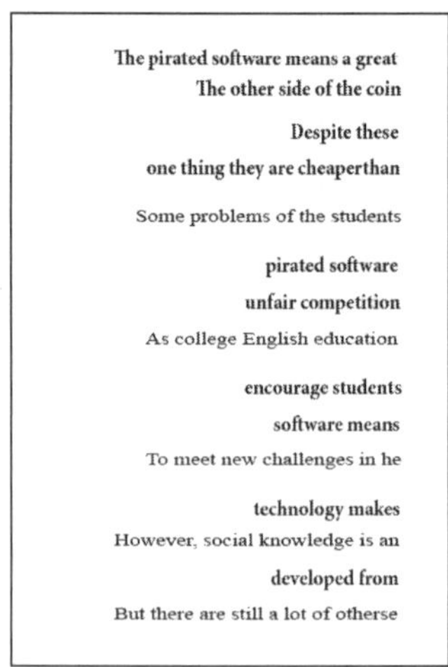

图 4-88　左侧文本框最后效果

9）在总标题的下方用工具箱中的■（椭圆工具）绘制一些辅助图形，如图 4-89 所示；然后将其“描边”和“填色”都设为紫红色（参考色值为：CMYK（9，95，0，0））。这样，右页版面的编辑就全部完成了，效果如图 4-90 所示。

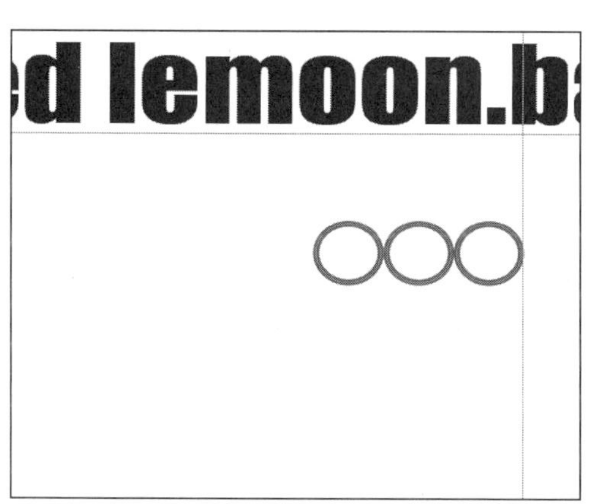

图 4-89　标题下方辅助图形效果

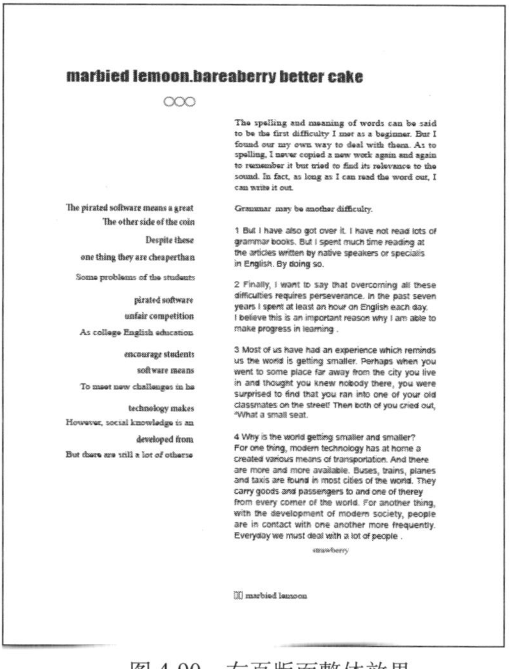

图 4-90　右页版面整体效果

10）至此，这个简单版面的编辑全部完成，可见整个版面是以清新简洁为主，没有过于花哨的杂乱信息与图形，只求清晰地将产品信息陈述出来，将产品的形象重点突出出来。版面最终效果如图 4-91 所示。

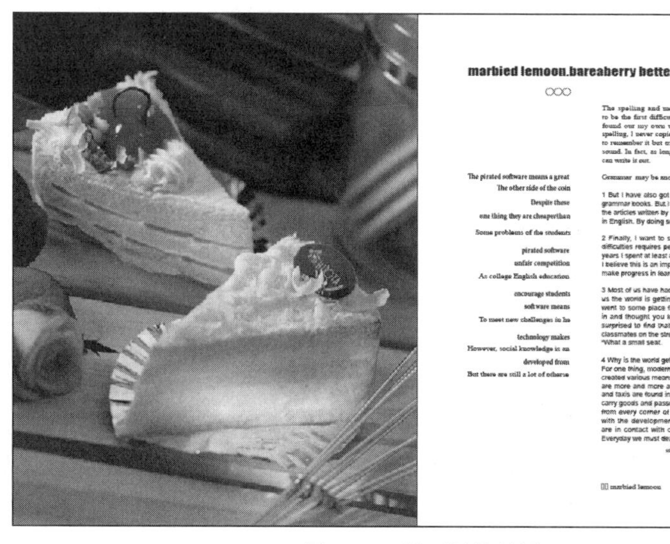

图 4-91　版面最终效果

4.3 活动庆典广告单页设计

要点：

活动庆典类广告单页的作用是将活动的主题、时间、地点、成员等信息交代清楚，便于读者获得想要的信息。活动庆典类广告单页在色彩设计方面通常根据活动的类型而定，本例中的活动主题是一个全明星之夜，效果如图4-92所示。既然是关于明星的，那么在色彩方面就应该比较绚丽，文字的应用也不是一板一眼地使用字库内的字体，而是多种字体叠加形成丰富的层次效果，给人动感十足的感受。通过本例的学习，读者应掌握绘制基本图形、绘制路径、应用色板存储颜色、基础文字编排、图像置入框架、对齐等功能的综合应用。

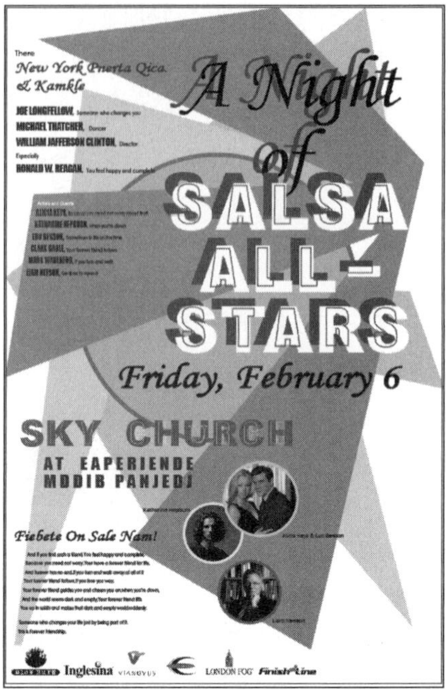

图 4-92　活动庆典广告单页设计

操作步骤：

1）首先执行菜单中的“文件 | 新建 | 文档”命令，在弹出的对话框中设置如图4-93所示的参数，将“页数”设为1页，页面“宽度”设为210毫米，“高度”设为320毫米，将“出血”设为3毫米。然后单击“边距和分栏”按钮，在弹出的对话框中设置如图4-94所示的参数，将“上”“下”“内”“外”边距均设为0毫米，单击“确定”按钮。设置完成的版面状态如图4-95所示（这是一个单页文档）。接着单击工具栏下方的 （正常视图模式）按钮，使编辑区内显示出参考线、网格及框架状态。

2）页面设置好以后，下面开始绘制背景中几个重叠的色块，由于是庆典类广告，所以在色块的颜色选择上就比较偏向于鲜艳、轻快、明亮的色彩。色块的形状也是不规则的放射状，以便使画面显得活泼有张力。方法：选择工具箱中的 （钢笔工具）在页面中部绘制一个不规则几何形闭合路径，如图4-96所示，然后将其“填色”设为浅绿色（参考色值为：CMYK（29，0，27，4）），填色后效果如图4-97所示。

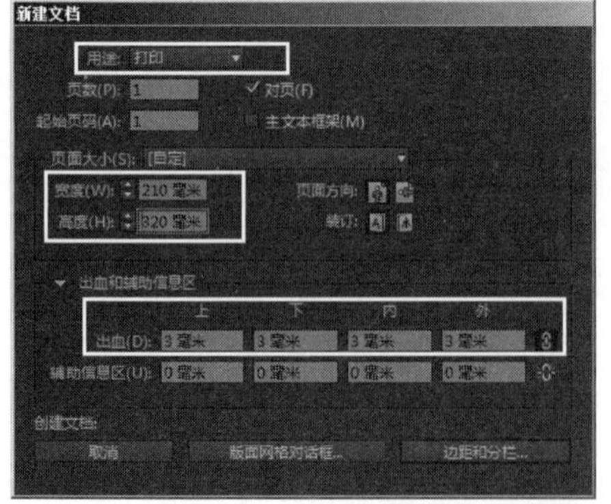

图 4-93　在“新建文档”对话框中设置参数

图 4-94　设置边距和分栏

图 4-95　完成的版面状态

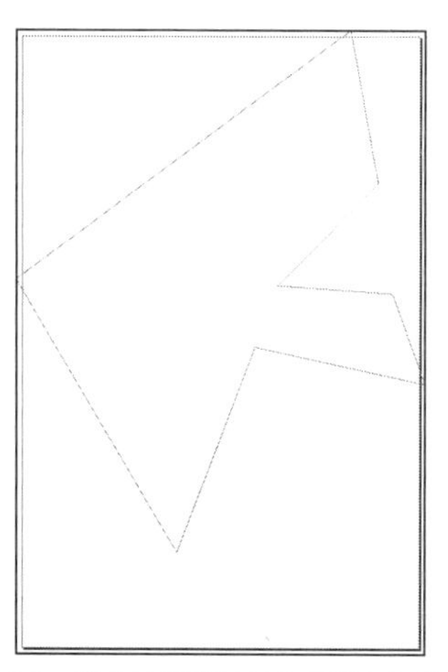
图 4-96　绘制不规则几何形闭合路径

图 4-97　将闭合路径填充为一种浅绿色

3）接着在浅绿色色块上方再用 （钢笔工具）绘制一个不规则几何图形，并将其“填色”设为浅黄色（参考色值为：CMYK（16，0，3，0）），完成效果如图 4-98 所示。然后再用 （椭圆工具）在黄色色块上方按住〈Shift〉键绘制一个正圆形，并将其“填色”设为橘黄色（参考色值为：CMYK（6，27，89，0）），如图 4-99 所示。接着将橘黄色圆形的描边“粗细”设为 2 毫米，描边的“填色”设为墨绿色（参考色值为：CMYK（49，34，90，7）），效果如图 4-100 所示。

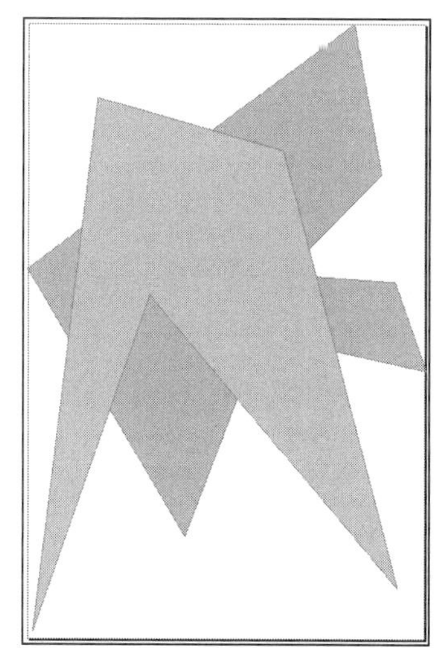
图 4-98　绘制黄色色块

图 4-99　绘制橘黄色正圆形色块

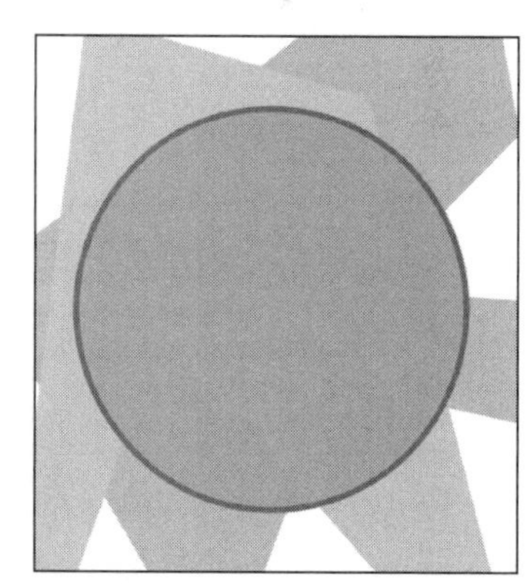
图 4-100　橘黄色圆形色块描边效果

4）在橘黄色圆形色块的上方添加最后一个不规则几何色块，然后将其填色为橙色（参考色值为：CMYK（0，56，84，0）），效果如图 4-101 所示。

5）背景色块绘制完成后，现在开始文字信息的编排，首先从大标题文字开始。方法：先选择 （文字工具）在页面的右上方创建一大一小两个矩形文本框，然后按快捷键〈Ctrl+T〉，在打开的“字符”面板设置第一种标题文字字符参数，如图 4-102 所示；将“字

体”设为 Monotype Corsiva，“字号”设为 100 点，其他为默认值；接着在文本框内输入标题文字的一部分，效果如图 4-103 所示；再用（选择工具）同时选中这两个文本框，执行菜单中的“对象 | 编组”命令将其编为一个组；最后，按住〈Alt〉键向左下方拖动这一组文字，这样就能自动复制这一组文字；再执行菜单中的“对象 | 排列 | 后移一层”命令，将新复制出的文字移至后一层，与先前的文字形成重叠的层次效果，并将其填色设为紫红色（参考色值为：CMYK（30，100，45，0）），效果如图 4-104 所示。

图 4-101　橙色色块效果

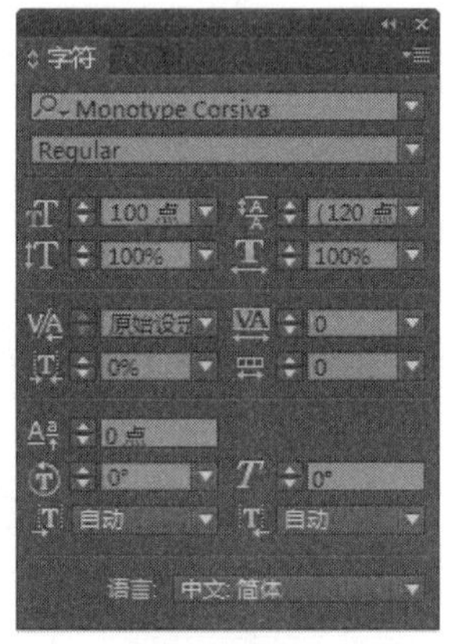

图 4-102　设置大标题文字字符参数

图 4-103　部分标题文字效果

图 4-104　标题文字重叠效果

6）为了后面步骤能重复使用这种紫红色，下面将这种紫红色添加到色板中。方法：双击工具箱底部的“填色”按钮，打开拾色器面板，如图 4-105 所示，然后单击面板右方的“添加到 CMYK 色板”按钮，最后单击“确定”按钮，这样，这种紫红色就自动添加到色板了，如图 4-106 所示。以后需要使用此种色彩时，只需直接在色板中选择即可。

7）现在开始第二种标题文字的编排，首先用同样的方法在标题文字“A Night of”的下方创建文本框，然后按快捷键〈Ctrl+T〉，在打开的“字符”面板设置第二种标题文字字符参数，将“字体”设为 Arial Black，“字号”设为 88 点，并将其“填色”设为白色，其他为默认值，然后在文本框中输入标题文字的一部分“SALSA”，效果如图 4-107 所示。接着用与之前同样的方法将此文本框复制一个到下一层形成重叠效果，并将其填色改为之前新添加到色板中的紫红色，效果如图 4-108 所示。

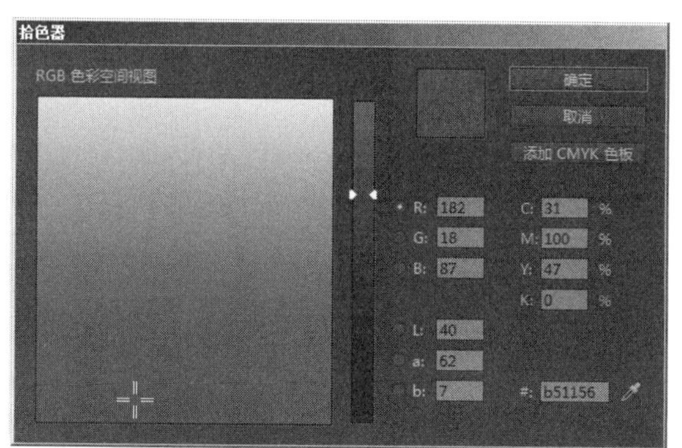

图 4-105　将紫红色添加到 CMYK 色板

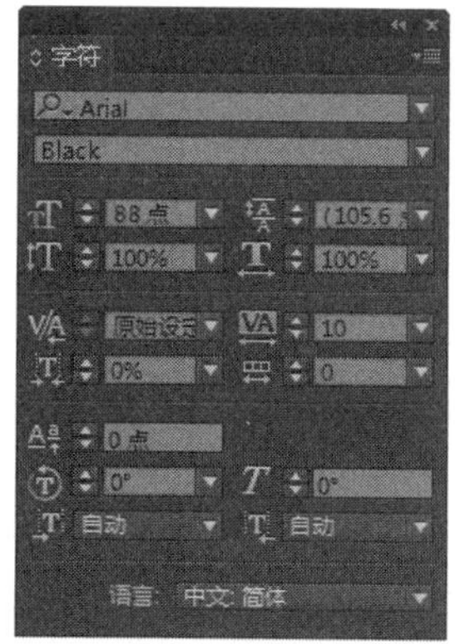

图 4-106　颜色添加到色板中

图 4-107　标题文字“SALSA”效果

图 4-108　标题文字“SALSA”重叠效果

8）为了使标题文字更有艺术性，需要将此部分的标题文字再添加一个层次，但是这次要使用不同的字符样式。下面按快捷键〈Ctrl+T〉，在打开的“字符”面板中设置第三种标题文字字符参数，如图 4-109 所示，并将此种文字的“填色”设为“无”，描边颜色设为之前新添加到色板中的紫红色（设置成功后工具箱下部如图 4-110 所示）。然后按快捷键〈F10〉打开“描边”面板，将描边的“粗细”设为 0.5 毫米，如图 4-111 所示。接着在版面中输入大写字母“S”，文字效果如图 4-112 所示。

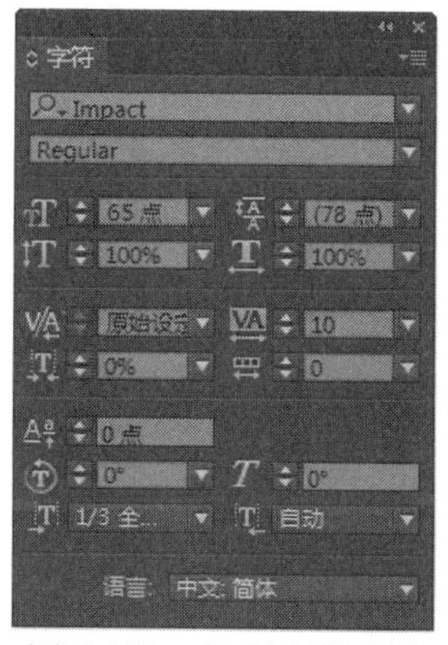

图 4-109　设置字符参数

图 4-110　工具箱中填色及描边颜色的显示

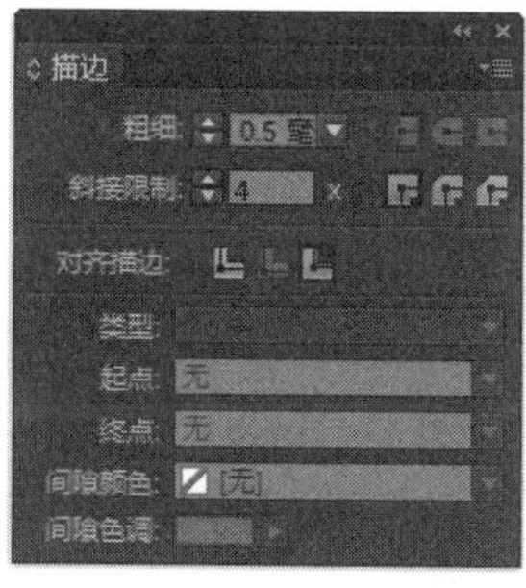

图 4-111　设置描边参数

图 4-112　文字效果

9）如图 4-113 所示，将字母“S”移到标题文字“SALSA”中第一个“S”的上方，然后再使用同样的方法将“SALSA”中剩余几个字母编排完成，效果如图 4-114 所示。请读者自己制作出如图 4-115 所示的标题文字的效果。

图 4-113　单个字母重叠最终效果

图 4-114　标题文字“SALSA”编排完成效果

图 4-115　相同风格的几行标题文字效果

10）在大标题文字的下方添加活动日期，参考图 4-116 设置参数。将“填色”设为深褐色（参考色值为：CMYK（0，100，0，80））。另外，由于字库中这种字体太细，所以需要为其添加描边，将描边的“粗细”设为 0.25 毫米，描边“填色”设为相同的深褐色，如图 4-117 所示。然后将这种深褐色添加到 CMYK 色板中。

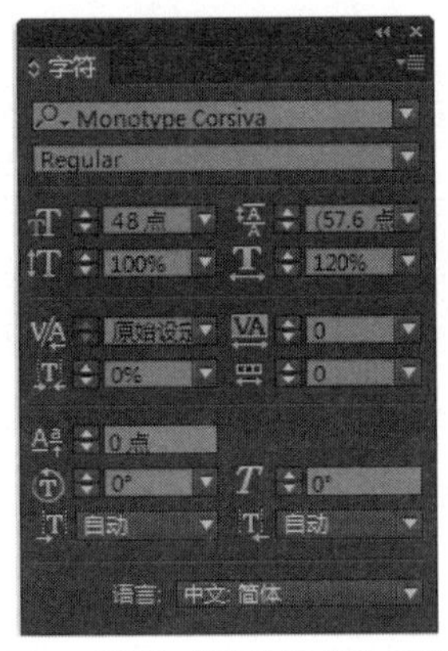

图 4-116　设置“活动日期”字符参数

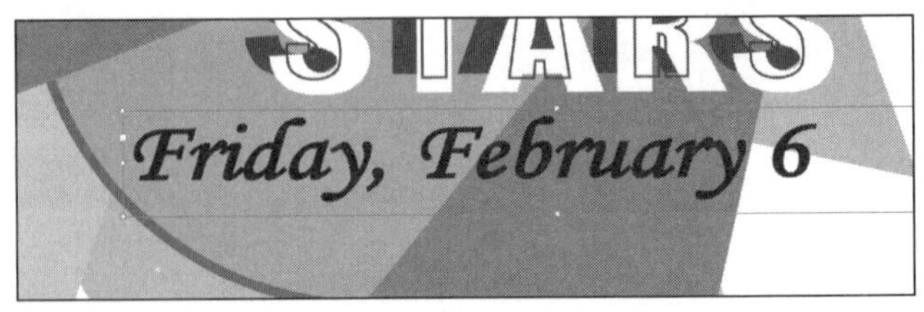

图 4-117　活动日期文字完成效果

11）现在开始副标题的编排，副标题的文字样式和大标题的文字样式有异曲同工之处，都是以重叠为主要手法的文字样式。首先编排第一层。方法：先在时间文字信息的左下方创建文本框，然后在“字符”面板中设置副标题第一种字符参数，如图 4-118 所示，并将其“填色”设为品红色（参考色值为：CMYK（0，100，0，0）），接着在文本框中输入副标题文字，效果如图 4-119 所示。

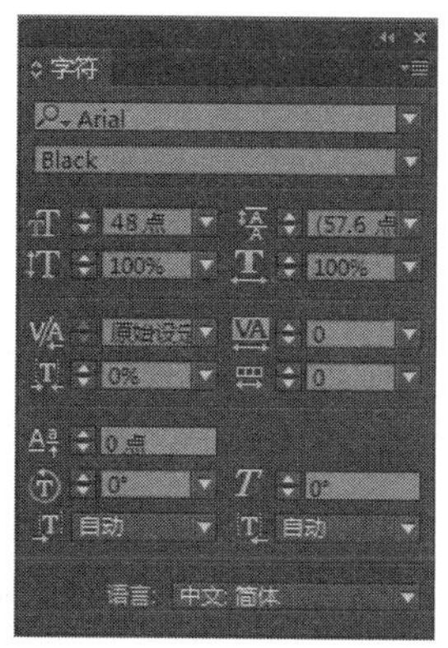

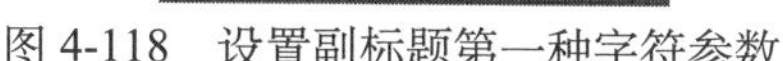
图 4-118　设置副标题第一种字符参数

图 4-119　副标题第一种字符样式效果

12）设置副标题上的另一种字符参数。方法：在“字符”面板设置字符参数，如图 4-120 所示，并将其“填色”设为“无”，“描边”的“粗细”设为 0.2 毫米，“描边”的“填色”设为白色。然后在页面中添加字母“S”，效果如图 4-121 所示，这是一种镂空的文字效果，接着将字母“S”移至副标题字符中第一个“S”的上方，如图 4-122 所示。最后用同样的方法将副标题的剩余字母编排完成，效果如图 4-123 所示。

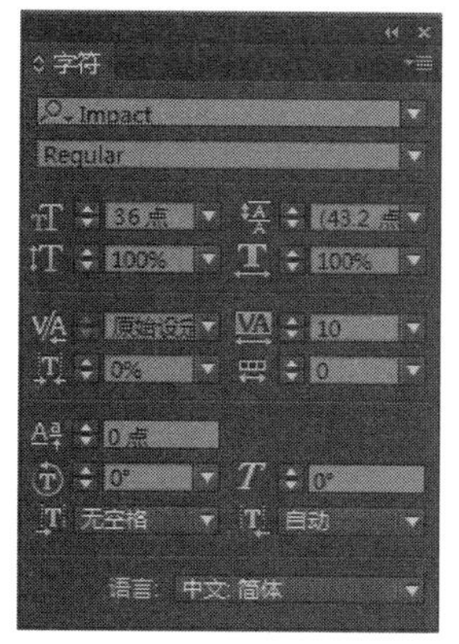

图 4-120　设置副标题第二种字符样式

图 4-121　第二种字符样式中字母“S”效果

图 4-122　将字母“S”移至副标题字符中第一个“S”的上方

图 4-123　副标题两层文字最终效果

13）下面在副标题的下方再添加地点信息。首先使用T（文字工具）创建文本框，然后在“字符”面板设置字符参数，如图 4-124 所示，将其“填色”设为墨绿色（参考色值为：CMYK（80，40，100，45）），并将这种墨绿色添加到 CMYK 色板之中，接着在文本框中输入地点信息，效果如图 4-125 所示。

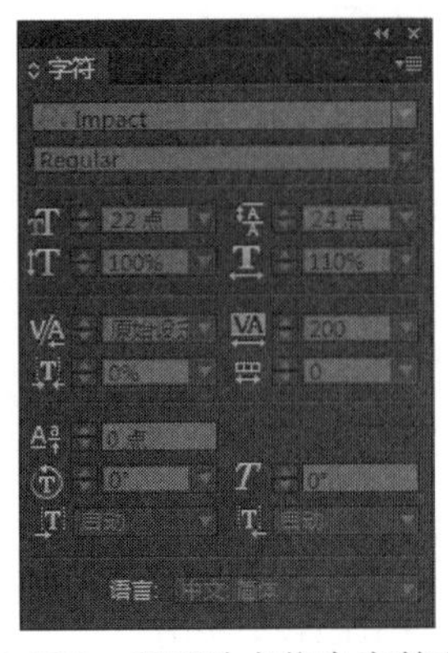

图 4-124　设置地点信息字符参数

图 4-125　地点信息完成效果

14）至此，所有标题文字编排完成，标题文字总体效果如图 4-126 所示。标题文字编排完成后，还有许多辅助信息需要编排，比如当晚将出席的嘉宾的信息。虽然辅助信息的文字很多，但是只要分组编排，就可以成为版式结构的组成部分，形成文字板块区域。加上文字字体大小粗细的不同选择，就会形成很好的层次效果。首先编排第一组辅助信息。先在页面的左上方添加提示文字：There，所用“字体”为 Century Gothic，“字号”为 10 点，效果如图 4-127 所示。

图 4-126　标题文字总体效果

图 4-127　提示文字完成效果

15）在提示文字的下方是第一组辅助信息的标题文字，下面使用同样的方法创建文本框并输入文字。请参照图 4-128 设置字符参数，并将其“描边”的“粗细”设为 0.1 毫米，描边的“填色”设为与文字相同的墨绿色，最后在文本框中输入文字信息，效果如图 4-129 所示。

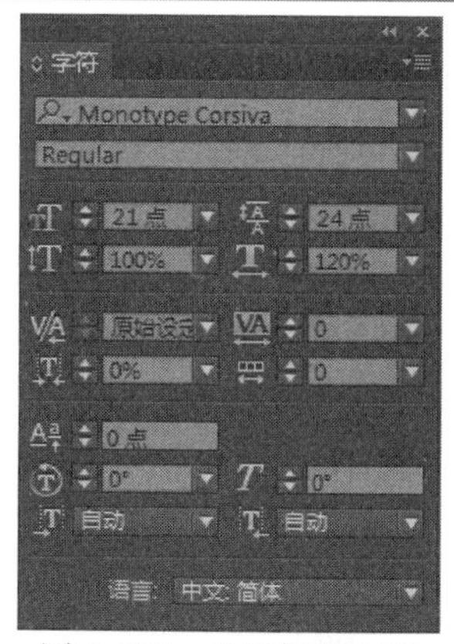

图 4-128　设置标题文字辅助信息字符参数

图 4-129　第一组辅助信息标题文字效果

16）接着添加当晚出席的嘉宾的信息。在“字符”面板设置嘉宾姓名字符参数，如图 4-130 所示，并将其“填色”设为之前新添加到色板的深褐色。再用大写输入法将嘉宾姓名输入文本框，如图 4-131 所示。

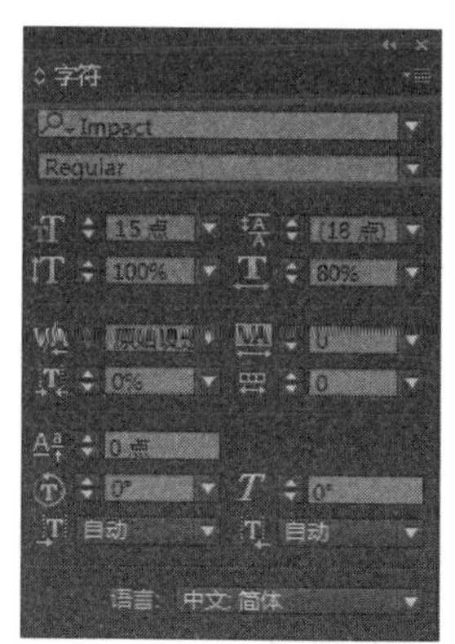

图 4-130　设置嘉宾姓名字符参数

图 4-131　在文本框中输入嘉宾姓名

17）嘉宾姓名右边的文字是嘉宾的介绍信息。在“字符”面板中设置嘉宾介绍信息字符参数，如图 4-132 所示。然后选择一种笔画较细的字体，与左侧粗壮的文字形成鲜明的对比。接着将其“填色”设为相同的深褐色。最后在文本框中输入嘉宾介绍信息，效果如图 4-133 所示。

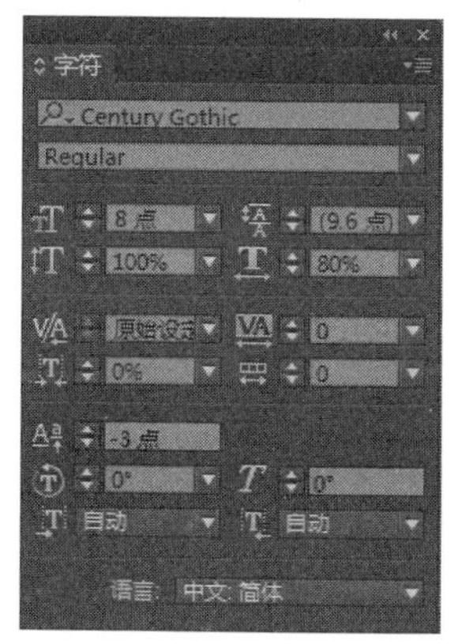

图 4-132　设置嘉宾介绍信息字符参数

图 4-133　在文本框中输入嘉宾介绍信息

18）最后使用同样的字符样式添加完成这一组辅助信息的剩余内容，然后利用 （选择工具）选中所有嘉宾信息，按快捷键〈Shift+F7〉打开“对齐”面板，接着单击面板中的 （左对齐）按钮，如图 4-134 所示，使其全部左对齐，再将面板下方的“使用间距”设为 2.2 毫米。最后单击 （垂直分布间距）按钮，如图 4-135 所示，使其等距离分布，完成效果如图 4-136 所示。

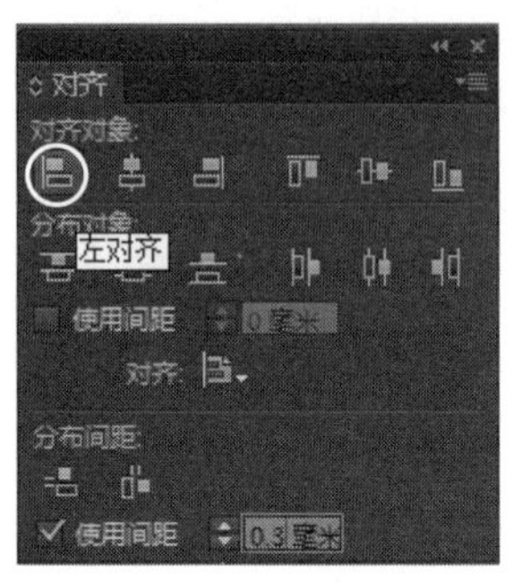

图 4-134 设置左对齐效果

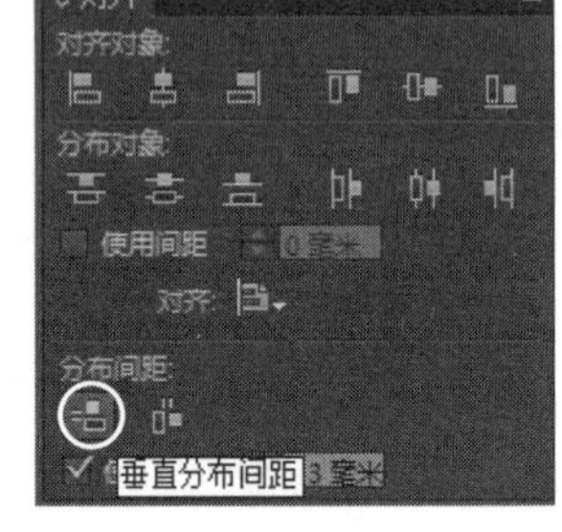

图 4-135 设置等距离分布效果

JOE LONGFELLOW, Someone who changes you
MICHAEL THATCHER, Dancer
WILLIAM JAFFERSON CLINTON, Director
Especially
RONALD W. REAGAN, You feel happy and complete

图 4-136 嘉宾信息完成效果

19）至此，第一组辅助信息编排完成，下面开始第二组辅助信息的编排。第二组辅助信息在第一组的右下方，这一组辅助信息的文本框架形状与橙色块面的边缘形状一致，不是规则的矩形文本框架，因此不能利用 （文字工具）直接创建，需要利用 （钢笔工具）先绘制如图 4-137 所示的闭合路径。然后利用 （文字工具）在路径上部边缘单击鼠标，输入光标出现在闭合路径内部，路径转变成为一个文本框。接下来在文本框的左上方添加此组辅助信息的提示文字，如图 4-138 所示，所用“字体”为 Arial，所用“字号”为 6 点，“填色”为白色。

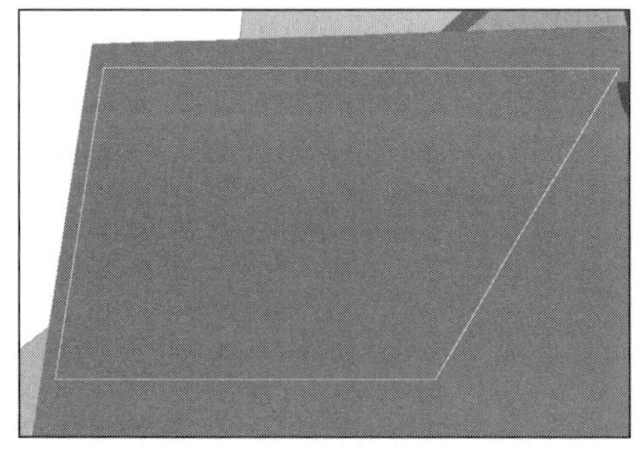

图 4-137 第二组辅助信息文本框效果

图 4-138 提示文字效果

20）在提示文字下方是另一批嘉宾的信息。方法：按快捷键〈Ctrl+T〉，在打开的“字符”面板设置第二组嘉宾姓名字符参数，如图 4-139 所示，然后将其“填色”设为之前添加到色板的深褐色。再用大写输入法将嘉宾姓名输入文本框，如图 4-140 所示。

21）参照图 4-141 所示的字符参数设置位于右边的字体较纤细的介绍信息，并将其“填色”设为相同的深褐色。然后在文本框中输入介绍信息，效果如图 4-142 所示。接着将整体的“行距”设为 16 点，最终效果如图 4-143 所示。

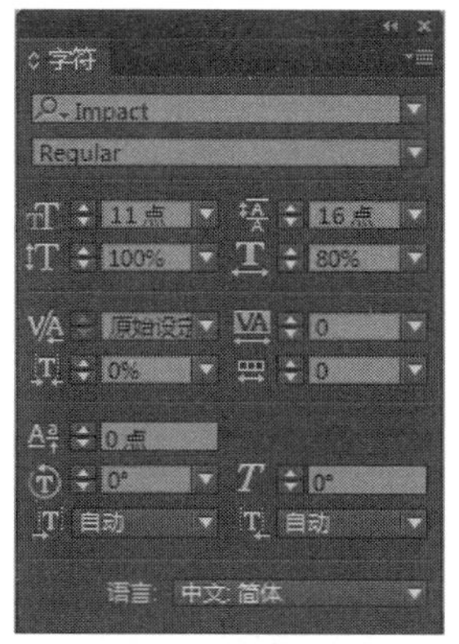

图 4-139　设置第二组嘉宾姓名字符参数

图 4-140　嘉宾名字输入后效果

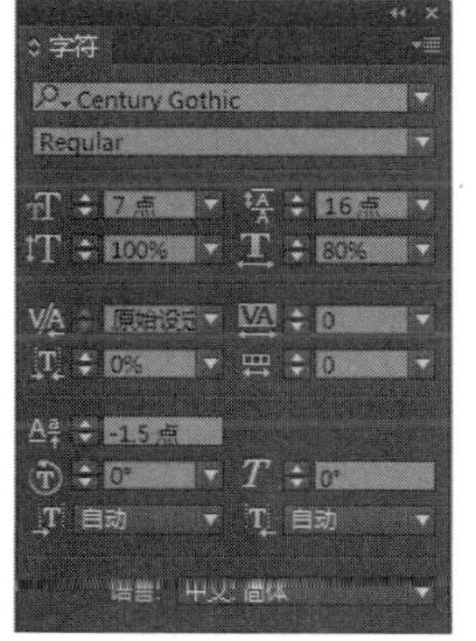

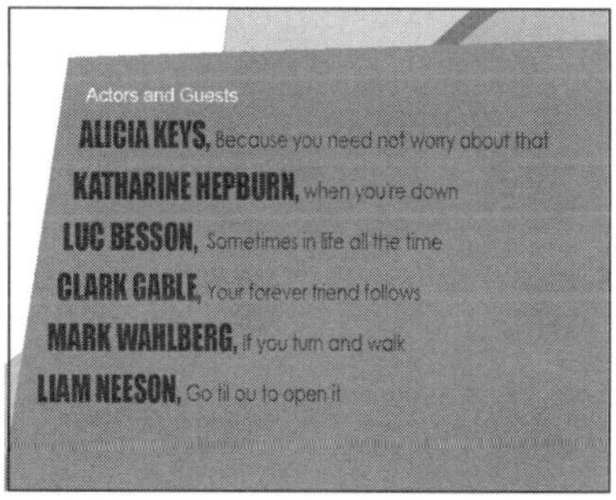

图 4-141　设置字符参数

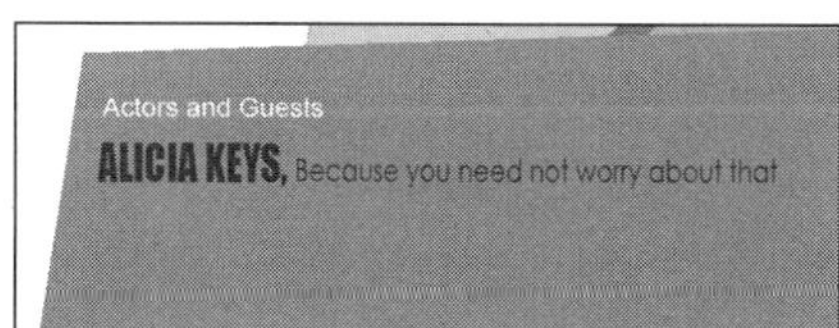

图 4-142　嘉宾介绍信息添加后效果

图 4-143　第二组辅助信息整体效果

22）接下来利用 （钢笔工具）沿着黄色色块的边缘绘制另一个不规则文本框架，如图 4-144 所示，在这个框架中输入或粘贴入正文文字，效果如图 4-145 所示。

图 4-144　绘制不规则文本框架

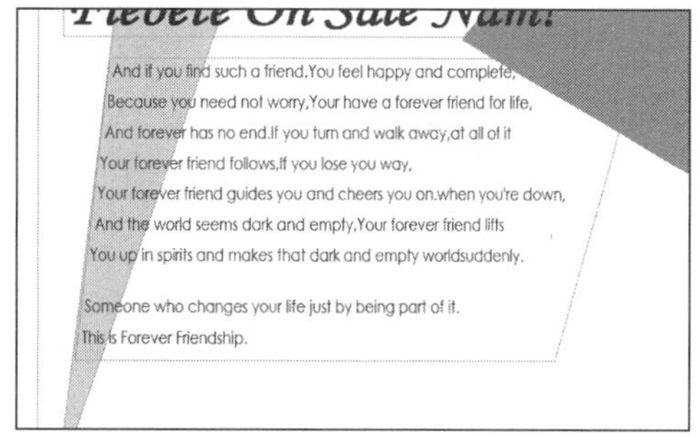

图 4-145　最后一组辅助信息正文效果

23）至此，辅助信息的编排就全部完成了，目前页面的整体效果如图 4-146 所示。

24）接下来要将当晚比较具有代表性的嘉宾图片编排进页面中。方法：首先使用 （椭圆工具）在最后一组辅助信息的右边创建图片的框架，并将框架的描边“粗细”设为 1.3 毫米，“描边”颜色设为棕黄色（参考色值为：CMYK（0，20，100，0）），效果如图 4-147 所示。然后利用 （选择工具）将其选中，执行菜单中的“文件 | 置入”命令，在弹出的对话框中选择网盘中的“素材及结果 \4.3 活动庆典广告单页设计 \“活动庆典广告单页设计”

文件夹\Links\人物 1.jpg”图片，如图 4-148 所示，然后单击“打开”按钮，此时图像文件就自动置入了框架中。接着利用 （直接选择工具）选中置入的图片，将其大小调整至与框架一致，效果如图 4-149 所示。

25）同理，置入其余两张图片，请读者参照图 4-150 所示效果自行编排。然后给每个人物图片框架添加姓名文字信息，如图 4-151 所示。

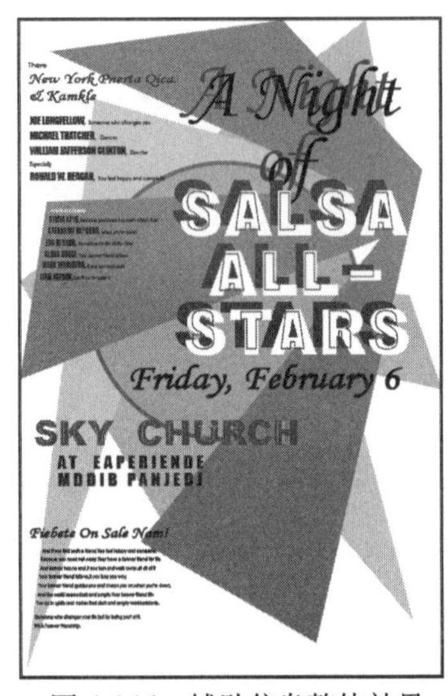

图 4-146　辅助信息整体效果

图 4-147　圆形图片框架效果

图 4-148　选择图像文件

图 4-149　图片置入后效果

图 4-150　置入其余两张图片

图 4-151　添加人物姓名文字信息效果

26）最后，将素材文件夹中的 6 个赞助商标志用同样的方法置入文档，排列方式如图 4-152 所示。至此，版面编排全部完成，最终效果如图 4-153 所示。

图 4-152　标志置入后的效果

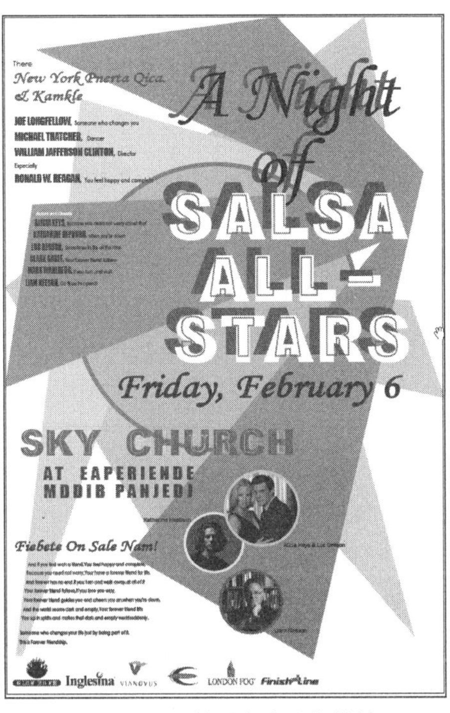

图 4-153　版面完成最终效果

4.4　课后练习

（1）制作如图 4-154 所示的体育杂志封面效果。

（2）制作如图 4-155 所示的房地产广告单页效果。

图 4-154　体育杂志封面效果

图 4-155　房地产广告单页效果

第 5 章　广告折页设计

在品牌推广和企业宣传中，折页宣传是一种非常重要并且有效的方式。公司或组织会将自己要推广的精华信息和卖点提炼成文案体现在折页宣传单上，方便受众更加全面了解自己。因此在折页的设计制作中，信息的清晰传达应放在首要位置，并应选用能够体现公司个性的色彩和图片与文案相结合，以吸引受众的注意力。折页中每个单页之间的相互关联也是至关重要的，同一个元素的不同应用会给折页的整体效果增添许多可变的视觉角度，也会给受众带来新奇的感受。本章通过两个案例详细介绍广告折页的设计制作。

通过本章的学习，读者应掌握以下内容。

■ 掌握旅游广告折页设计的方法。

■ 掌握儿童基金会折页设计的方法 。

5.1　旅游广告折页设计

要点：

本例将制作一个旅游景点的广告折页，如图 5-1 所示。既然是旅游景点，就要以这个地方的文化、美景、美食、风俗为主要元素，因此在折页中要大量出现与之相关的有代表性的图片。其次，介绍这些特点的文案也要与相关特点一一对应，每个图片都配有 10 句文案来详细介绍景点的特色。因此“10”就成为了整个折页中的“同一元素”。在本例中，颜色的大量运用也是一个亮点，丰富的色彩能令折页效果更加完美。通过本例的学习应掌握用框架来规范图片的大小、应用主页在多页中添加相同信息、调节图层顺序等功能的综合应用技能。

图 5-1　旅游广告折页设计

操作步骤：

1）首先执行菜单中的“文件 | 新建 | 文档”命令，在弹出的“新建文档”对话框中将

“页数”设为 15 页，页面“宽度”设为 150 毫米，“高度”设为 200 毫米，将“出血”设为 3 毫米，如图 5-2 所示。单击“边距和分栏”按钮，然后在弹出的“边距和分栏”对话框中设置如图 5-3 所示参数（这是一个多页文档（无边距和分栏）），单击“确定”按钮。接着单击工具栏下方的▣（正常视图模式）按钮，使编辑区内显示出参考线、网格及框架状态。

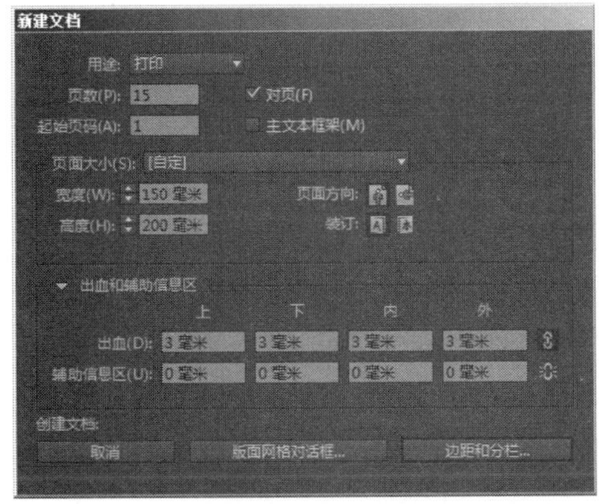

图 5-2　在“新建文档”对话框中设置参数

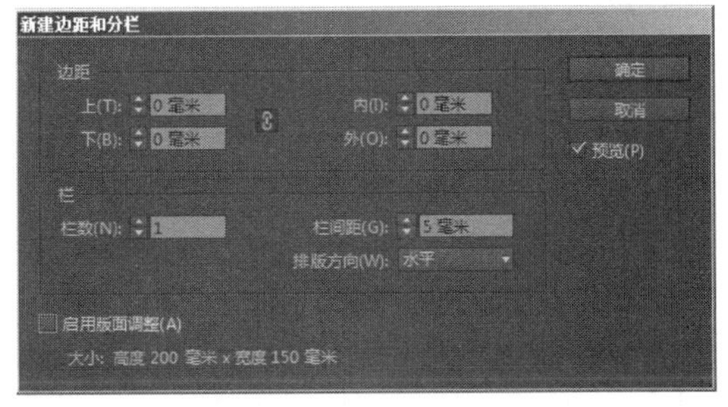

图 5-3　设置边距和分栏

2）由于制作的是折页，因此与以往采取的常规两页双联的页面排列方式不同，需要将 7 页连续排列在一起，呈现出折页模式。下面删除第一页，使得文档从双页开始。方法：选中要保留的双页，如图 5-4 所示，然后单击“页面”面板右上角的▤按钮，从弹出菜单中将“允许选定的跨页随机排布”名称前的“✓”点掉。接着选中第一页，单击“页面”面板右上角的▤按钮，从弹出菜单中选择“删除跨页”命令即可，第一页删除后，页面面板的显示效果如图 5-5 所示。

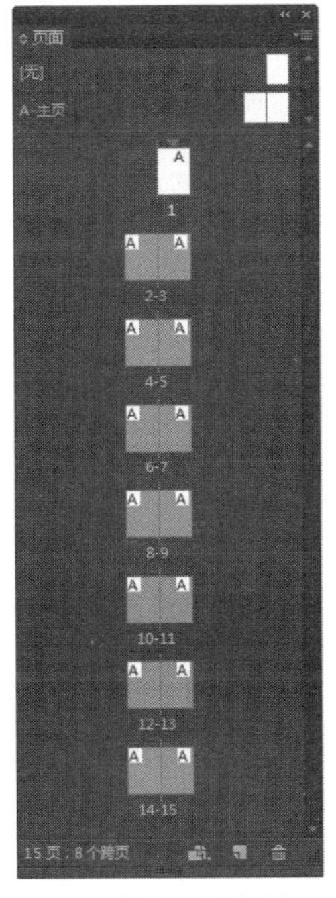

图 5-4　选中要保留的双页

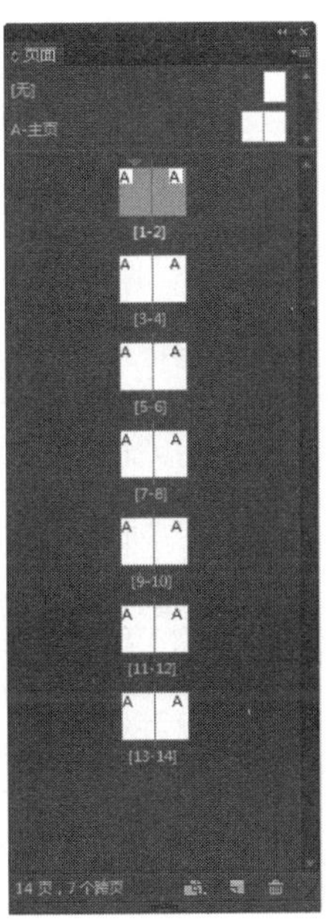

图 5-5　第一页删除后的效果

3）将剩余的页面创建多页面（折页式）跨页。由于折页都是正反面印刷，这里要创建成 2 个 7 页连续跨页，一个是折页的正面，一个是背面。方法：单击“页面”面板右上角的按钮，从弹出菜单中将“允许选定的跨页随机排布”名称前的“√”点掉。然后在跨页中通过拖动的方式调整页面布局，如图 5-7 所示。

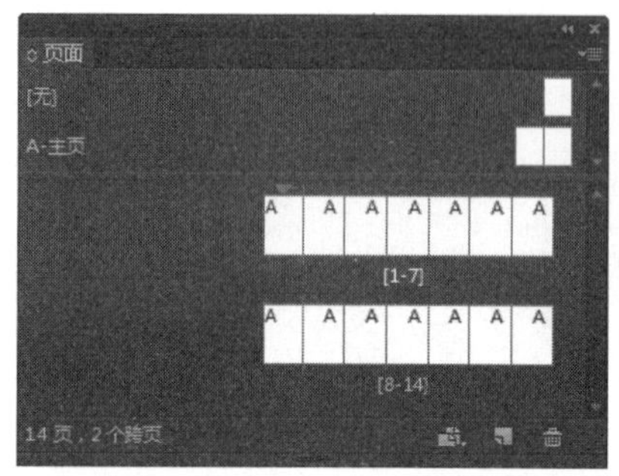

图 5-6　7 页连续跨页页面面板显示效果

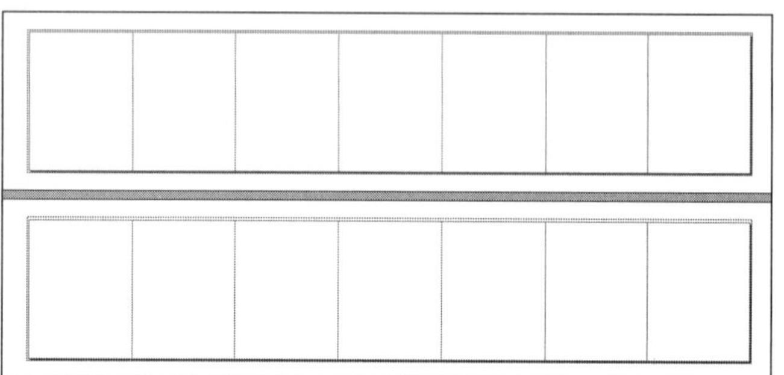

图 5-7　调整后的版面效果

4）现在开始页面中色块的绘制，丰富的色彩是本例的视觉重点，在配色方面也要多加考虑。下面首先将正面 7 页跨页左起第 1 页和第 2 页填充为一种蓝色（绘制矩形并填充颜色），参考色值为：CMYK（77，64，27，19），效果如图 5-8 所示。

5）在剩余的页面中，色块的面积只占了页面的一半左右，下面先来绘制色块的框架。方法：选择工具箱中的（矩形框架工具），然后在页面（正面左起第 3 页）空白处单击鼠标左键，在弹出的对话框中设置矩形框架参数，如图 5-9 所示，单击“确定”按钮形成框架，并将框架移至第 3 页的上方，如图 5-10 所示。然后将其填充为黑色，效果如图 5-11 所示。

6）同理，绘制第 4 个单页的色块框架（同样的大小），将其填充为紫红色（参考色值为：CMYK（43，100，48，17）），效果如图 5-12 所示。

7）同理，请读者自己将剩余页面（背面右侧最后两页除外）都添加上同样大小但色彩不同的矩形框架，效果如图 5-13 所示。

图 5-8　将正面 7 页跨页的第 1、2 页填充为蓝色

图 5-9　设置矩形框架参数

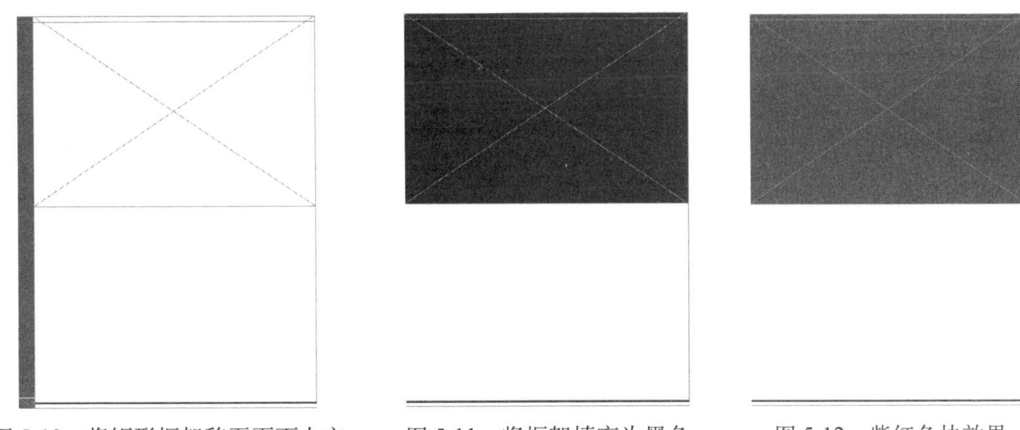

图 5-10　将矩形框架移至页面上方　　图 5-11　将框架填充为黑色　　图 5-12　紫红色块效果

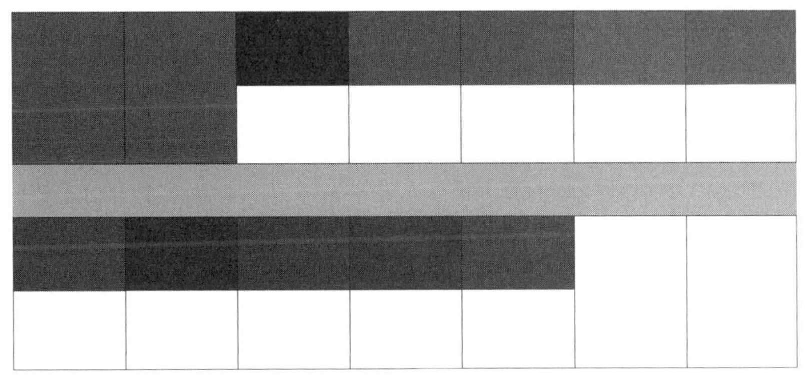

图 5-13　所有页面的色块效果

8）色块绘制完成后，下面开始添加与之相对应的图片。方法：首先选择工具箱中的 （矩形框架工具），然后在页面（正面左起第 3 页）空白处单击鼠标左键，在弹出的对话框中设置矩形框架参数，如图 5-14 所示，将其“宽度”设为 150 毫米，“高度”设为 106 毫米。然后将框架移至色块的下方，如图 5-15 所示。接着执行菜单中的“文件 | 置入”命令，在弹出的如图 5-16 所示的对话框中选择网盘中的“素材及结果 \5.1 旅游景点折页设计 \“旅游折页设计”文件夹 \Links\1.jpg”，单击“确定”按钮，这样图片就会自动置入框架内。最后执行菜单中的“对象 | 适合 | 使内容适合框架”命令，内容自动按当前框架比例进行缩放，效果如图 5-17 所示。

提示：替换框架内容可起到更新版面的作用，方法：利用 （直接选择工具）选中框架内容，然后执行菜单中的“文件 | 置入”命令，在对话框中双击要替换的图片即可。或者打开“链接”面板，在其中双击要替换的图片名称，打开“链接信息”对话框，重新更改链接图片，点中“重新链接”按钮即可。

9）同理，将剩余的图片依次置入相应的图片矩形框架内，使可见色块与图片搭配起来，既有很好的规律性，又不乏层次感，图像元素也很丰富。最终效果如图 5-18 所示。

提示：在选择图片的时候要挑选艺术效果较好的图片，这样整个折页的艺术气息就会随之提升。

图 5-14　设置图片矩形框架参数

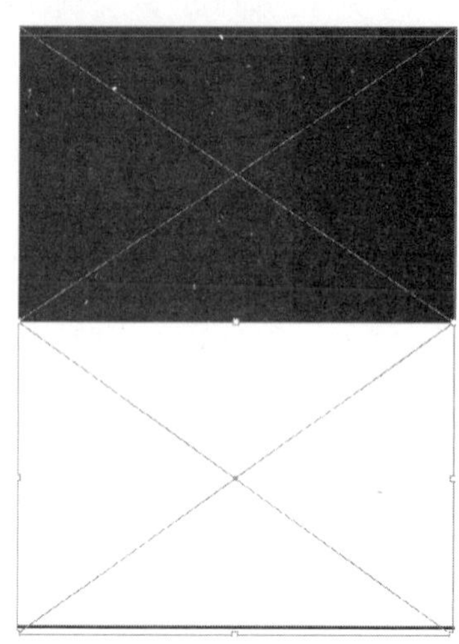

图 5-15　将框架移至色块的下方

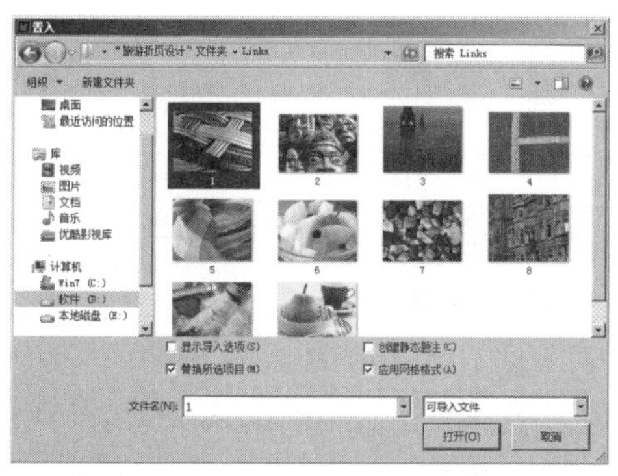

图 5-16　将图片“1.jpg”置入框架

图 5-17　调整图片与框架大小一致

图 5-18　所有图片置入后最终效果

10）图像处理完毕，现在开始文字的编排。由于每一页都有数字“10”，而且是出现在相同的位置，使用的是同样的颜色，为了避免重复绘制，这里需要用到“主页”工具。“主页”工具是 InDesign CC 2015 软件中非常重要和非常具有特色的一个工具，希望读者认真学习。方法：按快捷键〈F12〉，打开“页面”面板，首先在主页区双击“A”主页，如图 5-19 所示，进入主页模式，此时主页版面为空白，如图 5-20 所示。然后利用 T（文字工具）在右侧页面左上方绘制一个矩形文本框，按快捷键〈Ctrl+T〉，在打开的“字符”面板设置参数如图 5-21 所示，将“字体”设为 Arial Bold，“字号”设为 72 点，“字符间距”设为 -100，其他为默认值。接着在文本框中输入数字“10”，如图 5-22 所示，并将其复制一份，移动到右侧页面相同的位置，如图 5-23 所示。最后将其“填色”设为白色。

提示：“页面”面板分上下两部分，上部为主页区，下部为普通页面区，可将在页面中出现的一些固定元素（例如页码、题花、页眉等）置于主页中，然后将它们应用到指定页中，可以起到提高效率和防止固定元素因误操作而位移等作用。

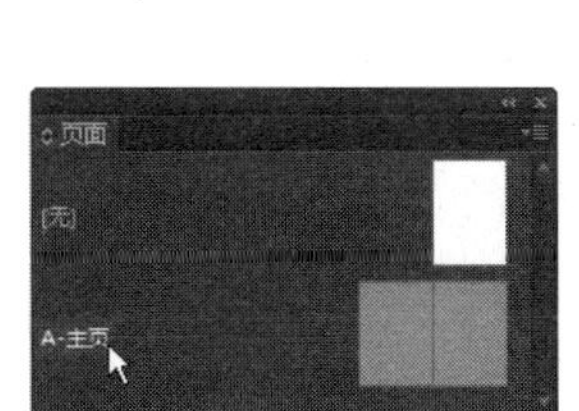

图 5-19　双击“A”主页

图 5-20　进入主页模式后版面效果

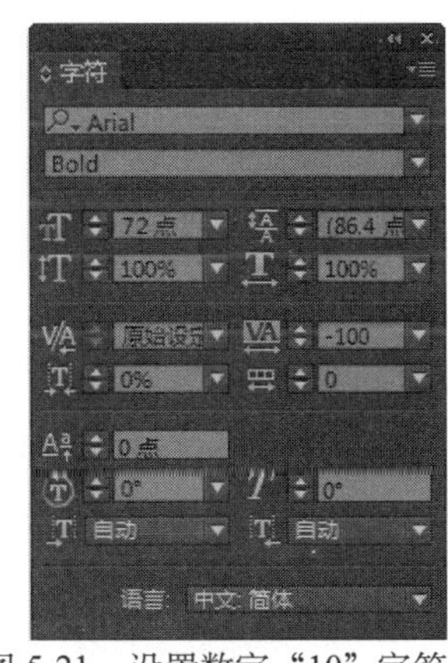

图 5-21　设置数字“10”字符参数

图 5-22　在文本框中输入数字“10”

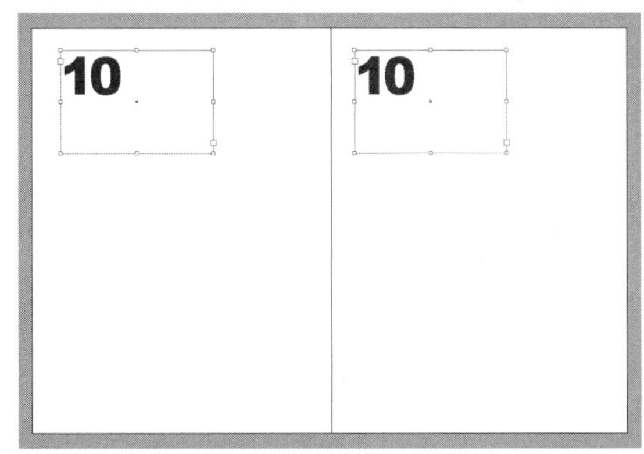

图 5-23　将数字复制一份移至右侧页面

11）由于在每个单页中已经有色块和图片，因此将主页应用到页面中时，数字“10”不一定是在最顶层，有可能被色块覆盖而显示不出来，为了避免这种情况，下面调整一下层次关系。方法：按快捷键〈F7〉打开“图层”面板，如图 5-24 所示，目前图层中只有一个“图层 1”，而数字“10”也位于此层。下面单击两次“图层”面板下方的（创建新图层）按钮，如图 5-25 所示新建两个图层。利用▶（选择工具）选中“A”主页中的两个数字“10”，此时在“图层 1”右边出现了一个方块状的小点，如图 5-26 所示，接着将这个小点拖动至最上面一层，如图 5-27 所示。这样，由于所有页面自动服从于“A”主页，可见每个单页上都自动出现了一个相同大小、相同位置、相同颜色的数字“10”，这就是主页的功能。

12）但是在折页的正面开始两页和背面结尾两页中不需要数字“10”，下面将主页功能在这几个页面上去掉。方法：点中主页区中的页面“无”，如图 5-28 所示，然后将其拖进“页面”面板中不需要主页功能的页上，如图 5-29 所示（注意，应用主页功能的页面上会出现“A”字样）。这样在这些页面上的数字“10”就会自动消失，页面最后效果如图 5-30 所示。

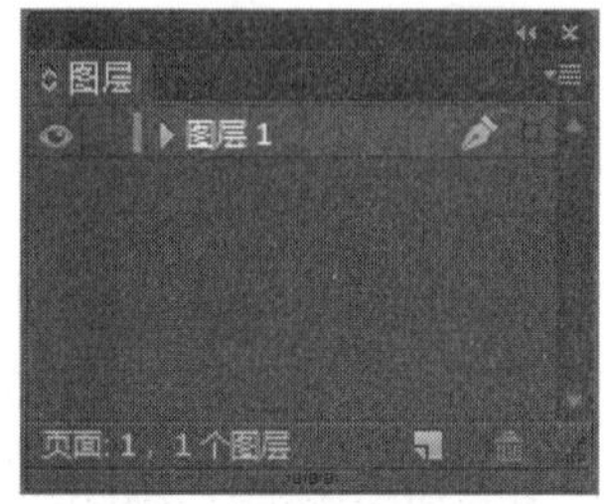

图 5-24　打开“图层”面板

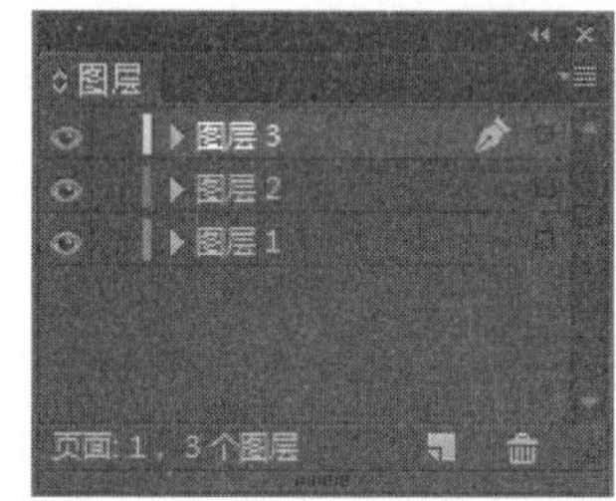

图 5-25　新建两个图层

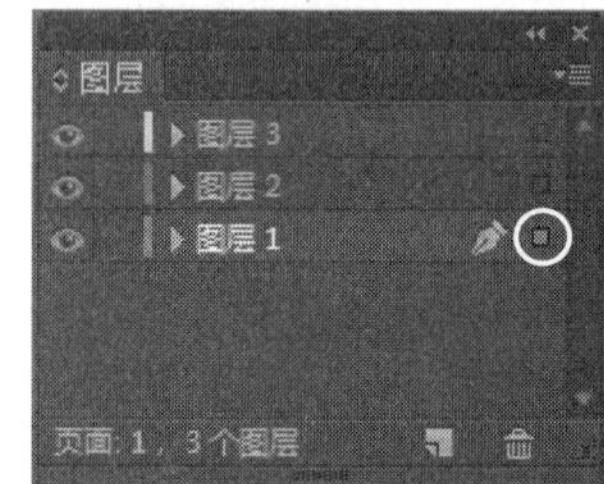

图 5-26　在主页中选中数字“10”

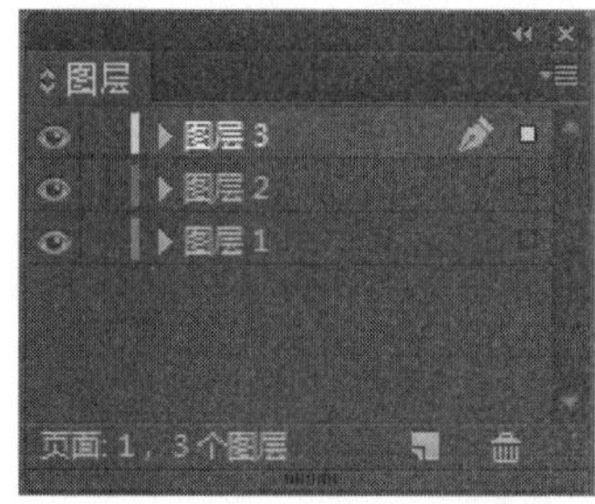

图 5-27　将其小标记移至最高层

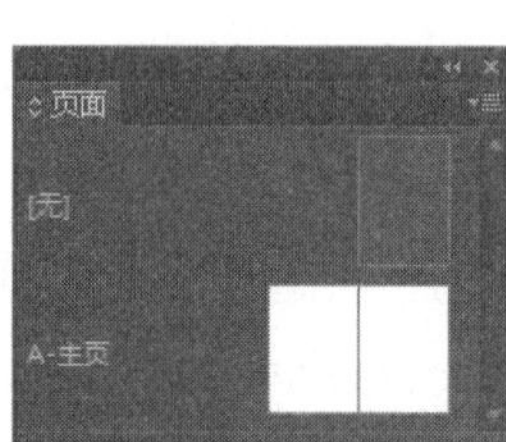

图 5-28　主页区中点中页面“无”

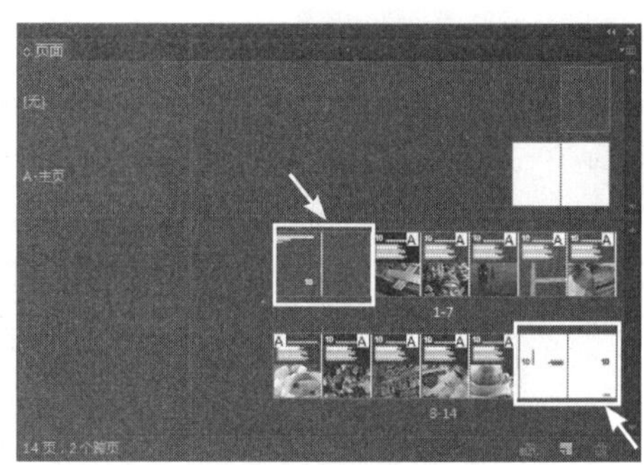

图 5-29　将“无”拖进不需要主页功能的页上

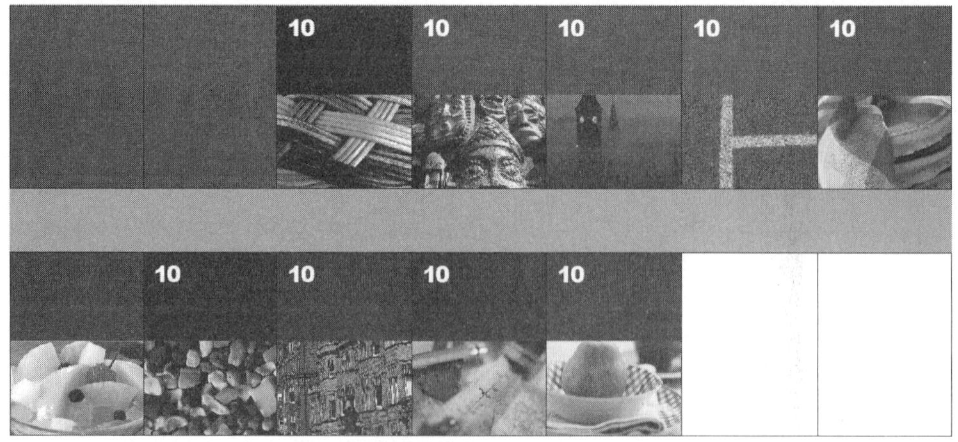

图 5-30　应用主页后页面效果

13）接下来开始编辑每个单页上的文字信息。首先开始正面第 1 页的文字编辑。方法：将主页中的数字“10”复制一份到第 1 页的右下方，如图 5-31 所示。然后利用（文字工具）在第 1 页的左上方创建一个文本框，如图 5-32 所示，接着在打开的“字符”面板中将“字体”设为 Bookman Old Style，“字号”设为 11 点，“行距”设为 14 点，其他为默认值，如图 5-33 所示。再在文本框中输入首段文字，效果如图 5-34 所示。最后在其下方创建一个小矩形文本框，如图 5-35 所示。设置字符参数如图 5-36 所示，再在文本框中输入辅助信息，首页最后效果如图 5-37 所示。

14）现在开始每个单页的文字信息编排。先进入正面第 3 页，方法：在数字“10”右下方创建一个标题文本框，在“字符”面板设置参数如图 5-38 所示，然后输入标题文字，如图 5-39 所示。接着在标题的下方再创建一个矩形正文文本框，使之与数字“10”左对齐，如图 5-40 所示，设置正文文本参数，如图 5-41 所示。最后在文本框中粘贴入正文文本，效果如图 5-42 所示。

图 5-31　在第 1 页中复制数字“10”

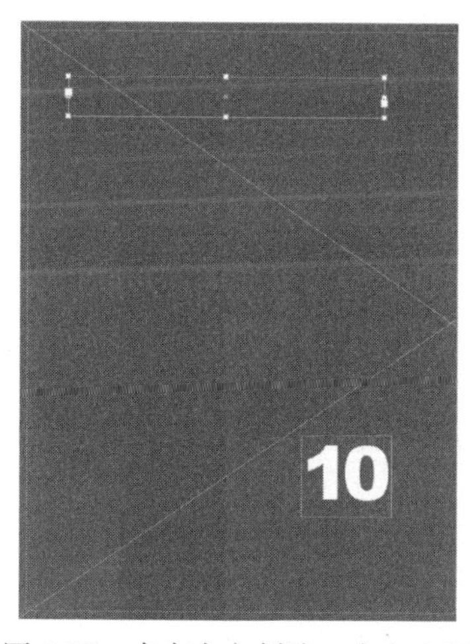

图 5-32　在左上方创建一个文本框

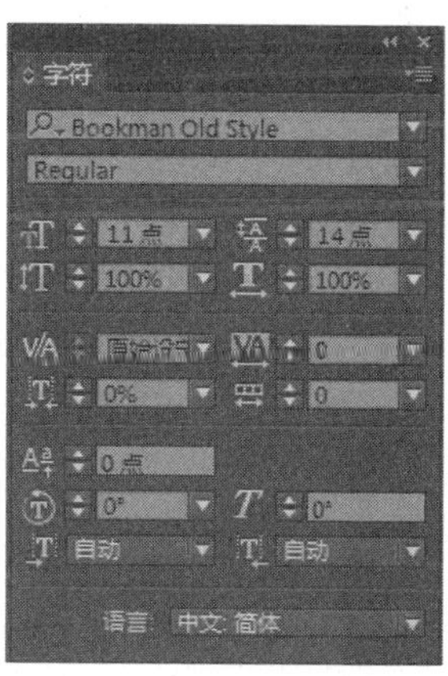

图 5-33　设置正文字符参数

图 5-34　在文本框中输入首段文字

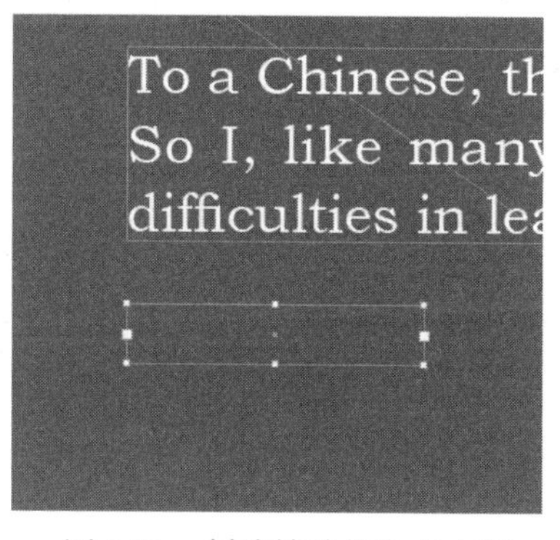

图 5-35　创建辅助信息文本框

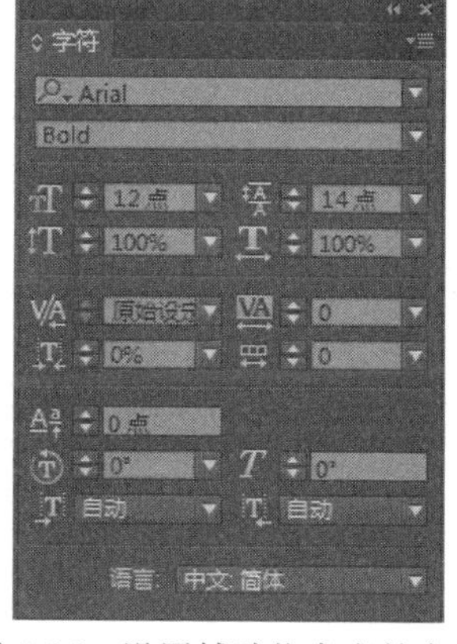

图 5-36　设置辅助信息字符参数

图 5-37　正面首页最后效果

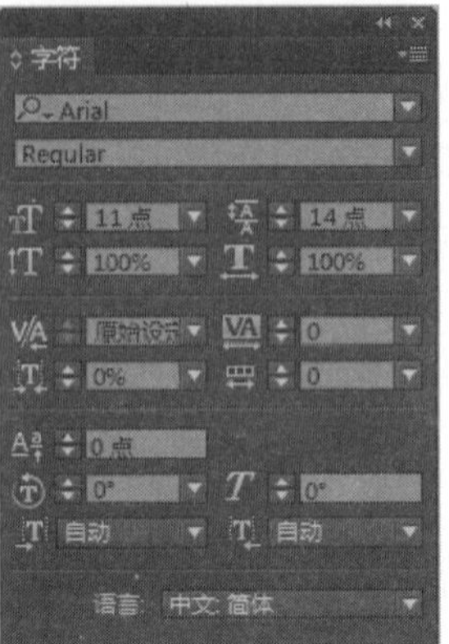

图 5-38　设置标题字符参数

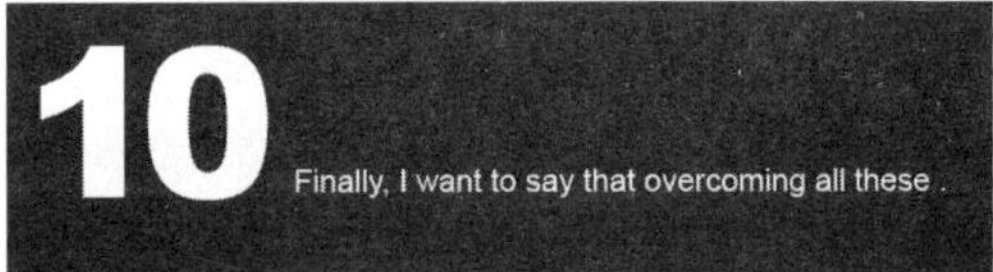

图 5-39　在文本框中输入标题文字

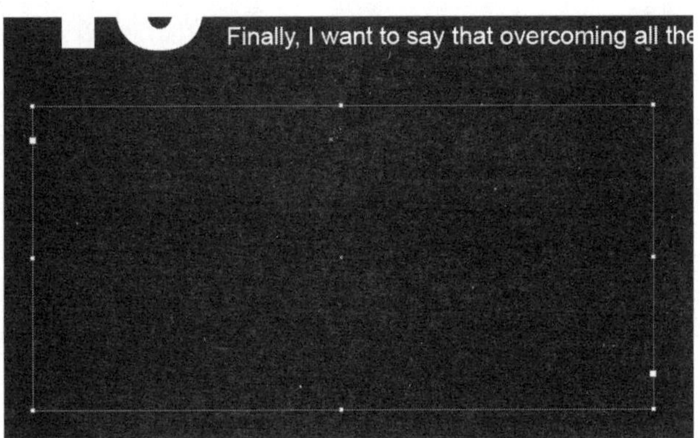

图 5-40　创建正文文本框

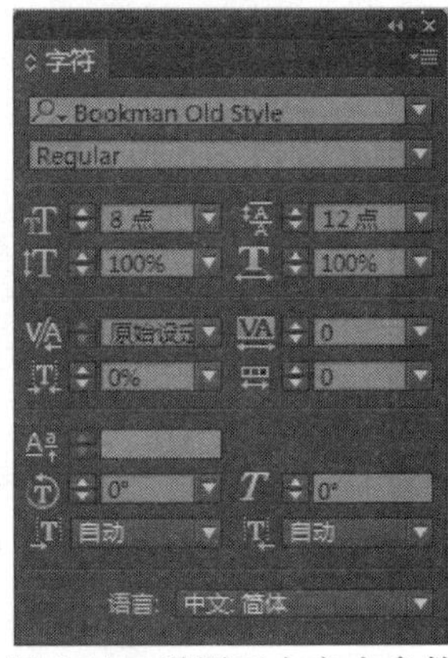

图 5-41　设置正文文本参数

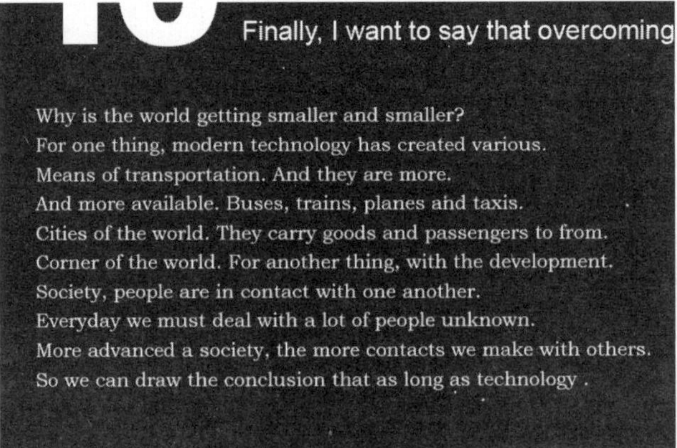

图 5-42　在文本框中粘贴入正文文本

15）选择（椭圆工具），按住〈Shift〉键，绘制如图 5-43 所示的白色小圆形，并将其制作成随文图形（方法请参照“3.1 国外报纸版面设计”案例中步骤 26）。然后在每一行文字前面都添加白色圆形，效果如图 5-44 所示。第 3 页整体效果如图 5-45 所示。

图 5-43　绘制白色小圆形

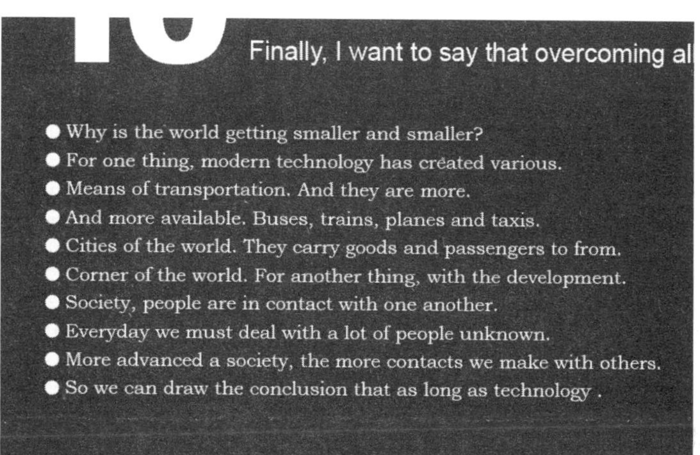

图 5-44　将白色圆形制作成随文图形

图 5-45　第 3 页整体效果

16）由于剩余的单页都与此单页的版式相同，因此请参照图 5-46 和图 5-47 自行编排。一个快捷的方法是进行文本块复制，然后粘贴入不同的文本内容。

17）折页背面最后两页的文字信息都是一些辅助信息，请参照图 5-48 自行编排。

18）至此，版面编排全部完成，可见折页的版式主要在于整体的协调与统一，板块与板块之间的特色常常通过颜色与图片来区分，信息要尽量精简醒目，条理也一定要清楚。折页最后效果如图 5-49 所示（输出之后在 Photoshop 中制作立体和投影的效果）。

图 5-46　正面单页整体效果

图 5-47　背面单页整体效果

图 5-48　折页背面最后两页整体效果

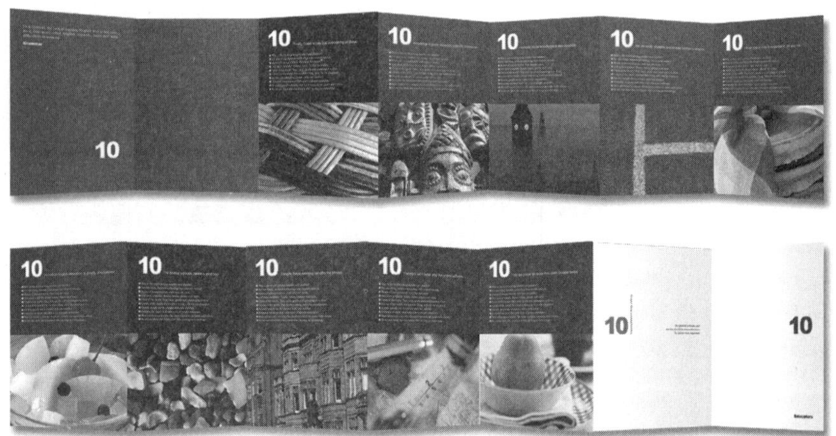

图 5-49　折页最后效果

5.2　儿童基金会折页设计

要点：

本例将制作一个关于儿童基金会组织的折页设计，效果如图 5-50 所示。既然与儿童工作相关，折页的整体风格就应当以活泼的风格为主。基金会有自己的 Logo，并且这个 Logo 本身就具有很强的图形艺术效果，因此它就可以作为折页的主要元素，折页的色彩基调也全部采用 Logo 的标准色，使整体折页具有统一性。另外，折页中采用的图片都倾向于色彩明快的卡通人物（或风景）的矢量图形，使整个折页充满童趣，天真烂漫。通过本例的学习应掌握折页的页面设置、图形的绘制、图形的运算、艺术字效果、文字的沿线排版、文本样式、图形内排文、图片的置入与编辑等知识的综合应用。

图 5-50　儿童基金会折页设计

操作步骤：

1）首先执行菜单中的“文件 | 新建 | 文档”命令，在弹出的对话框中设置如图 5-51 所示参数，将“页数”设为 6 页，页面“宽度”设为 90 毫米，“高度”设为 200 毫米，将“出血”设为 3 毫米，单击“边距和分栏”按钮。然后在弹出的对话框中设置参数，如图 5-52 所示，单击“确定”按钮。接着单击工具栏下方的▣（正常视图模式）按钮，使页面编辑区内显示出参考线、网格及框架状态。

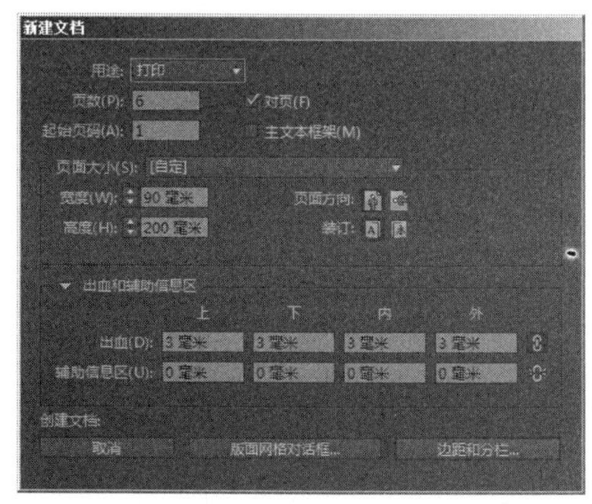

图 5-51　在“新建文档”对话框中设置参数

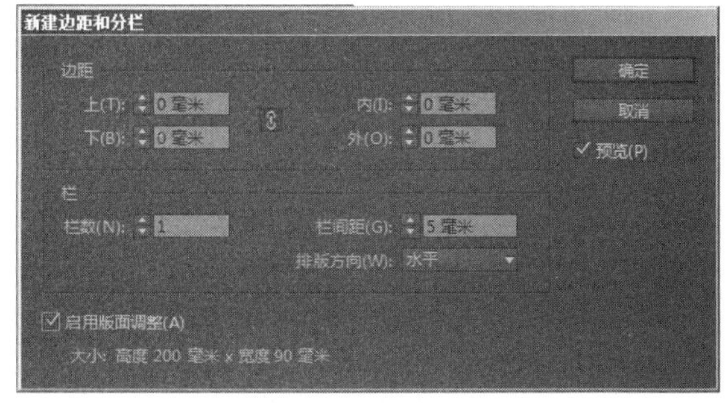

图 5-52　设置边距和分栏

2）本例是三跨页折页，因此与以往采取的常规两页双联的页面排列方式不同，要将页面默认状态下的双跨页随机分布（如图 5-53 所示）改为三跨页。方法：单击“页面”面板右上角的▤按钮，从弹出菜单中将“允许文档页面随机排布”名称前的“✓”点掉，这样就可以在“页面”面板中随意拖动页面图标以调整其位置。下面拖动页面将其调整为三跨页分布，如图 5-54 所示，调整页面后的版面状态如图 5-55 所示。

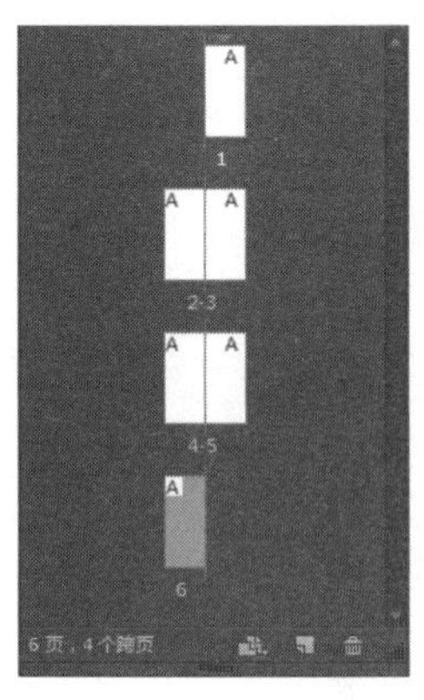
图 5-53 页面随机分布状态

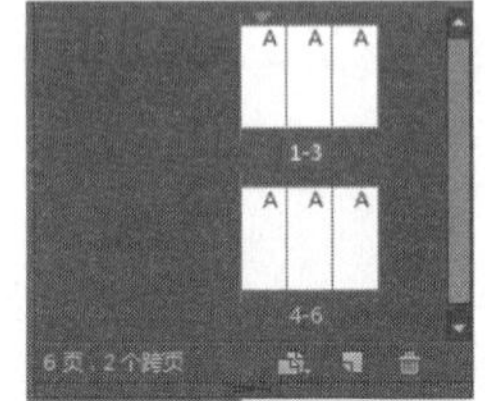
图 5-54 将页面调整为三跨页模式

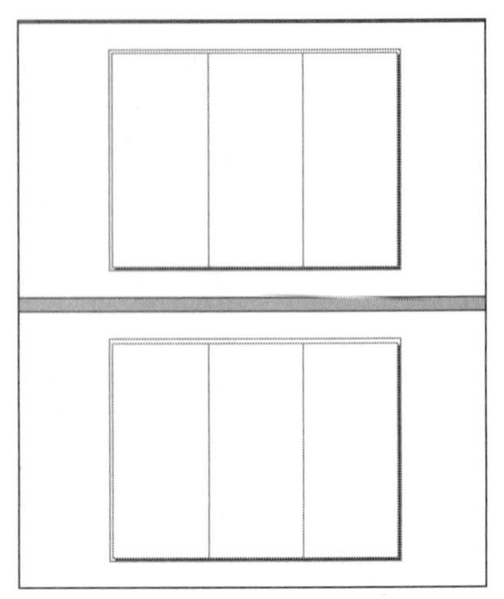
图 5-55 页面调整完成后的版面状态

3）页面排列方式调整完成后，现在开始折页正面的编排。首先设置背景的颜色。方法：选择工具箱中的 （矩形框架工具），在第一个三跨页（第 1 ~ 3 页）上创建一个与跨页大小一致的矩形框架，并将其填色设为深蓝色（参考色值为：CMYK（100，85，50，20）），效果如图 5-56 所示。

4）这种蓝色是基金会 Logo 中的一种标准色，下面将它添加到色板中，方便以后直接使用。方法：使用工具箱中的 （选择工具）选中背景色块，然后双击工具箱下部的“填色”框，在弹出的如图 5-57 所示的对话框中单击“添加 CMYK 色板”按钮，再单击“确定”按钮。这样这种深蓝色就被自动添加到色板中了，以后如果要再用到该颜色，直接在“色板”中选择即可。

提示：按快捷键〈F5〉可直接打开“色板”。

图 5-56 背景色块效果

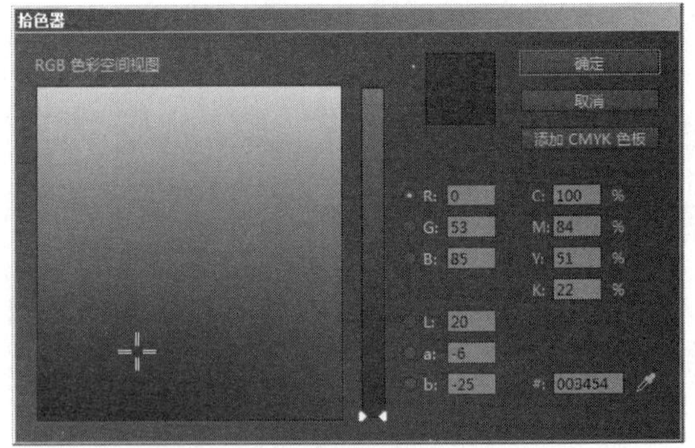

图 5-57 将背景色添加到色板中

5）选择工具箱中的 （钢笔工具），在跨页的左下方（也就是第 3 页的左下方）绘制一个舞动的抽象小人图形，并将其“填色”设为黄绿色（参考色值为：CMYK（35，0，95，0）），如图 5-58 所示。这种颜色也是基金会 Logo 中的一种标准色，下面用与前一步骤同样的方法将其添加到色板中。

6）将小人复制一份到右上方（这一页是折页的封面），然后将其进行水平翻转。方法：选中抽象小人，执行菜单中的“对象 | 变换 | 水平翻转”命令，从而得到一个对称图形，如图 5-59 所示。这个抽象小人图形是基金会 Logo 中的一个重要元素，这种象征企业形象的元素要充分展开使用。

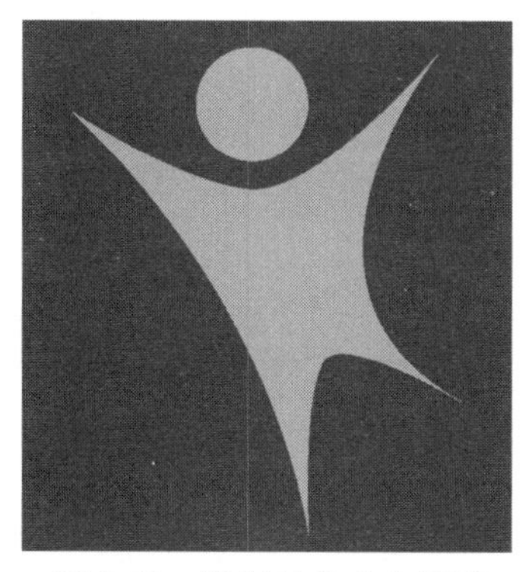

图 5-58　绘制抽象小人图形

图 5-59　将小人图形复制一个到页面的右上方

7）现在开始制作折页正面的核心图形，也就是该基金会的 Logo 图案，这个 Logo 是由几个不同色彩的同心圆和抽象小人以及以数字组成的，可在 InDesign CC 2015 软件中直接绘制，首先绘制不同颜色的同心圆。方法：在工具箱中选择（椭圆工具），按住〈Shift〉键在跨页第 3 页的两个小人中间绘制一个正圆形，并设置其“填色”为“色板”中以前储存的黄绿标准色，效果如图 5-60 所示。然后按快捷键〈Ctrl+C〉将其复制，再执行菜单中的“编辑 | 原位粘贴”命令，在黄绿色圆形上方复制出一个等大的同心圆形。接着改变其大小比例，在选项栏内“X/Y 缩放百分比”栏中分别输入 96%，使同心圆向内缩小一圈。最后将其“填色”设为“色板”中，前面设定好的深蓝标准色，效果如图 5-61 所示。

图 5-60　绘制黄绿色正圆形

图 5-61　较大的深蓝色同心圆效果

8）同理，在深蓝色圆形上方再复制出一个小一些的同心圆，将其“填色”设为天蓝色（参考色值为：CMYK（77，20，5，0）），效果如图 5-62 所示，并将这种颜色也添加到 CMYK 色板中。最后，在天蓝色圆形上方再复制出一个更小一些的深蓝色同心圆，效果如图 5-63 所示。

提示：各同心圆的缩放比例读者可自行设置。

图 5-62　天蓝色同心圆效果

图 5-63　较小深蓝色同心圆效果

9）复制两个抽象小人，放在刚才绘制的一系列同心圆的上方，并调整其大小。然后将其“填色”设为白色和蓝绿标准色，效果如图 5-64 所示，此时标识已初具规模。

图 5-64　同心圆上方抽象小人效果

10）下面开始艺术字的绘制，由于字库内的字体风格都太过规则，因此最好不要直接采用，而是自行绘制。方法：首先选择工具箱中的（钢笔工具），在蓝色背景上绘制出“CALVARY KIDS”字样形状的闭合路径，注意：文字呈弧形排列，并且左大右小，富有动感。绘制后的路径效果如图 5-65 所示，然后将其“填色”设为黄绿标准色，效果如图 5-66 所示。

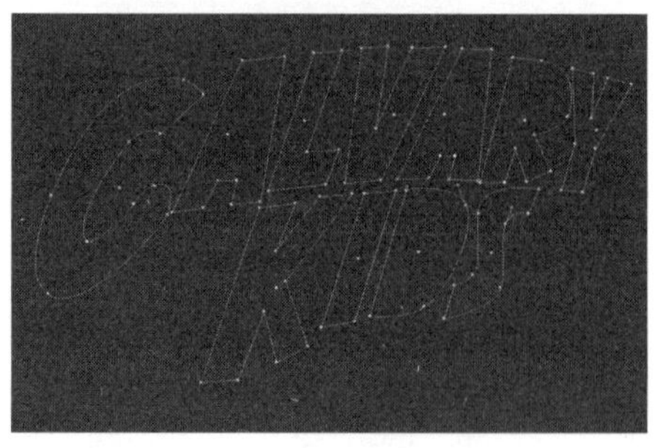

图 5-65　艺术字闭合路径效果

图 5-66　将其“填色”设为黄绿标准色

11）利用（钢笔工具）绘制字母“A”“R”“D”中心镂空部分的闭合路径，如图 5-67 所示。然后利用（直接选择工具）同时选中镂空部分和与其相应的字母，接着打开“路径查找器”面板，单击其中的（排除重叠：重叠形状区域除外）按钮，如图 5-68 所示。这样镂空部分和相应字符就会自动形成一个整体的闭合路径，字母中间部分变得透明，效果如图 5-69 所示。

图 5-67　绘制字母镂空部分的闭合路径

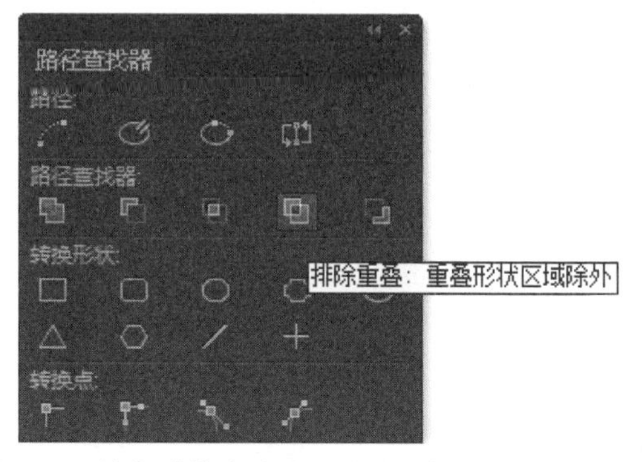

图 5-68　单击“排除重叠：重叠形状区域除外”按钮

图 5-69　排除重叠后艺术字效果

12）艺术字的基本字形绘制完成后，下面对其添加效果，首先为它设置简单的描边效果。方法：利用（选择工具）选中所有字母，执行菜单中的“对象 | 编组”命令，使其成为一个整体。然后按快捷键〈F10〉打开“描边”面板，将描边“粗细”设为 0.5 毫米，并单击（圆头端点）和（圆角连接）按钮，如图 5-70 所示。接着将描边颜色设为深蓝标准色，并将艺术字移动到同心圆上方合适的位置，效果如图 5-71 所示。

13）为了使艺术字显得更有厚度感，下面给它再添加一圈外发光效果。方法：利用（选择工具）选中艺术字，执行菜单中的“对象 | 效果 | 外发光”命令，在弹出的对话框中将“模式”设为“正常”，“颜色”设为深蓝标准色，“不透明度”设为 100%，“方法”设为“柔和”，“大小”设为 2 毫米，“杂色”设为 0%，“扩展”设为 33%，如图 5-72 所示。单击“确定”按钮，此时艺术字周围多了一层深蓝色光晕效果，如图 5-73 所示。

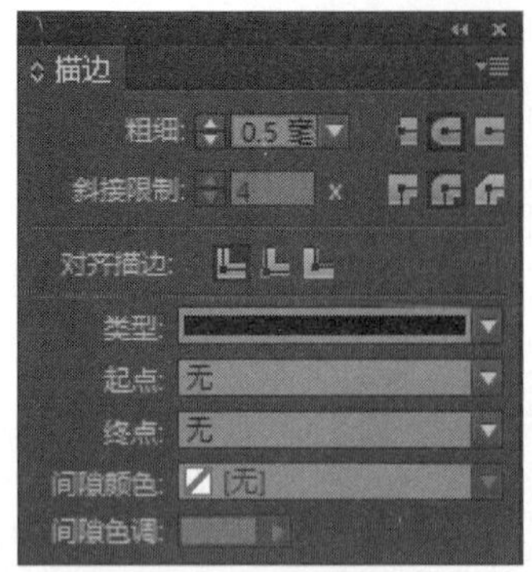

图 5-70　设置描边参数

图 5-71　艺术字描边效果

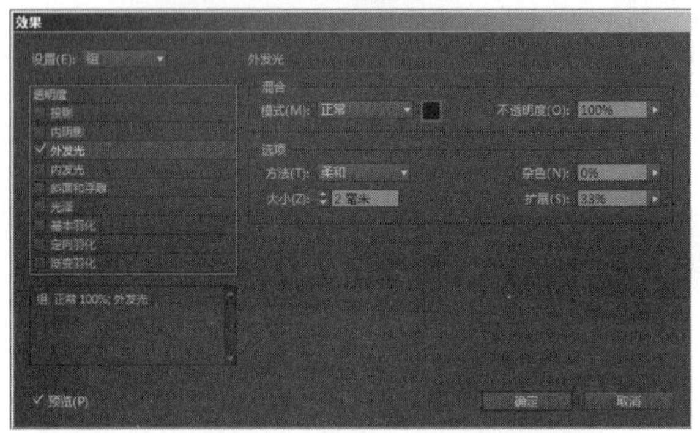

图 5-72　设置外发光效果参数

图 5-73　艺术字外发光效果

14）为了使艺术字更有层次感，下面再添加天蓝色的投影效果。方法：利用 （选择工具）选中艺术字，执行菜单中的“对象 | 效果 | 投影”命令，在弹出的对话框中将“模式”设为“正常”，“颜色”设为天蓝标准色，“不透明度”设为 70%，“距离”设为 1.697 毫米，“角度”设为 135 度，“X 位移”设为 1.2 毫米，“Y 位移”设为 1.2 毫米，其他为默认值，如图 5-74 所示。完成之后单击“确定”按钮，此时艺术字下方多了一层天蓝色投影效果，如图 5-75 所示。

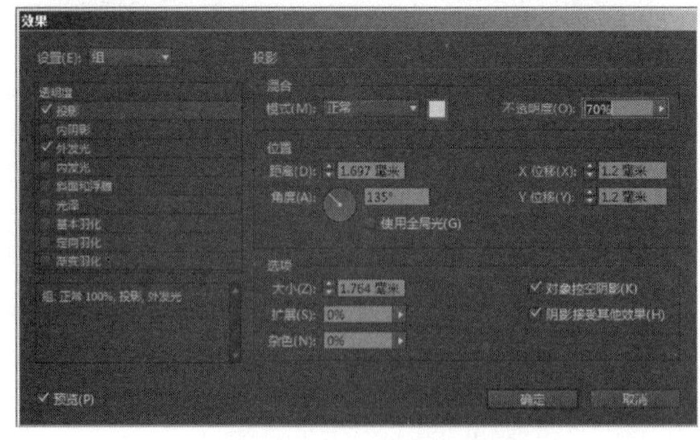

图 5-74　设置投影参数

图 5-75　艺术字投影效果

15）在天蓝色圆形（同心圆内）的外围有一圈文字信息，下面利用沿线排版的技巧制作文字沿圆形排列的效果。方法：首先绘制出一个如图 5-76 所示的同心圆形（此圆形的描边和填色都为无，是纯路径），然后选择 （路径文字工具），将鼠标移动到圆形路径上需要文字开始的位置，单击路径，接着输入文字，此时文字即可根据路径的形状自动排列。最后选中文字，在“字符”面板设置文字参数，如图 5-77 所示，文字排列效果如图 5-78 所示。

提示：利用工具箱中的（直接选择工具）选中路径文字，然后拖动路径文字起始或终止光标线可改变路径文字的位置，如图 5-79 所示；拖动中间位置光标线可翻转文字方向。

16）这样，基金会的 Logo 就全部绘制完成了，跨页第 3 页也就是折页的封面编排完成了，效果如图 5-80 所示。

图 5-76　绘制半圆文字路径

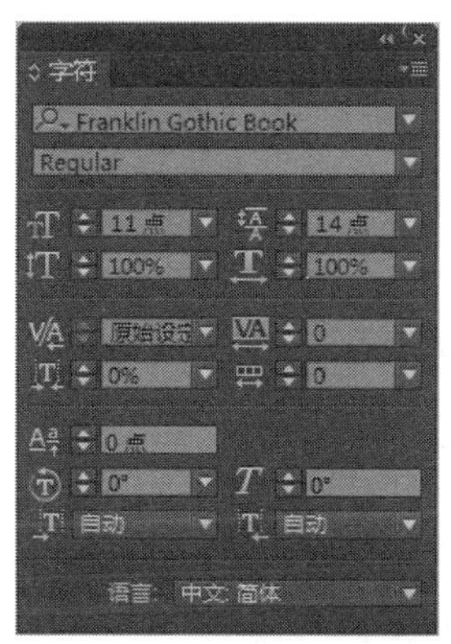

图 5-77　设置文字字符参数

图 5-78　半圆路径文字效果

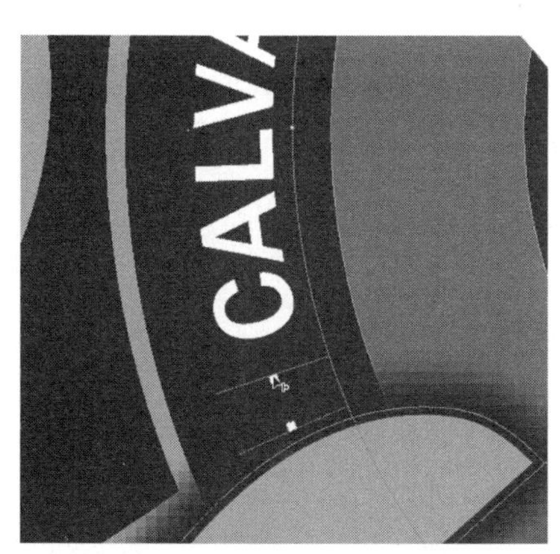

图 5-79　改变路径文字的起始位置

图 5-80　跨页第 3 页整体效果

17）折页的正面是由三跨页组成的，实际上跨页的第 3 页和第 2 页相当于封面和封底，而跨页的第 1 页是要被折进内页里去的，所以在跨页的第 2 页中部要添加一个基金会的标语，用来体现基金会的宗旨和形象。标语是事先做好的艺术文字，呈图片形式，只需直接置入即可。方法：执行菜单中的“文件 | 置入”命令，在弹出的对话框中选择网盘中的“素材及结果 \5.2 儿童基金会折页设计 \“儿童基金会折页设计”文件夹 \Links\ 基金会标语 .png”，如图 5-81 所示，单击“确定”按钮。然后将标语拖动到第 2 页的中上部，此时跨页第 2 页的编排也就完成了，如图 5-82 所示。

提示：一般封底的图案和文字都不必太多，因此跨页第 2 页的编排也就比较简洁。

图 5-81　置入“基金会标语 .png”文件

图 5-82　跨页第 2 页效果

18）最后将跨页第 3 页中的抽象小人复制一个到跨页第 1 页的左上方，这样折页的正面就全部绘制完成了，效果如图 5-83 所示。

19）至此，折页的正面全部编排完成，下面开始折页背面也就是第二个跨页的编排。首先将第二个跨页的第 1 页和第 3 页的背景色填充为黄绿标准色和天蓝标准色，读者也可以自己选择折页的背景颜色，效果如图 5-84 所示。

图 5-83　三折页正面整体效果

图 5-84　填充第二个跨页中每页的背景色

20）现在开始图片的编排。首先要将所需的图片置入文档。方法：执行菜单中的“文件 | 置入”命令，在弹出的对话框中选择网盘中的“素材及结果 \5.2 儿童基金会折页设计 \“儿童基金会折页设计”文件夹 \Links\ 快乐女孩 .png”，如图 5-85 所示，单击“确定”按钮，并将“快乐女孩 .png”移至跨页第 3 页的上方，如图 5-86 所示。

21）将标识中的重要元素——抽象小人复制一份放在跨页第 3 页的左下方，并将其填色设为白色，如图 5-87 所示。这样，第 3 页中的图片就处理完成了。

图 5-85　在对话框中选择“快乐女孩 .png”

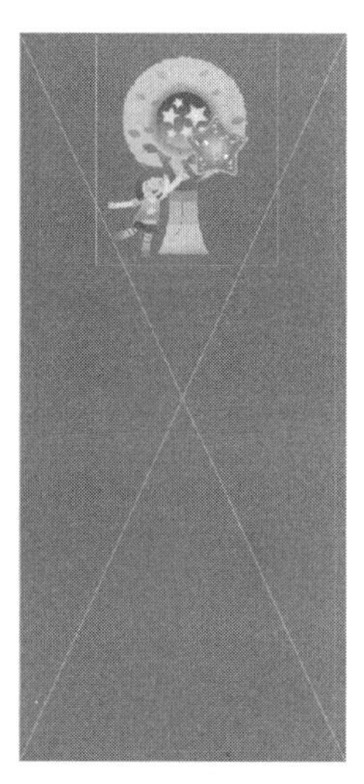
图 5-86　将“快乐女孩 .png”移至页面上方

图 5-87　将抽象小人复制到页面的左下方

22）下面开始第二个跨页中第 2 页的图片编排。同样执行菜单中的“文件 | 置入”命令，在弹出的对话框中选择网盘中的“素材及结果 \5.2 儿童基金会折页设计 \“儿童基金会折页设计”文件夹 \Links\ 家庭卡通 .png”，单击“确定”按钮。然后将“家庭卡通 .png”移至跨页第 2 页的中上部，如图 5-88 所示。接着在“家庭卡通 .png”的下一层用 ⊠（矩形框架工具）绘制一个矩形框架，并将其“填色”设为深蓝标准色，效果如图 5-89 所示。最后，同样将抽象小人复制一个到“家庭卡通 .png”和深蓝色块面两层的中间，并将其填色设为黄绿标准色，如图 5-90 所示。至此，第二个跨页中第 2 页的图片就全部编排完成了。

图 5-88　置入“家庭卡通 .png”图片

图 5-89　在图片的下一层绘制深蓝色块

图 5-90　添加抽象小人效果

23）第二个跨页中第 1 页的主要图片只有一个，因此只需直接置入图片即可。方法：执行菜单中的“文件 | 置入”命令，在弹出的对话框中选择网盘中的“素材及结果 \5.2 儿童

基金会折页设计 \ “儿童基金会折页设计”文件夹 \Links\ 快乐小屋 .png”，单击“确定”按钮。然后将“快乐小屋 .png”移至跨页第 1 页的上方，效果如图 5-91 所示。

24）由于图片与背景有的颜色比较相近，因此需要给图片设置外发光效果，使其与背景层次拉开。方法：执行菜单中的“对象 | 效果 | 外发光”命令，在弹出的对话框中设置外发光参数如图 5-92 所示。单击“确定”按钮，可见图片外围出现了一圈白色光晕，这样第二个跨页的图片就全部编排完成了，总体效果如图 5-93 所示。

图 5-91　将“快乐小屋 .png”移至页面上方

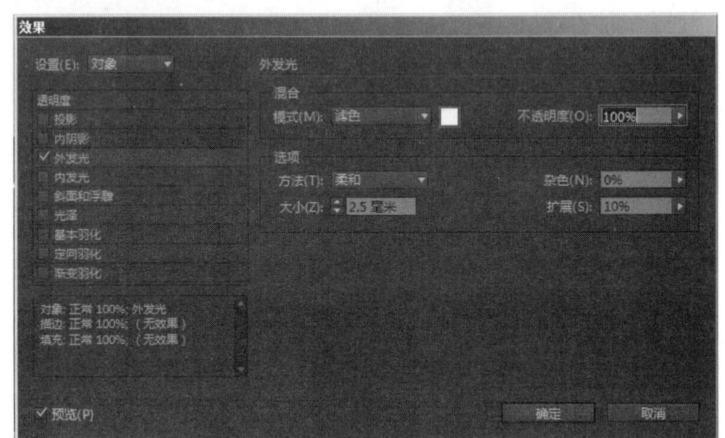

图 5-92　设置外发光参数

图 5-93　第二个跨页图像文件编排完成效果

25）现在开始第二个跨页中文字的编排。首先从跨页第 3 页开始文字编排。方法：选择工具箱中的 T（文字工具），在“快乐女孩 .png”图像文件的下方创建一个长条矩形文本框，如图 5-94 所示。然后按快捷键〈Ctrl+T〉，在打开的“字符”面板设置参数如图 5-95 所示，将“字体”设为 Cooper Std（由于是关于儿童基金会的宣传折页，因此在字体的选择上要选择较活泼的字体），将“字号”设为 11 点，其他为默认值。接着在文本框中输入标题文字，并将其填色设为白色，效果如图 5-96 所示。

26）由于在版面中这种字体会频繁使用，因此将它添加到字符样式面板中。方法：将标题文字涂黑选中，然后在“字符样式”面板中单击 （创建新样式）按钮，并将新建的样式命名为“标题文字”，如图 5-97 所示。这样，之后需要使用这种字体时，在“字符样式”面板中选择“标题文字”样式即可。

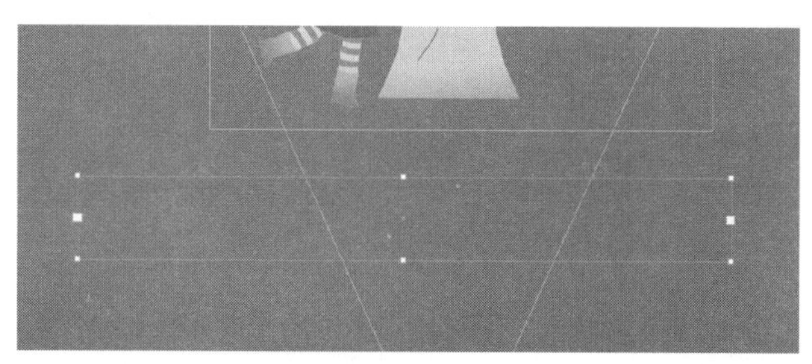

图 5-94　在“快乐女孩 .png”图像文件的下方创建标题文本框

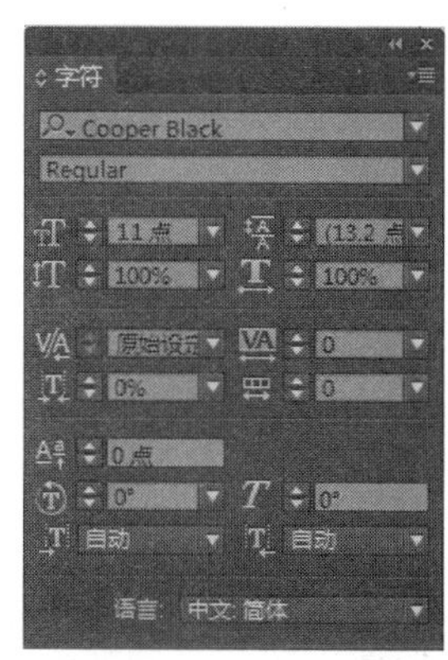

图 5-95　设置标题文字参数

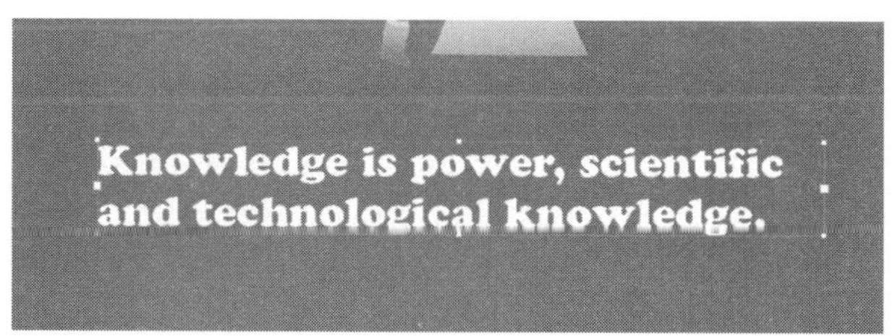

图 5-96　在文本框中输入标题文字

图 5-97　将标题文字添加到“字符样式”面板中

27）接下来开始正文部分的编排。同样利用 （文字工具）在标题文字的下方创建一个矩形正文文本框，然后在“字符”面板中设置如图 5-98 所示参数，并将其填色设为深蓝标准色。接着在文本框中粘贴入事先准备好的文字，效果如图 5-99 所示。最后使用同样的方法将这种字符样式添加到“字符样式”面板中，并将其命名为“正文”，如图 5-100 所示。

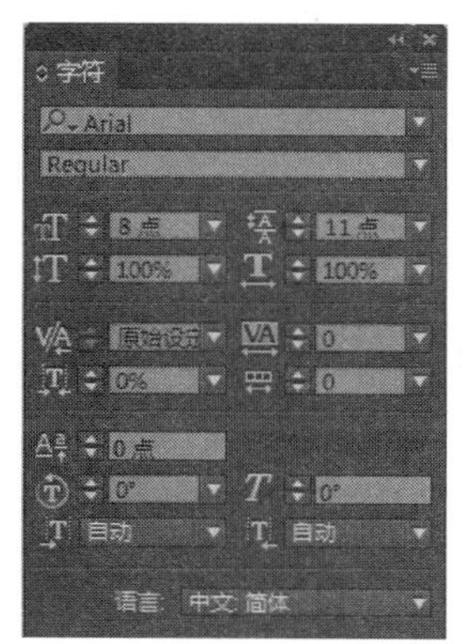

图 5-98　设置正文字符参数

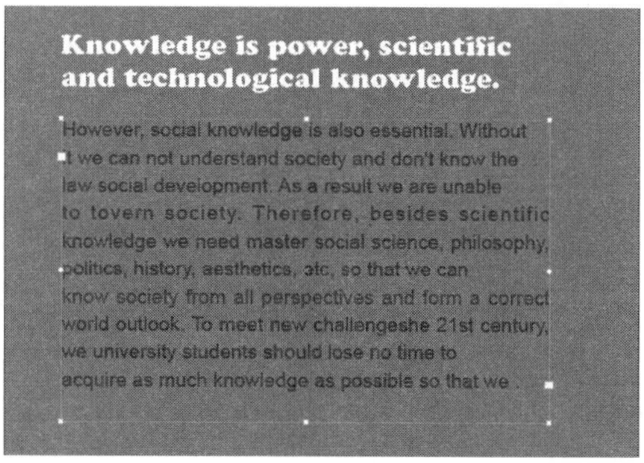

图 5-99　在文本框中粘贴入正文文字

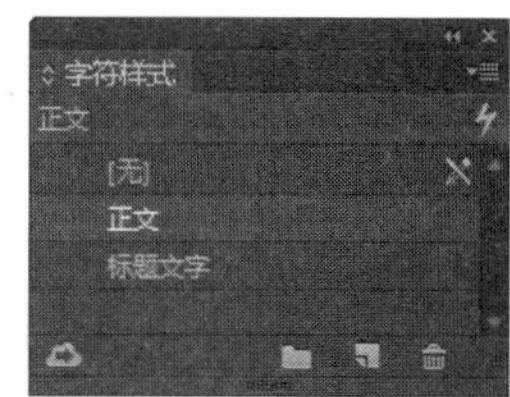

图 5-100　将正文添加到“字符样式”面板中

28）开始下一段正文的编排。首先在上段正文的下方创建文本框，然后选择“标题文字”字符样式，在文本框中输入标题文字即可，效果如图 5-101 所示。

29）在标题文字下方创建正文文本框，由于左侧有抽象小人，因此这个文本框必须是个不规则文本框，下面先用 （钢笔工具）绘制一个不规则五边形闭合路径，如图 5-102 所示，然后选择“正文”字符样式，接着将准备好的文本粘贴入即可，效果如图 5-103 所示。至此，本页的文字编排就完成了，整体效果如图 5-104 所示。

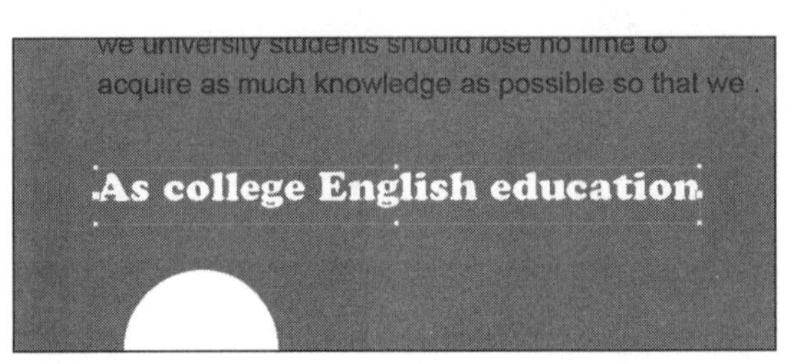

图 5-101　第二段标题文字效果

图 5-102　绘制正文不规则五边形文本框

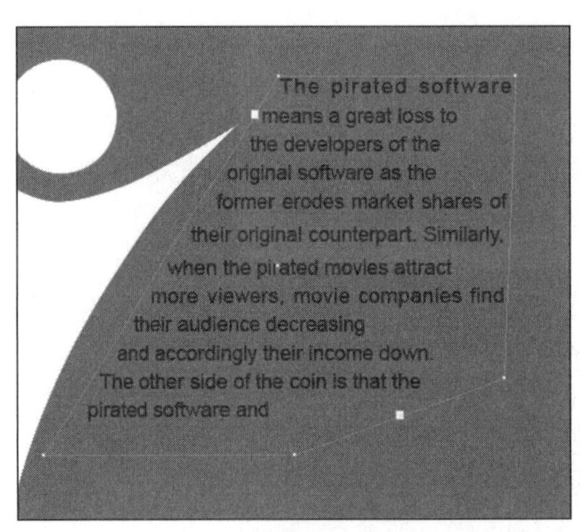

图 5-103　在文本框中粘贴入文字

图 5-104　本页整体效果

30）现在开始跨页第 2 页的文字编排，首先编排在深蓝色块的左上方的一些文字。同样，利用 （文字工具）创建标题文本框，由于这里的文字使用的字体与之前添加到“字符样式”面板的字体不一样，因此要重新设置字符参数。方法：按快捷键〈Ctrl+T〉，在打开的“字符”面板设置参数如图 5-105 所示，然后在文本框中输入标题文字，如图 5-106 所示。接着在标题文字下方再输入一段正文文字，并在“字符”面板设置参数如图 5-107 所示，将其填色设为黄绿标准色，如图 5-108 所示。

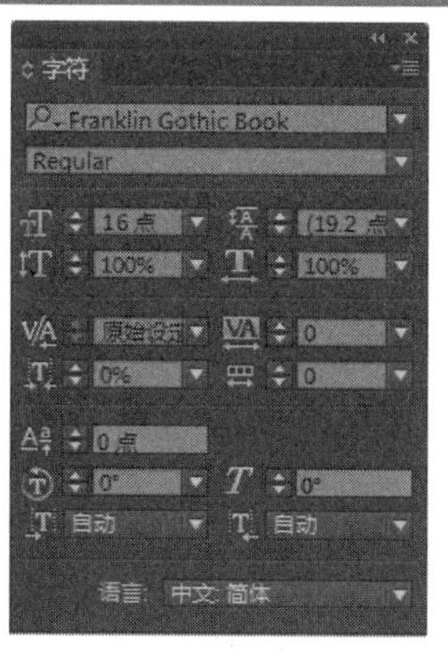

图 5-105　设置第 2 种标题文字参数

图 5-106　在文本框中输入标题文字

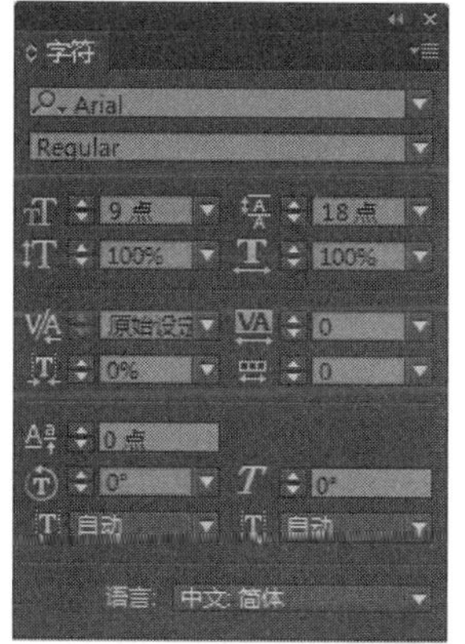

图 5-107　设置第 2 种正文字符参数

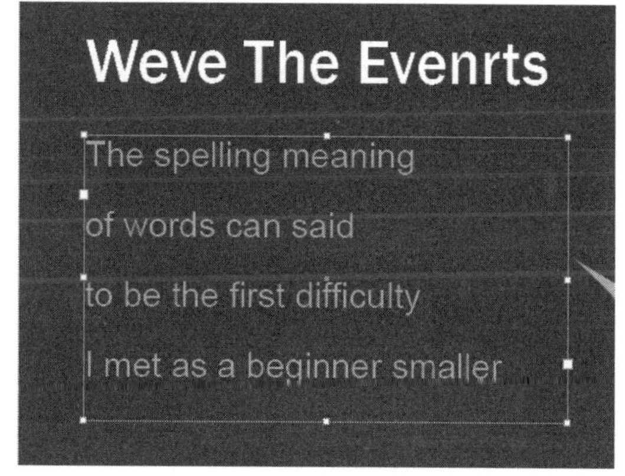

图 5-108　将正文文本粘贴入文本框

31）现在开始“卡通家庭 .png”图像下方的文字编排，所用标题文字的字体和正文的字体都与之前的一样，因此直接在“字符样式”面板中选择即可。然后将标题文字的填色改为天蓝标准色，如图 5-109 所示。请读者参照图 5-110 自行编排其他文字，编排后中间页整体效果如图 5-111 所示。

32）为了使版面完整，下面请参照图 5-112 添加上其他文字。

图 5-109　将标题文字色彩改为天蓝标准色

图 5-110　图片下方文字效果

图 5-111　中间页整体效果

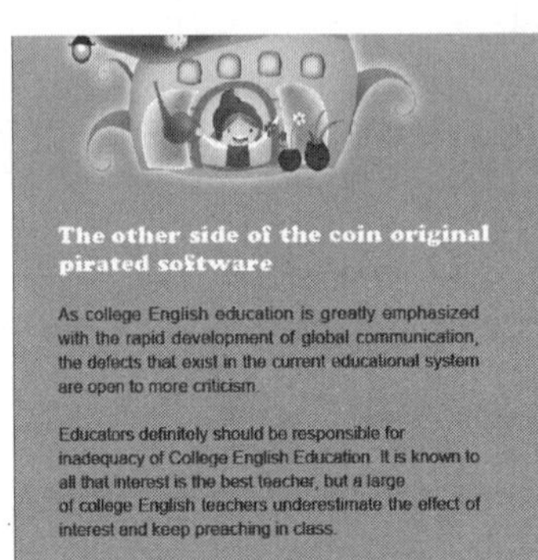

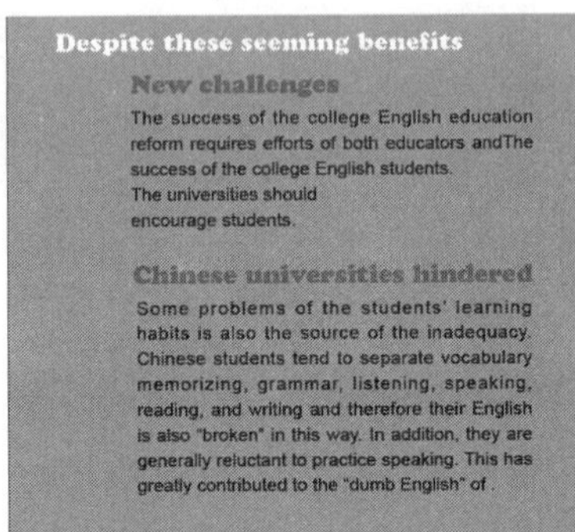

图 5-112　添加上其他文字

33）在页面的左下方还有三个赞助企业的标志需要置入，下面执行菜单中的“文件 | 置入”命令，在弹出的对话框中选择网盘中的“素材及结果 \5.2 儿童基金会折页设计 \“儿童基金会折页设计”文件夹 \Links\ 标志 2.psd”，如图 5-113 所示，单击“确定”按钮。然后将“标志 2.psd”移至页面下方文字的左部，如图 5-114 所示。接着使用同样的方法将其余的两个标志置入文档并放在“标志 2.psd”的下方，如图 5-115 所示。第 4 页整体效果如图 5-116 所示。至此，第二个跨页的编排就全部完成了，效果如图 5-117 所示。

34）至此，折页正反面 6 页的编排全部完成，最终效果如图 5-118 所示（输出后在 Photoshop 软件中制作的成品立体展示效果）。本例整个折页都以深蓝、黄绿、天蓝三种标准色为基调，配上活泼可爱的卡通图像和俏皮的字体，加上舞动的抽象小人图形穿插在每个页面中，从而使整个折页给人充满希望和生机的感觉。

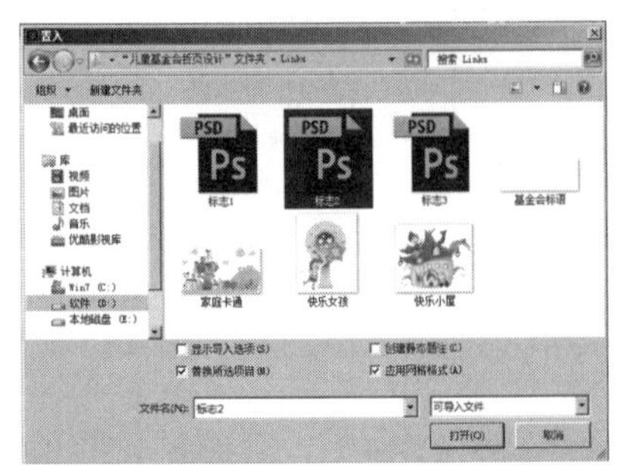

图 5-113　选择“标志 2.psd”文件

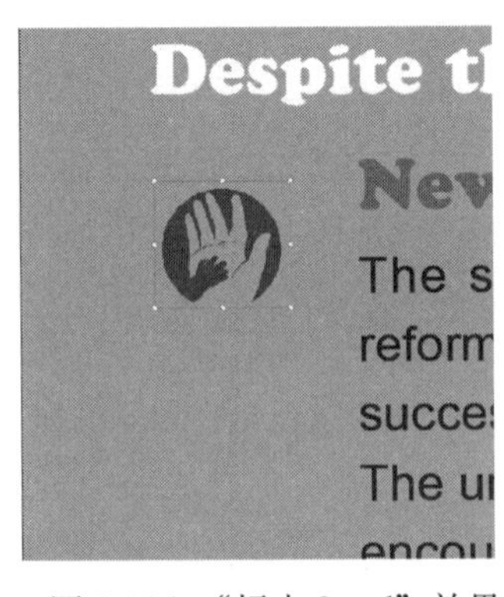

图 5-114　“标志 2.psd”效果

图 5-115　其余两个标志排列效果

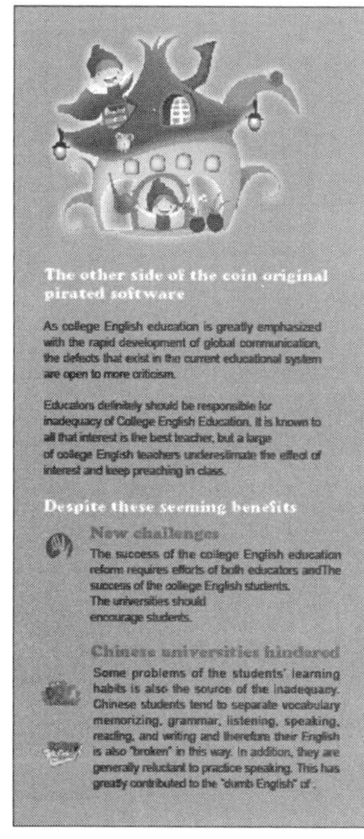

图 5-116　第 4 页整体效果

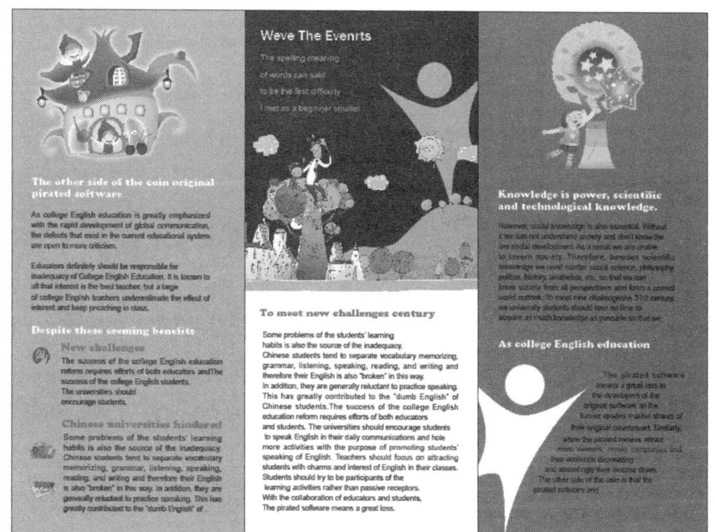

图 5-117　第二个跨页版面整体效果

图 5-118　折页立体展示效果

5.3　课后练习

制作如图 5-119 所示的办公用品折页效果。

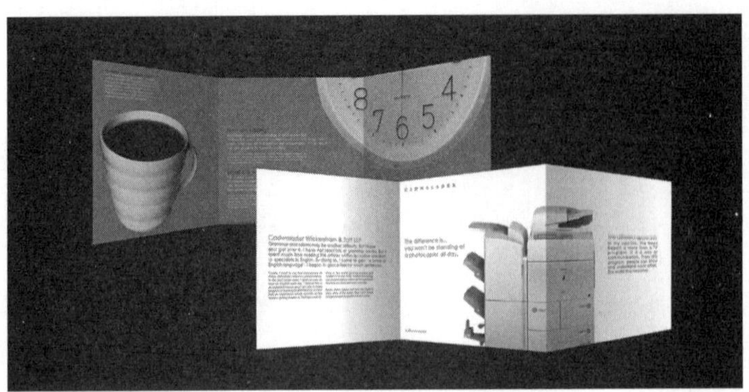

图 5-119　办公用品折页效果

第 6 章　宣传册设计

企业或者组织通常都会有一本宣传册用来介绍自己的背景、业绩、主要从事的领域以及企业的文化、历史、理念等，这是企业形象一个很重要的部分。和宣传折页不同的是，折页是宣传企业或者团体的某个项目或者某个方面，而宣传册则是比较系统全面地介绍一个企业的方方面面。宣传册的风格要根据这个企业或组织的特性来决定，封面和内页的设计要有一定的联系或者有同样风格的元素，使其具有统一的风格。当然，在一个大的框架下每个章节可以有其特色，整体统一、细节精彩是宣传册设计的宗旨。本章将通过一个完整的旅游景点宣传册封面和内页设计案例来详细介绍宣传册的设计方法。

通过本章的学习，读者应掌握以下内容。

■ 掌握旅游景点宣传册封面设计的方法。

■ 掌握旅游景点宣传册内页设计的方法。

6.1　旅游景点宣传册封面设计

要点：

本例将制作一个亚洲旅游景点的宣传册封面，如图 6-1 所示。该例着重介绍的是东南亚地区的风景名胜，在版式设计方面，主要以色块与图片的搭配为主，色块与图片的交错也自然而然地将版面的框架结构进行了划分；在色彩方面，以代表亚洲的红色和黄色为主；在文字方面，标题文字的大小、粗细富有变化，与正文文字巧妙结合，为版式增光添彩。通过本例的学习应掌握跨页调整、内容与框架的调整、图像的置入与编排、文字特效的综合应用技能。

图 6-1　旅游景点宣传册封面设计

操作步骤：

1）执行菜单中的“文件 | 新建 | 文档”命令，在弹出的“新建文档”对话框中将“页数”设为 2 页，页面“宽度”设为 210 毫米，“高度”设为 297 毫米，将“出血”设为 3 毫米，如图 6-2 所示。单击“边距和分栏”按钮，然后在弹出的“新建边距和分栏”对话框中设置如图 6-3 所示的参数（这是一个无边距和分栏的双页文档，而且页数比较少，因此装订时可用骑马钉的方式，所以不需要考虑书脊的尺寸），单击“确定”按钮。接着单击工具栏下方的■（正常视图模式）按钮，使编辑区内显示出参考线、网格及框架状态。

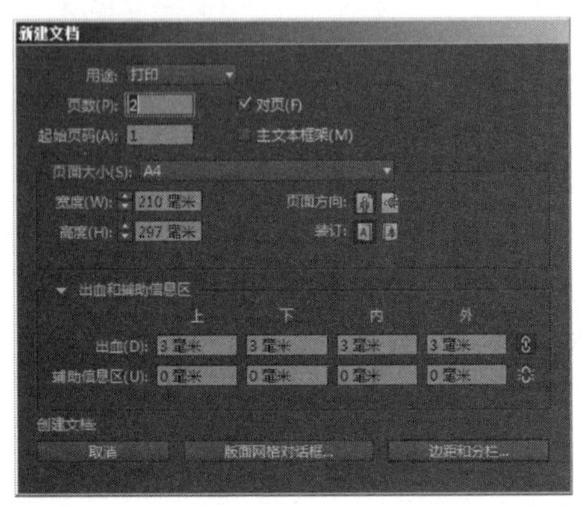

图 6-2　在“新建文档”对话框中设置参数

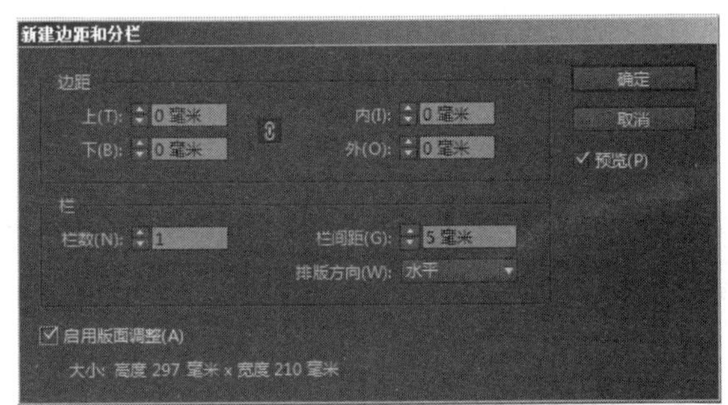

图 6-3　设置边距和分栏

2）由于页面是随机排列的，所以两页在工作区中是一上一下分开排列的，如图 6-4 所示。这里需要将两页以跨页方式排列，方法：单击“页面”面板右上角的■按钮，从弹出菜单中将“允许选定的跨页随机排布”名称前的“√”点掉。然后在“页面”面板中将第 2 页移至第 1 页的旁边即可，如图 6-5 所示。此时版面状态如图 6-6 所示。

图 6-4　页面未调整前“页面”面板状态

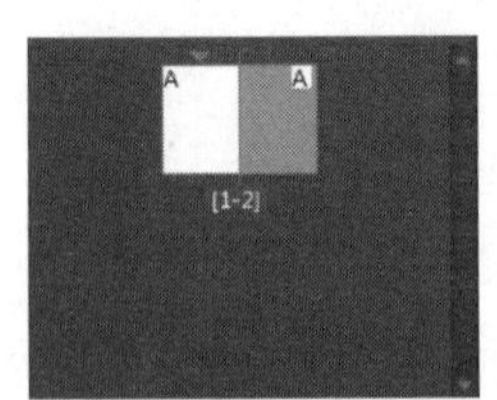

图 6-5　将第 1 页和第 2 页呈跨页方式排列

图 6-6　版面状态

3）版面状态调整好后，需要给版面添加 3 条参考线，为接下来的背景色块的编排确定好位置。方法：按快捷键〈Ctrl+R〉调出标尺，然后从水平标尺中拉出 3 条参考线并分别定位到垂直标尺的 13 毫米、110 毫米和 180 毫米处，此时参考线定位效果如图 6-7 所示。接着选择工具箱中的▣（矩形框架工具），根据第一条水平参考线的位置，在版面的顶部创建一个长条形矩形框架，宽度与跨页宽度一致，并将其填充黄色（参考色值为：CMYK（0，0，100，0）），这种黄色在色板中可直接获取，效果如图 6-8 所示。最后使用同样的方法在跨页中部第 2 条水平参考线和第 3 条水平参考线之间创建一个矩形框架，并将其填充为红色（参考色值为：CMYK（15，100，100，0）），效果如图 6-9 所示。

4）此时版面中色块添加完毕，都是在“图层”面板中的“图层 1”中添加的，现在开始图片的编排。为了使版式内容有秩序并且操作起来思路清晰，将在新的图层上编排图片。方法：按快捷键〈F7〉打开“图层”面板，单击面板下方的▣（创建新图层）按钮，创建“图层 2”如图 6-10 所示。然后选择“图层 2”，开始图片的编排。

图 6-7　参考线定位效果

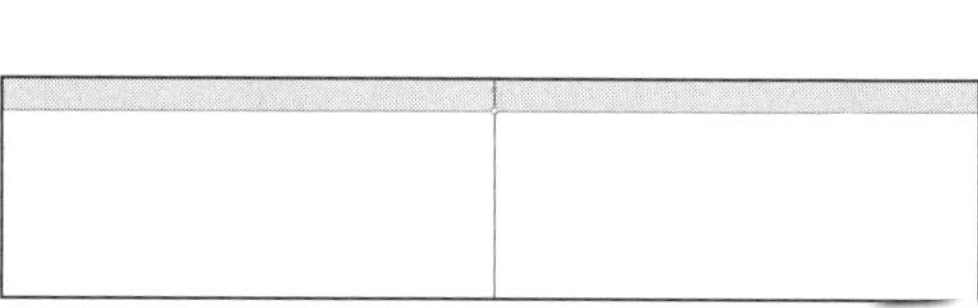

图 6-8　在跨页页面顶部添加黄色色块

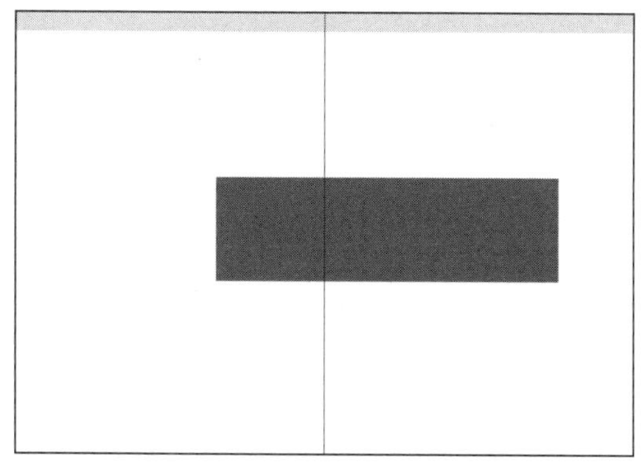

图 6-9　在跨页页面中部添加红色色块

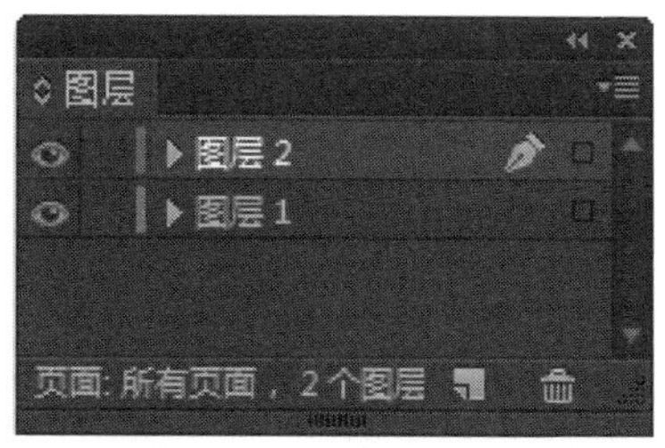

图 6-10　创建“图层 2”

5）首先在第 2 页，也就是封面页左上方的黄色块和红色块之间用▣（矩形框架工具）创建一个图片框架，如图 6-11 所示。然后利用▣（选择工具）将其选中，执行菜单中的“文件 | 置入”命令，在弹出的对话框中选择网盘中的“素材及结果 \6.1 旅游景点宣传册封面设计 \“旅游景点宣传册设计封面”文件夹 \Links\ 花伞 .jpg”，如图 6-12 所示，单击“确定”按钮。接着调整图片大小至适合框架，如图 6-13 所示。

提示：对于框架中的图形，可以执行菜单中的“对象 | 适合 | 使内容适合框架（或“按比例填充框架”）”等命令。

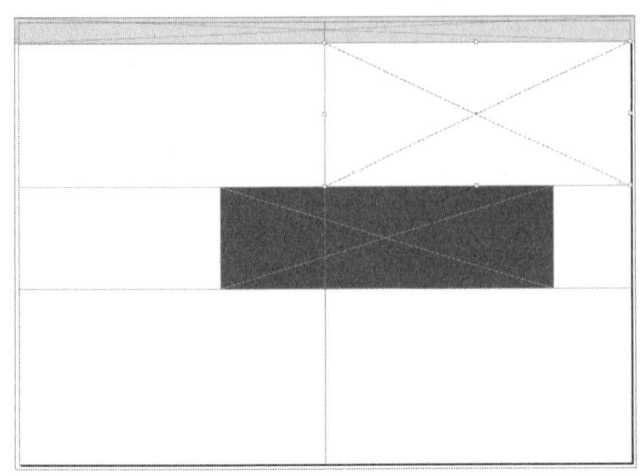

图 6-11　创建花伞图片框架

图 6-12　选择“花伞 .jpg”图像文件

图 6-13　图片置入和调整后效果

6）在红色色块的右边创建一个图片框架，如图 6-14 所示，再次执行菜单中的“文件 | 置入”命令，在弹出的对话框中选择网盘中的“素材及结果 \6.1 旅游景点宣传册封面设计 \“旅游景点宣传册设计封面”文件夹 \Links\ 沙滩 .jpg”，如图 6-15 所示。单击“打开”按钮，再调整图片大小至适合框架，如图 6-16 所示。接着在红色色块的下方创建一个与剩余空白处等大的图片的框架，如图 6-17 所示，再使用同样的方法将网盘中的“素材及结果 \6.1 旅游景点宣传册封面设计 \“旅游景点宣传册设计封面”文件夹 \Links\ 建筑 .jpg”置入框架内，并调整至框架大小，最后效果如图 6-18 所示。此时，封面页的色块和图片内容就编排完成了，效果如图 6-19 所示。

7）现在开始封底页的图片编排。封底的图片编排相对比较简单，就由一张图片将版面充满即可。方法：利用工具箱中的⊠（矩形框架工具）创建封底图片框架，如图 6-20 所示，然后将网盘中的“素材及结果 \6.1 旅游景点宣传册封面设计 \“旅游景点宣传册设计封面”文件夹 \Links\ 丘陵 .jpg”置入框架内，并调整至框架大小，效果如图 6-21 所示。

8）现在开始文字的编排。首先在“图层”面板上新建“图层 3”，如图 6-22 所示。然后选择“图层 3”，从封面页开始编排。

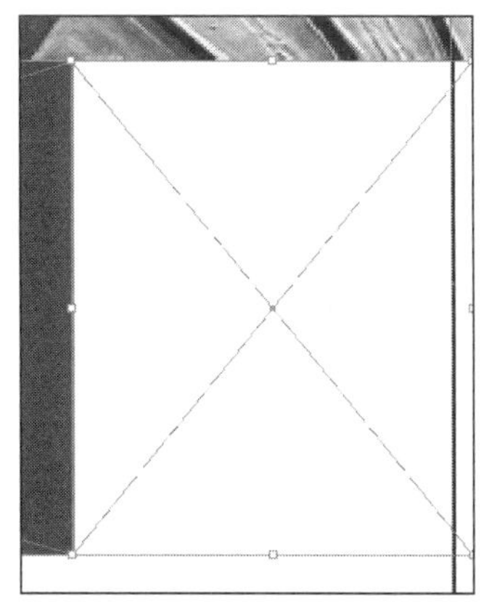

图 6-14　创建一个图片框架

图 6-15　选择“沙滩 .jpg”图像文件

图 6-16　“沙滩 .jpg”置入后效果

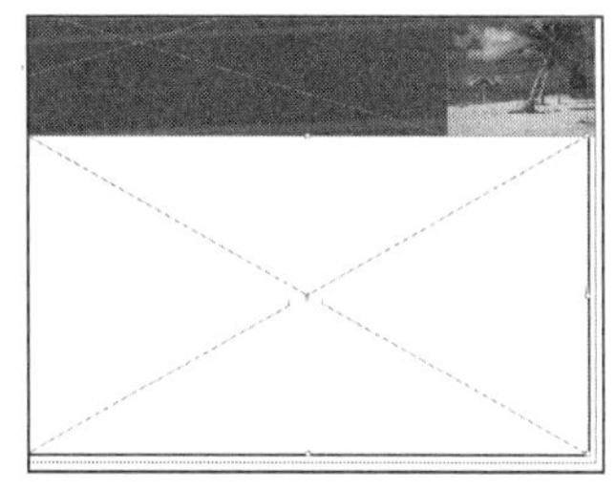

图 6-17　创建“建筑 .jpg”图像文件框架

图 6-18　“建筑 .jpg”置入后效果

图 6-19　封面页图片与色块效果

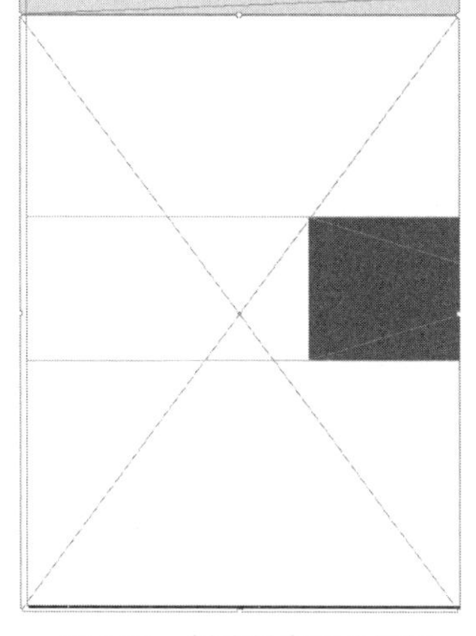

图 6-20　创建封底图片框架

图 6-21　“丘陵 .jpg”置入后效果

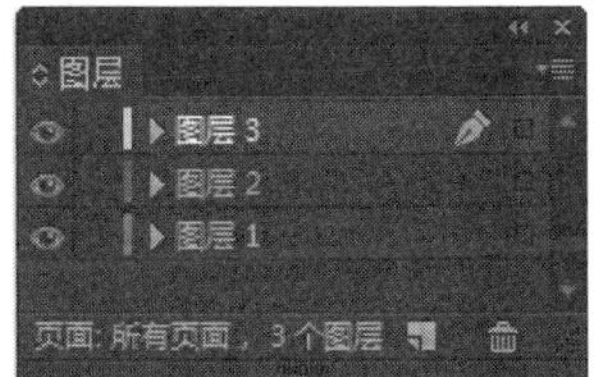

图 6-22　创建“图层 3”

9）封面的文字包括以下几个部分：旅游组织集团标志文字、宣传册册名和辅助信息。

首先编排旅游组织集团标志文字。方法：选择T（文字工具）在页面的上部“花伞.jpg”图片上方创建一个较大的文本框，然后按快捷键〈Ctrl+T〉，在打开的“字符”面板中设置参数如图6-23所示，将“字体”设为Book Antiqua，将“字号”设为230点，“字符间距”设为-100，其他为默认值，接着在文本框中输入标志文字，效果如图6-24所示。

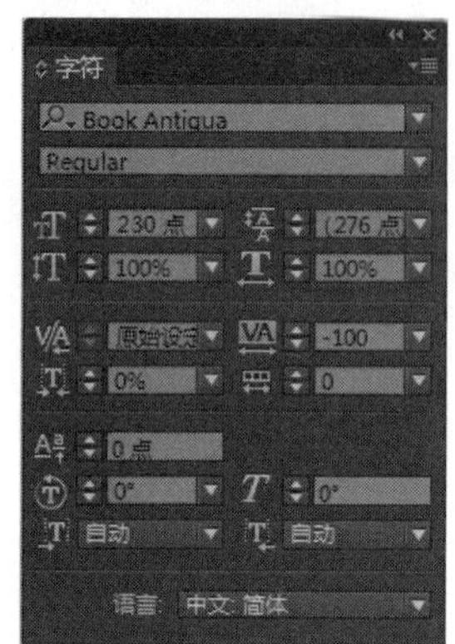

图6-23 设置标志文字参数

图6-24 输入标志文字后的效果

10）由于背景图片色彩比较多，为了使标志文字能凸显出来，需要给文字添加投影。方法：首先利用（选择工具）选中标志文字，然后执行菜单中的“对象|效果|投影”命令，在弹出的对话框中设置投影参数如图6-25所示，将“模式”设为“正片叠底”，“不透明度”设为80%，“距离”设为2毫米，“X位移”设为1毫米，“Y位移”设为1.732毫米，“角度”设为120°，“大小”设为1.5毫米，“扩展”设为7%，单击“确定”按钮。

提示：为了便于直观地看到预览效果，可以勾选“预览”复选框。

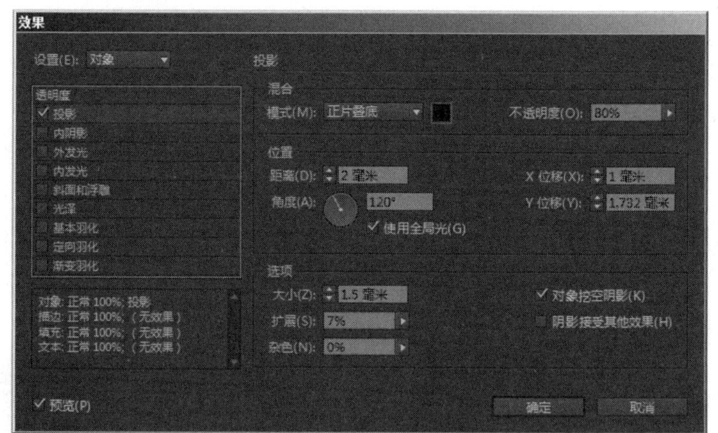

图6-25 设置投影参数

11）为了使文字的层次更加丰富，还需要给文字添加“外发光”效果。方法：执行菜单中的“对象|效果|外发光”命令，在弹出的对话框中设置参数，如图6-26所示，将“模式”设为“正片叠底”，“不透明度”设为70%，“方法”设为“柔和”，“大小”设为4毫米，“扩展”设为15%，“杂色“设为0%，单击“确定”按钮。此时文字效果如图6-27所示。

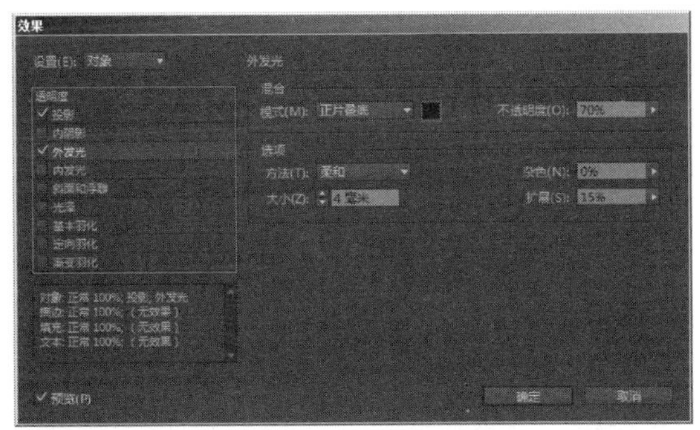

图 6-26　设置外发光效果

图 6-27　标志文字调整后效果

12）制作标志“P&O”中字母“O”内的一行文字。方法：先创建文本框，然后在打开的“字符”面板中设置参数如图 6-28 所示，并将文字“填色”为白色。接着在文本框中输入文字，效果如图 6-29 所示。

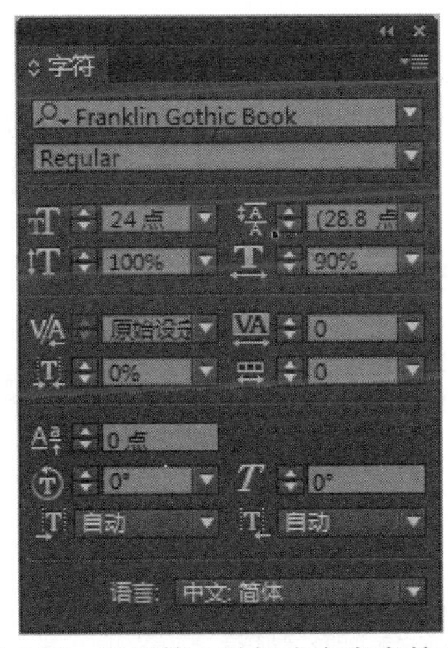

图 6-28　设置第 2 种标志文字字符参数

图 6-29　标志文字输入后效果

13）为这行文字添加投影效果。方法：执行菜单中的“对象 | 效果 | 投影”命令，在弹出的对话框中设置投影参数如图 6-30 所示，将“模式”设为“正片叠底”，“不透明度”设为 85%，“距离”设为 0.3 毫米，“X 位移”设为 0.212 毫米，“Y 位移”设为 0.212 毫米，“角度”设为 135°，“大小”设为 0.2 毫米，“扩展”设为 12%，单击“确定”按钮，效果如图 6-31 所示。

14）下面开始宣传册封面名称的编排。首先在封面页红色色块中输入封面名称文字，并在“字符”面板设置如图 6-32 所示的参数，再将“填色”设为白色，效果如图 6-33 所示。然后在宣传册封面名称文字的左下部添加辅助信息文字，如图 6-34 所示，所用“字体”为 Franklin Gothic Medium，“字号”为 22 点，其他为默认值，并将“填色”设为白色。接着在封面名称文字的下方添加第 2 条辅助信息文字，如图 6-35 所示，这些文字由两种字体组成，所用第 1 种“字体”为 Book Antiqua，第 2 种“字体”为 Franklin Gothic Medium，“字号”均为 28 点，其他为默认值，其“填色”为黄色（参考色值为：CMYK（0，0，100，0）），效果如图 6-36 所示。

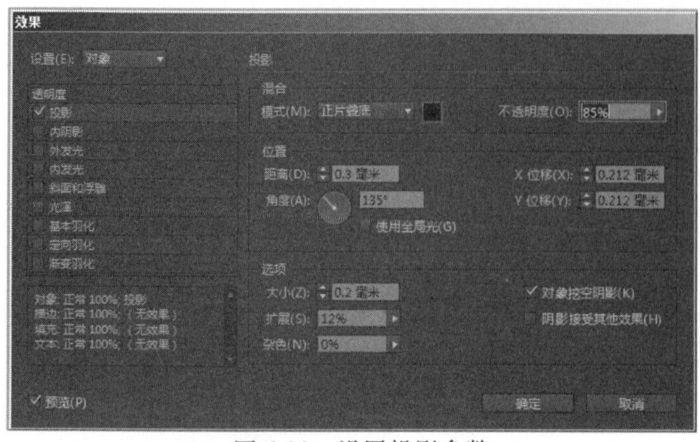

图 6-30 设置投影参数

图 6-31 标志文字最后效果

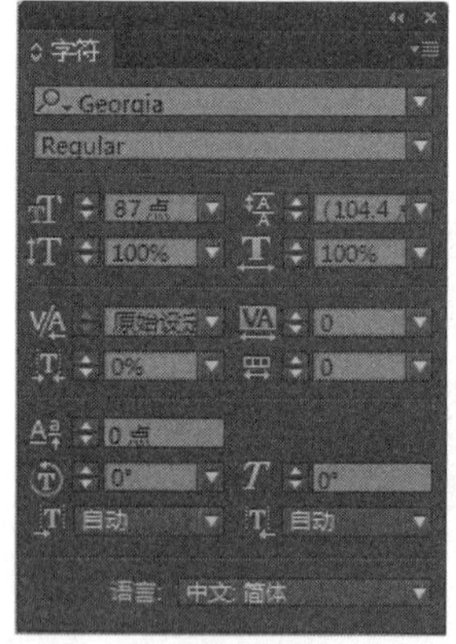

图 6-32 设置封面名称字符参数

图 6-33 封面名称文字最后效果

图 6-34 第 1 条辅助信息文字效果

图 6-35 第 2 条辅助信息文字效果

图 6-36 这部分文字总体效果

15）最后在页面顶部的黄色色块中部添加第 3 条辅助信息，如图 6-37 所示，所用“字体”为 Franklin Gothic Medium，“字号”为 18 点，其他为默认值，其“填色”与红色色块色值一致：参考色值为 CMYK（15，100，100，0）。

图 6-37　第 3 条辅助信息文字效果

16）至此，封面文字全部编排完成，现在开始封底文字的编排。首先将网盘中的“素材及结果 \6.1 旅游景点宣传册封面设计 \“旅游景点宣传册设计封面”文件夹 \Links\ 条形码 .jpg”文件置入封底页面的左下角，如图 6-38 所示。接着在条形码文件的右下角添加价格信息，如图 6-39 所示，所用“字体”为 Arial，“字号”为 12 点，其他为默认值，其“填色”为白色。

图 6-38　置入条形码效果

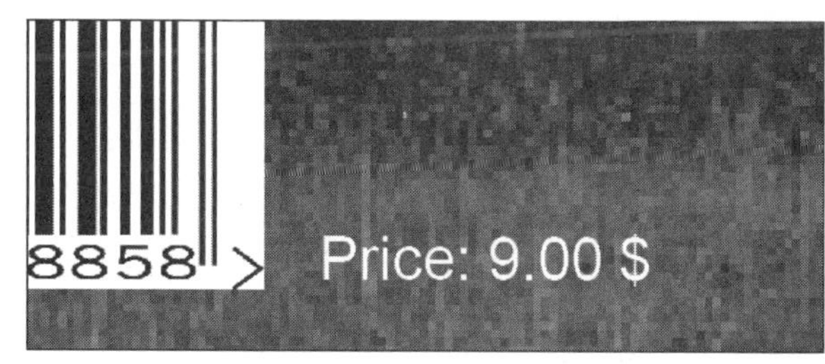

图 6-39　添加价格信息效果

17）至此，宣传册封面部分的图文混排就全部完成了，最后效果如图 6-40 所示。

图 6-40　封面文档最终效果

6.2 旅游景点宣传册内页设计

要点：

本例将在上一节中制作完成的封面基础上制作相关内页，并将它们置在一起，总体效果如图 6-41 所示。在本例中，封面和内页的色彩相互呼应，形成整体感，大面积的色块与文字的搭配形成强烈的艺术效果，色块与图片的交错排列将版面结构进行了规则的划分，使得图片虽多却并不杂乱。本例在细节的处理上也颇费功夫，比如地图信息文字的处理就使得图文结合得更有艺术性。通过本例的学习应掌握内容与框架的调整、图像的置入与编排、InDesign CC 2015 的制表功能的综合应用技能。

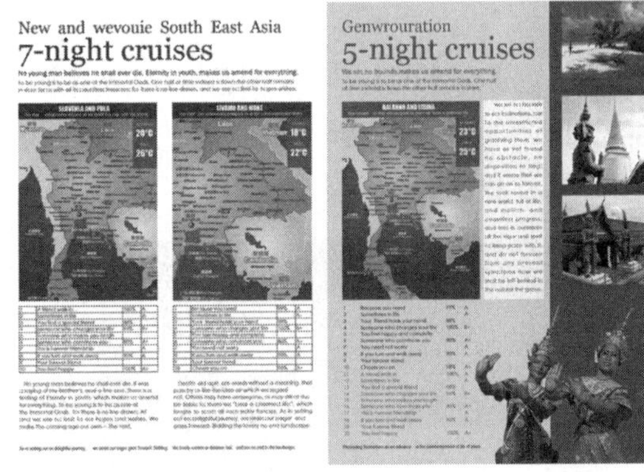

图 6-41　旅游景点宣传册内页设计

操作步骤：

1）执行菜单中的“文件 | 新建 | 文档”命令，在弹出的对话框中将“页数”设为 4 页，页面“宽度”设为 210 毫米，“高度”设为 297 毫米，将“出血”设为 3 毫米，如图 6-42 所示，单击“边距和分栏”按钮。然后在弹出的对话框中设置如图 6-43 所示的参数（这是一个 4 页文档，并且无边距和分栏的文档），单击“确定”按钮，完成设置。接着单击工具栏下方的（正常视图模式）按钮，使编辑区内显示出参考线、网格及框架状态。

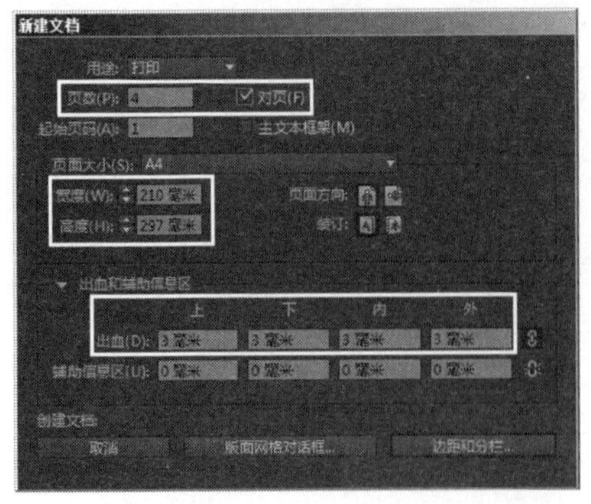

图 6-42　在“新建文档”对话框中设置参数

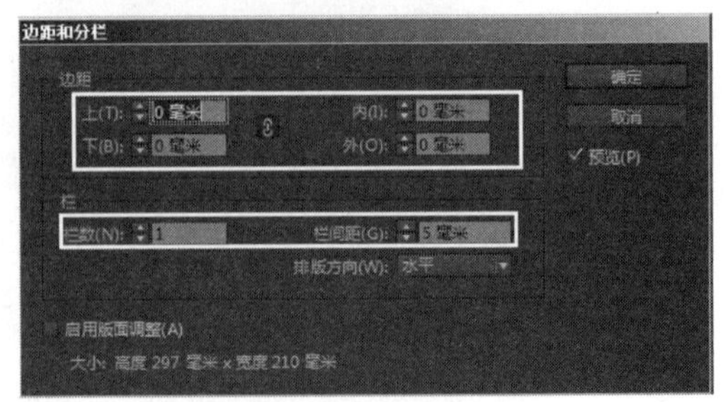

图 6-43　设置边距和分栏

2）由于页面是随机排列的，所以第 1 页和第 4 页不是呈跨页排列的，如图 6-44 所示。下面在“页面”面板中选中所有页面，然后在右上角弹出的菜单中取消勾选“允许选定的跨页随机排布”选项，这样就可以在“页面”面板中随意拖动页面并调整其位置，接着调整“页面”面板状态，如图 6-45 所示。此时版面状态如图 6-46 所示。

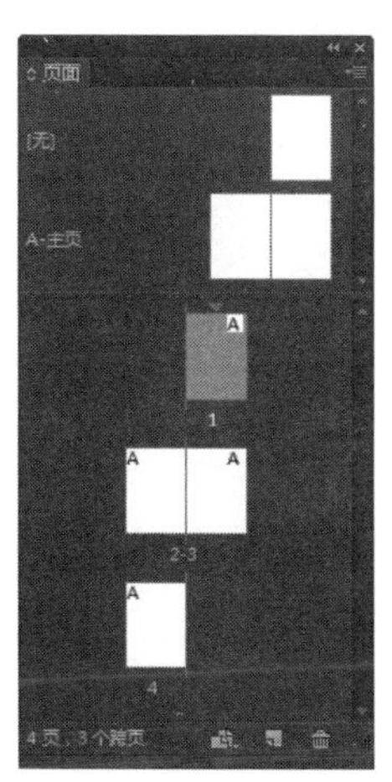

图 6-44　页面未调整前“页面”面板状态

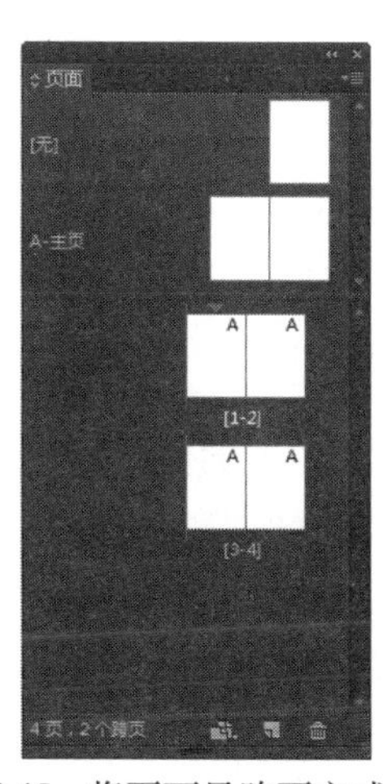

图 6-45　将页面呈跨页方式排列

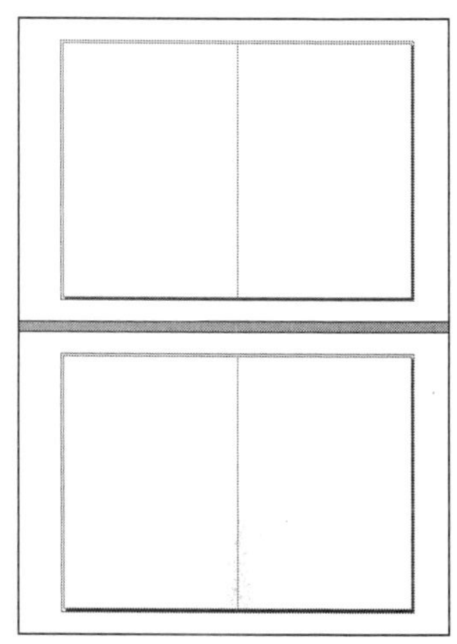

图 6-46　版面状态

3）版面调整后，现在开始背景色块和图片的混排。首先从第 1 页开始，利用（矩形框架工具）在页面中部创建一个与页面等宽的较大的矩形框架，然后将其填充为红色（参考色值为：CMYK（15，100，100，0）），效果如图 6-47 所示。

4）接下来开始本页图片的编排。首先利用（矩形框架工具）在红色色块的左上部创建一个矩形图片框架，如图 6-48 所示，然后执行菜单中的“文件|置入”命令，在弹出的“置入”对话框中选择网盘中的“素材及结果 \ 6.2 旅游景点宣传册内页设计 \ “旅游景点宣传册内页设计”文件夹 \Links\ 舞台照片 .jpg”图像文件，如图 6-49 所示，单击“打开”按钮，将图片置入页面中。接着利用（直接选择工具）将框架内的图片大小调整至框架大小，如图 6-50 所示。

图 6-47　第 1 页中红色色块效果

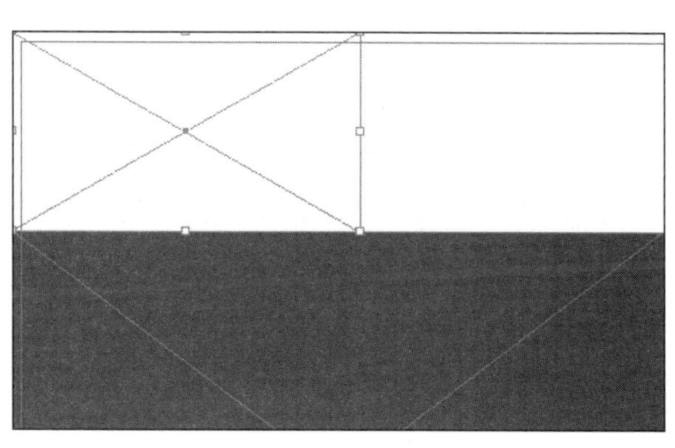

图 6-48　创建一个矩形图片框架

图 6-49　选择“舞台照片 .jpg”图像文件

图 6-50　文件置入后效果

5）将网盘中的“素材及结果 \ 6.2 旅游景点宣传册内页设计 \ “旅游景点宣传册内页设计” 文件夹 \Links\ 海滩 .jpg” 图像文件置入第 1 页红色色块的下方，注意要留出一些空白，效果如图 6-51 所示。然后使用同样的方法将网盘中的“素材及结果 \ 6.2 旅游景点宣传册内页设计 \ “旅游景点宣传册内页设计” 文件夹 \Links\ 大象 .jpg” 图像文件置入第 2 页中部，并将其框架大小调整至与第 1 页红色色块相同大小，效果如图 6-52 所示。置入网盘中的“素材及结果 \ 6.2 旅游景点宣传册内页设计 \ “旅游景点宣传册内页设计” 文件夹 \Links\ 饰品 .jpg” 图像文件。注意，这里要给页面顶部留出一些空隙，效果如图 6-53 所示。

6）将网盘中的“素材及结果 \ 6.2 旅游景点宣传册内页设计 \ “旅游景点宣传册内页设计” 文件夹 \Links\ 红衣女孩 .jpg” 图像文件置入到“饰品 .jpg” 文件的右边，使其高度一致，两个图像文件的宽度总和与“大象 .jpg” 图像文件的宽度一致，效果如图 6-54 所示。然后在“大象 .jpg” 图像文件的下方添加一个黄色色块，使其高度与“海滩 .jpg” 图像文件的高度一致，其填色在色板中可直接获取，效果如图 6-55 所示。接着在黄色色块的上方再添加一个长条形黄色色块，使其宽度与“大象 .jpg” 图像文件宽度一致。

图 6-51　“海滩 .jpg” 图像文件置入后效果

图 6-52　“大象 .jpg” 图像文件置入后效果

图 6-53　“饰品 .jpg”图像文件置入后效果

图 6-54　“红衣女孩 .jpg”图像置入的效果

图 6-55　矩形黄色色块效果

7）为了使两个黄色色块富有层次感，需要调整此长条形黄色色块的透明度。方法：执行菜单中的“对象|效果|透明度”命令，在弹出的对话框中设置如图 6-56 所示的参数，将“模式”设为“正常”，将“不透明度”设为 50%，其他为默认值，单击“确定”按钮，最后效果如图 6-57 所示。

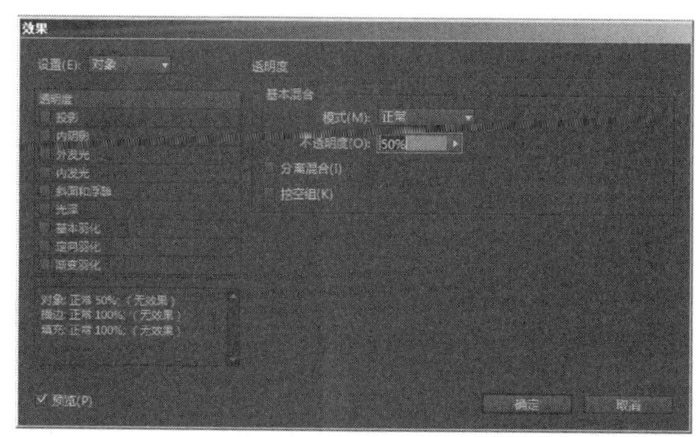

图 6-56　设置长条形黄色色块透明度参数

图 6-57　长条形黄色色块效果

8）接着将网盘中的“素材及结果\6.2 旅游景点宣传册内页设计\“旅游景点宣传册内页设计”文件夹\Links\特色建筑 .jpg”图像文件置入矩形黄色色块的右边，使其高度与两个黄色色块总高度一致，效果如图 6-58 所示。这样，第 1 个跨页的色块与图片的混排就全部完成了，总体效果如图 6-59 所示。

9）下面开始跨页文字的编排。先从第 1 页开始，首先利用 T（文字工具）在红色色块的左上部创建两个文本框，然后按快捷键〈Ctrl+T〉，在打开的“字符”面板中设置参数如图 6-60 所示，并将“填色”设为白色。接着在文本框中输入文字，效果如图 6-61 所示。最后在标题引言文字的下方添加标题文字，如图 6-62 所示，所用“字体”为 Georgia，“字号”为 85 点，“填色”为白色，其他为默认值。再在标题文字的下方创建第 1 种正文文字文本框，并将事先准备好的正文文字粘贴入文本框，如图 6-63 所示，正文所用“字体”为 Century Gothic，“字号”为 13 点，“行距”为 22 点，“填色”为白色，其他为默认值。

图 6-58　将“特色建筑.jpg”置入后的效果

图 6-59　本跨页色块与图片总体效果

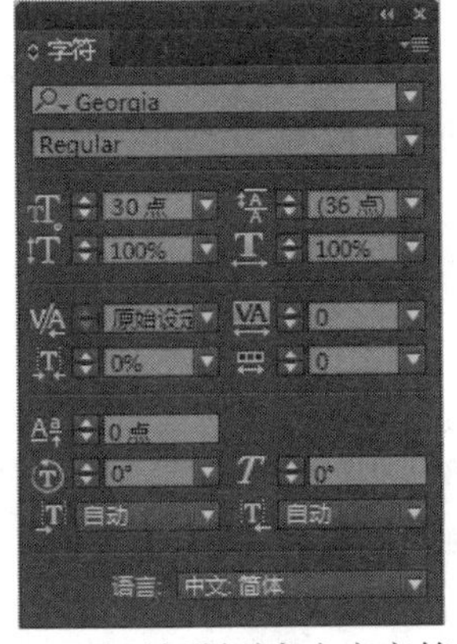

图 6-60　设置标题引言文字字符参数

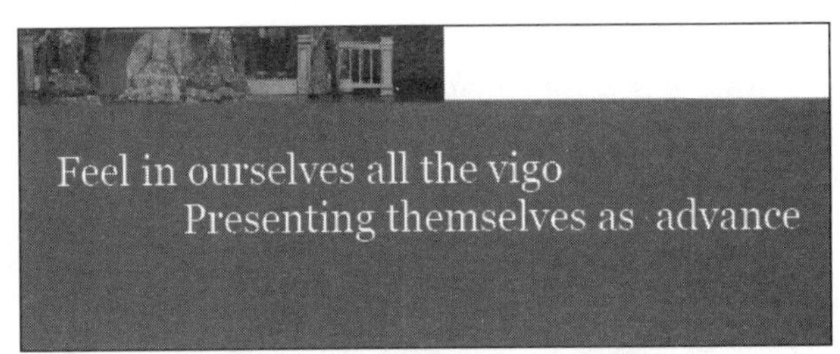

图 6-61　标题引言文字输入后效果

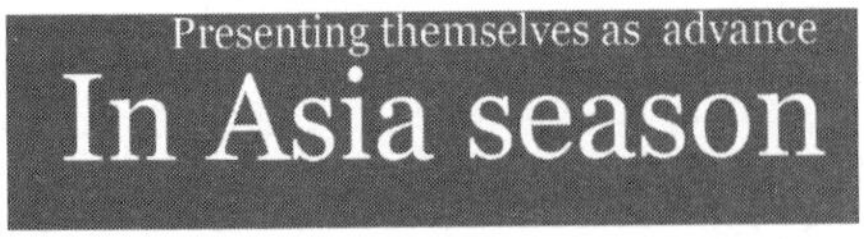

Presenting themselves as advance
In Asia season

图 6-62　标题引言文字效果

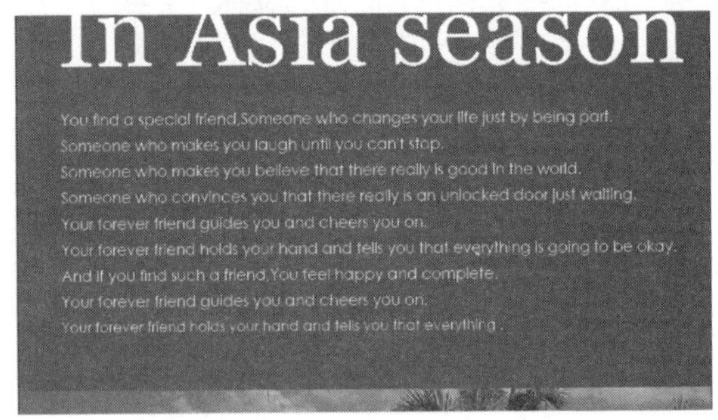

图 6-63　第 1 种正文文字效果

10）最后在第 2 页下方黄色色块的中左部添加第 2 种正文文字，如图 6-64 所示，所用“字体”为 Century Gothic，“字号”为 10 点，“行距”为 13 点，其“填色”为蓝绿色（参考色值为：CMYK（82，64，50，38））。然后将这种正文字符样式添加到“字符样式”面板中，并命名为“正文”字符样式，如图 6-65 所示。

至此，第一个跨页的图文混排就全部完成了，总体效果如图 6-66 所示。

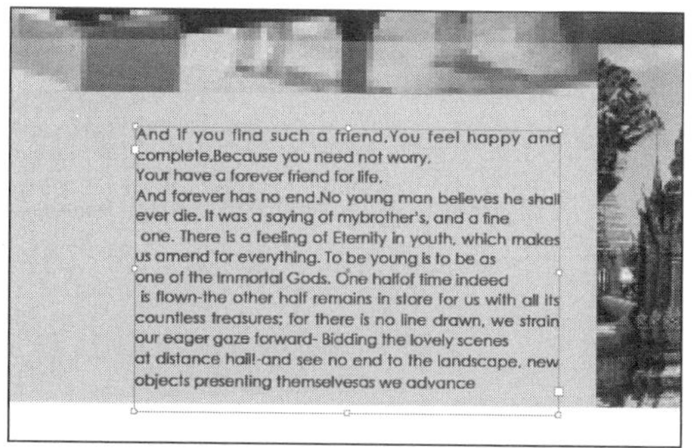

图 6-64　第 2 种正文文字效果

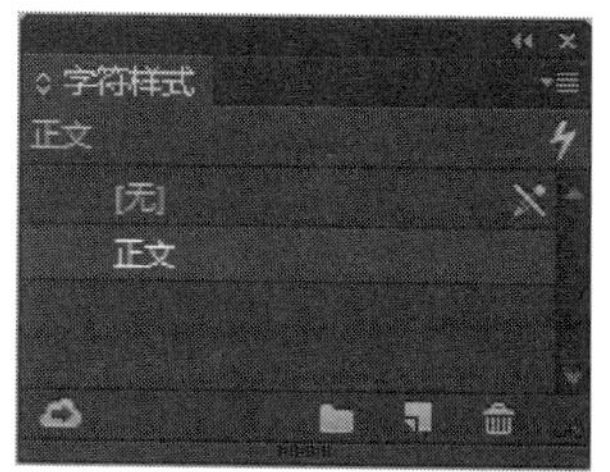

图 6-65　添加“正文”字符样式

图 6-66　第一个跨页完成效果

11）现在开始第二个跨页的图文编排，由于第二个跨页所包含的图像和文字内容比较多，需要较为规则的框架结构来进行编排，因此首先要设置页面的边距和分栏。方法：在“页面”面板中选中第 3～4 页，执行菜单中的“版面 | 边距和分栏”命令，在弹出的对话框中设置参数如图 6-67 所示，将“上”“下”“内”“外”边距都设为 10 毫米，将“栏数”设为 2，“栏间距”设为 10 毫米，“排版方向”设为水平，单击“确定”按钮，版面调整后的状态如图 6-68 所示。

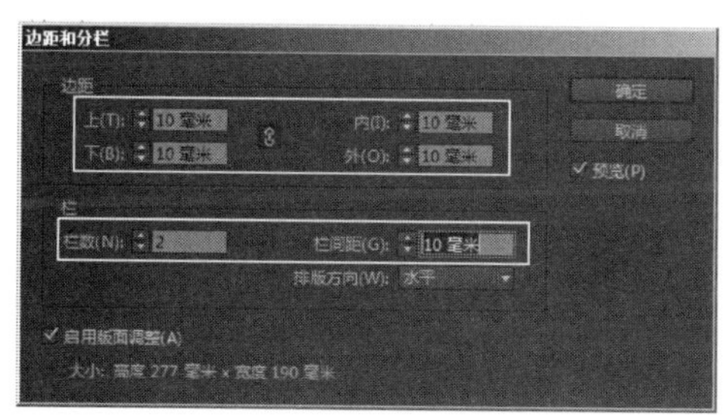

图 6-67　设置边距和分栏

图 6-68　第 3 ～ 4 页版面调整后的状态

12）版面调整后，现在开始图片和背景色块的编排。方法：选择（矩形框架工具）在第3页左侧第1栏的中部根据栏宽创建一个矩形图片框架，如图6-69所示。然后利用（选择工具）按住〈Alt〉键拖动此框架，复制出两个大小相同的框架到左数第2和第3栏的中部。再利用（选择工具）按住〈Shift〉键将3个框架全部选中，按快捷键〈Shift+F7〉打开“对齐”面板，单击（顶对齐）按钮，如图6-70所示，使3个框架呈顶部对齐状态，最终效果如图6-71所示。

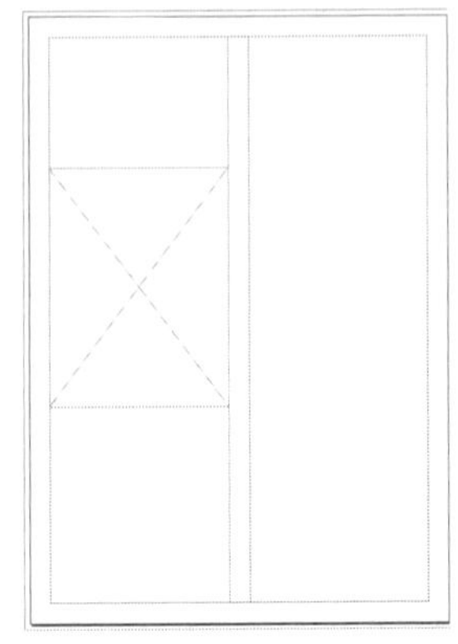
图6-69 创建矩形图片框架

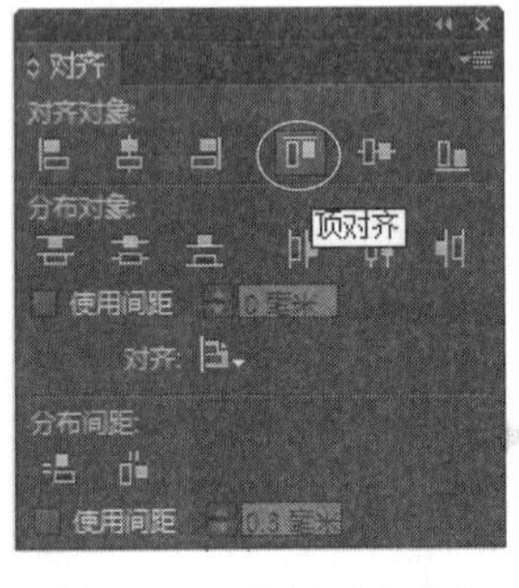

图6-70 设置对齐参数

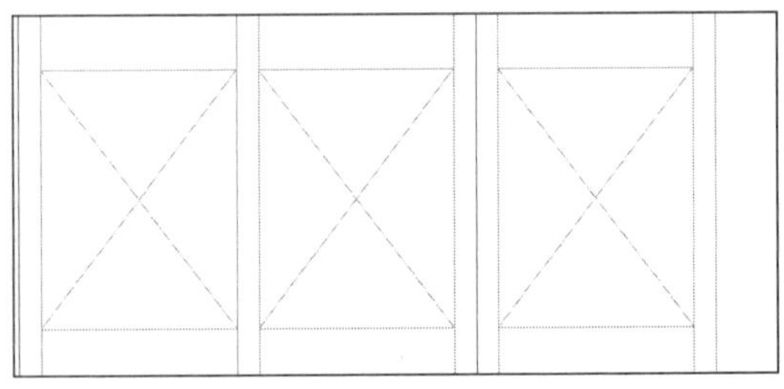
图6-71 3个相同图片框架对齐后效果

13）将网盘中的“素材及结果\6.2旅游景点宣传册内页设计\“旅游景点宣传册内页设计”文件夹\Links\地图.jpg”图像文件分别置入3个图片框架。注意：每个框架内所显示的是地图的不同部位，可通过（直接选择工具）任意调整框架内图片的大小和位置，效果如图6-72所示。然后利用（矩形框架工具）在第1个地图图片框架的上方创建一个等宽的矩形框架，并将其填充为蓝色（参考色值为：CMYK（100，80，10，0）），接着按快捷键〈F5〉打开“色板”，将这种蓝色添加到CMYK色板中，效果如图6-73所示。

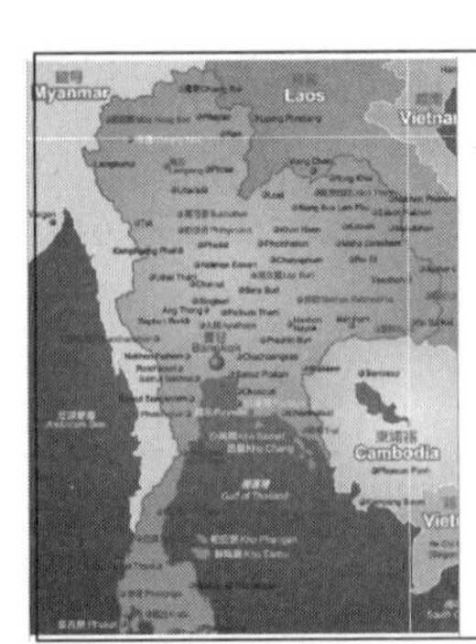

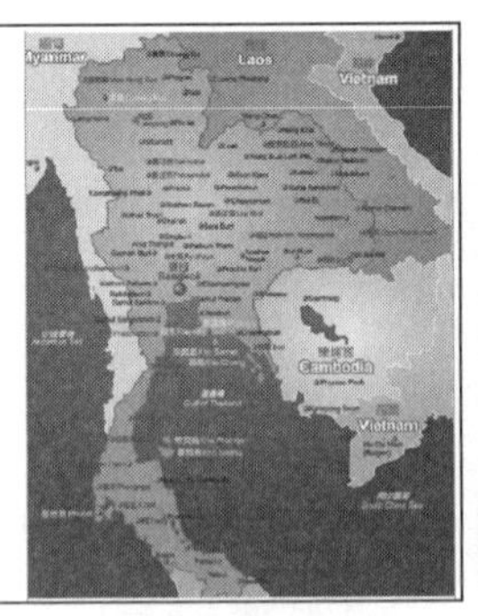

图6-72 “地图.jpg”图片置入后效果

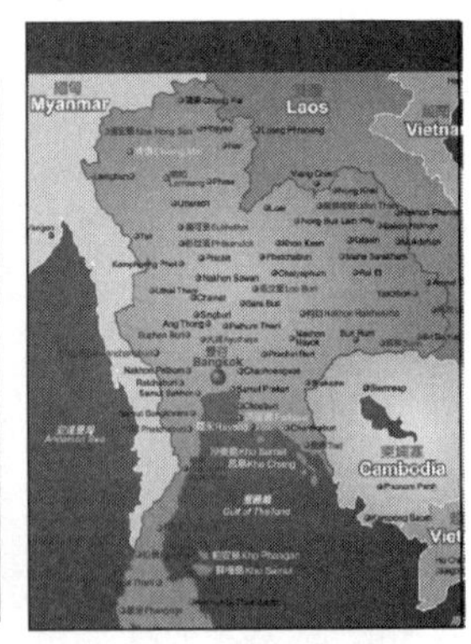

图6-73 蓝色色块效果

14）蓝色色块的作用是作为当前地图所显示的地名及相关信息的衬底。下面在蓝色色块的中上部添加如图6-74所示的地名信息，所用“字体”为Impact，“字号”为12点，“填色”为白色，其他为默认值。再在其下方添加此地区的相关信息，如图6-75所示，所用“字体”为Franklin Gothic Medium，“字号”为8点，“填色”为白色，其他为默认值。

图 6-74　地名信息文字效果

图 6-75　此地区相关信息文字效果

15）接下来在蓝色色块的左下方添加一个矩形红色色块，其红色在“色板”中可直接选择，效果如图 6-76 所示。然后在红色色块上添加中心城市的天气情况，效果如图 6-77 所示，所用字体分别为 Century Gothic 和 Impact，“字体大小”分别为 6 点和 16 点，“填色”都为白色。这样，此地图图片的相关信息就编排完成了，效果如图 6-78 所示。接着使用同样的方法将其余的两个地图图片相关信息添加完成，最后效果如图 6-79 所示。

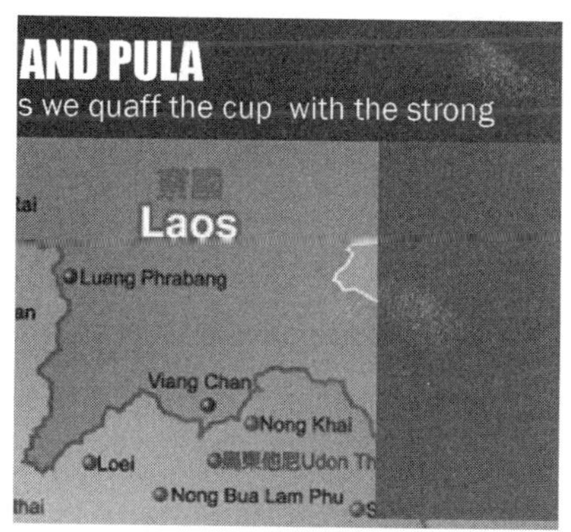

图 6-76　红色色块效果

图 6-77　城市天气信息效果

图 6-78　相关信息完整效果

图 6-79　3 张地图及相关信息的最后效果

16）现在开始第 4 页的色块与图片的编排。首先利用 （矩形框架工具）创建一个与页面相同大小的矩形框架，并将其“填色”设为黄色 [参考色值为：CMYK（0，10，100，0)]，然后将这种黄色添加到 CMYK 色板中。接着执行菜单中的“对象 | 排列 | 置为底层”命令，将此色块置于最底层，效果如图 6-80 所示。最后在页面的右部添加一个与页面等高的红色色块，效果如图 6-81 所示。

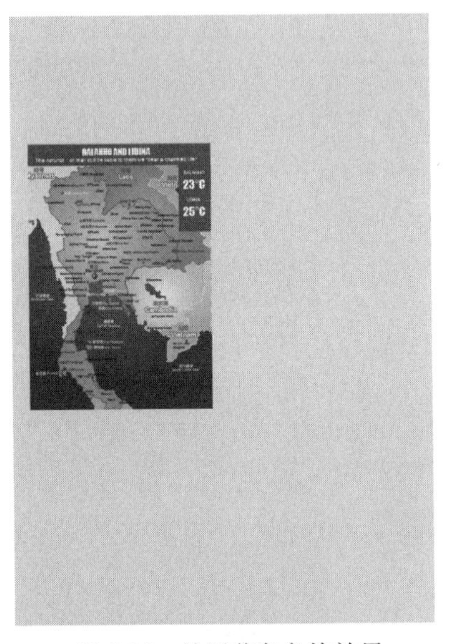

图 6-80　放置黄色色块效果

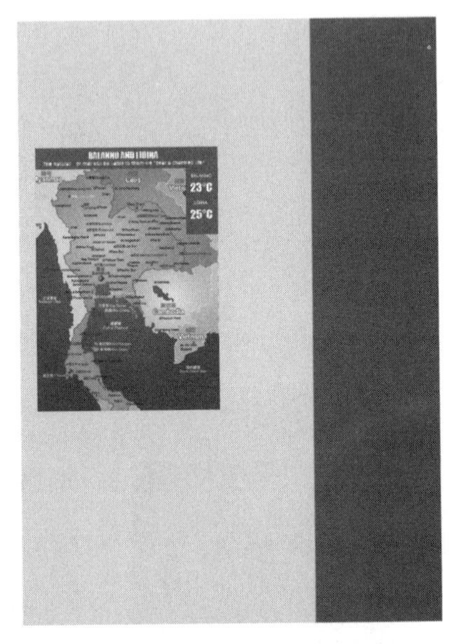

图 6-81　添加红色色块效果

17）利用 （矩形框架工具）在红色色块的上部创建 3 个相同的图片框架，然后利用 （选择工具）将其全部选中，在“对齐”面板中单击 （左对齐）按钮，使其左对齐，并将对齐面板下方的“使用间距”数值设为 7 毫米，再单击 （垂直分布间距）按钮，如图 6-82 所示，此时 3 个图片框架会对齐并呈等距离排列，效果如图 6-83 所示。接着将网盘中的“素材及结果 \ 6.2 旅游景点宣传册内页设计 \“旅游景点宣传册内页设计”文件夹 \Links\ 椰树 .jpg”“特色建筑 4.jpg”“特色建筑 2.jpg”图像文件依次置入这 3 个图片框架，并调节其大小使与框架一致，效果如图 6-84 所示。最后将褪底图像，即网盘中的“素材及结果 \ 6.2 旅游景点宣传册内页设计 \“旅游景点宣传册内页设计”文件夹 \Links\ 印度民族人物 .psd”置入页面的右下角，如图 6-85 所示。

提示：图像在 Photoshop 中事先进行褪底操作，并存为 psd 文件，这样图像置入 InDesign CC 2015 后会自动去除背景。

18）色块和图片编排完成后，下面开始跨页文字的编排。首先从第 3 页开始，先添加标题引言文字，请读者参照图 6-86 自行编排，所用“字体”为 Georgia，“字号”为 30 点，填充为蓝色（读者也可自己进行选色）。接着在其下方添加如图 6-87 所示标题文字，所用“字体”为 Georgia，“字号”为 55 点，“填色”为相同的蓝色。最后在标题文字的下方添加如图 6-88 所示正文文字，正文文字可直接选择“字符样式”面板中的“正文”字符样式，但是第一行文字的“字体”改为 Franklin Gothic Book。

对齐
对齐对象:
分布对象:
使用间距
0毫米
对齐:
分布间距:
使用间距
7毫米

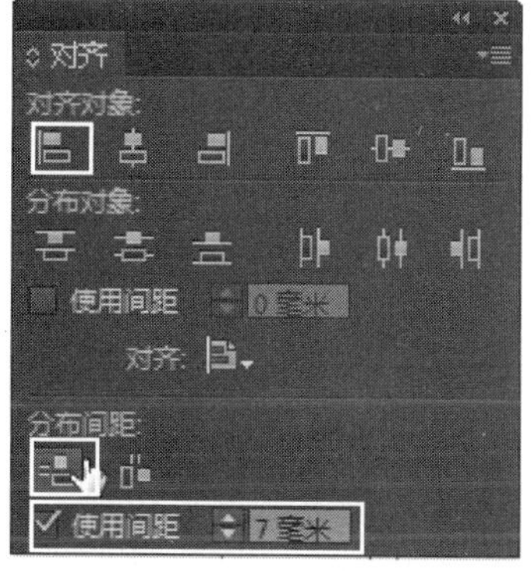

图 6-82　设置对齐参数

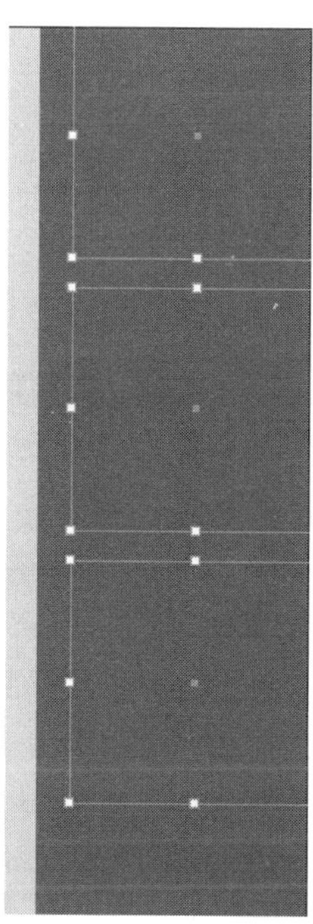

图 6-83　图片框架对齐效果

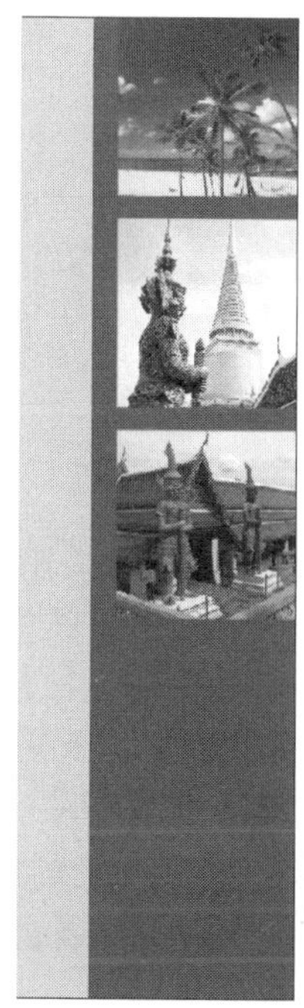

图 6-84　图片置入后的效果

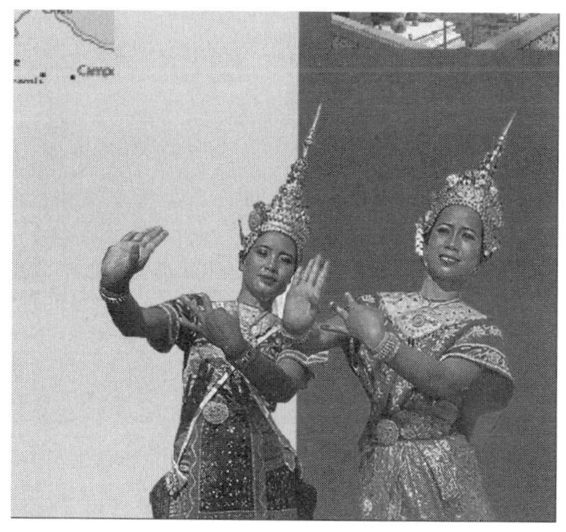

图 6-85　“泰国民族人物 .psd”图片置入后的效果

New and wevouie South East Asia

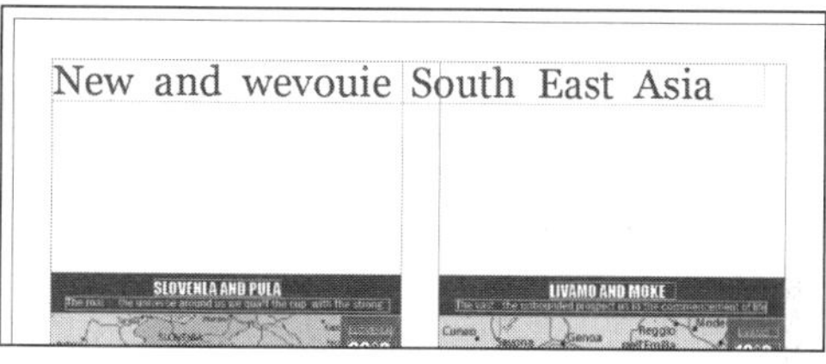

图 6-86　标题引言文字效果

New and wevouie South East Asia
7-night cruises

图 6-87　标题文字效果

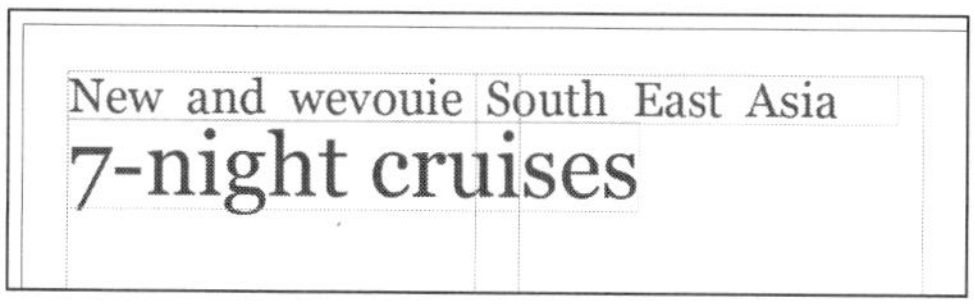

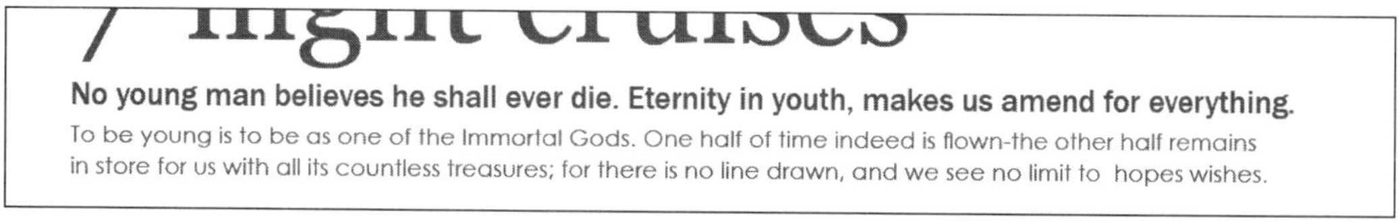

No young man believes he shall ever die. Eternity in youth, makes us amend for everything.
To be young is to be as one of the Immortal Gods. One half of time indeed is flown-the other half remains
in store for us with all its countless treasures; for there is no line drawn, and we see no limit to hopes wishes.

图 6-88　正文文字效果

19）请读者参照图 6-89 的效果，添加完成第 4 页的标题文字。

图 6-89 第 4 页标题文字效果

20）宣传册内还有一个图表，这需要用到 InDesign CC 2015 的图表功能。在左数第一个地图图片下方添加民意调查表格。方法：首先利用 T（文字工具）根据栏宽创建一个矩形文本框，如图 6-90 所示，然后选中此文本框，执行菜单中的“表 | 插入表”命令，在弹出的对话框中设置如图 6-91 所示的参数（用户可以在对话框中自行设计所需行数和列数），将“正文行”设为 10，“列”设为 4，其他为默认值，单击“确定”按钮。此时在文本框中会自动生成一个 10 行 4 列的表格，如图 6-92 所示。

21）此时列宽是自动均匀分布的，下面对列宽进行调节。方法：将鼠标移到列线附近，此时光标变成双箭头形状，如图 6-93 所示，然后拖动列线即可调整列宽，调整后的效果如图 6-94 所示。

提示：按住键盘上〈Ctrl+T〉键，可以在不改变整个表格宽度的基础上调整列宽。

图 6-90 创建矩形文本框

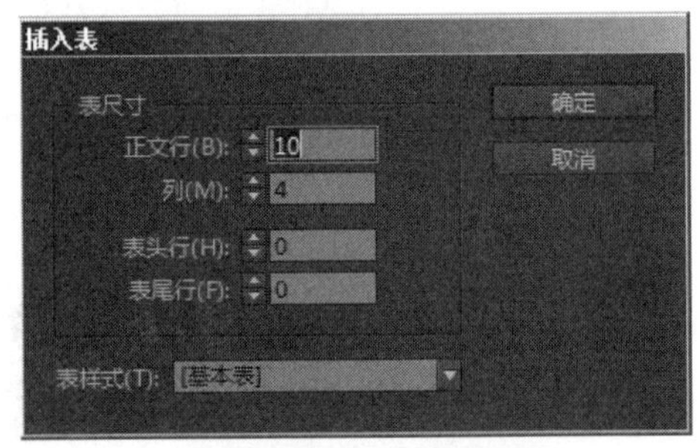

图 6-91 设置表格参数

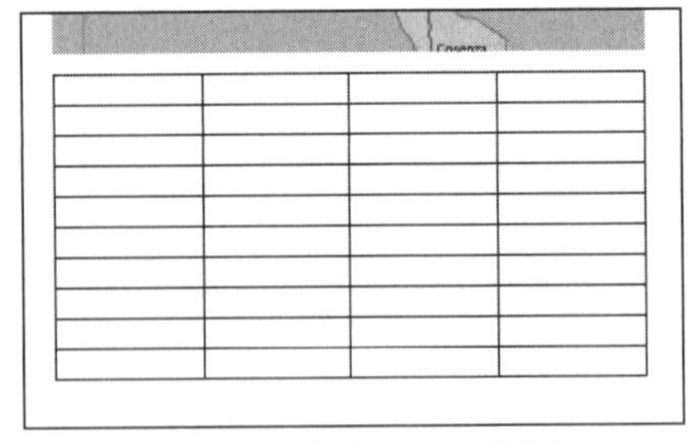

图 6-92 表格插入后效果

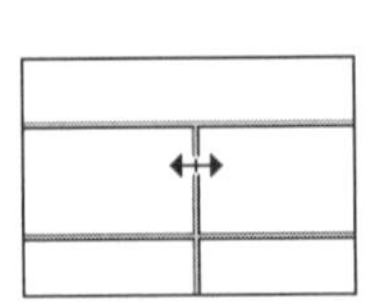

图 6-93 调节列宽

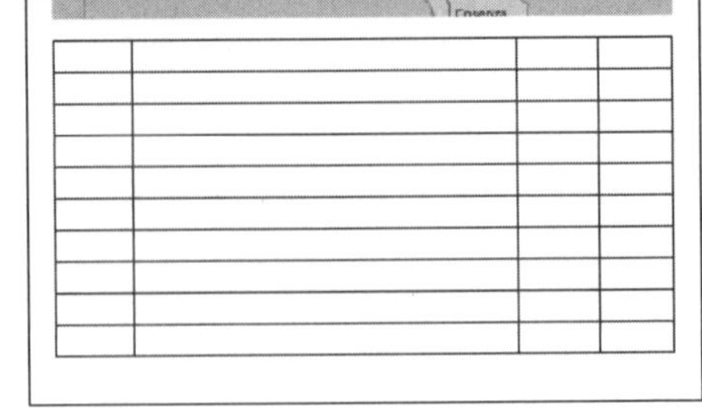

图 6-94 列宽调整后效果

22）在“正常”视图的模式下，在表格中使用正文字符样式输入文字，效果如图 6-95 所示。然后使用同样的方法，在第 3 页再添加一个表格，所用字符参数一致，效果如图 6-96 所示。

1	A friend walk in	100%	A
2	Sometimes in life		A-
3	You find a special friend	88%	
4	Someone who changes your life	96%	B+
5	Someone who makes you laugh		
6	Someone who convinces you	80%	A+
7	This is Forever Friendship		A
8	If you turn and walk away	90%	A
9	Your forever friend		
10	You feel happy	100%	A+

图 6-95　在表格中输入文字

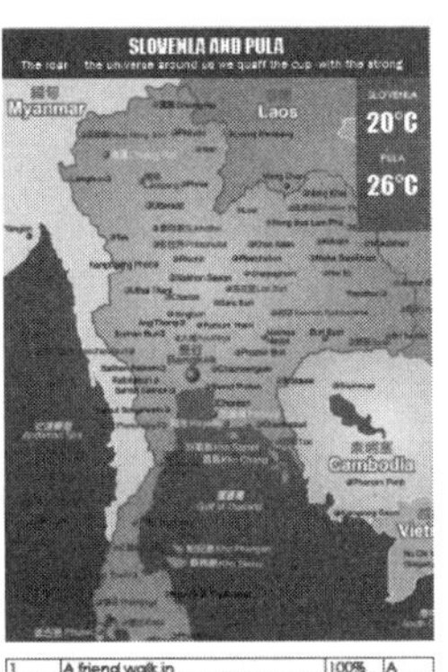

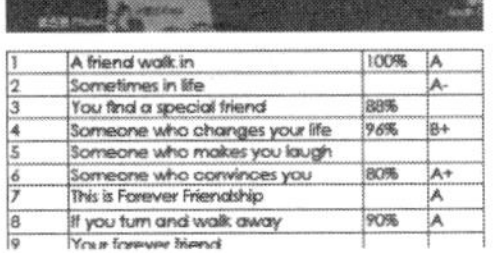

1	A friend walk in	100%	A
2	Sometimes in life		A-
3	You find a special friend	88%	
4	Someone who changes your life	96%	B+
5	Someone who makes you laugh		
6	Someone who convinces you	80%	A+
7	This is Forever Friendship		A
8	If you turn and walk away	90%	A
9	Your forever friend		

1	Because you need	99%	A
2	Sometimes in life		A-
3	Your friend holds your hand	88%	
4	Someone who changes your life	100%	B+
5	You feel happy and complete		
6	Someone who convinces you	80%	A+
7	You need not worry		A
8	If you turn and walk away	90%	A
9	Your forever friend		

图 6-96　第 3 页中插入两个表格后的效果

23）同样，在第 4 页中下部也添加表格，如图 6-97 所示。但是，第 4 页中的表格在设计上希望它取消行线和列线。方法：利用 T （文字工具）选中全部表格，然后执行菜单中的“表 | 单元格选项 | 描边和填色”命令，在弹出的对话框中设置参数如图 6-98 所示，将“颜色”一栏设为无，其他为默认值，单击“确定”按钮，即可清除行线和列线，如图 6-99 所示。

提示：清除行线和列线后，在“正常”视图模式中仍可看到灰色的行线和列线，这是为了便于编辑而显示的，实际上行线和列线已经被去除。

24）在第 4 页地图图片的右侧添加一个与地图图片等高的文本框架并输入文字，为了使文字与框架显得不那么拥挤，可在文字和框架之间增加一些距离。方法：利用 （选择工具）选中框架，然后执行菜单中的“对象 | 文本框架选项”命令，在弹出的对话框中设置如图 6-100 所示的参数，将“上”“下”“左”“右”内边距都设为 1 毫米，其他为默认值，接着单击“确定”按钮，这样文字和框架就会自动保持 1 毫米的距离，如图 6-101 所示。最后将框架的“填色”设为白色，并将其不透明度设为 80%，效果如图 6-102 所示。

1	Because you need	99%	A
2	Sometimes in life		A-
3	Your friend holds your hand	88%	
4	Someone who changes your life	100%	B+
5	You feel happy and complete		
6	Someone who convinces you	80%	A+
7	You need not worry		A
8	If you turn and walk away	90%	A
9	Your forever friend		
10	Cheers you on	98%	A+
11	A friend walk in	100%	A
12	Sometimes in life		A-
13	You find a special friend	88%	
14	Someone who changes your life	96%	B+
15	Someone who makes you laugh		
16	Someone who convinces you	80%	A+
17	This is Forever Friendship		A
18	If you turn and walk away	90%	A
19	Your forever friend		
20	You feel happy	100%	A+

Presenting themselves as we advance. in the commencement of life of yours.

图 6-97　第 4 页中添加表格

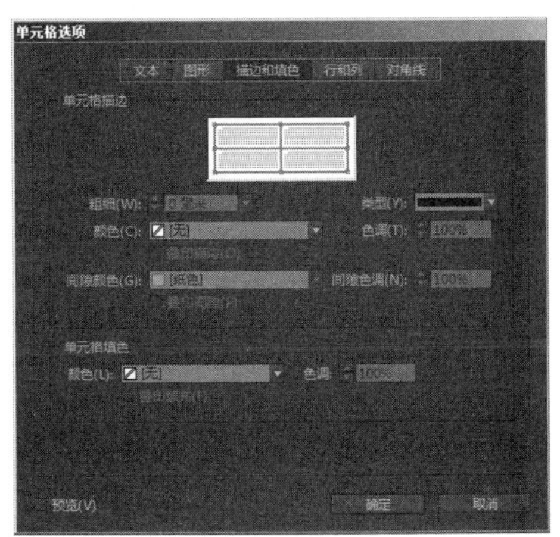

图 6-98　“单元格选项”对话框

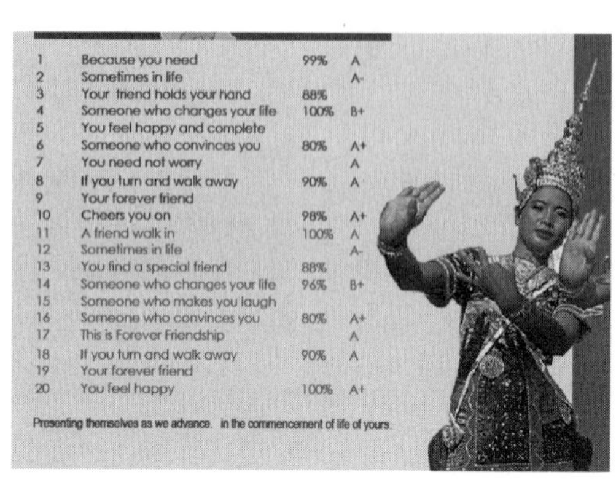

图 6-99　去除网格线的表格效果

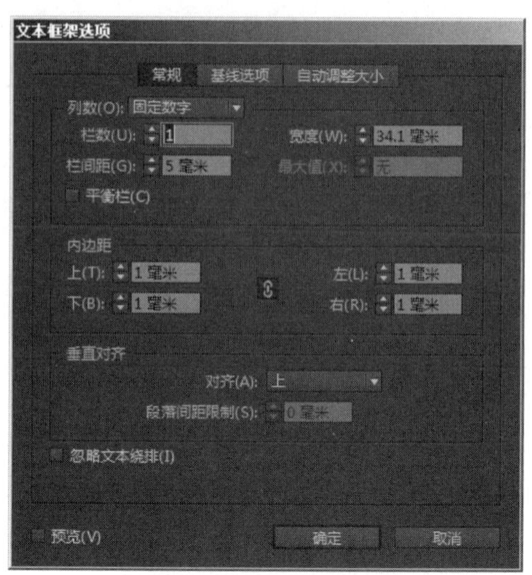

图 6-100　设置文本框架参数

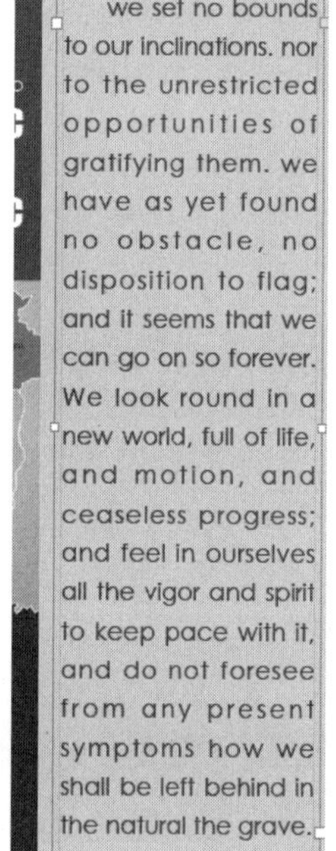

图 6-101　文字置入后的效果

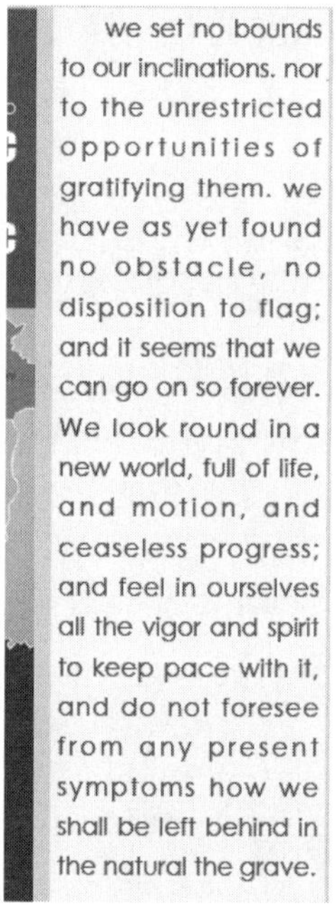

图 6-102　文字的最后效果

25）在本跨页的最下方添加辅助信息，如图 6-103 所示，所用“字体”为 Arial Narrow，“字号”为 9 点。至此，第三、四个跨页的图文混排就全部完成了，最终效果如图 6-104 所示。

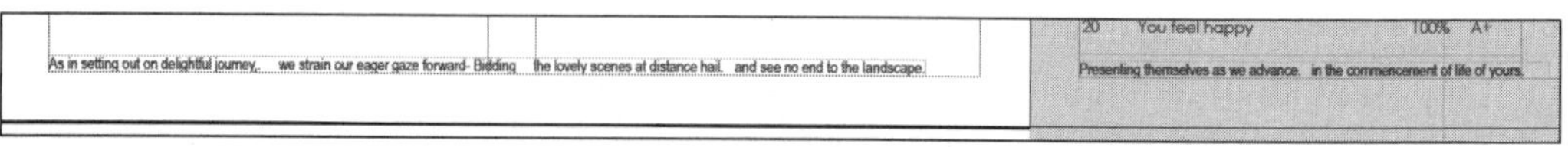

图 6-103　辅助信息文字效果

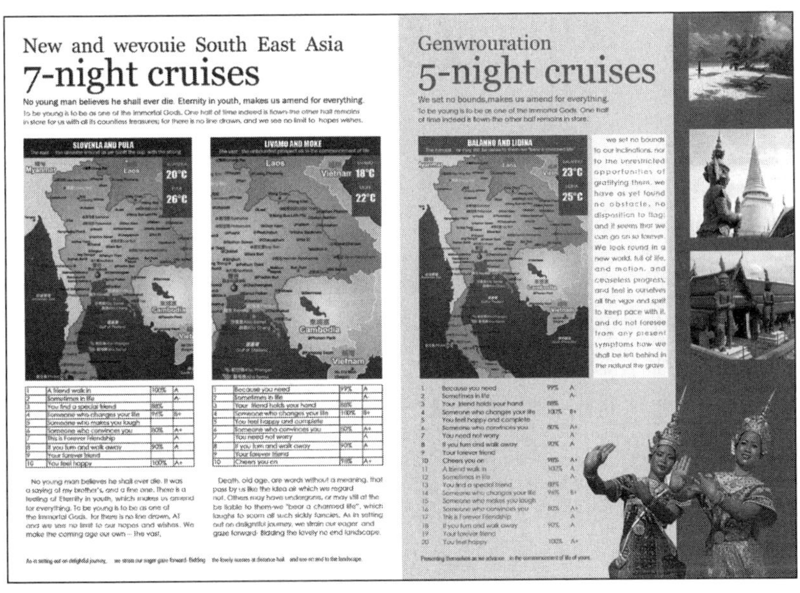

图 6-104　第三、四个跨页最终效果

6.3　课后练习

制作如图 6-105 所示的企业宣传册的封面效果。

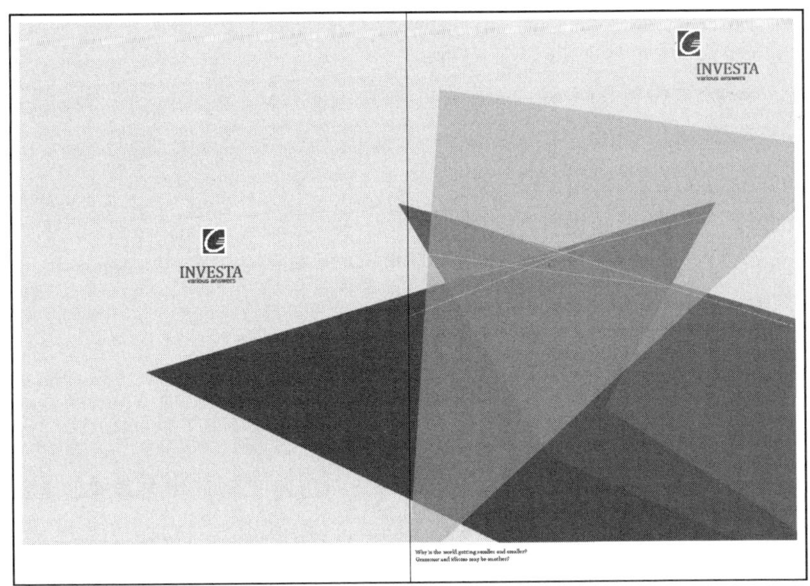

图 6-105　企业宣传册的封面效果

第 7 章　VI（视觉识别系统）设计

本章将通过一个完整的 VI（视觉识别系统）设计案例来拓宽读者的思路。

VI 设计代表着一个企业的总体形象，它是以标志、标准字、标准色为核心展开的完整的、系统的视觉表达体系，它将企业理念、企业文化、服务内容、企业规范等抽象概念转换为具体符号，塑造出独特的企业形象。视觉识别设计具有较强的传播力和感染力，最容易被公众接受，对一个企业而言具有重要的意义。随着时代的发展，当今的企业视觉系统不仅仅是一种标志，往往由此延展出一些能代表企业自身形象的延伸物，例如：工作人员名片、企业专用信封、企业专用信纸、专用光盘、专用纸袋、企业形象宣传册等物品，它们都以企业标志和标准色为核心，以共同拥有相同的元素，从而形成一个整体，彰显企业统一、正规、大气和团结的特质。

本例是一家复印机公司的视觉识别系统的设计，包括：标志、名片、信封、信纸、宣传册封面及光盘。企业的名称是“imagio”。复印机的抽象图像比较像一个大写的字母“G”，而“imagio”中恰好又含有“g”，因此标志图形是以字母“G”为原始图形而设计的；企业的标准色是一种红色，标准字的颜色是黑色，红和黑是经典的组合，给人大气却富有个性的感觉。标志、名片、信封、信纸、宣传册封面及光盘的设计都是根据其标志、标准字和标准色为核心，形成一个统一的系列。

通过本章的学习，读者应掌握以下内容。

- 掌握 imagio 标志设计的方法。
- 掌握 imagio 名片设计的方法。
- 掌握 imagio 信封信纸设计的方法。
- 掌握 imagio 宣传册封面设计的方法。
- 掌握 imagio 光盘封面设计的方法。

7.1　imagio 标志设计

要点：

本例将设计制作一个 imagio 标志，如图 7-1 所示。通过本例的学习应掌握 VI 设计中标志设计的基本方法。

图 7-1　imagio 标志设计

操作步骤：

1）执行菜单中的“文件｜新建｜文档”命令，在弹出的对话框中设置参数，如图 7-2 所示，将“页数”设为 1 页，页面“宽度”设为 150 毫米，“高度”设为 150 毫米，将“出血”设为 3 毫米。然后单击“边距和分栏”按钮，在弹出的对话框中设置参数，如图 7-3 所示（这是一个单页并且无边距和分栏的文档），单击“确定”按钮，完成边距和分栏设置。接着单击工具栏下方的▣（正常视图模式）按钮，使编辑区内显示出参考线、网格及框架状态，版面状态如图 7-4 所示。

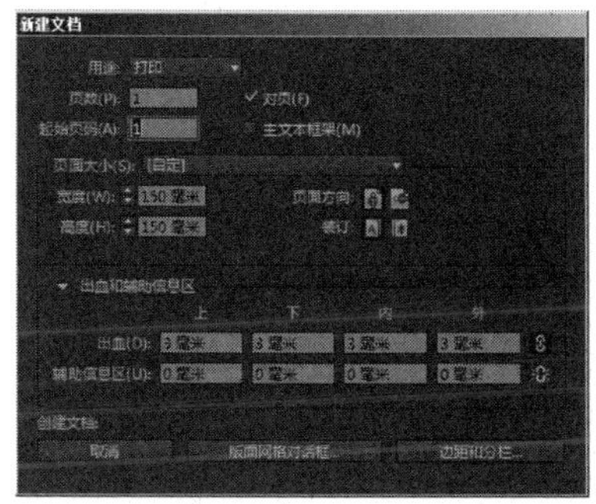

图 7-2　在“新建文档”对话框中设置参数

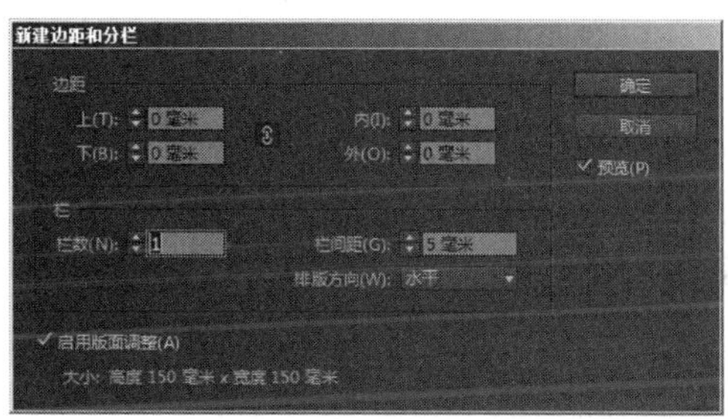

图 7-3　设置边距和分栏

图 7-4　版面状态

2）版面调整完成后，现在开始标志的绘制。标志主要包括 3 个部分：标志主图形、标准字以及企业的一些相关信息（不同企业有不同的搭配方式）。首先开始标志主图形的绘制。方法：选择工具箱中的✒（钢笔工具），在页面左部绘制一个异形字母“G”形状的闭合路径，如图 7-5 所示。然后在已绘制好图形的左上方绘制一个四分之一圆形的闭合路径，使其与异形字母“G”图形左对齐，如图 7-6 所示。接着将这两个图形填充为红色，这种红色是这个企业的标准色之一，参考色值为：CMYK（40，95，100，10），标志主图形填色后效果如图 7-7 所示。

3）标志主图形完成后，下面开始标准字的绘制。为了体现企业独特的气质，要设计专属该企业的独一无二的文字，以便于加深消费者该企业的印象。标准字一般不采用字库里的现成字体，需要重新设计绘制能体现企业特征的艺术字，方法主要有两种，一种是通过字库里的文字进行加工变形；另一种是直接创作绘制，用户可以根据实际情况选择其中一种方法，这次采用后者——直接创作绘制。方法：选择 （钢笔工具），在标志主图形的右侧绘制出企业名称“imagio”字样的闭合路径，填充为黑色（注意每个字母之间的高度一致，整行字母与标志主图形顶对齐，这些都可以创建参考线来协助完成），效果如图 7-8 所示。

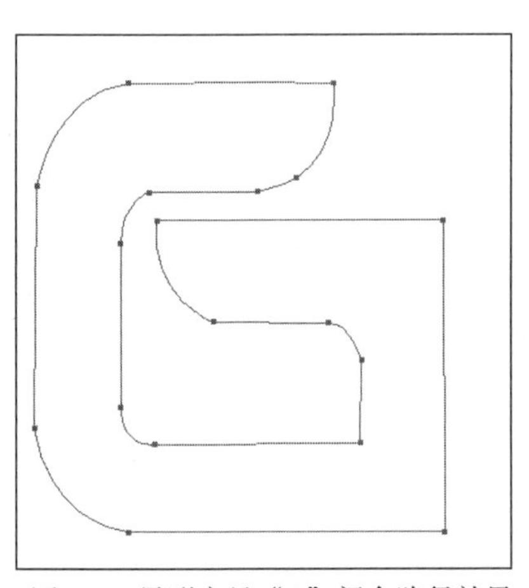

图 7-5　异形字母“G”闭合路径效果

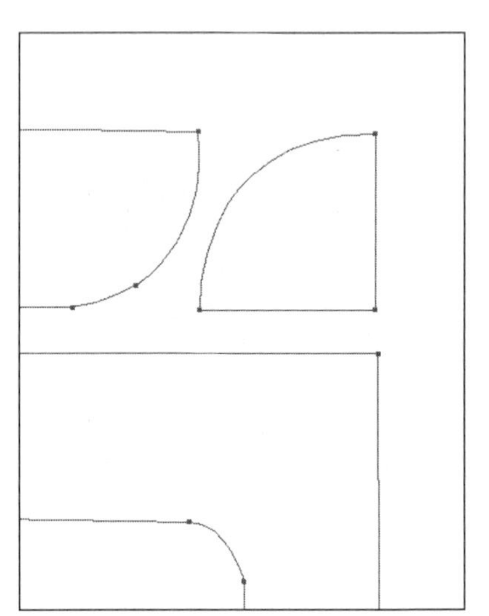

图 7-6　绘制一个四分之一圆形的闭合路径

图 7-7　标志主图形完成效果

图 7-8　标准字闭合路径填色后的效果

4）此时“imagio”中的字母“a”和字母“o”的镂空部分还是实体的，必须给它们添加镂空部分。方法：利用 （钢笔工具）绘制如图 7-9 所示镂空部分，然后用 （选择工具）将镂空部分和主字母同时选中，打开“路径查找器”面板，单击面板中的 （排除重叠：重叠形状区域除外）按钮，如图 7-10 所示，这样镂空部分就制作出来了，效果如图 7-11 所示。至此，标准字绘制完成。

图 7-9　字母镂空部分闭合路径效果

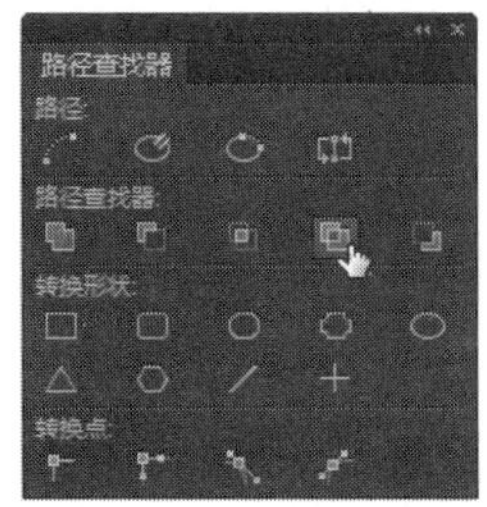

图 7-10　单击“排除重叠”按钮

图 7-11　标准字最终效果

5）标准字完成以后，开始添加企业的相关信息（企业的网站地址）。首先利用 T（文字工具）在标准字的下方创建一个长条形的文本框，然后在文本框中添加如图 7-12 所示的网址，所用“字体”为 Century Gothic，“字号”为 14 点，“填色”为 60% 灰色。至此，标志就全部绘制完成了，整体效果如图 7-13 所示。

6）将文件储存为 indd 格式文档。方法：执行菜单中的“文件 | 存储”命令，在弹出的对话框中将“文件名”设为“imagio 标志”，“保存类型”设为“InDesign CC 2015 文档”，如图 7-14 所示，单击“保存”按钮即可。也可以导出为 eps 文件，供 Adobe 等其他图像编辑软件使用，方法在以后的步骤中会有详细介绍。

图 7-12　网址信息效果

图 7-13　标志总体效果

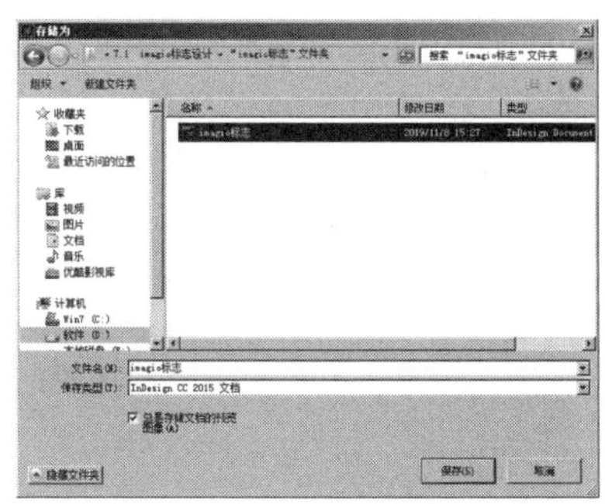

图 7-14　储存为 indd 文档文件

7.2　imagio 名片设计

要点：

本例将制作一个 imagio 名片，效果如图 7-15 所示。名片的设计要活用标准元素，将它们进行合理的分布，形成简洁大气的版面效果，再将人物信息整齐地编排出来即可。通过本例的学习应掌握 VI 设计中名片设计的基本方法。

图 7-15　imagio 名片设计

操作步骤：

1）首先执行菜单中的“文件｜新建｜文档”命令，在弹出的对话框中设置参数如图 7-16 所示，将“页数”设为 2 页，将“对页”前面的“✓”点掉，使其成单页排列模式，将页面“宽度”设为 90 毫米，“高度”设为 55 毫米（这是标准名片的尺寸，可根据自己的需要自行设置尺寸），将“出血”设为 3 毫米。然后单击“边距和分栏”按钮，在弹出的对话框中设置参数如图 7-17 所示（这是一个双页，并且无边距和分栏的文档）。接着单击工具栏下方的 （正常视图模式）按钮，使编辑区内显示出参考线、网格及框架状态，版面状态如图 7-18 所示。

2）版面设置完成后，开始第 1 页文档的编排，也就是名片正面的编排。首先利用 （矩形框架工具）在页面的右中部创建一个长条形矩形框架，如图 7-19 所示，然后将其填充为标准红色（参考色值为：CMYK（40，95，100，10）），效果如图 7-20 所示。

3）打开刚刚绘制好的“imagio 标志 .indd”文件，将页面中所有元素选中并按快捷键〈Ctrl+G〉进行编组。然后执行菜单中的“编辑｜复制”命令复制，再回到新建的名片文档中，执行“编辑｜粘贴”命令将标志粘贴入文档中。接着调整其大小并放置在红色色块的上方，如图 7-21 所示。最后将标志中的标志主图形复制并放大，添加到页面的右上角，将其填色改为一种暖灰色（参考色值为：CMYK（0，0，10，20）），效果如图 7-22 所示。这样名片正面所需要的标准原色的编排就完成了，效果如图 7-23 所示。

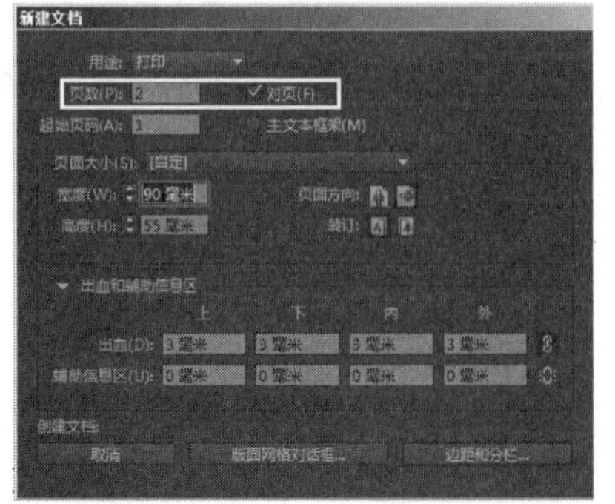

图 7-16　在“新建文档”对话框中设置参数

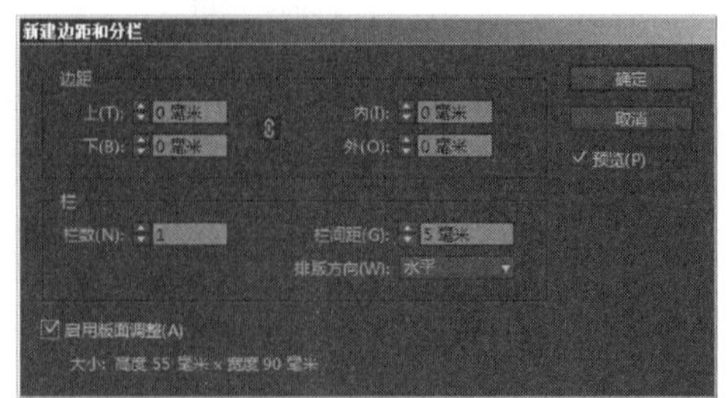

图 7-17　设置边距和分栏

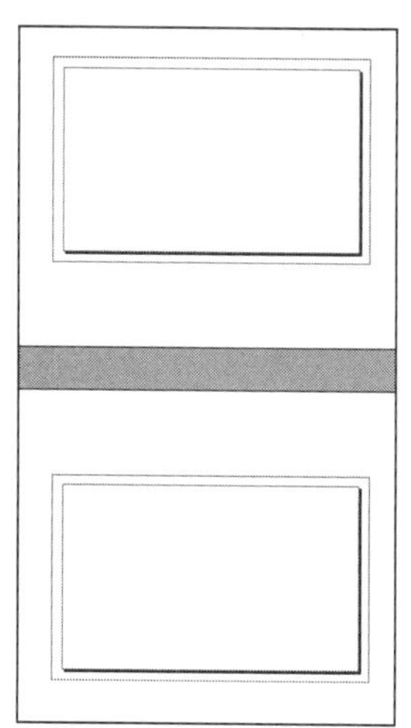
图 7-18　版面状态

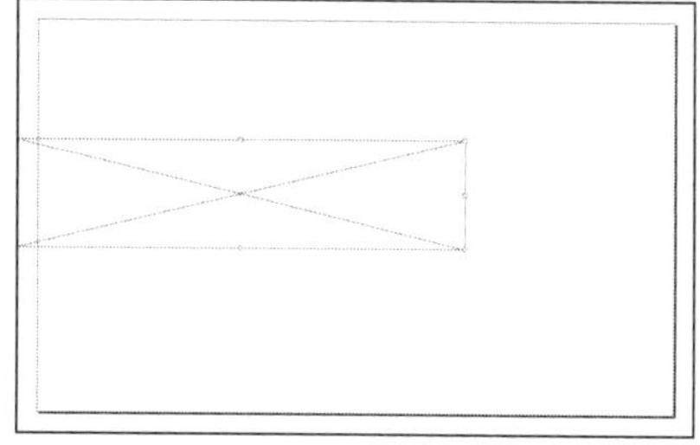
图 7-19　矩形框架效果

图 7-20　填色后效果

图 7-21　标志添加后效果

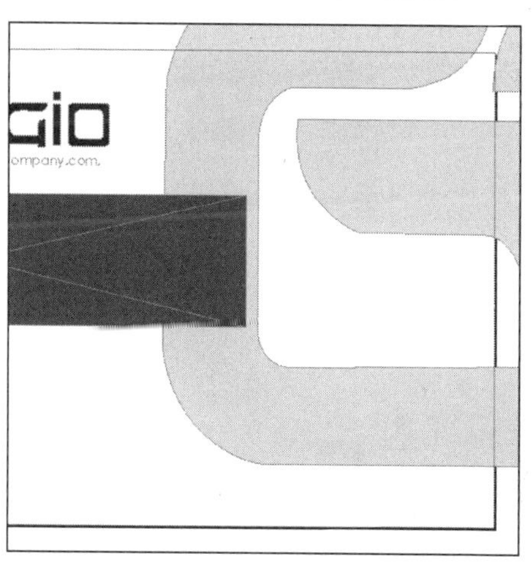
图 7-22　标志主图形添加后效果

图 7-23　名片正面此时效果

4）在页面左下方添加人物的姓名，如图 7-24 所示，所用“字体”为 Franklin Gothic Book，“字号”为 12 点，“填色”为标准红色。然后在人名的下方添加职务信息，如图 7-25 所示，“字体”为 Century Gothic，“字号”为 6 点，“填色”同样为标准红色。至此，名片正面的内容编排完成，整体效果如图 7-26 所示。

图 7-24　人物姓名添加效果

图 7-25　职务信息添加效果

图 7-26　名片正面整体效果

5）现在开始名片背面也就是文档第 2 页的编排。首先利用■（矩形工具）创建一个与页面相同大小的矩形，并将其填充为标准红色，如图 7-27 所示。然后将标志主图形复制并粘贴到页面的右上方，将其“填色”改为白色，效果如图 7-28 所示。接着执行菜单中的“对象 | 效果 | 透明度”命令，在弹出的对话框中设置参数如图 7-29 所示，将“模式”设为“正常”，“不透明度”设为 15%，其他为默认值，单击“确定”按钮，效果如图 7-30 所示。

图 7-27　背景色块效果

图 7-28　标志主图形添加效果

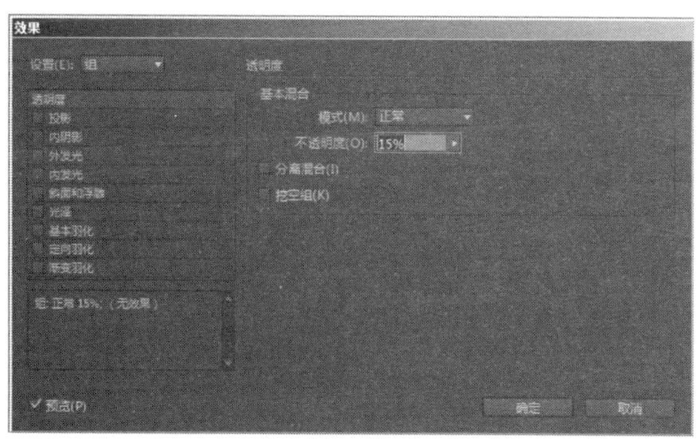
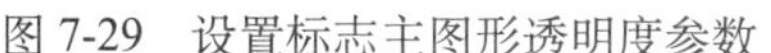
图 7-29　设置标志主图形透明度参数

图 7-30　透明度调整后效果

6）在页面左部添加人物的电话、地址、邮箱等个人信息。方法：利用 T（文字工具）创建一个矩形文本框，然后按快捷键〈Ctrl+T〉，在打开的“字符”面板设置字符参数如图 7-31 所示，将“字体”设为 Century Gothic，“字号”设为 5.5 点，“行距”设为 10 点，其他为默认值，“填色”为白色，接着在文本框中输入文字信息，如图 7-32 所示。至此，名片的背面也编排完成了，整体效果如图 7-33 所示。

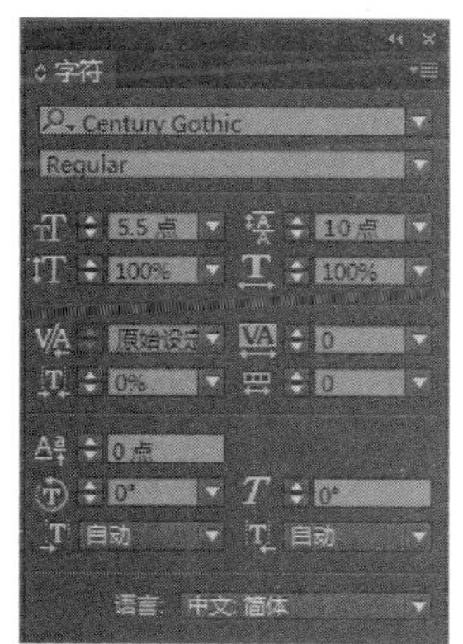

图 7-31　设置个人信息字符参数

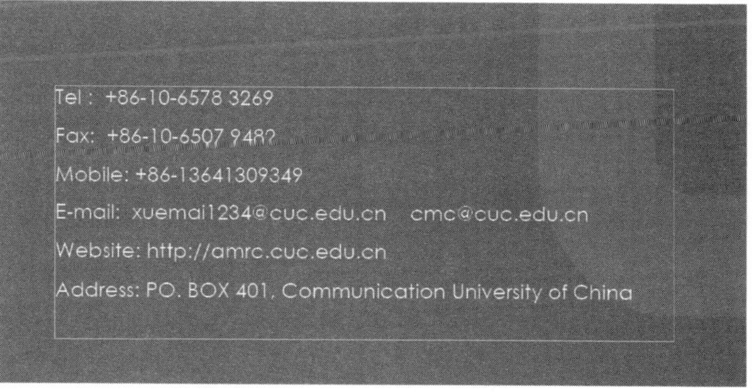

图 7-32　文字信息输入后效果

图 7-33　名片背面整体效果

7.3 imagio 信封信纸设计

要点：

本例将讲解 imagio 信封信纸设计，如图 7-34 所示。通过本例的学习应掌握 VI 设计中信封信纸设计的基本方法。

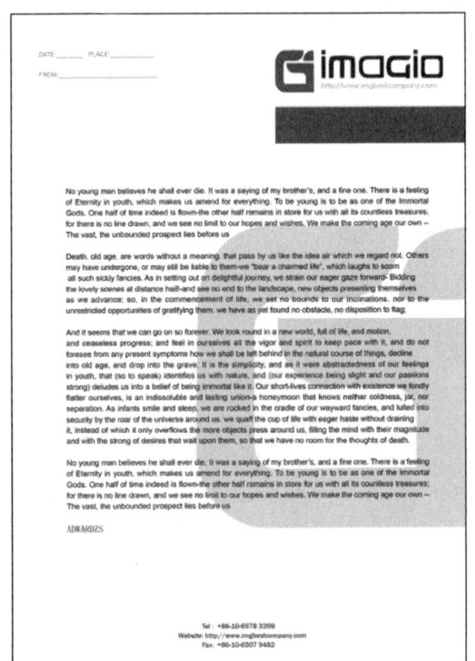

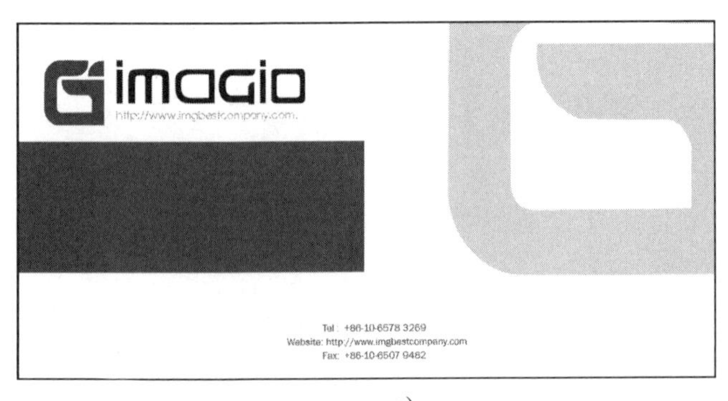

a)　　　　b)

图 7-34　imagio 信封信纸设计
a)imagio 信封　b)imagio 信纸

操作步骤：

1. 制作 imagio 信封（只介绍信封的正面设计）

1）执行菜单中的“文件 | 新建 | 文档”命令，在弹出的对话框中设置参数如图 7-35 所示，将“页数”设为 1 页，页面“宽度”设为 220 毫米，“高度”设为 110 毫米（这是标准 2 号信封的尺寸，也可根据自己的需要自行设置尺寸），并将“出血”设为 3 毫米。然后单击“边距和分栏”按钮，在弹出的对话框中设置参数如图 7-36 所示，单击“确定”按钮，此时的版面状态如图 7-37 所示。

2）将标志、标志主图形、红色色块等标准元素（按照名片的编排形式）复制并粘贴到页面中的合适位置，请读者参照图 7-38 自行编排。

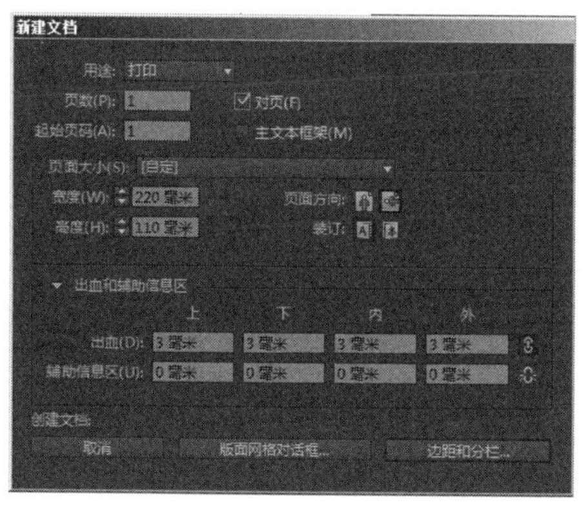

图 7-35　在“新建文档”对话框中设置参数

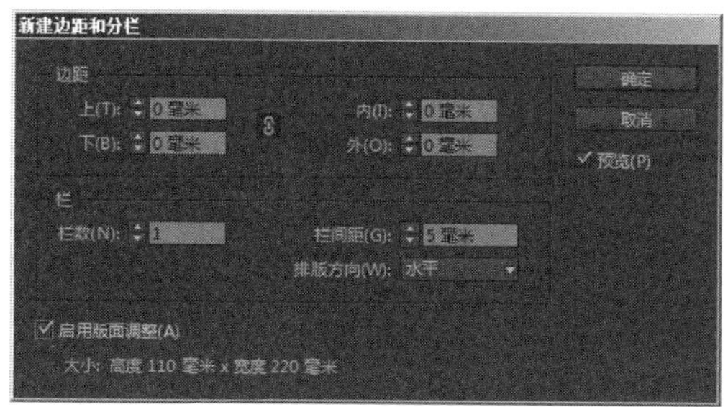

图 7-36　设置边距和分栏

图 7-37　版面状态

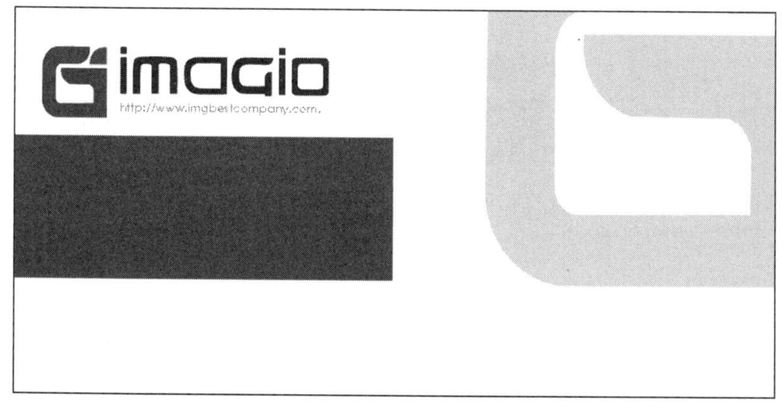

图 7-38　标准元素在页面中的位置

3）在页面的正下方添加企业的相关信息，如图 7-39 所示，所用“字体”为 Franklin Gothic Book，“字号”为 9 点，“填色”为标准红色。至此，信封的简单版面编排就完成了，整体最终效果如图 7-40 所示。最后将其存储为 indd 文件（或者导出为 eps 格式文件），方便批量印刷。

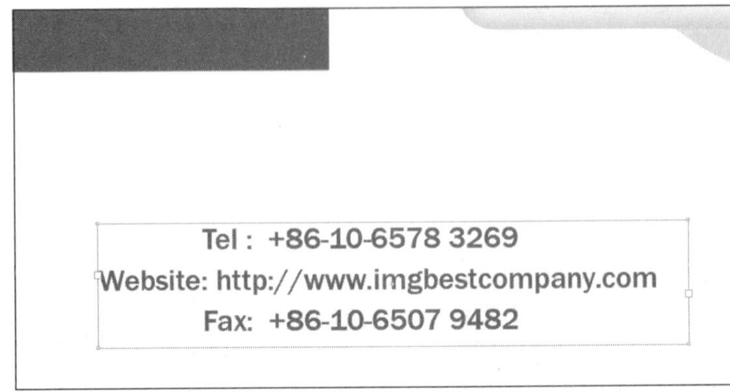

图 7-39　企业相关信息文字效果

图 7-40　imagio 信封整体最终效果

2. 制作 imagio 信纸

1）执行菜单中的“文件 | 新建 | 文档”命令，在弹出的对话框中设置如图 7-41 所示参数，将“页数”设为 1 页，页面“宽度”设为 210 毫米，“高度”设为 297 毫米，并将“出血”设为 3 毫米。然后单击“边距和分栏”按钮，在弹出的对话框中设置参数如图 7-42 所示，单击“确定”按钮，版面状态如图 7-43 所示。

2）版面设置完成后，将与名片、信封相同的设计元素复制并粘贴到页面中的合适位置，重新进行编排，效果如图 7-44 所示。

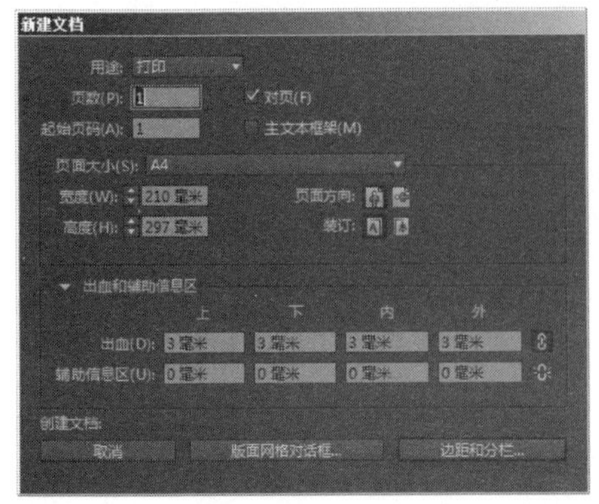

图 7-41　在“新建文档”对话框中设置参数

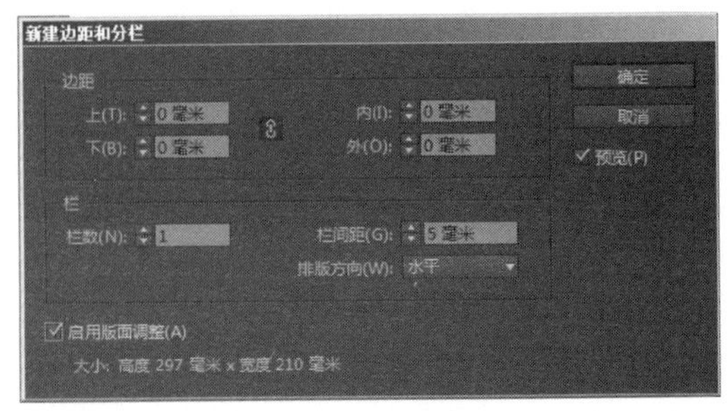

图 7-42　设置边距和分栏

图 7-43　版面状态

图 7-44　标准元素置入版面后的效果

3）通常在信纸的左上角都有一些时间、地点等提示信息的空格供写信人填写，下面就来制作这一部分。方法：利用T（文字工具）在页面左上角添加一个文本框，然后按快捷键〈Ctrl+T〉，在打开的“字符”面板设置字符参数如图 7-45 所示，将“字体”设为 Arial，“字号”设为 8 点，“行距”设为 24 点，其他为默认值，“填色”为 50% 灰色，接着在文本框中输入提示信息文字，如图 7-46 所示。

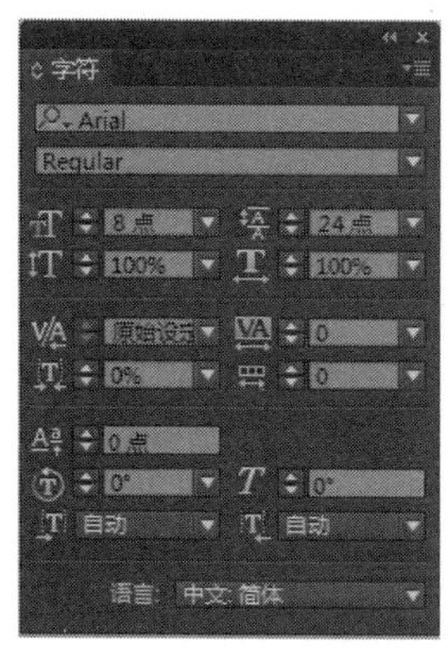

图 7-45　设置字符参数

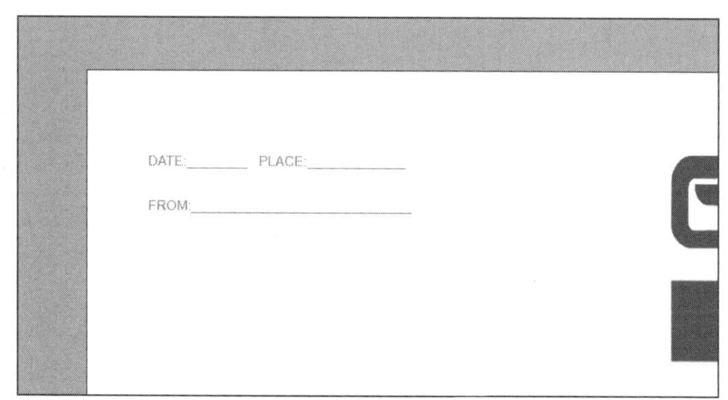

图 7-46　提示信息效果

4）最后将企业相关信息添加到页面的正下方，同样的字符内容及样式直接从刚刚编排完成的文件中复制粘贴即可，效果如图 7-47 所示。

Tel : +86-10-6578 3269
Website: http://www.imgbestcompany.com
Fax: +86-10-6507 9482

图 7-47　企业相关信息添加后的效果

5）至此，信纸的设计制作就全部完成了，总体效果如图 7-48 所示，添加文字内容后的效果如图 7-49 所示。

图 7-48　信纸完成后效果

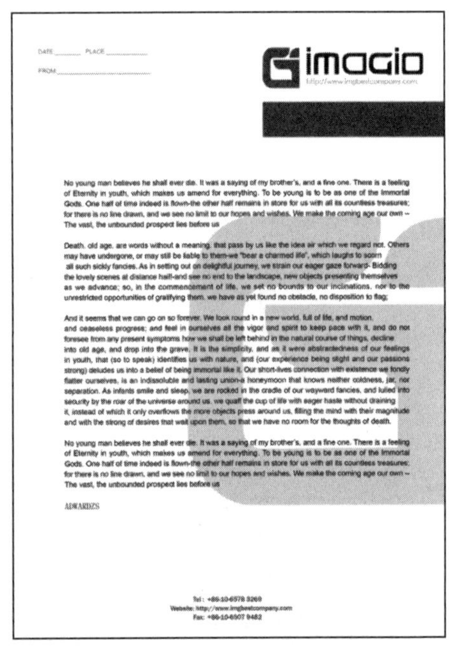

图 7-49　信纸添加文字内容后的效果

7.4　imagio 宣传册封面设计

要点：

本例将制作一个 imagio 宣传册封面设计，如图 7-50 所示。通过本例的学习应掌握 VI 设计中宣传册封面设计以及导出为 pdf 文件的方法。

图 7-50　imagio 宣传册封面设计

操作步骤：

1）执行菜单中的“文件 | 新建 | 文档”命令，在弹出的对话框中设置参数如图 7-51 所示，将“页数”设为 2 页，页面“宽度”设为 210 毫米，“高度”设为 297 毫米（也可根据自己的需要自行设置尺寸），将“出血”设为 3 毫米。然后单击“边距和分栏”按钮，在弹出的对话框中设置参数如图 7-52 所示，单击“确定”按钮。这是一个双页文档，并且是无边距和分栏的文档。接着单击工具栏下方的 （正常视图模式）按钮，使编辑区内显示出参考线、网格及框架状态。

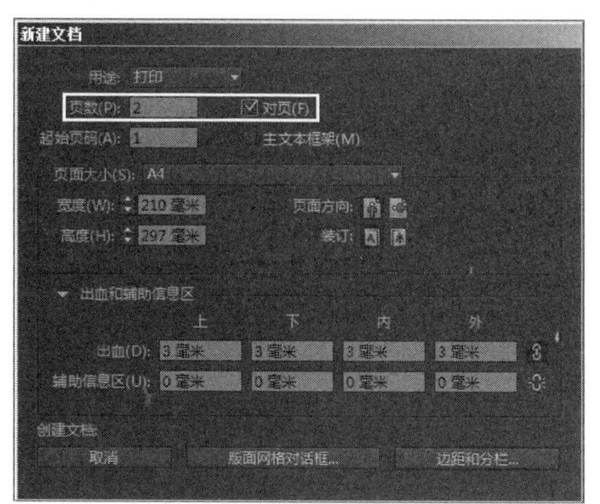

图 7-51　在“新建文档”对话框中设置参数

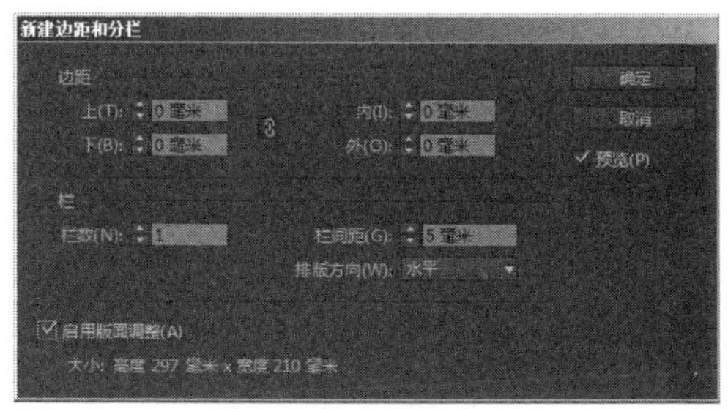

图 7-52　设置边距和分栏

2）由于页面在默认状态下是随机排列的，所以两页在工作区中呈一上一下分开排列的状态，如图 7-53 所示，这里需要将两页以跨页方式排列。方法：单击“页面”面板右上角的 按钮，从弹出的菜单中将“允许选定的跨页随机排布”前的“√”点掉。然后在“页面”面板中将第 2 页移至第 1 页的旁边即可，如图 7-54 所示，此时的版面状态如图 7-55 所示。

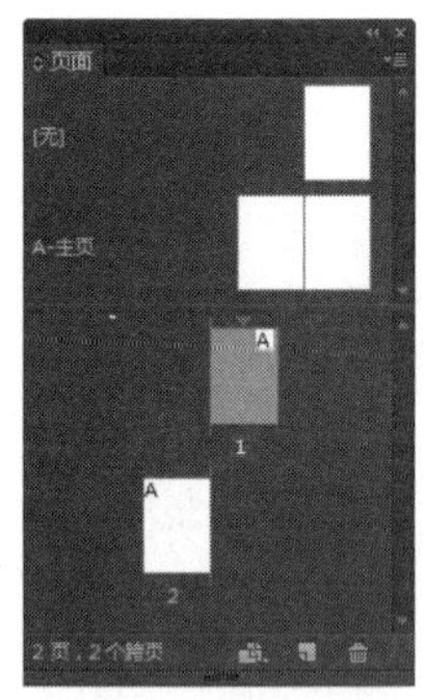

图 7-53　页面未调整前的“页面”面板状态

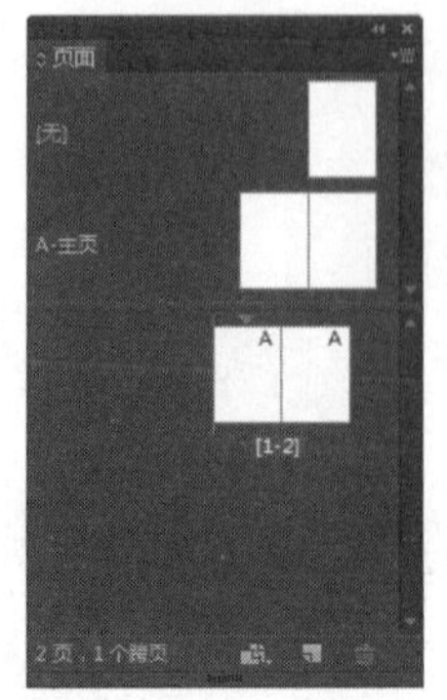

图 7-54　将第 1 页和第 2 页呈跨页方式排列

图 7-55　版面状态

3）版面设置完成后，现在开始背景色块的编排。方法：利用▣（矩形工具）创建一个与跨页相同大小的矩形，然后将其填充为标准红色，效果如图 7-56 所示。接着在第 2 页也就是封面页的右上部添加一个白色的矩形色块，如图 7-57 所示，再将一个标志复制到白色色块的中部，如图 7-58 所示。

4）接下来将标志主图形复制一个到第 1 页也就是封底页的中部，并将其“填色”设为白色，效果如图 7-59 所示。然后将企业相关信息的文字添加到封底页的下方，如图 7-60 所示，所用字符参数与信封底部的企业相关信息的字符参数一致，只是填色变为了白色。

5）至此，企业宣传册封面的编排就全部完成了，所用元素全部是标准元素，整体风格简洁大气，总体效果如图 7-61 所示。

图 7-56　背景色块效果

图 7-57　添加白色色块效果

图 7-58　标志添加后效果

图 7-59　标志主图形添加后效果

图 7-60　企业相关信息添加后的效果

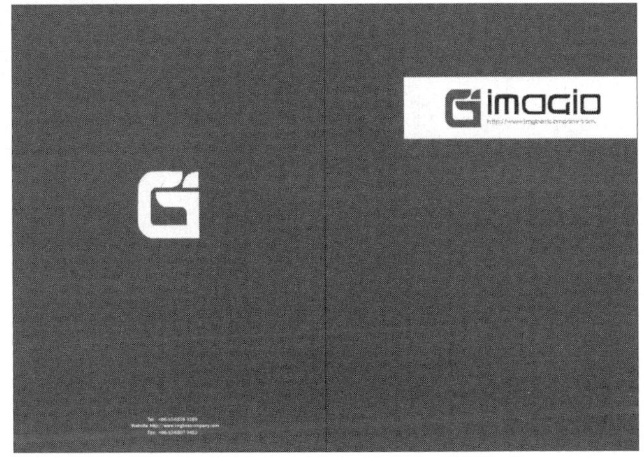

图 7-61　宣传册封面总体效果

6）为了方便印刷，像宣传册这种设计文件，通常要将封面文件和内页文件分别导出为 pdf 格式供印刷厂制版。pdf 的导出方法为：执行菜单中的“文件 | 导出”命令，在弹出的对

话框中设置参数如图 7-62 所示，将“文件名”设为“imagio 宣传册封面”，“保存类型”设为“Adobe PDF（打印）”，然后单击“保存”按钮。接着在弹出的对话框中设置如图 7-63 所示参数，首先在对话框左部选项栏中选择“常规”这一栏，再在对话框右侧选择“全部”，然后选择“跨页”，其他为默认值。接下来，在左边的选项栏中选中“标记和出血”这一项，将“所有印刷标记”前方的“√”都选中，并将“使用文档出血设置”前的“√”选中，如图 7-64 所示，最后单击“导出”按钮，自动生成 pdf 格式文档。导出后的 pdf 格式页面显示如图 7-65 所示，出血和裁切的标记都清晰可见，这样就更加方便印刷厂进行印刷和裁切。

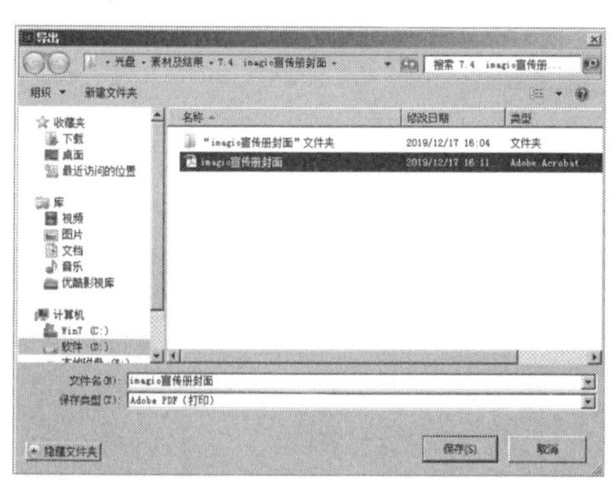

图 7-62　在对话框中设置导出参数

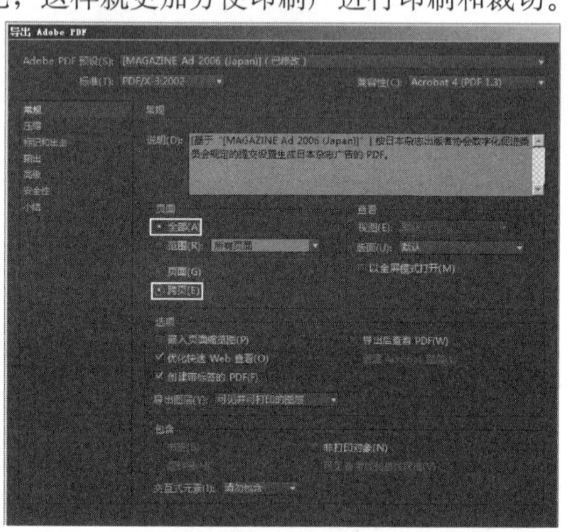

图 7-63　设置“常规”选项栏参数

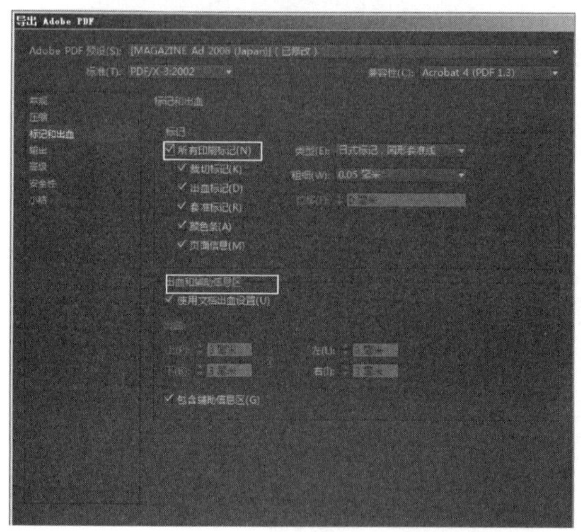

图 7-64　设置“标记和出血”选项栏参数

图 7-65　导出后的 pdf 页面显示效果

7.5　imagio 盘封设计

要点：

本例讲解 imagio 光盘封面（盘封）设计，如图 7-66 所示。通过本例的学习应掌握 VI 设计中盘封设计和导出为 eps 文件的方法。

图 7-66　imagio 盘封设计

操作步骤：

1）首先执行菜单中的“文件 | 新建 | 文档”命令，在弹出的对话框中设置如图 7-67 所示参数，将“页数”设为 1 页，页面“宽度”设为 150 毫米，“高度”设为 150 毫米，并将“出血”设为 3 毫米。然后单击“边距和分栏”按钮，在弹出的对话框中设置如图 7-68 所示参数（这是一个单页文档，并且是无边距和分栏的文档），单击“确定”按钮。接着单击工具栏下方的 （正常视图模式）按钮，使编辑区内显示出参考线、网格及框架状态，版面状态如图 7-69 所示。

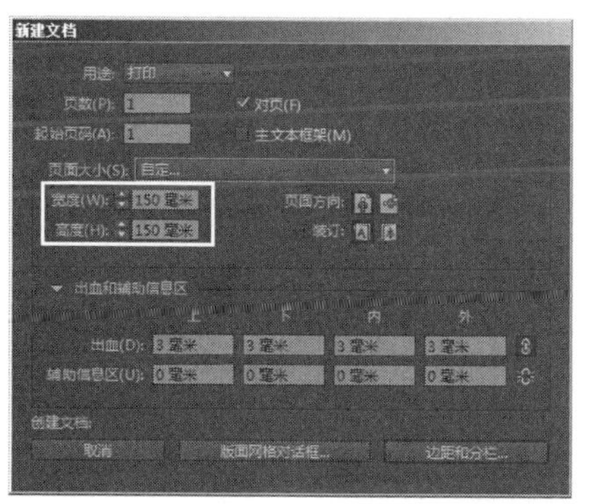

图 7-67　在“新建文档”对话框中设置参数

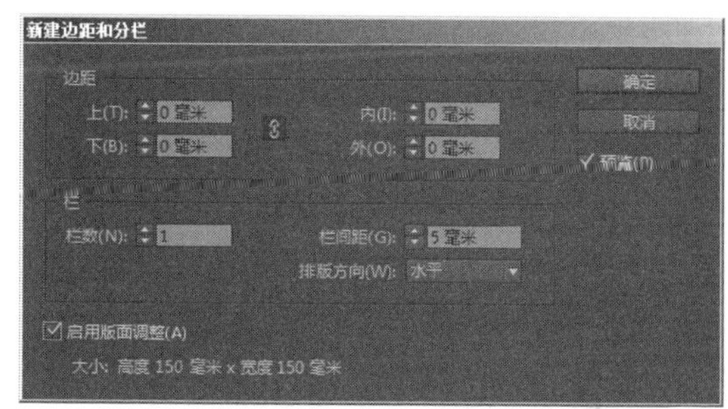

图 7-68　设置边距和分栏

图 7-69　版面状态

2）版面设置完成后，现在开始绘制光盘的盘面。首先选择工具箱中的 （椭圆工具），在页面空白处单击一下，然后在弹出的对话框中设置如图 7-70 所示参数，将“宽度”和“高度”均设为 120 毫米，单击“确定”按钮。此时在页面中出现了一个正圆形的闭合路径，如图 7-71 所示，接着将其“填色”设为标准红色，效果如图 7-72 所示。

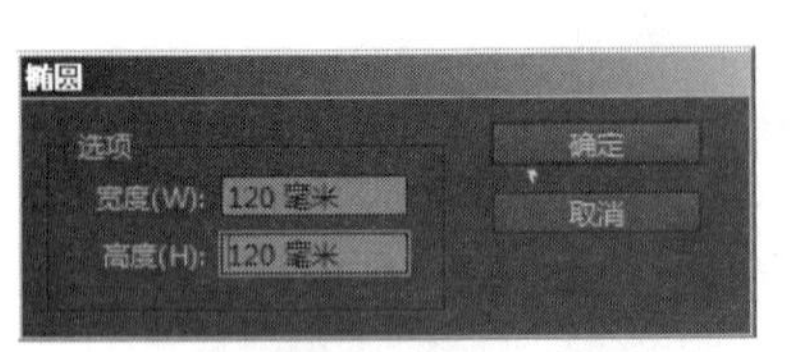

图 7-70　设置椭圆参数

图 7-71　正圆形闭合路径效果

图 7-72　圆形填色后效果

3）接下来从刚才绘制的圆形中心出发，利用（椭圆工具）按住〈Alt+Shift〉键，绘制出另一个同心圆，也就是盘面中心的镂空部分，并将此圆形的“高度”和“宽度”都设为 25 毫米，其闭合路径的效果如图 7-73 所示。然后利用（选择工具）同时选中这两个同心圆，再利用“对齐”面板将两个同心圆中心对齐。接着打开“路径查找器”面板，单击面板中的（排除重叠：重叠形状区域除外）按钮，此时中间的小圆形部分变为镂空效果，如图 7-74 所示。

图 7-73　镂空部分圆形闭合路径效果

图 7-74　镂空部分完成效果

4）利用（钢笔工具）在盘面的右中部（根据盘面的边缘）绘制一个不规则闭合路径，并将其填充为白色，效果如图 7-75 所示，再将标志复制粘贴到白色色块内部，如图 7-76 所示。

图 7-75　白色色块效果

图 7-76　标志置入后效果

5）至此，盘封的设计就完成了，最终效果如图 7-77 所示。

图 7-77　盘封最终效果

6）为了方便盘封的印刷和制作，需将其导出为 eps 格式，以便在其他绘图软件中也可编辑。方法：执行菜单中的“文件 | 导出”命令，在弹出的对话框中设置如图 7-78 所示参数，将“文件名”设为“imagio 盘封”，将“保存类型”设为“EPS”，然后单击“保存”按钮；在接下来弹出的对话框中设置参数如图 7-79 所示，将“全部页面”点中，并将“上”“下”“左”“右”出血都设为 3 毫米，最后单击“保存”按钮。这样，eps 格式文件就会自动生成，文件中会包括所有图层，可供印刷厂进行调整。

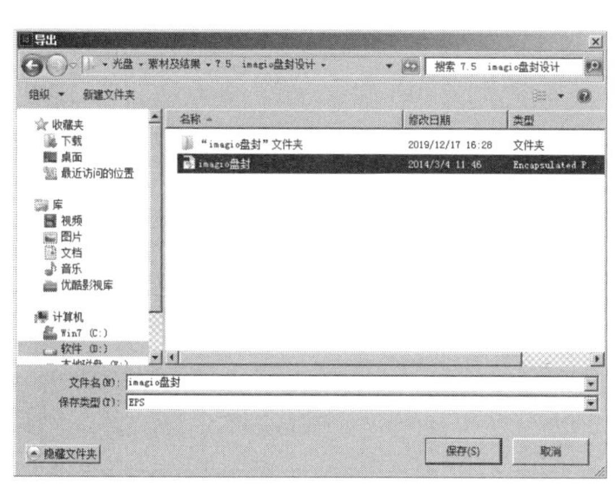

图 7-78　设置导出参数

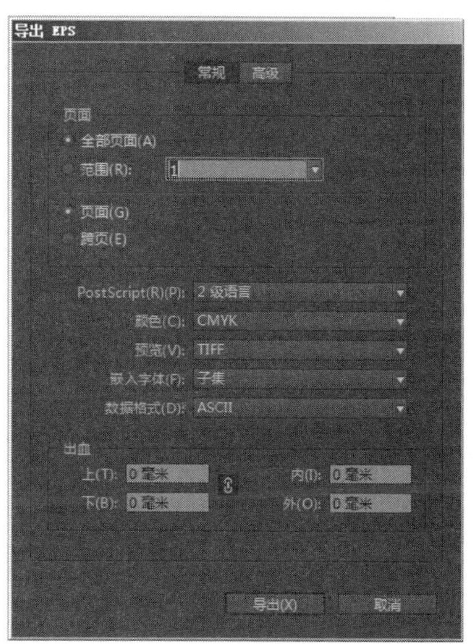

图 7-79　设置 eps 图像格式参数

本章中所有的 VI 识别系统文件都编排完成了，当所有物品摆放在一起的时候，就可以看到整体统一的美感（总体展示效果如图 7-80 所示）。在 VI 设计中，主要是对于标准元素的活用，虽然只是几个简单的元素，但却可以变幻出许多不同的效果。当然标志的设计是所有标准元素设计的核心，只要标志设计得好看、有较好的延展性和统一性，这样设计出来的 VI 系统就会很出彩。

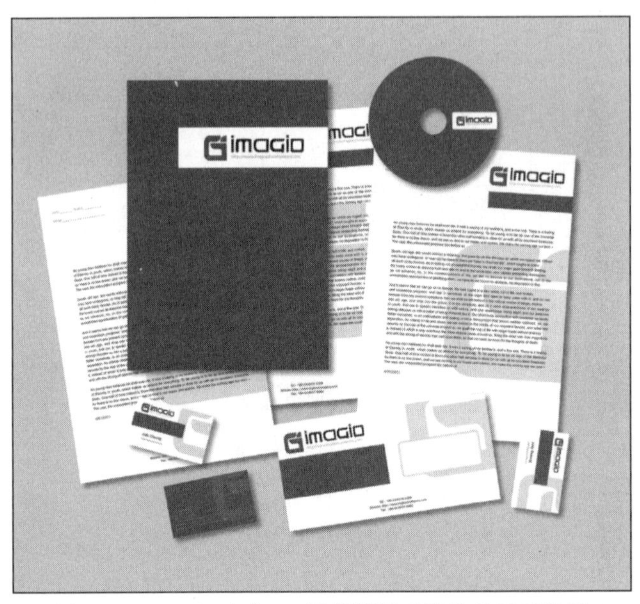

图 7-80　imagio 企业 VI 视觉识别系统总体展示效果

7.6　课后练习

（1）制作如图 7-81 所示的名片效果。

（2）制作如图 7-82 所示的信封效果。

图 7-81　名片效果

图 7-82　信封效果

第 8 章　杂志设计

InDesign CC 2015 最主要的功能就是对书籍与杂志的版式设计与编排，在它的强大排版功能下，可以创作出各式各样的形式和内容完美统一的杂志版式。杂志的版式主要以杂志的内容为主，如果杂志的内容是偏传统的，那么版式就要设计得温馨一点，在颜色方面就要浅淡一些；如果杂志的内容是时尚的，那么版式就要设计得新奇大胆一些，板块的划分就不能过于呆板。此外，杂志封面的版式设计也至关重要，杂志封面是吸引读者阅读的最关键的因素之一，一般在封面上会将本期杂志最大的亮点内容以最大版面呈现出来，达到第一时间吸引读者购买的目的，因此封面的版式设计对关键信息的传递一定要醒目。本章将通过几种类型的杂志版式设计来详细介绍 InDesign CC 2015 的排版功能，通过本章的学习，读者应掌握以下内容。

- 掌握摇滚音乐杂志内页设计。
- 掌握游戏杂志内页设计。
- 掌握时尚杂志的封面和内页设计。

8.1　摇滚音乐杂志内页设计

要点：

本例将制作一本摇滚音乐杂志内页的版式，效果如图 8-1 所示。像摇滚音乐这类杂志，它的内页板块划分是不规则的，所用的大标题字体与图片等元素通常是整个版式的重点；在色调方面大多采用具有时尚气息的金属色或是黑、白、灰等经典潮流色；在正文部分的排版通常是配合图片进行延展。因此在本例中文本框的形状是根据大标题与图片的位置和形状所决定的。通过本例的学习应掌握路径查找器、在框架内置入图像以及在框架内编排文本的综合应用技能。

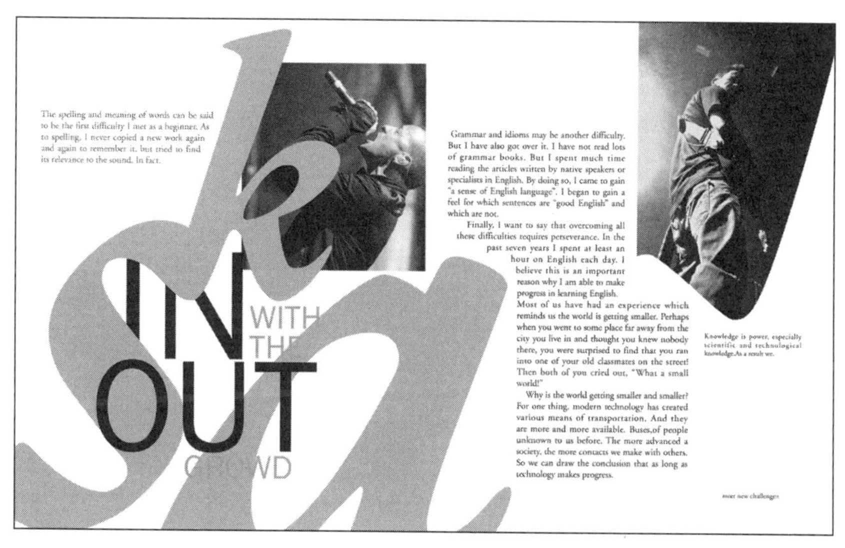

图 8-1　摇滚音乐杂志内页的版式

操作步骤：

1）执行菜单中的“文件 | 新建 | 文档”命令，在弹出的对话框中设置如图 8-2 所示的参数，将“页数”设为 3 页，页面“宽度”设为 200 毫米，“高度”设为 250 毫米，将“出血”设为 3 毫米，然后单击“边距和分栏”按钮，在弹出的对话框中设置如图 8-3 所示的参数，单击“确定”按钮，设置完成的版面状态如图 8-4 所示。由于正文部分的板块划分并不是规则的，所以这是一个无边距和分栏的三页文档，本例我们只编排第 2、3 页这两个对页的版面。下面单击工具栏下方的▣（正常视图模式）按钮，使编辑区内显示出参考线、网格及框架状态。

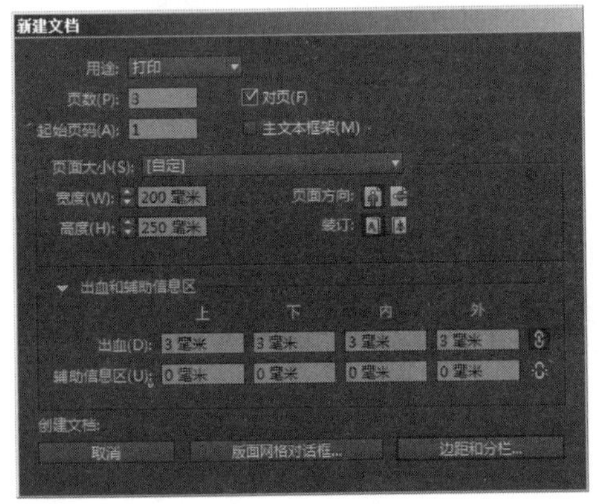

图 8-2　在“新建文档”对话框中设置参数

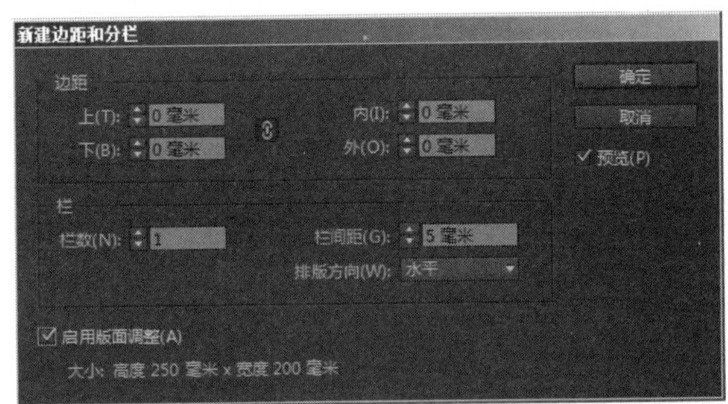

图 8-3　设置边距和分栏

图 8-4　版面效果

2）本例的版式亮点主要在文字上面，整个版式以标题文字为核心，版面结构和文字排列都围绕其展开。标题文字不是直接使用字库里的文字，而是具有浓厚艺术气息的变形字，需要自己绘制。方法：选择工具箱中的（钢笔工具）在左侧的页面左下方绘制“S”和“k”字样的闭合路径（两个字母外形连接为一个整体图形），如图 8-5 所示。然后将其填色设为浅灰色（参考色值为：CMYK（28，22，18，0）），效果如图 8-6 所示。再利用同样的方法在其旁边绘制出“a”字样大体轮廓的闭合路径，如图 8-7 所示，也填充为灰色。接下来，用（钢笔工具）绘制出“a”字样闭合路径内部的镂空部分轮廓，将其填充为白色，效果如图 8-8 所示。最后用同样的方法绘制出“k”字样内部的镂空部分闭合路径，填充为白色，如图 8-9 和图 8-10 所示。

3）由于“k”字样下方会有图片叠加，因此镂空部分必须使其变为透明（能透出背景图）。方法：利用（选择工具）同时选中“k”字样与镂空部分，然后执行菜单中的“窗口 | 对象和面板 | 路径查找器”命令，在打开的“路径查找器”面板中单击（排除重叠：重叠形状区域除外）按钮，如图 8-11 所示，这样镂空部分就被剪切出来了（加背景图后可以看出效果）。

图 8-5　在左侧页面中绘制“S”和“k”字样的闭合路径

图 8-6　填充灰色后的效果

图 8-7　“a”字样闭合路径效果

图 8-8　绘制“a”字样内部镂空部分

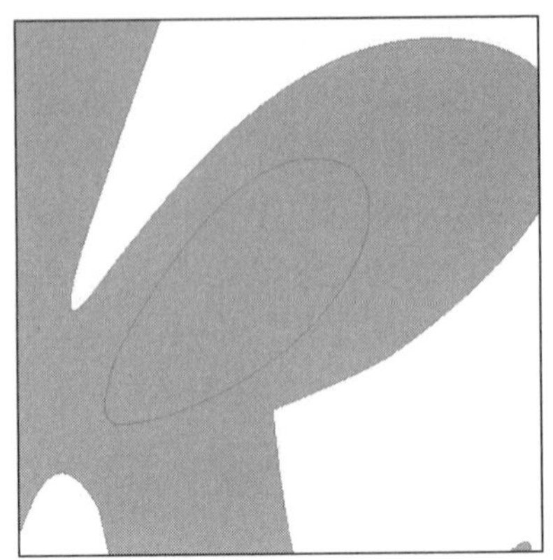

图 8-9　绘制“k”字样内部镂空部分

图 8-10　整组字整体效果

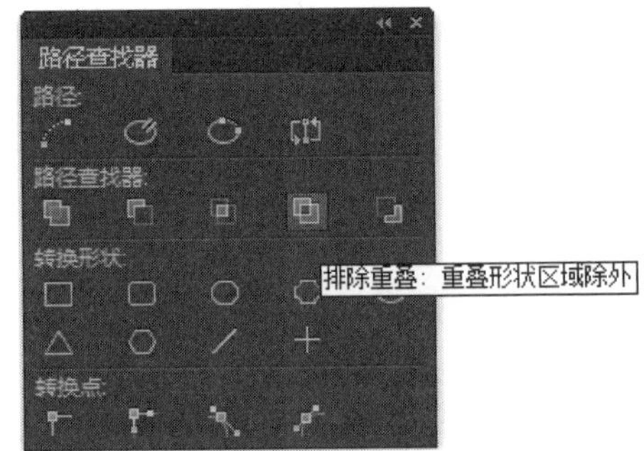

图 8-11　“路径查找器”面板

4）标题文字中还有传递具体信息的小标题文字，这种文字一般可采用字库中的常规字体。按快捷键〈Ctrl+T〉，在打开的“字符”面板设置参数如图 8-12 所示，将“字体”设为 Franklin Gothic Book，“字号”设为 200 点，其他为默认值，然后利用工具箱中的 T（文本工具）在文本框中输入英文字符“IN”，如图 8-13 所示。接着执行菜单中的“对象 | 排列 | 置为底层”命令，将其置于标题艺术文字下方，效果如图 8-14 所示。

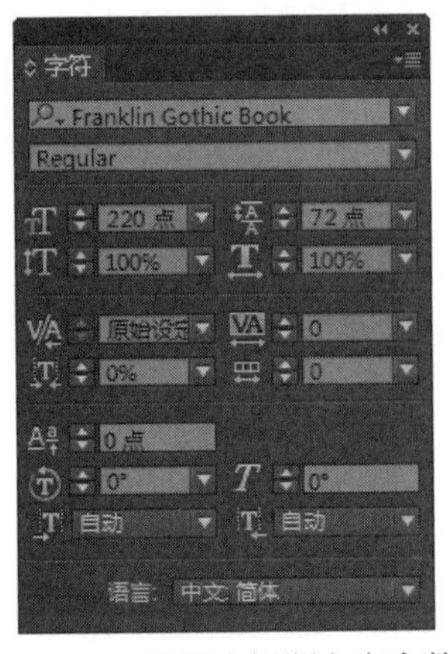

图 8-12　设置小标题文字参数

图 8-13　在文版框中输入英文字符

图 8-14　将其置于底层

5）同理，输入英文字符“OUT”，如图 8-15 所示。然后再使用同样的字体输入“WITH”“THE”“GROWD”几个英文字符，并将字号改为 46 点，将“填色”设为黄绿色（参考色值为：CMYK（32，17，76，0）），效果如图 8-16 所示。

图 8-15　输入英文字符“OUT”

图 8-16　标题文字最终效果

6）至此，版面的重头戏——标题文字制作完成，接下来是图片的置入。由于是具有个性的摇滚音乐杂志，因此图片置入文档的形状不能太中规中矩，需要打破常规。方法：首先用工具箱中的（矩形框架工具）在左侧页面的右上方创建一个矩形框架，如图 8-17 所示；然后利用（钢笔工具）在右侧页面的右上方绘制一个不规则的闭合路径，如图 8-18 所示；接着用（选择工具）选中矩形框架，执行菜单中的“文件 | 置入”命令，在弹出的图 8-19 所示的对话框选中网盘中的“素材及结果 \8.1 摇滚杂志内页设计 \“摇滚杂志内页设计”文件夹 \Links\ 摇滚歌手 1.jpg”，单击“确定”按钮，这样图片就会自动置入框架内，效果如图 8-20 所示。最后执行菜单中的“对象 | 排列 | 置为底层”命令将其移至底层，此时可以看到字母“k”中间的镂空效果，如图 8-21 所示。

图 8-17　用“矩形框架工具”绘制图片框架

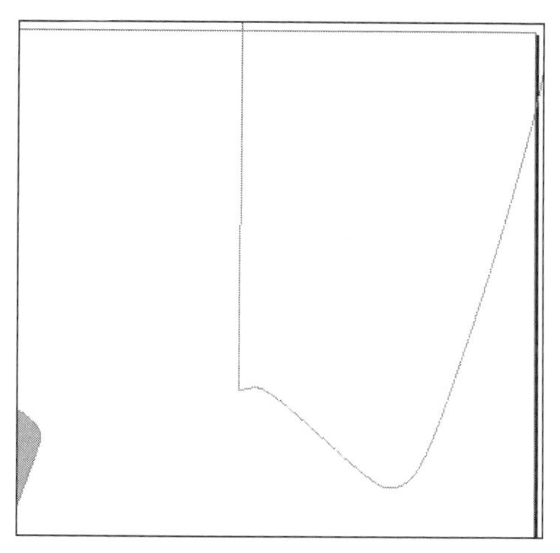
图 8-18　用“钢笔工具”绘制不规则图形框架

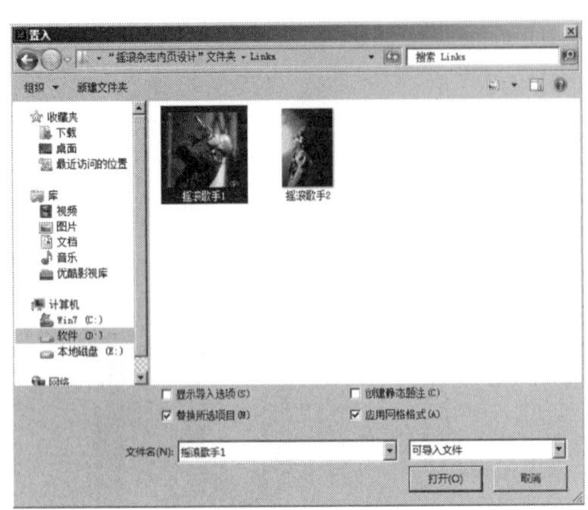

图 8-19　应用“置入”对话框置入图片

图 8-20　将图片置入矩形框架内

图 8-21　将图片置于底层

7）接下来，利用▶（选择工具）选中刚才绘制的不规则框架图形，执行菜单中的“文件 | 置入”命令，在弹出的对话框中选中网盘中的“素材及结果 \8.1 摇滚杂志内页设计 \“摇滚杂志内页设计”文件夹 \Links\ 摇滚歌手 2.jpg”，单击“确定”按钮，这样图片就会自动置入框架内，如图 8-22 所示。缩小全图，此时版面的整体效果如图 8-23 所示。

8）至此，标题文字与图片绘制完成，下面开始正文的编排。由于正文是围绕着标题文字与图片排列的，它的文本框架是不规则的，所以首先要绘制不规则的框架形状。方法：选择工具箱中的✒（钢笔工具）在左侧页面的左上方绘制出正文的文本框架（是一个倒立的梯形），如图 8-24 所示。然后按快捷键〈Ctrl+T〉，在打开的“字符”面板设置正文字符参数，如图 8-25 所示，接着将“填色”设为一种稍暗的粉红色（参考色值为：CMYK（15，100，0，

20））。最后选择T（文本工具）在框架图形边缘上单击，再按快捷键〈Ctrl+V〉将事先复制好的文字粘贴入框架之中，效果如图 8-26 所示。

提示：框架是一个容器（形状），可以包含文本、图形或填色，也可以为空，可大致分为图形框架和文本框架。应用钢笔工具绘制的图形可以作为图形框架来置入图形，也可以作为文本框架粘贴入文本。

图 8-22　将“摇滚歌手 2.jpg”置入框架

图 8-23　版面整体效果

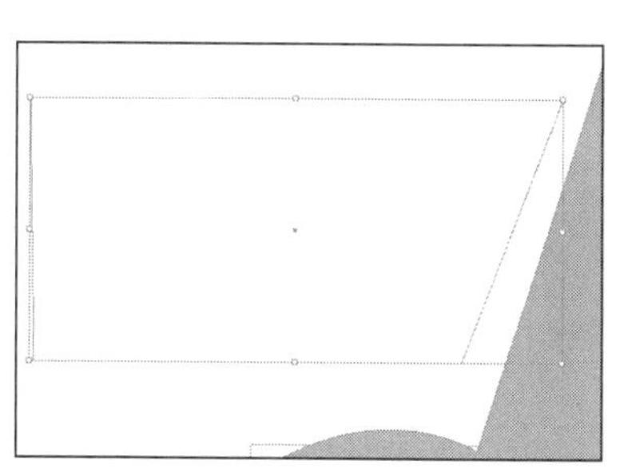

图 8-24　在左侧页面绘制文本框架

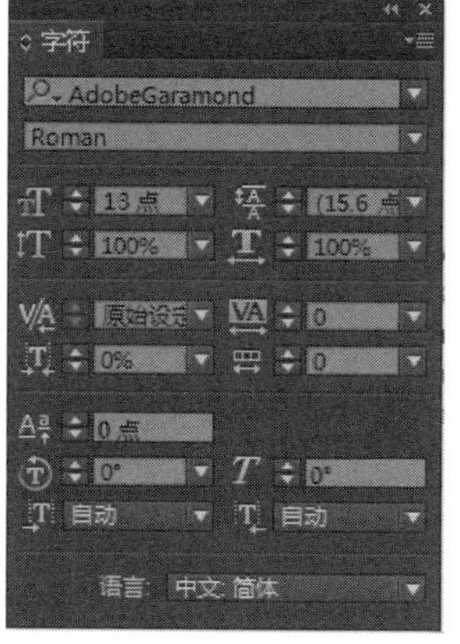

图 8-25　设置正文字符参数

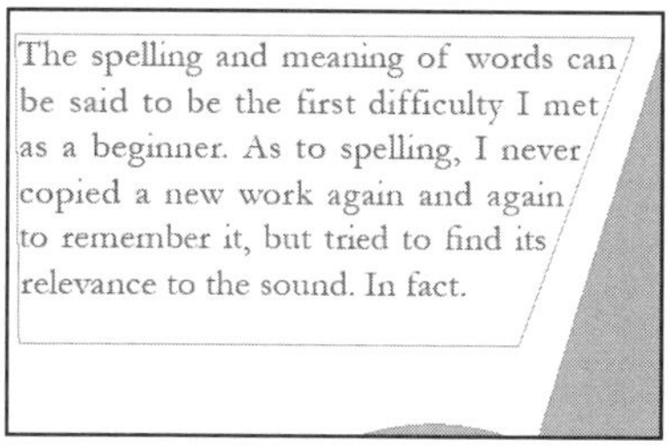

图 8-26　在文本框架中粘贴入文字

9）同理，在页面中绘制其余文本框架，如图 8-27 所示，然后选择T（文本工具）在框架图形边缘上单击，再按快捷键〈Ctrl+V〉将事先复制好的文字粘贴入框架之中，如图 8-28 所示。最后在右侧输入辅助信息，请参照图 8-29 自行完成。

10）至此，版面编辑基本完成。可见一个好的杂志内页并不一定需要多么复杂的排版，简洁、清晰、大方也是一种很好的风格，主要是版面的风格要统一，与此同时必须出现一两个视觉亮点，比如本例的亮点就是标题文字。另外在细节的地方要有周全的考虑，如图片和文本框的独特框架形状，这些都会使版面效果加分不少。版面最终效果如图 8-30 所示。

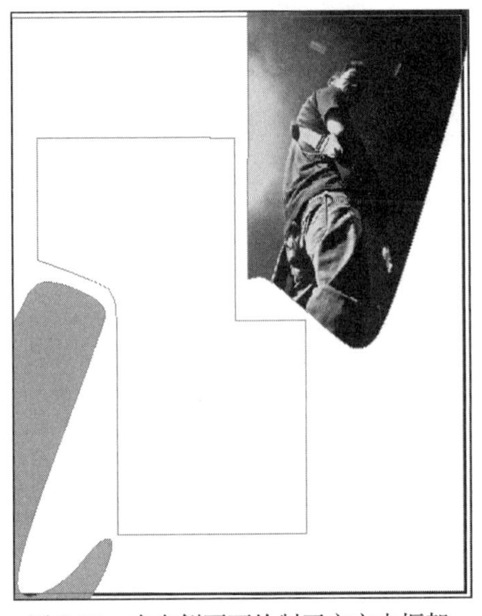

图 8-27　在右侧页面绘制正文文本框架

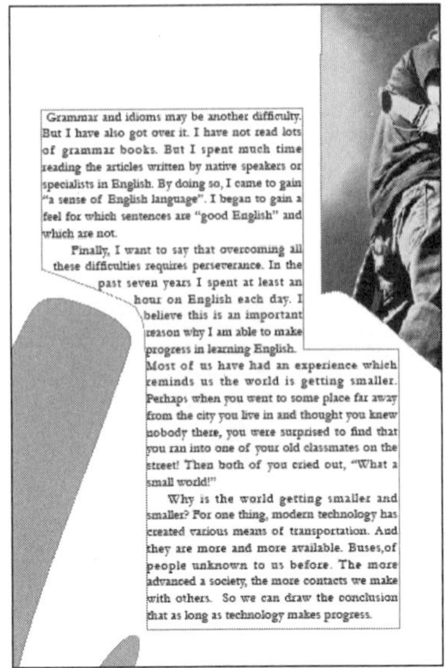

图 8-28　将文本粘贴入文本框架中

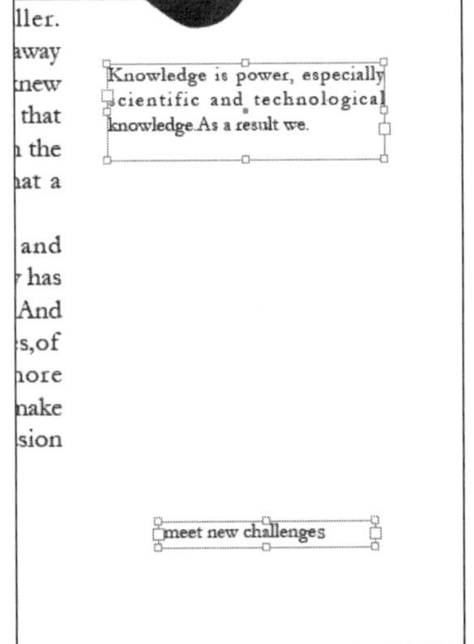

图 8-29　辅助信息效果

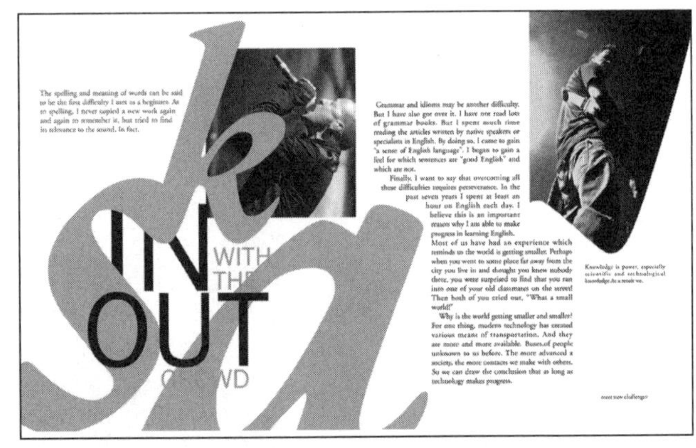

图 8-30　版面最终效果

8.2　游戏杂志内页设计

要点：

本例将制作一本游戏类杂志的内页，如图 8-31 所示。一说游戏，大家都知道它是充满趣味并且富有动感，因此游戏类杂志的版式一定不能太过于沉闷。为了吸引游戏爱好者阅读，杂志内页的色彩一定是鲜亮的，采用对比强烈的色彩是首要选择，因此本例采用粉红色与蓝色的强烈对比色，标题字应用手绘的卡通字体，在图片方面选择色彩鲜艳、富有故事感的游戏截图，这些都将成为整个版式的亮点。通过本例的学习应掌握对页设置、艺术字体的绘制、图形框架的制作以及文本框分栏等的综合应用技能。

图 8-31　游戏杂志内页设计

操作步骤：

1）首先执行菜单中的“文件 | 新建 | 文档”命令，在弹出的对话框中设置如图 8-32 所示参数，将“页数”设为 3 页，页面“宽度”设为 200 毫米，“高度”设为 250 毫米，将“出血”设为 3 毫米，然后单击“边距和分栏”按钮，在弹出的对话框中设置如图 8-33 所示参数，将“上边距”设为 20 毫米，“下边距”设为 15 毫米，“内边距”设为 12 毫米，“外边距”设为 6 毫米，单击“确定”按钮。接着单击工具栏下方的（正常视图模式）按钮，使编辑区内显示出参考线、网格及框架状态。

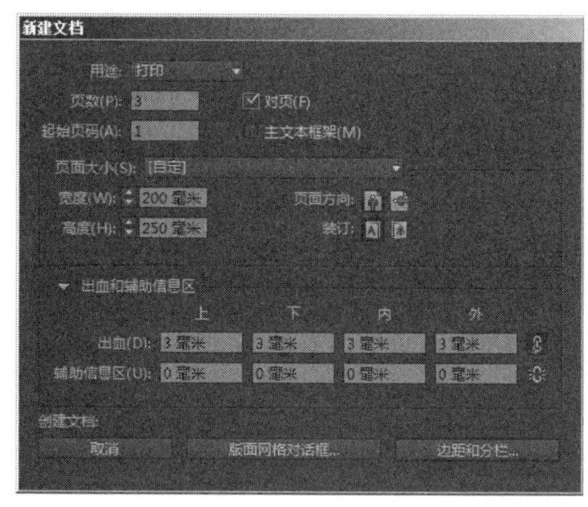

图 8-32　在“新建文档”对话框中设置参数

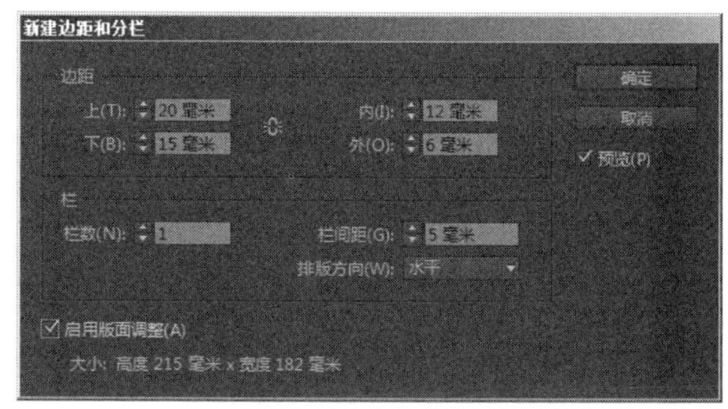

图 8-33　设置边距和分栏

2）由于本例要制作的内页只是杂志中的两个对页，因此首先要删除第 1 页，让文档从双页开始。方法：按快捷键〈F12〉打开“页面”面板，在其中选中要保留的双页（第 2、3 页），然后单击“页面”面板右上角的按钮，从弹出的菜单中将“允许选定的跨页随机排布”名称前的“✓”点掉。接着选中第 1 页，单击“页面”面板下方的（删除选中页面）按钮即可，如图 8-34 所示。第 1 页被删除后，第 2、3 两页自动变为第 1、2 页，并形成对页形式，如图 8-35 所示。

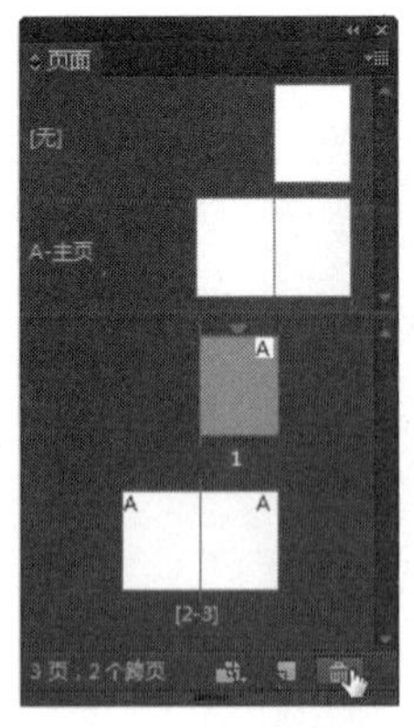

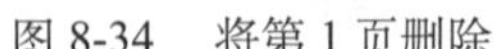

图 8-34　将第 1 页删除

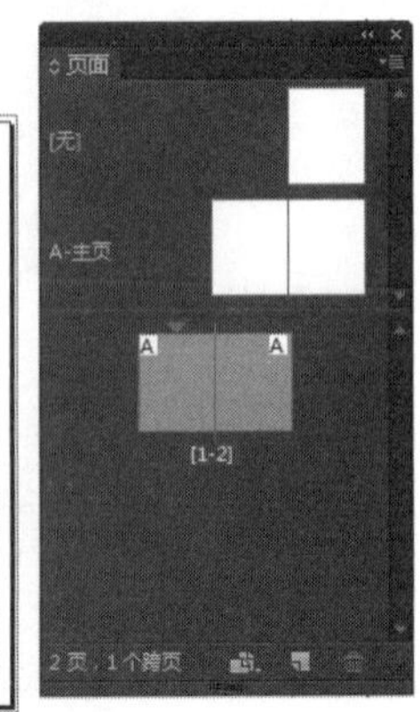

图 8-35　第 2、3 两页自动变为第 1、2 页，并形成对页形式

3）本例的背景色采用的是对比强烈的粉红色与蓝色，视觉冲击力很强，下面就来制作这种效果。方法：选择工具箱中的（矩形工具）先绘制一个矩形，其大小与左页面一致，然后将其填色设为粉红色（参考色值为：CMYK（18，98，22，0））。接着再绘制出右页面的矩形，将其填充为蓝色（参考色值为：CMYK（76，29，5，0）），效果如图 8-36 所示。

4）背景色绘制完成后，下面开始制作本例版式的另一个重点——标题字，由于是游戏杂志，因此标题字通常不采用字库中的常规字体，而要根据游戏种类的不同，绘制与游戏类型风格相匹配的字体，本例中的游戏是卡通风格，因此字体就要显得活泼可爱。绘制方法：首先选择工具箱中的（钢笔工具），在左页面的左上方绘制一个异形字母“J”的闭合路径，如图 8-37 所示，此时字母是比较圆润的，给人跳跃的感觉。然后将其填色设为蓝色（与右页面背景色相同），效果如图 8-38 所示。接着应用同样的方法将剩余的字母都绘制完成，由于都是几何变形的字母，因此绘制外形没有太大难度。所有标题字汇聚在一起构成一个图形语言极其丰富的版面，最后的效果如图 8-39 所示。

图 8-36　版面背景色效果

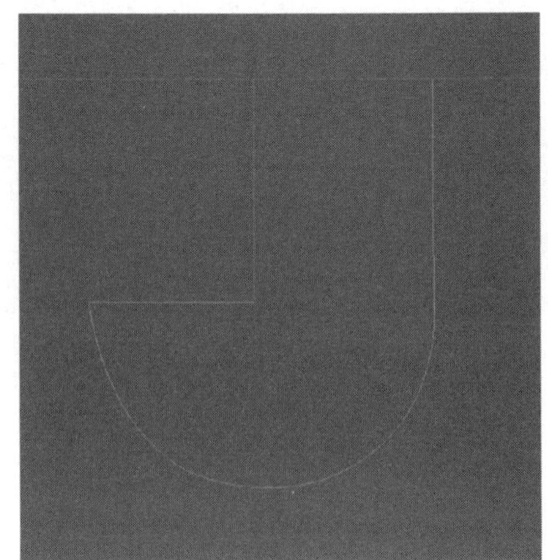

图 8-37　绘制字母“J”闭合路径

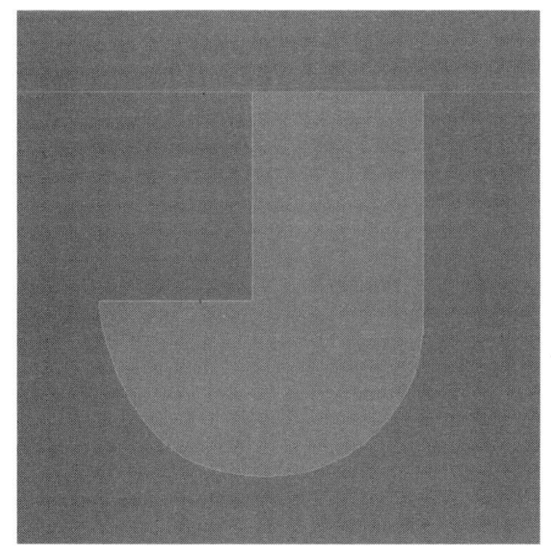

图 8-38　将字母填充为蓝色

图 8-39　标题字最终效果

5）下面开始图片的编排。由于本例所用图片色彩大多比较鲜艳，因此在版式设计时就要避免过于花哨，采用规则的排列即可，这样不仅能让版式显得简洁大方，并且能更好地传达图片信息。由于方形的图片显得相对比较刻板，因此需要将其框架处理成圆角，使其显得比较活泼。方法：首先选择工具箱中的（矩形工具），在右页面的左上角根据边距线绘制一个矩形，如图 8-40 所示；然后执行菜单中的“对象 | 角选项”命令，在弹出的对话框中设置如图 8-41 所示参数，将“效果”设为（圆角），将“大小”设为 5 毫米，单击“确定”按钮，这样矩形自动变成圆角矩形，效果如图 8-42 所示。接下来将图片置入圆角矩形内，先用（选择工具）选中框架，执行菜单中的“文件 | 置入”命令，在弹出的图 8-43 所示的对话框中选择网盘中的“素材及结果 \8.2 游戏杂志内页设计 \“游戏杂志内页设计”文件夹 \Links\ 游戏图片 1.jpg”图片，单击“确定”按钮，这样图片就会自动置入框架内。如果大小不合适，可以执行菜单中的“对象 | 适合 | 使内容适合框架”命令，此时内容会自动按当前框架比例进行缩放，效果如图 8-44 所示。

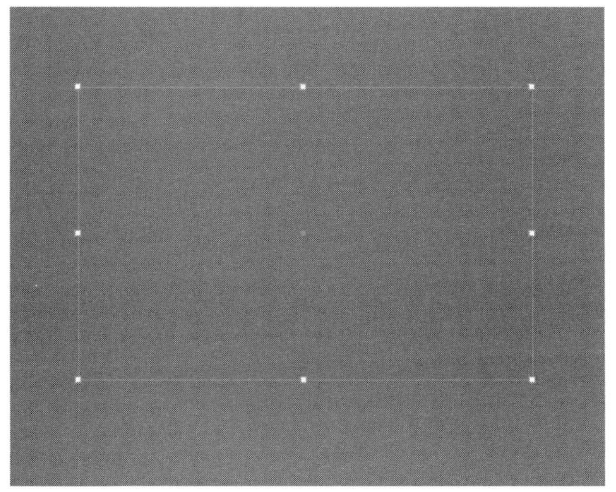

图 8-40　绘制矩形

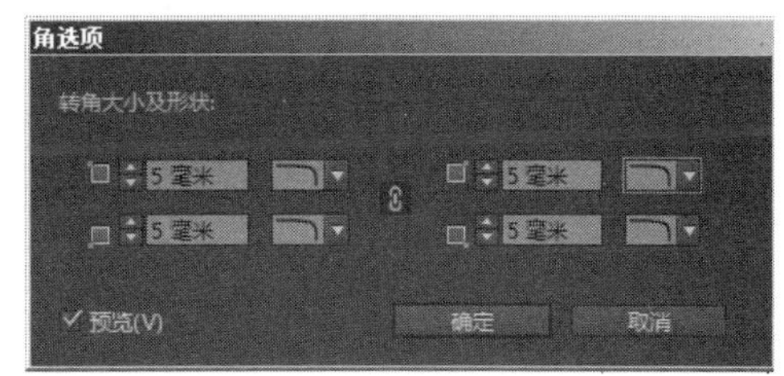

图 8-41　将矩形转化为圆角矩形

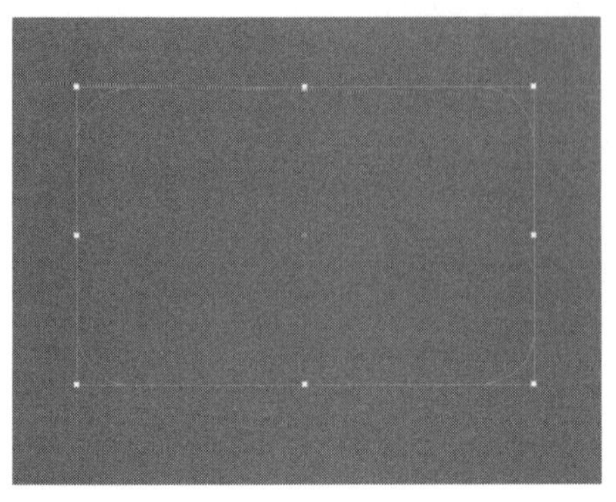

图 8-42　变成圆角矩形的效果

图 8-43　将"游戏图片 1.jpg"置入圆角矩形内

6）接下来将剩余的图片框架（圆角矩形）绘制完成，如图 8-45 所示。然后应用同样的方法将图片逐个置入，最后的效果如图 8-46 所示。

图 8-44　将图片调整至框架大小

图 8-45　绘制剩余的圆角矩形框架

图 8-46　图片全部置入后效果

7）图片置入完成后，下一步是版面正文的编辑，首先编辑小标题文字。方法：利用T（文字工具）在图片的下方绘制一个矩形文本框，如图 8-47 所示；然后按快捷键〈Ctrl+T〉，在打开的“字符”面板中设置参数如图 8-48 所示，将“字体”设为 Arail Black，将“字号”设为 20 点，其他为默认值，并将其填色设为粉红色（与左页面背景色相同）。接着在文本框中输入标题文字，效果如图 8-49 所示。

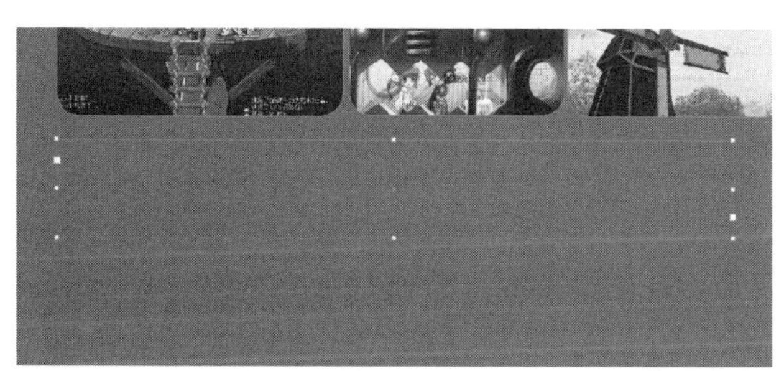

图 8-47　在图像下方绘制一个矩形文本框

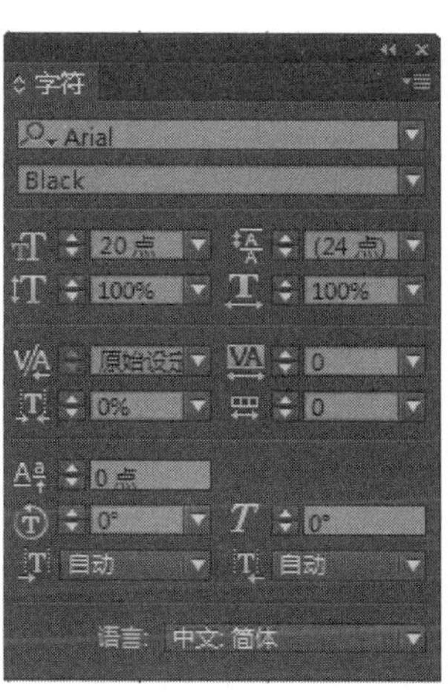

图 8-48　在“字符”面板中设置字符参数

图 8-49　输入小标题文字后的效果

8）接下来开始正文部分的编排。方法：利用T（文字工具）在小标题文字的下方建立一个矩形文本框，如图 8-50 所示，再在选项栏内将它的宽度设为 180 毫米，高度设为 115 毫米。然后按快捷键〈Ctrl+T〉，在打开的“字符”面板设置参数如图 8-51 所示，将“字体”设为 Bookman Old Style，将“字号”设为 8 点，其他为默认值，并将其填色设为白色，接着在第一个文本框中粘贴入事先复制好的英文文本（网盘中的“素材及结果 \8.2 游戏杂志内页设计 \英文文本”.doc 文件），效果如图 8-52 所示。接着执行菜单中的“对象 | 文本框架选项”命令，在弹出的对话框中设置如图 8-53 所示参数，单击“确定”按钮，文本被自动分为 4 栏，栏间距为 3 毫米，如图 8-54 所示。

9）现在缩小页面，右侧页面的整体效果如图 8-55 所示。至此，版面中的主要内容已经编排完成。下面绘制页眉与页脚的辅助信息，请参照图 8-56 和图 8-57 自行制作。

图 8-50　创建矩形文本框

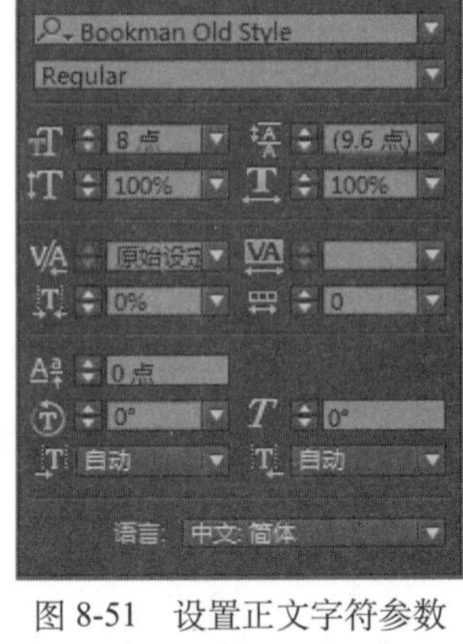

图 8-51　设置正文字符参数

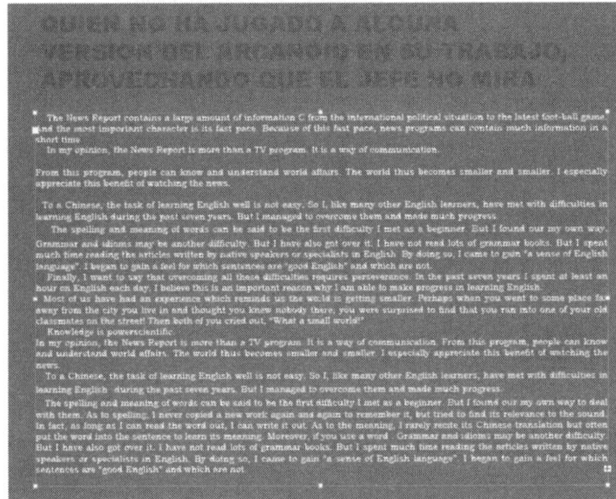

图 8-52　在文本框中粘贴入文字

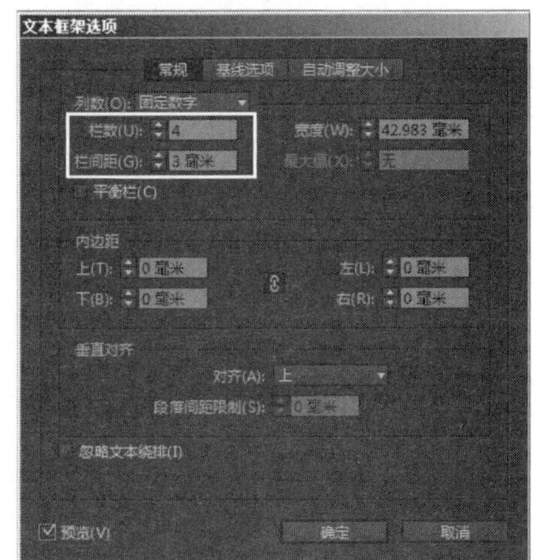

图 8-53　“文本框架选项”对话框

图 8-54　正文部分最后效果

图 8-55　右侧页面的整体效果

图 8-56　页眉处辅助信息

图 8-57　页脚处辅助信息

10）这样，版面编排就全部完成了。可见，活泼跳跃的版面也并不是以复杂的框架结构来塑造的，而是靠精美的细节来营造的。其中，标题字是版面的精髓所在。只要将标题字做得特别精美且富有艺术美感，那么整个版面的大局和气氛就能充分地被营造出来，其他元素比如图片，只要规则排列就好，可以不作为整个版式的核心元素。所以一个成功的版式中，有一个亮点就可以了，如果版式过于花哨和讲求形式感，那么版式会显得过于繁复而没有层次。本例版面最终效果如图 8-58 所示。

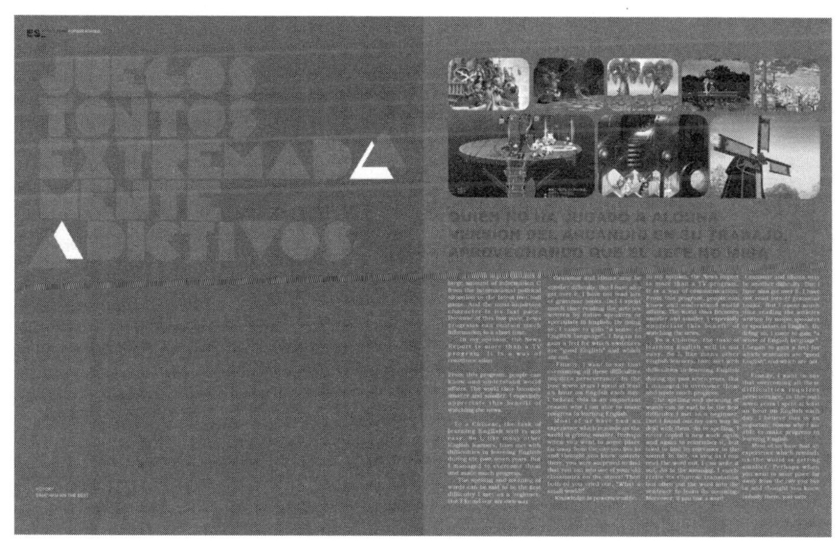

图 8-58　版面最终效果

8.3　时尚杂志设计

要点：

对于众多女性而言，时尚杂志往往是生活中不可或缺的“精神食粮”，时尚杂志中令人眼花缭乱的时尚资讯，目不暇接的时尚奢侈品，总是令不少女性心醉神迷。在众多杂志中，时尚类杂志是流行范围比较广泛的一类，由于涵盖的信息种类较多，因此对于排版的要求也是比较特殊的。一本好的时尚杂志版式设计，总是能将大量的信息清晰地展现在读者面前，其中所用的图片大多都是经过精心拍摄的，本身就具有很强的艺术气息；文字字体基本都是比较常规大气的字体，显示出国际化的感觉；在排版方面通常没有过多的框架限制，显得比较自由。下面，以时尚杂志《EOVE》为例，介绍它的封面与内页的版式设计，其中封面效果如图 8-59 所示，内页（第 1 ~4 页）效果如图 8-60 所示。通过本例的学习应掌握时尚杂志封面版式设计和内页设计的方法。

图 8-59　时尚杂志封面版式设计

图 8-60　时尚杂志内页版式设计

8.3.1　时尚杂志封面版式设计

1. 进行初步版面设置

1）执行菜单中的“文件 | 新建 | 文档”命令，在弹出的对话框中设置如图 8-61 所示的参数，将“页数”设为 2 页，页面“宽度”设为 445 毫米，“高度”设为 275 毫米，并将“出血”设为 3 毫米。

2）该杂志封面还包括厚度为 15 毫米的书脊部分，下面利用分栏来设置书脊厚度的参考线。方法：在“新建文档”对话框中单击“边距和分栏”按钮，然后在弹出的“边距和分栏”对话框中将“栏数”设为 2，“栏间距”设为 15 毫米，如图 8-62 所示，单击“确定”按钮，效果如图 8-63 所示。这样，页面就被分割成 3 个部分，左边区域为封底，中间区域为书脊，右边区域为封面。

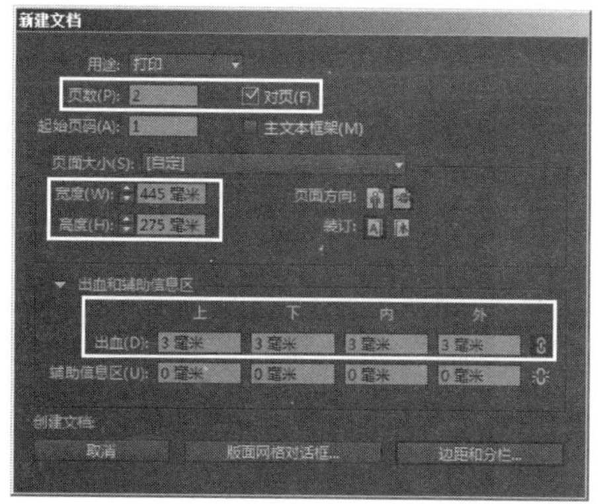

图 8-61　在“新建文档”对话框中设置参数

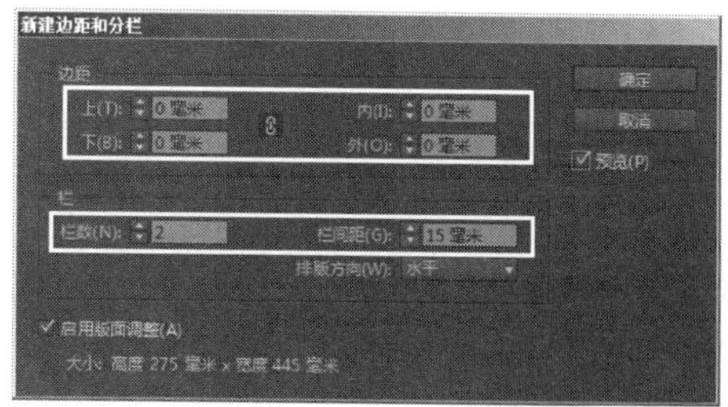

图 8-62　设置边距和分栏

图 8-63　添加书脊参考线

2. 进行封面和封底所需图片的编排

时尚杂志的封面通常都是以特定的封面女郎为主要元素，每期一个，而封底基本都是以商品广告为主。

1）选择工具栏中的⊠（矩形框架工具），在文档空白处单击鼠标左键，然后在弹出的对话框中设置框架参数如图 8-64 所示，将“宽度”设为 218mm，“高度”设为 281mm（注意：这个大小与封面和封底区域大小一致）。接着，将创建好的框架移至封面区域，并另外复制出一个移到封底区域，如图 8-65 所示。

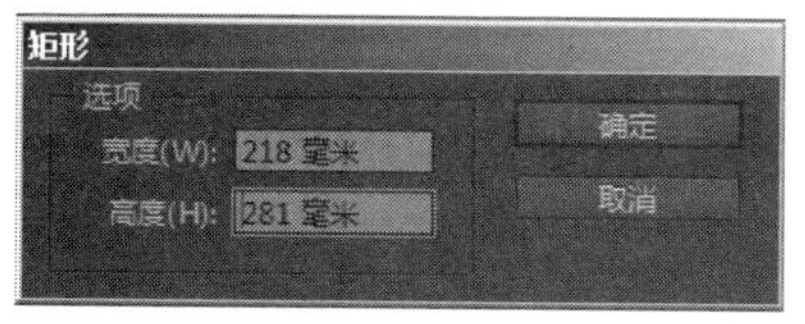

图 8-64　设置封面与封底图片框架参数

图 8-65　将图片框架移至封面与封底

2）接下来将图片置入框架内。方法：利用（选择工具）选中封面的图片框架，执行菜单中的“文件 | 置入”命令，在弹出的如图 8-66 所示的对话框中选择网盘中的“素材及结果 \8.3 时尚杂志封面版式设计 \8.3.1 时尚杂志封面版式设计 \“时尚杂志封面版式设计”文件夹 \Links\ 封面女郎 .jpg”图像文件，单击“确定”按钮，此时图片会自动置入框架内。然后选择（直接选择工具）将图片调整至框架大小，效果如图 8-67 所示。接着利用（选择工具）选中封底的图片框架，执行菜单中的“文件 | 置入”命令，在弹出的对话框中选择网盘中的“素材及结果 \8.3 时尚杂志封面版式设计 \8.3.1 时尚杂志封面版式设计 \“时尚杂志封面版式设计”文件夹 \Links\ 封底广告 .jpg”图像文件，单击“确定”按钮，再将图片调整至框架大小，效果如图 8-68 所示。此时封面与封底加书脊的整体效果如图 8-69 所示。

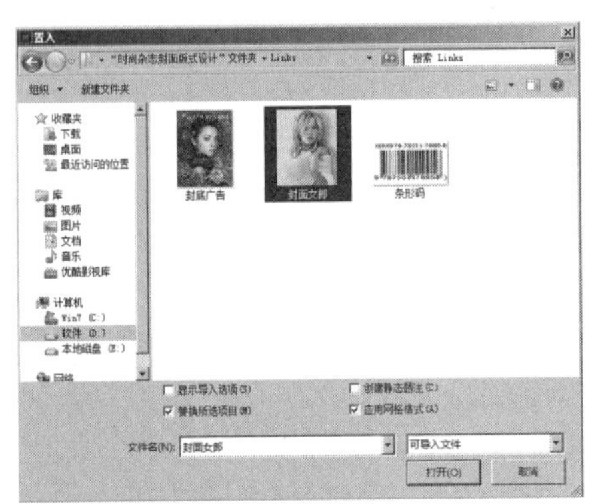

图 8-66　在文件置入对话框中选择“封面女郎 .jpg”

图 8-67　将图片调整至框架大小

图 8-68　将封底广告图片调整至框架大小

图 8-69　封面与封底加书脊的整体效果

3. 进行封面和书脊文字的编排

图片编排完成后，下面开始封面和书脊文字的编排。封底一般为了保持广告的完整性，不会再添加杂志社的单位信息。

1）首先开始封面文字的编排。封面文字一般分为以下几个部分：杂志名称、本期主打明星访谈文章标题、主要时尚资讯文章标题、辅助信息（包括刊号、杂志社网站地址、条形码等）。我们首先从杂志名称开始。一本时尚杂志的名称所用的文字往往会成为此杂志的标志性字体，通常杂志社都会请设计人员专门设计杂志名称的专门的艺术字体，使其具有代表此杂志的个性、品味、形象的功能，因此绝对不能使用常规的字体。本例中，着重介绍版式的编排，所以杂志名称字体的绘制就采取简单一点的方法——通过字符参数设置将常规字体进行变形。方法：先用工具箱中的 T（文字工具）在封面正上方创建一个矩形文本框，如图 8-70 所示。然后按快捷键〈Ctrl+T〉，在打开的“字符”面板设置参数如图 8-71 所示，接着在文本框中输入大写英文字符：EOVE，并将其“填色”设为深红色（参考色值为：CMYK（35，100，100，30）），并将这种红色添加到色板中。此时杂志名称效果如图 8-72 所示。

图 8-70　在封面正上方创建杂志名称文本框

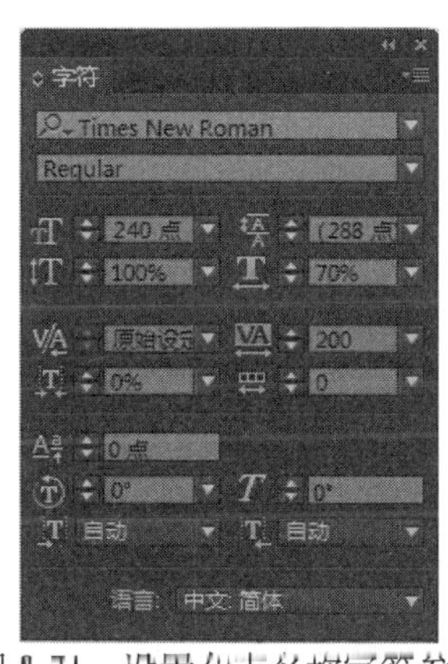

图 8-71　设置杂志名称字符参数

图 8-72　杂志名称效果

2）接下来编排本期访谈文章的标题文字。时尚杂志通常每一期都会邀请当下最红的明星或者名人进行访谈，这些访谈文章的标题往往会放在杂志名称下方最醒目的位置。方法：利用 T（文字工具）在杂志名称“EOVE”的右下方创建人名文本框，再在打开的“字符”面板设置参数如图 8-73 所示，并将文字的颜色设为白色，然后在文本框中输入明星的名字：沃尔·基德曼，效果如图 8-74 所示。再应用同样的字体，将“字号”改为 26 点。接着在“沃尔·基德曼”的下方添加文章标题“出走的巨星”，如图 8-75 所示，这样本期杂志第一个访谈文章标题的效果就完成了。然后用同样的字体和同样的排列方式在第一个文章标题下方添加第二个访谈文章标题，文字的颜色变为黑色，如图 8-76 所示。

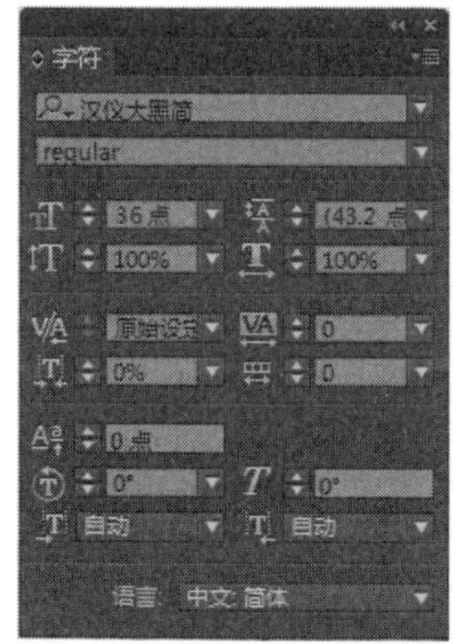

图 8-73　设置人名字符参数

图 8-74　在文本框中输入明星姓名

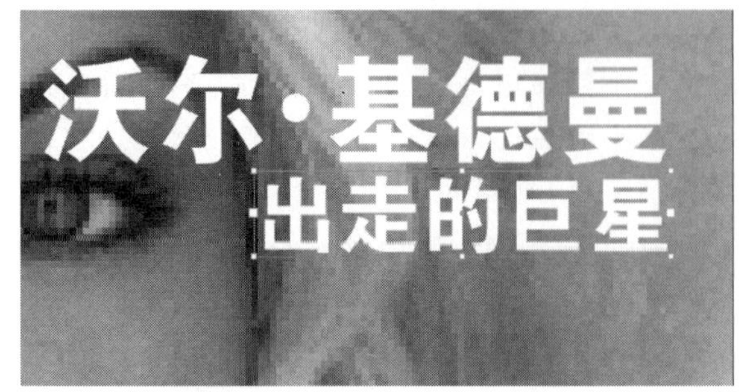

图 8-75　第一个访谈文章标题效果

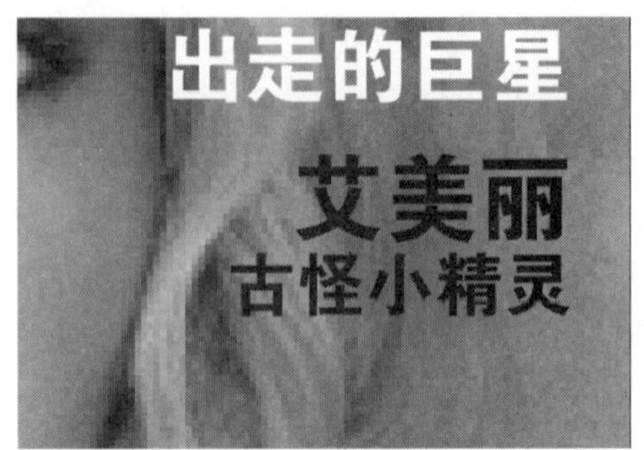

图 8-76　第二个访谈文章标题效果

3）除了名人访谈，时尚杂志每期都会介绍当前最新最流行的时尚资讯，一些具有代表性的资讯内容也会放在封面上比较醒目的位置，现在就来编排这些封面资讯信息的标题文字。首先要编排的是“120+ 新品”这个标题，文字需要分段处理。方法：先在封面的左下方创建文本框，在“字符”面板设置参数如图 8-77 所示，注意将文字“倾斜”角度设为 7°。然后在文本框中输入“120+”，其“填色”为在“色板”中前面保存的深红色。接着利用 T（文字工具）选中“+”号，在“字符”面板中将它设为上标文字，如图 8-78 和图 8-79 所示。最后在“+”的下方添加“新品”二字，并设置“字体”为汉仪大黑简，“字号”为 28 点，字色为前面保存的深红色。这一条标题整体效果如图 8-80 所示。

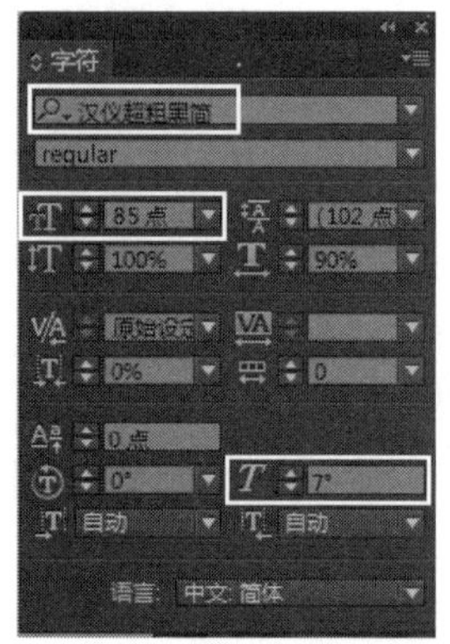

图 8-77　设置标题文字字符参数

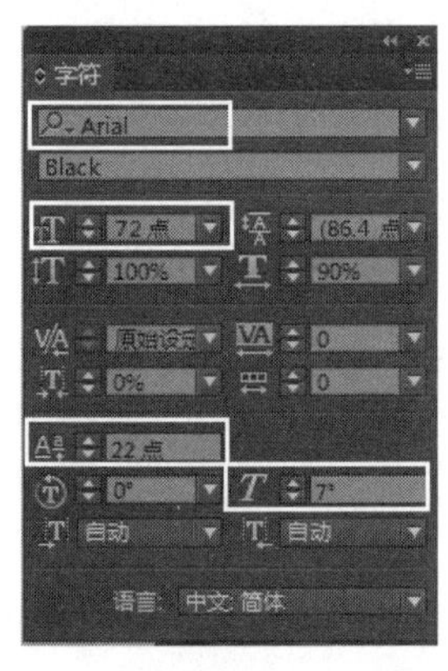

图 8-78　设置上标文字的效果

图 8-79　文字“120+”效果

图 8-80　标题整体效果

4）在“120+ 新品”下方添加标题文字“焕然早春”，并在“字符”面板中设置如图 8-81 所示参数，效果如图 8-82 所示。

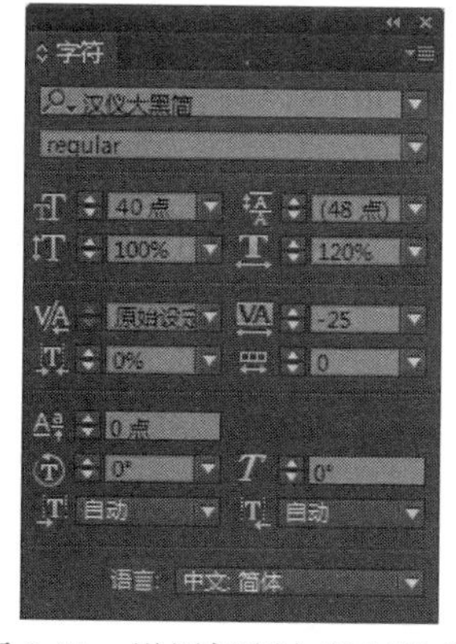

图 8-81　设置标题文字字符参数

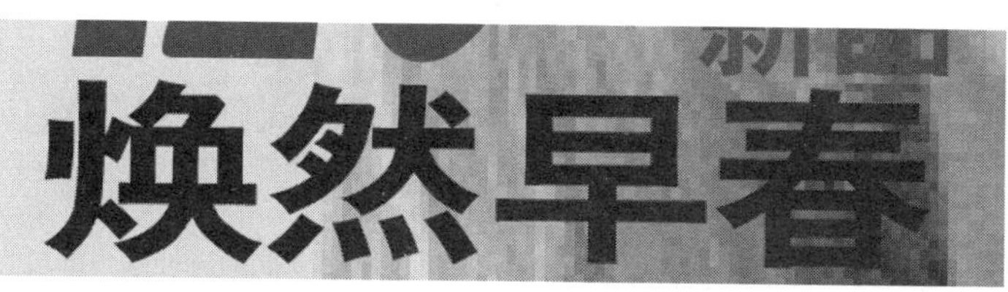

图 8-82 “焕然早春”标题文字效果

5）在“焕然早春”下方的标题是“无压力成功着装”，其“字体”为汉仪大黑简，“字号”为 32 点，“填色”为白色，效果如图 8-83 所示。接下来的几个标题文字请读者自己参照图 8-84、图 8-85 和图 8-86 所示依次添加。最后这一组标题文字的整体效果如图 8-87 所示。可以看到，标题文字大小不同、粗细各异、色彩多变，形成了丰富的层次感，视觉效果很醒目。

图 8-83 “无压力成功着装”标题效果

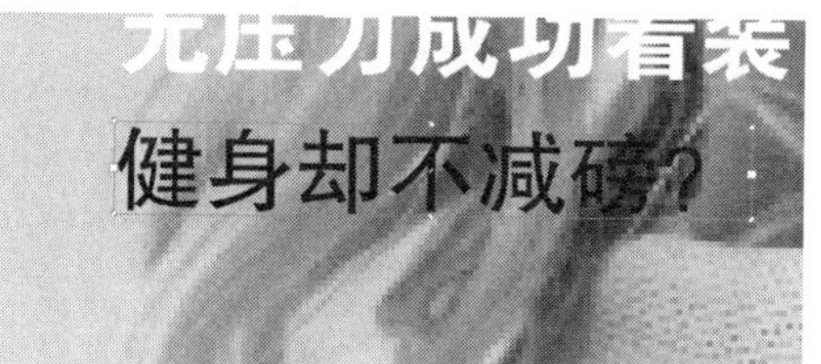

图 8-84 “健身却不减磅？”标题效果

图 8-85 “本月 BEAUTY STAR”标题效果

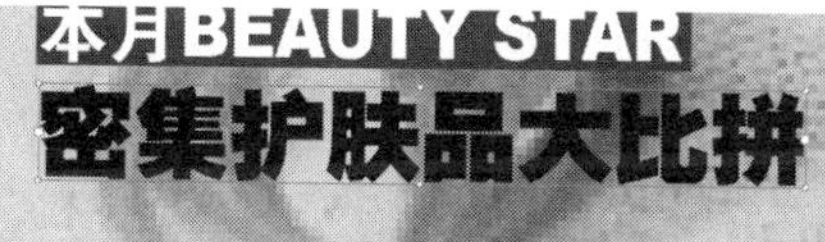

图 8-86 “密集护肤品大比拼”标题效果

图 8-87　此组标题文字整体效果

6）接下来开始最后一组标题文字的编排。方法：首先在封面的右下方创建一个较大的文本框，在打开的“字符”面板设置参数如图 8-88 所示，“填色”为与之前一致的深红色。然后在文本框中输入“HOT 2014”字样，效果如图 8-89 所示。再在其下方创建一个与其宽度差不多的长条形文本框，将其字符参数设为：“字体”为“汉仪大黑简”，“字号”为 14.5 点，其他为默认值。最后在文本框中输入标题辅助信息文字，效果如图 8-90 所示。

提示：文字中的分隔符“•”的添加方法为：在文字中间插入光标，然后执行菜单中的“文字 | 插入特殊字符 | 半角中点”命令即可。

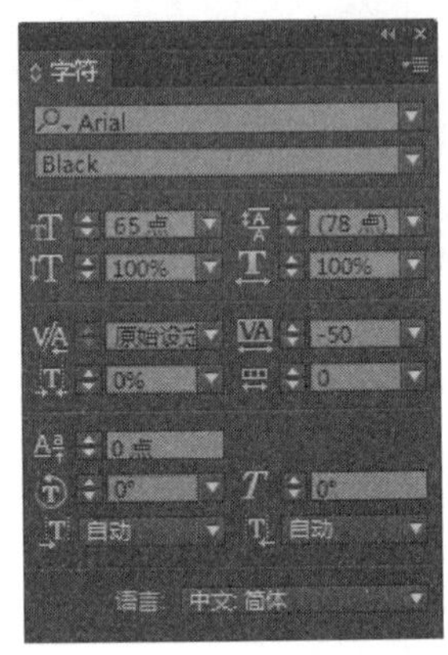

图 8-88　设置另一个标题文字字符参数

图 8-89 “HOT2014”标题字样效果

图 8-90　标题辅助信息文字效果

7）至此，所有标题文字都编排完成，最后剩下辅助信息的编排。方法：在杂志名称的左下方添加刊号，如图 8-91 所示。然后在封面的左下方和右下方添加邮发代号和出版社信息，效果如图 8-92 和图 8-93 所示。

图 8-91　在杂志名称的左下方添加刊号

邮发代号：4-525 定价：人民币20元整 港币30元整

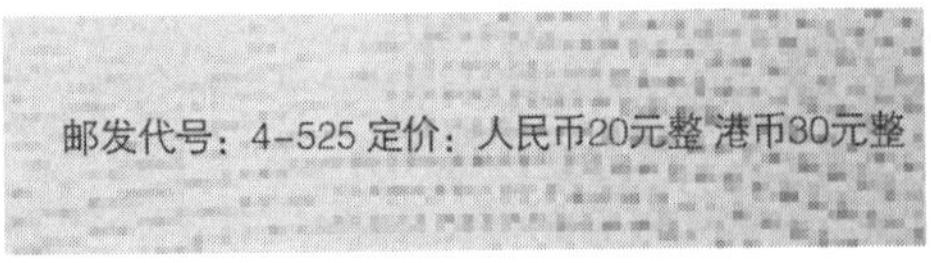

图 8-92　邮发代号

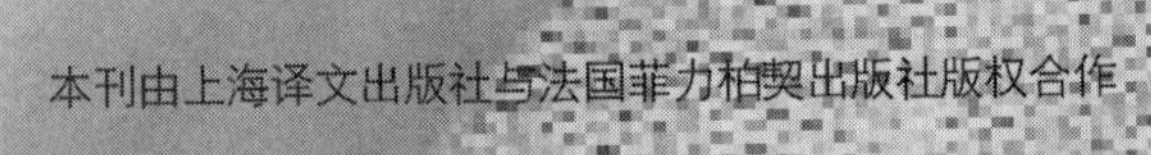

图 8-93　出版社信息

8）将条形码文件置入文档。方法：执行菜单中的“文件 | 置入”命令，在弹出的对话框中选择网盘中的“素材及结果\8.3 时尚杂志封面版式设计\8.3.1 时尚杂志封面版式设计\“时尚杂志封面版式设计”文件夹 \Links\ 条形码 .jpg”图像文件，单击“确定”按钮，并将其移至邮发代号的上方，如图 8-94 所示。至此，封面的图文编排就全部完成了，最终封面整体效果如图 8-95 所示。

图 8-94　条形码效果

图 8-95　封面整体效果

9）添加书脊中的信息文字，并利用“对齐”面板将文字水平居中分布，效果如图 8-96 所示。

10）至此，封面封底和书脊部分的图文编排就全部完成了，下面执行“文件 | 存储”命令，在弹出的对话框中选择存储位置并将“文件名”设为：时尚杂志封面设计，“保存类型”设为：InDesign CC 2015 文档，最后单击“确定”按钮即可，整体效果如图 8-97 所示。

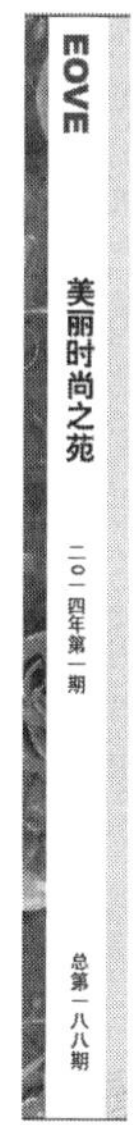

图 8-96　添加书脊文字

图 8-97　封面整体效果

8.3.2 时尚杂志内页版式设计

1. 初步版面设置

1）为了方便印刷，封面和内页文件需要分开建立，因此，内页文件需要重新建立新的文档。首先执行菜单中的“文件｜新建｜文档”命令，在弹出的对话框中设置如图 8-98 所示的参数，将“页数”设为 30 页，页面“宽度”设为 215 毫米，“高度”设为 275 毫米，将“出血”设为 3 毫米。然后单击“边距和分栏”按钮，在弹出的对话框中设置如图 8-99 所示的参数，单击“确定”按钮。由于正文部分的板块划分并不是规则的，所以这是一个无边距和分栏的多页文档。单击工具栏下方的 （正常视图模式）按钮，使编辑区内显示出参考线、网格及框架状态。

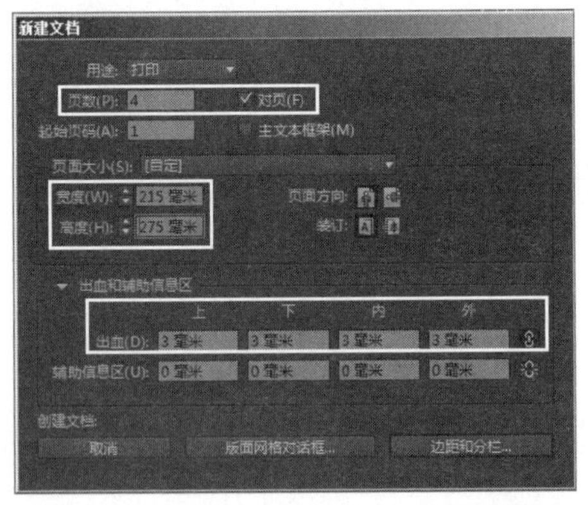

图 8-98 在“新建文档”对话框中设置参数

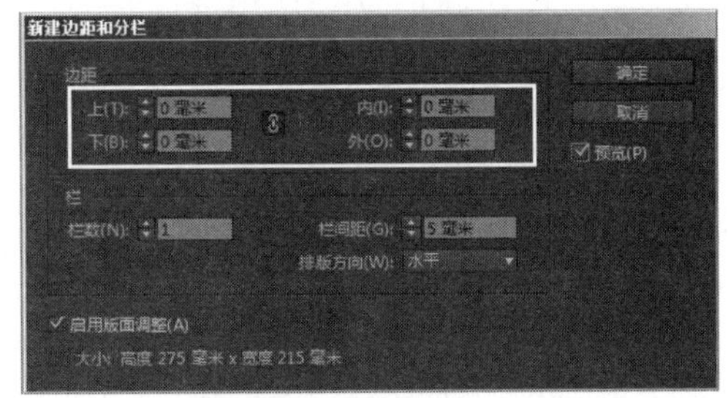

图 8-99 设置边距和分栏

2）现在的页面排列方式是以单页文档开始的，如图 8-100 所示，为了得到统一整齐的跨页编排，下面在“页面”面板中选中所有 4 个页面，然后单击右上角的 按钮，从弹出的菜单中取消勾选“允许选定的跨页随机排布”项，接着调整页面，如图 8-101 所示，页面调整后的版面状态如图 8-102 所示。

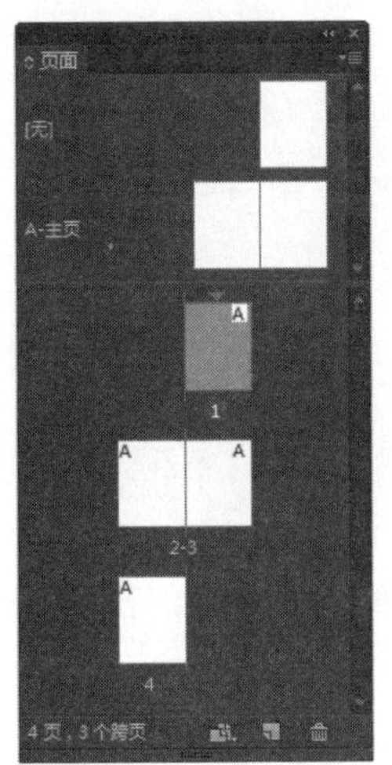

图 8-100 页面随机分布状态

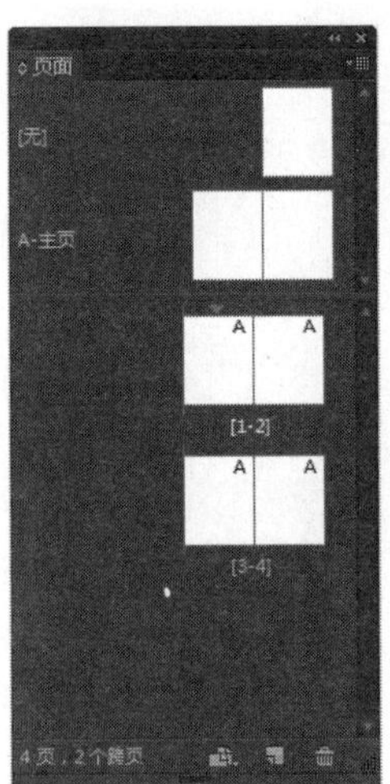

图 8-101 页面成双跨页排列状态

图 8-102 页面调整后的版面状态

2. 对所需图片中的头发进行褪底处理

时尚杂志的内页图片量是相当大的，值得一提的是，无论是模特图、服饰图或是皮包饰品图，大多要求褪除原先的背景，但是通常从图库或摄影中得到的图片都是带有背景的，因此，褪底就成了时尚杂志内页编排前必做的功课。其中皮包、服饰、鞋或饰品比较容易褪底，在 Photoshop 中用 （钢笔工具）或者其他方法得到选区即可，唯独模特的头发是个难点。在此，介绍一种简便的头发褪底的方法：通道抠图法。具体步骤如下：

1）首先在 Photoshop CC 2015 中打开网盘中的“素材及结果 \8.3 时尚杂志封面版式设计 \8.3.2 时尚杂志内页版式设计 \ 所需素材 \ 模特 1.jpg”图片文件。然后进入“通道”面板，选择黑白对比较为强烈的一个色彩通道。可以看到，这个图片的蓝通道黑白对比较强烈，下面选中蓝通道，将其拖动至“通道”面板下方的 （创建新通道）按钮，从而得到“蓝拷贝”通道，如图 8-103 所示（这样做的目的是保留原图的完整性，使其不受影响）。接着选择“蓝拷贝”通道，此时通道中的画面是呈黑白状态显示的，如图 8-104 所示。

2）在通道“蓝副本”上利用 （钢笔工具）将模特的外形抠出来，这里要注意，头发以下的部分可以抠得很精细，但是到了头发部分就要留出头发丝的部分，只抠头发的实体部分（如图 8-105 中的绿色路径所示）。然后按快捷键〈Ctrl+Enter〉，使路径转换为浮动选区，如图 8-106 所示。接下来，将选区内填充为黑色，如图 8-107 所示，最后执行菜单中的“选择 | 反向”命令，使选区反转选中模特周围的背景画面，如图 8-108 所示。

3）下面这个步骤很关键。为了使选区里的头发丝能够与背景更好地分离，需要将黑白对比度增大。方法：执行菜单中的“图像 | 调整 | 色阶”命令，在弹出的对话框中设置参数如图 8-109 所示，单击“确定”按钮，此时可以看到头发丝部分色度变得比较黑，与之前填充好的黑色选区较好地连接上，如图 8-110 所示。

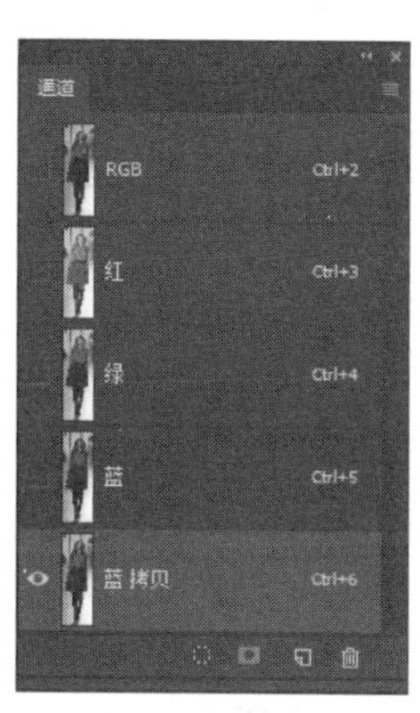

图 8-103　复制出“蓝拷贝”通道

图 8-104　通道中的画面呈现黑白显示状态

图 8-105　绿色路径显示状态

图 8-106　将路径转换为浮动选区

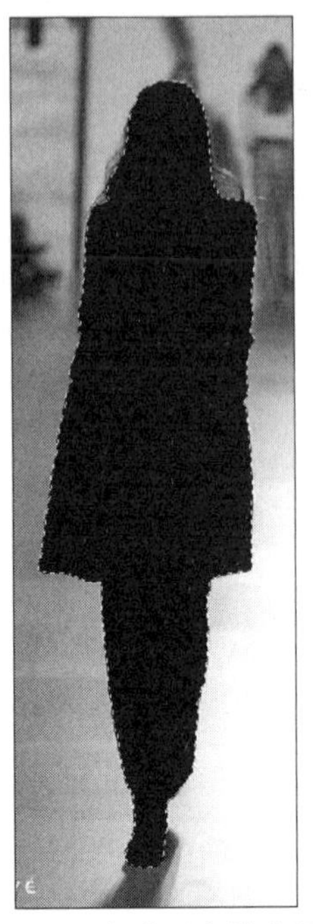

图 8-107　在选区内填充黑色

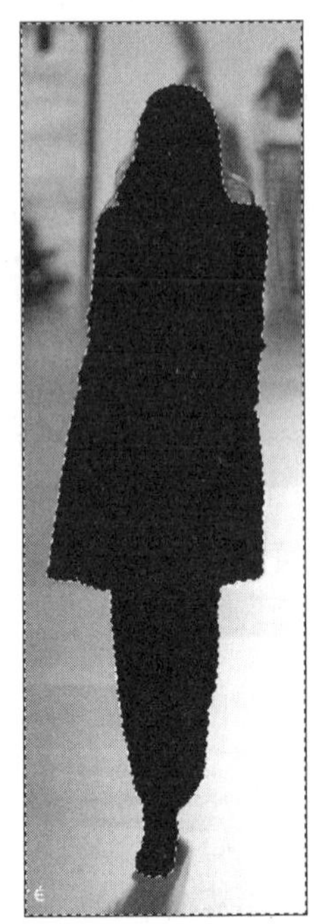

图 8-108　将选区反转选中

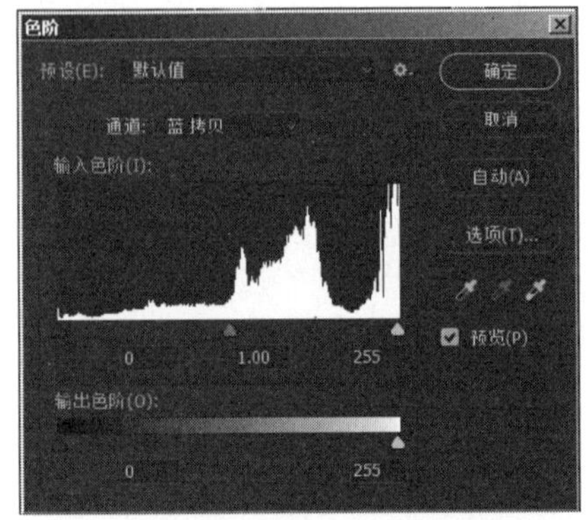

图 8-109　在对话框中设置色阶参数

图 8-110　色阶调整后头发丝与背景状态

4）此时头发丝周围的背景在色阶调整后出现许多黑色的块面，这些多余的黑色的块面都需要处理成白色。方法：选择 （画笔工具），在选项栏内设置画笔参数如图 8-111 所示，画笔“大小”设为 50，“模式”设为正常，“不透明度”和“流量”都设为 100%，“填色”设为白色。然后利用 （画笔工具）将多余的黑色块面涂抹成白色，只留出黑色的发丝部分，如图 8-112 所示。接着使用同样的方法将模特周围的背景中残余的黑色部分都涂抹成白色，如图 8-113 所示。此时模特身体和头发部位就和背景形成了黑白两个对比区域，这样就更方便生成通道选区了。

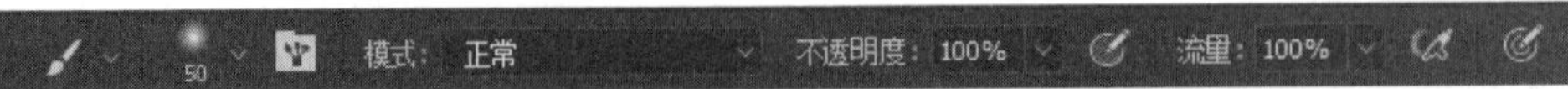

图 8-111　设置画笔参数

图 8-112　头发周围背景处理后效果

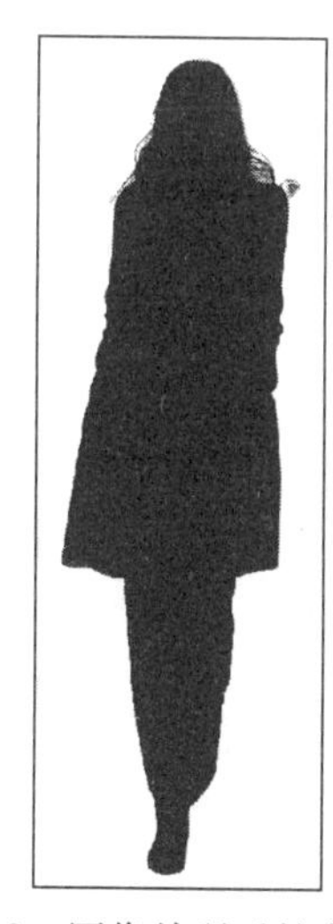

图 8-113　图像处理后的完整效果

5）现在打开“图层”面板，为保险起见，将“背景”图层复制形成“背景拷贝”图层，如图 8-114 所示，如果这次头发选区建立不成功，还可以反复调试，直至成功为止。然后选择“背景拷贝”图层，执行菜单中的“选择 | 载入选区”命令，在弹出的对话框中设置参数如图 8-115 所示，在“文档”这一栏选择“模特 1.jpg”，在“通道”这一栏选择“蓝拷贝”通道，最后单击“确定”按钮。可见，“蓝拷贝”中的黑色部分自动在画面中生成了选区，如图 8-116 所示。

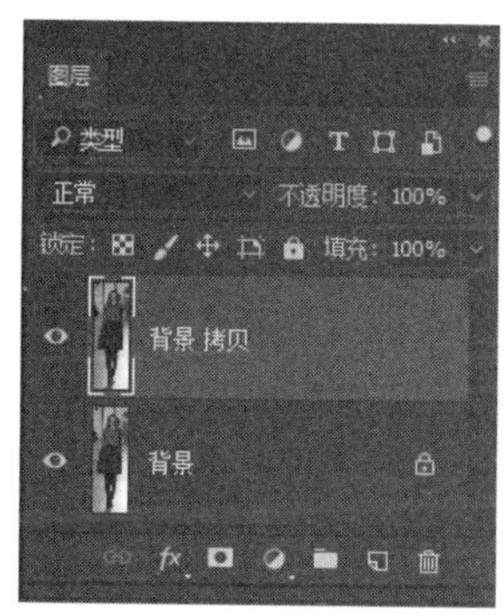

图 8-114　复制背景图层

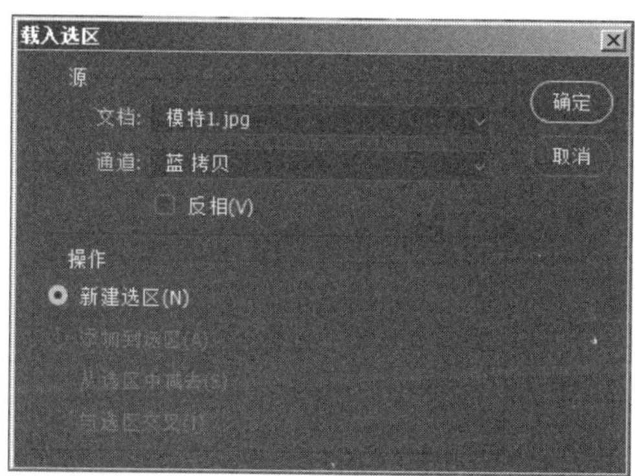

图 8-115　在“载入选区”中选择文档和通道

图 8-116　自动生成选区后效果

6）接下来将画面中选区之外的部分清除掉。方法：先在“图层”面板中新建一个透明

图层，并将其移到“背景拷贝”图层的下一层，再将“背景”图层前方的“小眼睛”图标点掉，此时图层分布如图 8-117 所示。接着回到“背景副本”图层，执行菜单中的“选择 | 反向”命令，再执行菜单中的“编辑 | 清除”命令，这样模特就完整地被选取出来了，如图 8-118 所示，头发部分也褪除得自然飘逸，效果如图 8-119 所示。

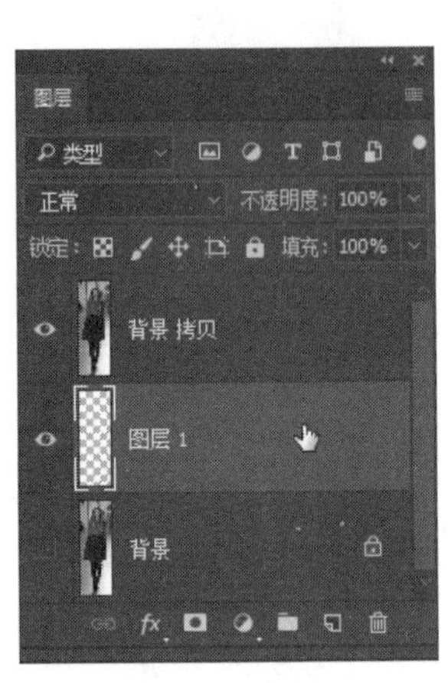

图 8-117　图层分布

图 8-118　褪底后完整效果

图 8-119　头发部分效果

7）执行菜单中的“文件 | 存储为”命令，在弹出的如图 8-120 所示对话框中将“文件名”命名为“模特 1”，在“格式”一栏中选择“PNG”格式，这种格式可以保留透明的部分不变成默认的白色。最后单击“确定”按钮，在弹出的“PNG 选项”对话框中选择“无”，如图 8-121 所示，单击“确定”按钮，这样文件就存储完成了，在之后的编排中可以直接置入 InDesign CC 2015。

图 8-120　在“另存为”对话框中设置参数

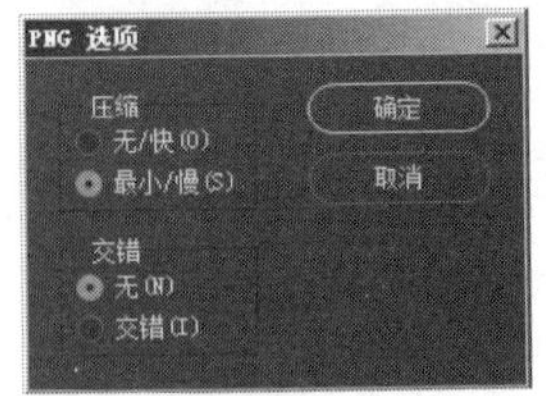

图 8-121　在弹出的“PNG”选项对话框中选择“无”

3. 编排第 1 ～ 2 页中的图片（第 1 个跨页）

1）首先从第 1 页的图片编排开始，这一页基本全是由图片的不规则排列组成，给读者

一种目不暇接的感觉。下面通过“置入”命令来置入图片。由于图像文件都是褪底图，因此不需要特定的框架。方法：执行菜单中的“文件 | 置入”命令，在弹出的如图 8-122 所示的对话框中选择网盘中的“素材及结果 \8.3 时尚杂志封面版式设计 \8.3.2 时尚杂志内页版式设计 \ 所需素材 \ 模特 2.png”图像文件，单击“确定”按钮。然后将图片移到第一页的下方稍微偏左一点的位置，如图 8-123 所示。

2）同理，置入网盘中的“素材及结果 \8.3 时尚杂志封面版式设计 \8.3.2 时尚杂志内页版式设计 \ 所需素材 \ 模特 4.png” 图像文件，单击“确定”按钮，然后调整其大小并将图片移到“模特 2.png”的右上方，如图 8-124 所示。

3）同理，置入网盘中的“素材及结果 \8.3 时尚杂志封面版式设计 \8.3.2 时尚杂志内页版式设计 \ 所需素材 \ 黑色连衣裙 .png、花衬衣 .png、黑色长裤 .png”图像文件，并放到合适的位置，如图 8-125、图 8-126 和图 8-127 所示。

提示：所有图像均事先在 Photoshop 中做过褪除背景的操作，并存储为带透明背景的 png 格式。

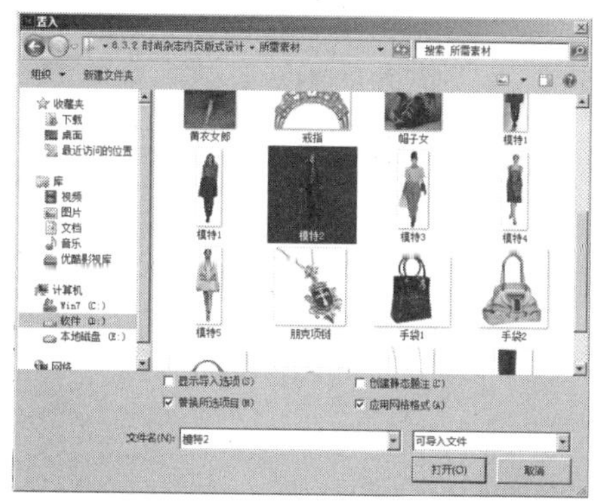

图 8-122　在“置入”对话框中选择文件

图 8-123　“模特 2.png”置入

图 8-124　“模特 4.png”置入

图 8-125　黑色连衣裙在页面中效果

图 8-126　花衬衣在页面中效果

图 8-127　黑色长裤在页面中效果

4）同理，置入网盘中的“素材及结果 \8.3 时尚杂志封面版式设计 \8.3.2 时尚杂志内页版式设计\所需素材\手袋1.png、手袋2.png、发卡1.png、发卡2.png”图像文件，并放到合适的位置，如图8-128、图8-129和图8-130所示。

提示：这些图片都是有层次关系的，可以执行菜单中的“对象|排列”子菜单下的命令进行层次调节。

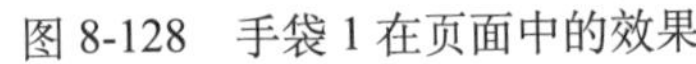

图 8-128　手袋 1 在页面中的效果

图 8-129　手袋 2 在页面中的效果

图 8-130　发卡 1 和发卡 2 在页面中的效果

5）同理，置入网盘中的“素材及结果\8.3 时尚杂志封面版式设计\8.3.2 时尚杂志内页版式设计\所需素材\首饰\朋克项链.png”图像文件，然后执行菜单中的“对象|变换|旋转”命令，在弹出的对话框中设置角度参数如图8-131所示，将“角度”设为20°。接着将旋转后的“朋克项链.png”移至“黑色长裤.png”右边，并调整其层次关系，移至后一层，效果如图8-132所示。

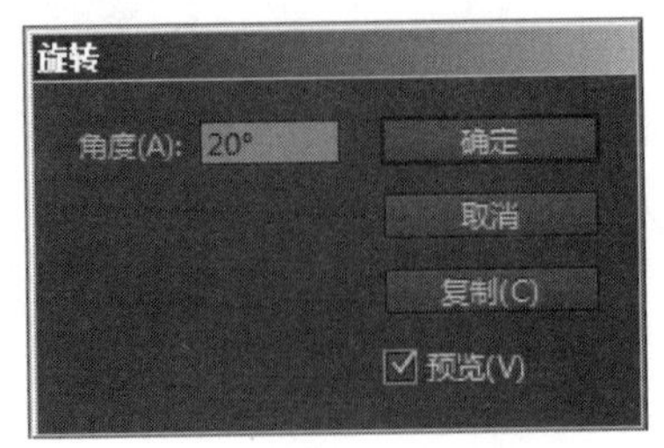

图 8-131　在对话框中设置角度参数

图 8-132　朋克项链在页面中的效果

6）最后，置入网盘中的“素材及结果\8.3 时尚杂志封面版式设计\8.3.2 时尚杂志内页版式设计\所需素材\棕色靴子.png、白金项链.png”图像文件，并放到合适的位置，如图8-133和图8-134所示。至此，本页的所有图片置入完成，此时在白色背景中形成了线条丰富、错落有致的视觉感，总体效果如图 8-135 所示。

图 8-133　棕色靴子在页面中的效果

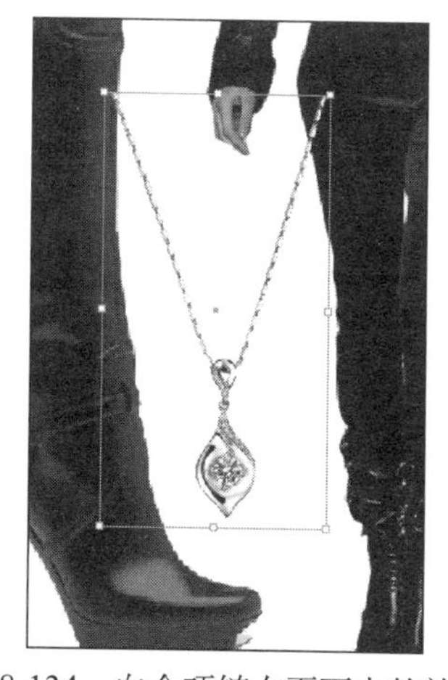

图 8-134　白金项链在页面中的效果

图 8-135　本页图片整体效果

7）此时第 1 页的图片就编排完成了，下面开始第 2 页的图片编排。由于这一页中有较多的文字内容，而且图片是配合文字出现的，所以版式不能像第 1 页那样随意排列，首先要将版面进行分栏。方法：在“页面”面板中选择第 2 页，然后执行菜单中的“版面 | 边距和分栏”命令，在弹出的对话框中设置参数如图 8-136 所示。将边距的“上”“下”“左”“右”都设为 10 毫米，将“栏数”设为 4，“栏间距”设为 0 毫米，“排版方向”设为水平。接着单击“确定”按钮，此时第 2 页的版面状态如图 8-137 所示，页面被均匀地分成了 4 栏。

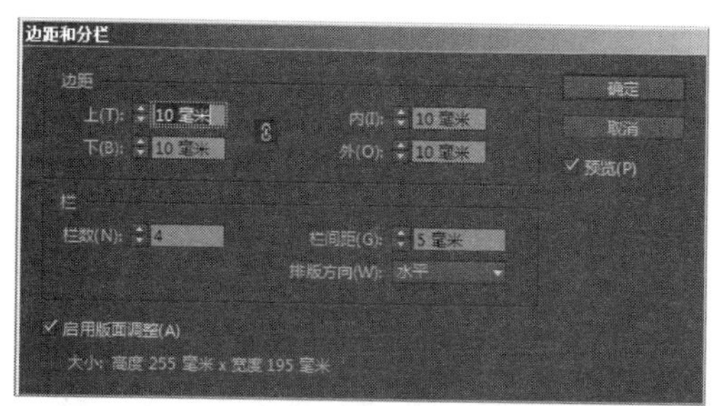

图 8-136　在“边距和分栏”对话框中设置参数

图 8-137　此时版面状态

8）版面调整好之后，现在开始图片的编排。方法：利用（矩形框架工具）在左数第一栏中创建一个长条形图片矩形框架，如图 8-138 所示。然后利用（选择工具）选中框架，执行菜单中的“文件 | 置入”命令，在弹出的对话框中选择网盘中的“素材及结果 \8.3 时尚杂志封面版式设计 \8.3.2 时尚杂志内页版式设计 \ 所需素材 \ 模特 3.png”图像文件，单击“确

定”按钮，此时图像会自动置入到框架内。接着利用（直接选择工具）调整图像以适合框架大小，如图 8-139 所示。

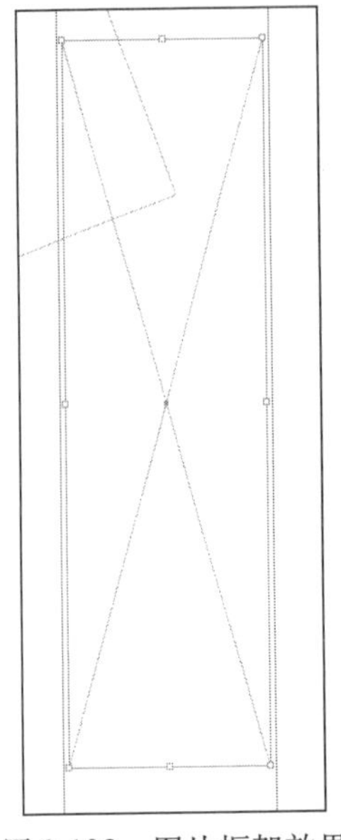

图 8-138　图片框架效果

图 8-139　图像文件置入后效果

9）利用（选择工具）选中图片框架，然后在其中填充一种由蓝到浅黄的渐变背景色。方法：打开“渐变”面板，设置参数如图 8-140 所示，将左边的色标色值设为：CMYK（0，6，6，0），将右边的色标色值设为：CMYK（50，25，0，0），从而得到如图 8-141 所示渐变色背景效果。然后在右边两栏中部创建一个方形图片框架，将网盘中的“素材及结果 \8.3 时尚杂志封面版式设计 \8.3.2 时尚杂志内页版式设计 \ 所需素材 \ 黄衣女郎 .jpg”置入框架内，并调整图片大小使黄色的上衣在框架中占据主要位置，效果如图 8-142 所示。

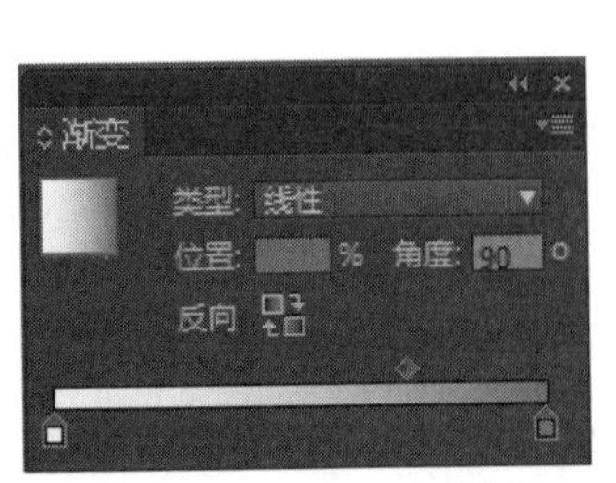

图 8-140　设置渐变参数

图 8-141　图片框架中填充渐变色

图 8-142　图片置入框架后效果

10）最后，将网盘中的“素材及结果 \8.3 时尚杂志封面版式设计 \8.3.2 时尚杂志内页版式设计 \ 所需素材 \ 手袋 3.png、黑色西服 .png、戒指 .png、斑马纹高跟鞋 .png”置入文档，并放到合适的位置。此时本页所有图片最终的排列效果如图 8-143 所示。

图 8-143　本页所有图片排列效果

11）至此，第 1~2 页所有图片就编排完成了。

4. 添加第 1 ～ 2 页中的文字（第 1 个跨页）

1）首先从第 1 页开始。本页的文字主要以标题文字和物品的注释为主。我们先从导读标题开始，导读标题一般放在页面的右上角或者左上角。下面利用 T（文字工具）在页面的右上角页边距线内创建一个长条形文本框。本页导读标题的内容是“流行先风 EOVE FIRST LOOK”，虽然只是一句话，但是却包含了 3 种不同的字体，要在字符面板中分别设置。其中“流行先风”的“字体”是黑体，“字号”是 18 点，其他为默认值，其“填色”为黑色；“EOVE”的“字体”是汉仪报宋简，“字号”是 19 点，“水平缩放”为 60%，其他为默认值，其“填色”为之前新添加到色板的深红色；“FIRST LOOK”的“字体”是 Arial Narrow，“字号”是 19 点，“水平缩放”为 70%，其他为默认值，其“填色”为黑色。最终效果如图 8-144 所示。

图 8-144　第 1 页导读标题效果

2）下面为页面中的物品添加注释。首先在“手袋 1.png”的左边创建一个长条形的文本框，然后按快捷键〈Ctrl+T〉，在打开的“字符”面板设置参数如图 8-145 所示，并将文字的颜色设为黑色，在文本框中输入物品的名称：黑色亮皮交叉纹路手袋，如图 8-146 所示。接着用鼠标将文本涂黑选中，打开“字符样式”面板，单击面板下方的（创建新样式）按钮，将这种字符样式添加到在“字符样式”面板中，并命名为：物品注释 - 中文，如图 8-147 所示。

3）在物品名称的下方是物品所属的品牌，这个信息也很重要，时尚杂志介绍的品牌通常都是一些国际大品牌，大多使用英文。下面打开“字符”面板设置英文字体参数，如图 8-148 所示，然后将“填色”设为黑色。接着在文本框中输入：（Bare），如图 8-149 所示，并将这种字符样式添加到“字符样式”面板，命名为：物品注释 - 英文，如图 8-150 所示。

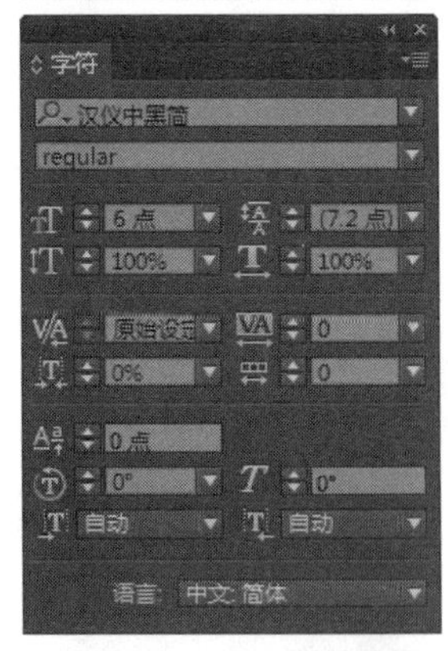

图 8-145　设置字符参数 1

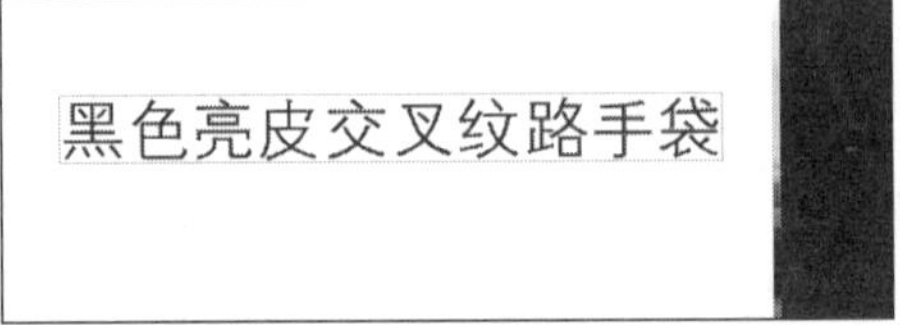

图 8-146　在文本框中输入物品名称

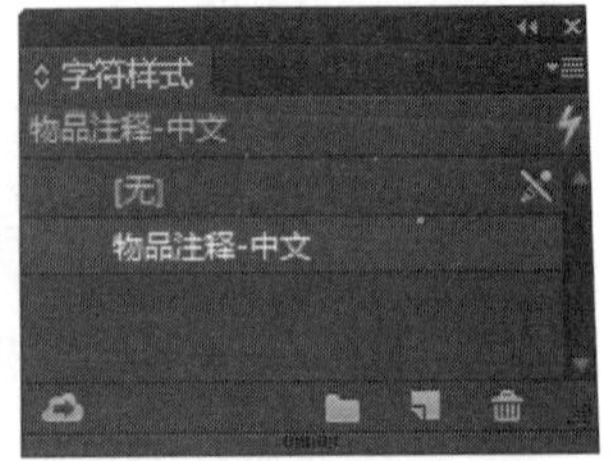

图 8-147　添加到“字符样式”面板 1

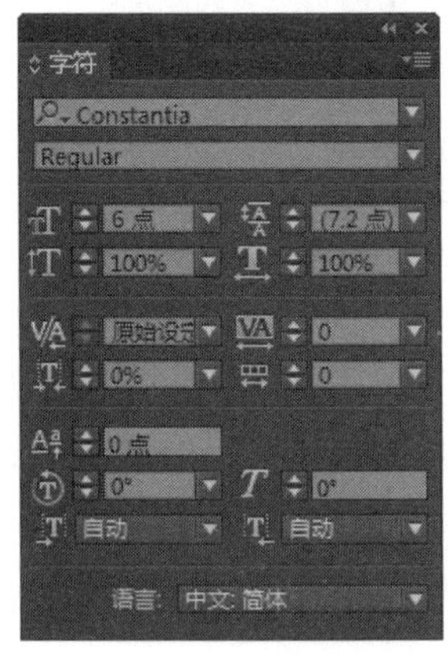

图 8-148　设置字符参数 2

图 8-149　在文本框中输入物品品牌

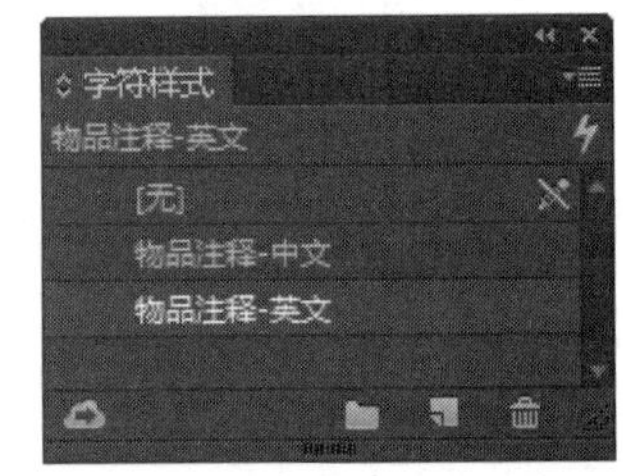

图 8-150　添加到“字符样式”面板 2

4）下面同时选中两行文字，在“对齐”面板中将“使用间距”设为 1 毫米。然后单击（垂直分布间距）按钮，使两个文本框之间的间距为 1 毫米，如图 8-151 所示，此时两行文字的整体效果如图 8-152 所示。

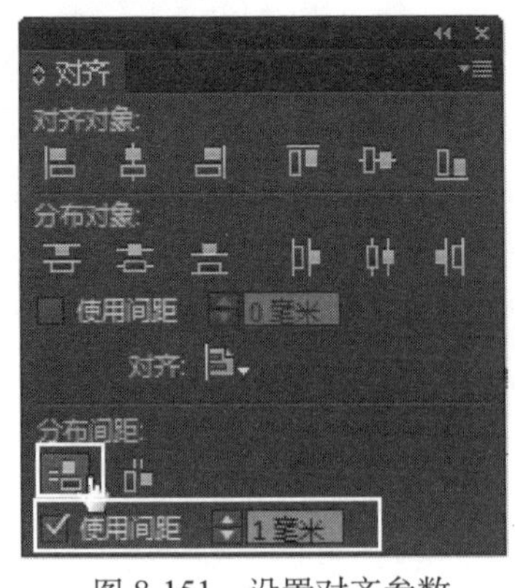

图 8-151　设置对齐参数

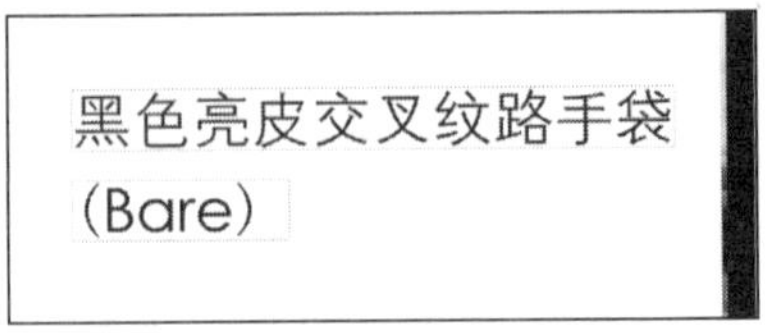

图 8-152　此物品注释完成效果

5）其余所有的物品注释都用此种方式编排即可，请读者自己完成，所有物品注释完成后的效果如图 8-153 所示。

6）最后在页面右部中间留出的空白处添加本页内容的大标题。大标题由以下几个部分组成：中文大标题、英文大标题、导读文字、工作人员介绍信息。请参照图 8-154 和图 8-155 效果进行编排。注意字体一方面要注意风格相近，另一方面又要粗细得当，不要采用同一种字体变换不同字号，避免形成单调的版面效果。

图 8-153　本页所有物品注释完成后的效果

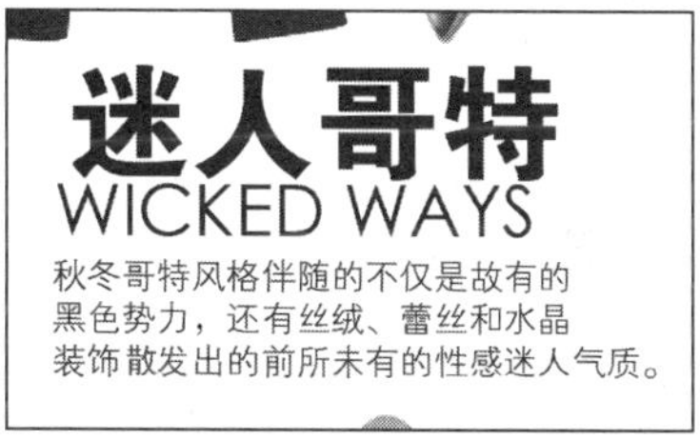

迷人哥特
WICKED WAYS
秋冬哥特风格伴随的不仅是故有的
黑色势力，还有丝绒、蕾丝和水晶
装饰散发出的前所未有的性感迷人气质。

图 8-154　导读文字效果

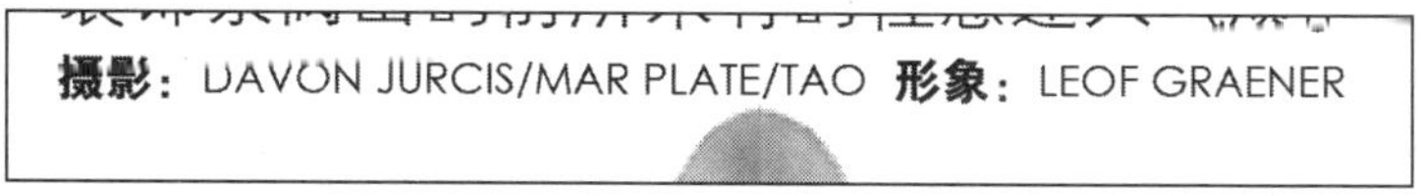

摄影： DAVON JURCIS/MAR PLATE/TAO **形象：** LEOF GRAENER

图 8-155　工作人员介绍信息效果

7）至此，第 1 页的文字添加完毕，本页的完整效果如图 8-156 所示。

8）现在开始第 2 页的文字编排，首先沿着分栏线用 ╱（直线工具）画出四条长短不一的垂直线条（按住〈Shift〉键可画出水平或垂直的线段），然后将其描边“粗细”设为 0.15 毫米，效果如图 8-157 所示。接着添加导读标题：时髦升级 ELLE FIRSTLOOK，使用与第 1 页导读标题相同的字符属性即可，效果如图 8-158 所示。

9）添加本页大标题文字。首先在导读标题的下方创建一个矩形并填充为黑色，如图 8-159 所示。然后在黑色色块上方添加中文大标题“本季新风尚”，所用“字体”为“黑体”，“字号”为 24 点，效果如图 8-160 所示。其下方是导读文字与工作人员信息，整体效果如图 8-161 所示。

图 8-156　第 1 页编排完成后的效果

图 8-157　四条纵向直线效果

图 8-158　导读标题效果

图 8-159　大标题文字背景色块效果

图 8-160　中文大标题效果

图 8-161　本页大标题整体效果

10）时尚杂志中的正文一般穿插在图片周围的空白处，现在开始编排第一段正文。方法：利用T（文字工具）在页面的左上方大钻戒的左部创建一个文本框，然后打开“字符”面板设置正文标题字符参数，将“字体”设为“黑体”，“字号”设为14点，“填色”设为黑色，其他为默认值。接着在文本框中输入正文标题“别样腕饰”，如图8-162所示，再将这种字符属性存储到“字符样式”面板，并命名为“正文标题”。最后在正文标题的下方添加正文如图8-163所示，所用“字体”为“汉仪中黑简”，“字号”为8点，“行距”为12，“填色”为黑色，也将这种字符属性存储到“字符样式”面板，并命名为“正文”。再将此文本框的背景色填充为白色，与图片分离开来，如图8-164所示。

图 8-162　此段正文标题效果

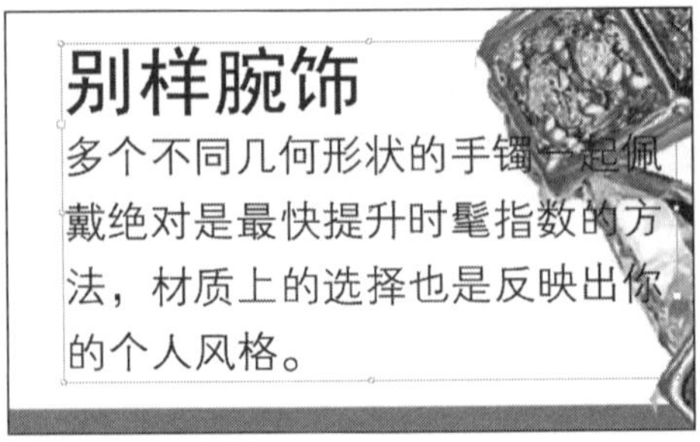

别样腕饰
多个不同几何形状的手镯一起佩戴绝对是最快提升时髦指数的方法，材质上的选择也是反映出你的个人风格。

图 8-163　此段正文文字效果

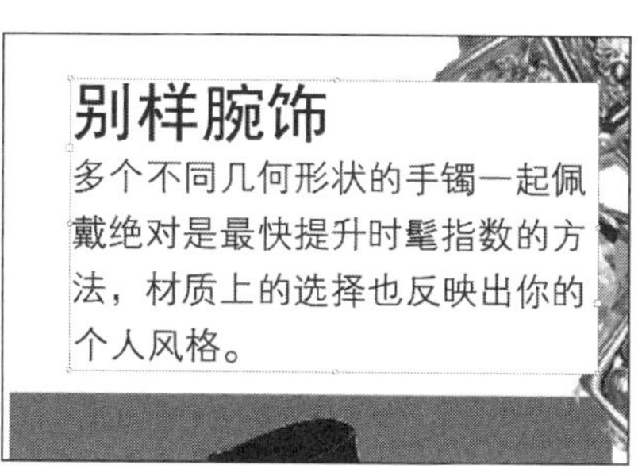

图 8-164　文本框最后效果

11）如图 8-165 所示，请读者自行输入页面中其他的段落文字，并在“字符样式”面板中将它们设为与第一段相同的样式即可。最后再添加一些小注释，完成效果如图 8-166 所示。

12）最后添加剩下的辅助信息。首先分别在页面的右下角和左下角添加文章编辑落款与杂志社网址，请读者参照图 8-167、图 8-168 和图 8-169 自行制作这些细节部分。

图 8-165　所有正文段落完成效果

图 8-166　所有物品注释完成效果

www.eovechina.com

图 8-167　杂志社网址

图 8-168　其他一些零散文字 1

图 8-169　其他一些零散文字 2

13）至此本跨页的所有图文编排全部完成，最后效果如图 8-170 所示。

图 8-170　第 1 个跨页编排全部完成后效果

5. 编排第 3 ～ 4 页中的图片（第 2 个跨页）

现在开始第 2 个跨页的图文编排，在此跨页中将介绍一种 InDesign CC 2015 比较重要的功能——文本绕排，请读者细心学习。

1）首先给本跨页设置边距和分栏。方法：执行菜单中的“版面 | 边距和分栏”命令，在弹出的对话框中设置参数如图 8-171 所示，将“上”“下”“左”“右”边距设为 10 毫米，“栏数”设为 1，“栏间距”设为 0 毫米，单击“确定”按钮，此时版面状态如图 8-172 所示。

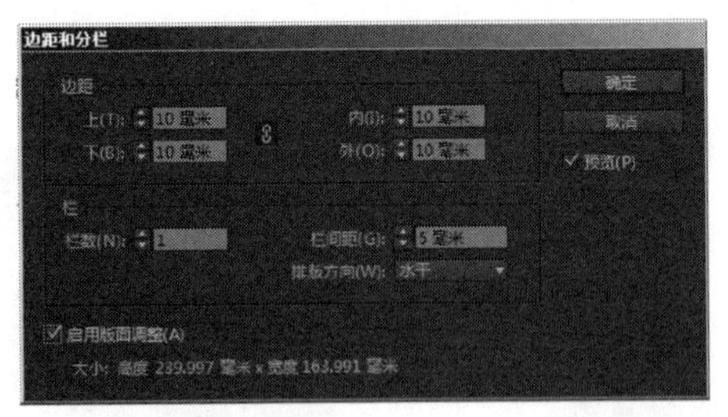

图 8-171　在“边距和分栏”对话框中设置参数

图 8-172　版面状态

2）版面尺寸调整后，开始图文混排。首先利用 T（文字工具）在第 3 页版心的左上角创建导读标题文本框，并用与第 1、2 页导读标题相同的字符参数输入导读标题文字，如图 8-173 所示。然后参照图 8-174 所示创建一个大的文本框，在其中输入段落文本，在字符样式中选择“正文”字符样式。

时装报道EOVEFIRST LOOK

图 8-173 导读标题效果

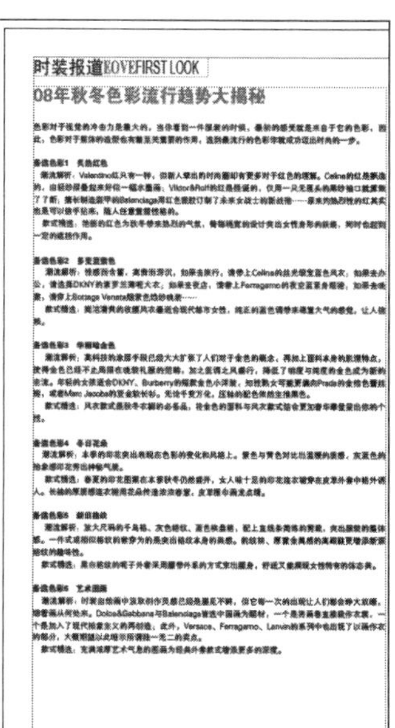

图 8-174 正文文本添加后的效果

3）接下来就要用到文本绕排功能。方法：执行菜单中的“文件 | 置入”命令，在弹出的对话框中选择网盘中的“素材及结果 \8.3 时尚杂志封面版式设计 \8.3.2 时尚杂志内页版式设计 \ 所需素材 \ 模特 1.png”图像文件，单击“确定”按钮。然后将图像文件移至正文文本框的中部，如图 8-175 所示。接着利用（选择工具）选中图像，执行菜单中的“窗口 | 文本绕排”命令，在打开的如图 8-176 所示的“文本绕排”面板中单击（沿对象形状绕排）按钮，再将“绕排选项”中的“绕排至”选项设为：左侧和右侧，将“轮廓选项”中的“类型”设为“Alpha 通道”，“通道”设为 1（或者设为检测边缘）。此时文字会根据“模特 1.png”的边缘形成自动绕排效果，如图 8-177 所示。

图 8-175 图像文件置入后效果

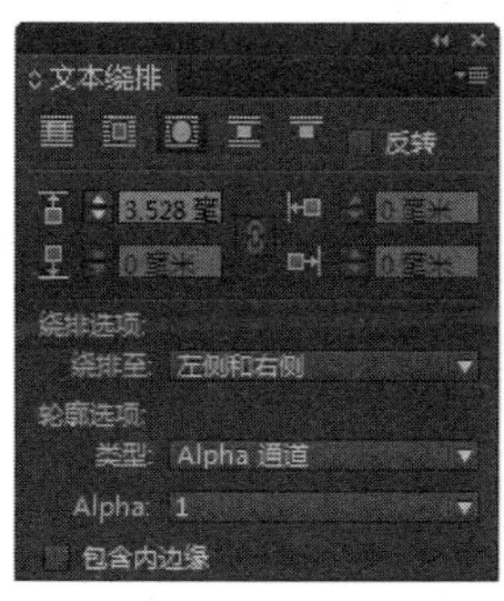

图 8-176 设置文本绕排参数

图 8-177 文本绕排效果

提示：由于在此使用的图片文件是已经做好褪底效果的 png 图像，因此可以直接使用文本绕排中的根据“Alpha 通道”自动绕排和“检测边缘”自动绕排的功能。另外还有一种常用的方法是：先将图像置入 Photoshop 中用 (钢笔工具) 创建“剪切路径”，储存路径，并且将文件存成 eps 格式，这类图像置入 InDesign CC 2015 后，需要将“文本绕排”面板中的“轮廓选项”中的“类型”设为：与剪切路径相同，也可以完成自动绕排效果。

4）给正文文本添加一个背景色块。方法：选中文本框架，将其“填色”设为一种暖灰色（参考色值为：CMYK（0，5，10，20）），效果如图 8-178 所示。

5）接下来在本跨页的中部创建一个图片框架，然后将网盘中的“素材及结果 \8.3 时尚杂志内页版式设计 \ 所需素材 \ 模特图 帽子女 .jpg”图像文件置入框架，并调整其大小，效果如图 8-179 所示。接着将网盘中的“素材及结果 \8.3 时尚杂志封面版式设计 \8.3.2 时尚杂志内页版式设计 \ 所需素材 \ 模特 5.png”图像文件置入第 4 页中部，调整其大小，如图 8-180 所示。

图 8-178　正文背景图效果

图 8-179 “帽子女 .jpg”置入后效果

图 8-180 “模特 5.png”置入后效果

6）现在在图像“帽子女 .jpg”的下方添加本跨页的中文大标题：“时装引言”。方法：利用 (文本工具) 创建一个长条形文本框，然后在打开的“字符”面板中设置参数，如图 8-181 所示。接着将“填色”设为白色，将文本框背景色设为黑色，效果如图 8-182 所示。

7）接着在中文大标题的下方添加英文大标题，英文文字延展性较好，通常用来作为版式装饰的一部分，因此有时会将英文文字做得很大，此英文标题就运用了这一特点。方法：同样先用 (文字工具) 在中文大标题下方创建一个较大的长条形文本框，使其长度延伸到第 4 页的右侧边缘。然后在“字符”面板中将“字体”设为 Century Gothic，“字号”设为 160 点，“水平缩放”设为 90%。这个标题文字有两种“填色”，其中将英文字符“EOVE”

的“填色”设为之前新添加进色板的深红色，将英文字符“FASHION”的“填色”设为灰色（参考色值为：(CMYK：0，0，0，80)），英文大标题的最后效果如图 8-183 所示。

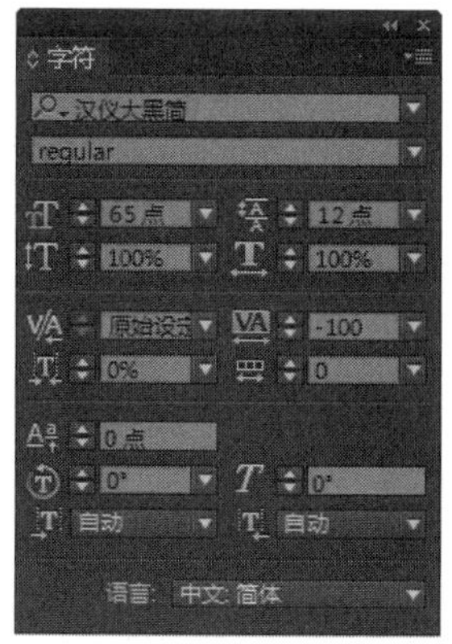

图 8-181　设置中文大标题字符参数

图 8-182　中文大标题效果

图 8-183　英文大标题完成后的效果

8）接下来在英文大标题的右上方添加导读文字。导读文字分为 7 行，为了使文字呈现装饰效果，将这 7 行文字以不规则方式进行排列，但是每行文字所用的字符参数一致。方法：创建 7 个高度一致但长度不一致的文本框，然后在“字符”面板中将“字体”设为“汉仪细等线简”，“字号”设为 12 点，其他为默认值（注意：将“《》”中的文字“字体”设为“汉仪中黑简”）。然后将文字的颜色设为白色，为了增强对比，利用 （选择工具）将每个文本框选中，将文本框架填充色设为黑色，如图 8-184 所示。接着利用 （选择工具）同时选中 7 个错落排列的文本框，打开“对齐”面板，将面板左下方的“使用间距”参数设为 0.3 毫米，再用鼠标单击 （垂直分布间距）按钮，如图 8-185 所示，此时 7 行文字会自动等距离分布，效果如图 8-186 所示。

图 8-184　导读文字初步效果

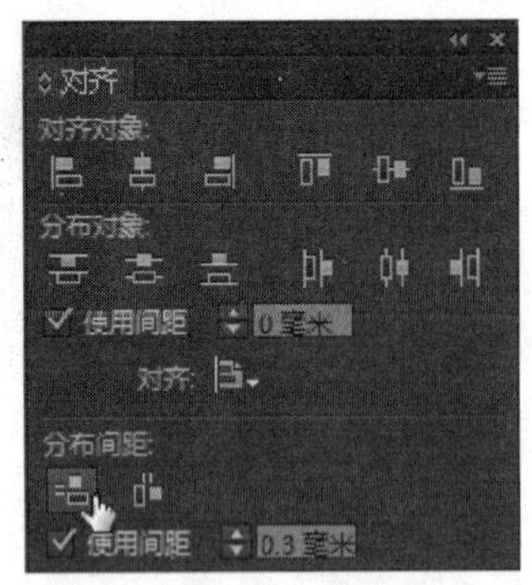

图 8-185　在“对齐”面板中设置参数

图 8-186　文字自动等距离分布

9）最后将网盘中的“素材及结果 \8.3 时尚杂志封面版式设计 \8.3.2 时尚杂志内页版式设计 \ 所需素材 \ 珠宝项链 .png、手袋 4.png”图像文件置入文档中（图像“模特 5.png”的下一层），请读者参照图 8-187 自行制作。 至此，本跨页的图文混排就全部完成了，效果如图 8-188 所示。

图 8-187　将首饰与皮包素材置入并排列

图 8-188　第 2 个跨页完成效果